普通高等教育"十一五"规划教材

地学基础

姬亚芹 主编

化学工业出版社

·北京·

本书针对环境科学、生态学等专业本科生的知识结构和特点，系统介绍了地学的基本概念、基本理论、基本规律和基本技能。全书分为7章。第一章绪论部分主要介绍了地学的研究内容、领域和研究方法。第二章至第五章分别介绍了岩石圈（地壳）、大气圈、水圈、土壤圈四个圈层的基础知识、基本规律。为了使学生进一步掌握地学的基本技能，第六章和第七章分别介绍了地图和遥感的基础知识。本书结合地学的最新研究进展，内容新颖，图文并茂。为便于学生自学和复习，各章后面附有参考文献、思考与练习题。针对高中阶段各地区地理教学与考试内容具有较大差异的现状，书中以小字形式介绍了一些背景知识，供读者参考阅读。

本书具有较强的知识性与实用性，可作为高等院校环境、生态、农业、地理等领域的专业基础课教学用书，同时也可作为研究生或相关领域科技人员的参考书。

图书在版编目（CIP）数据

地学基础/姬亚芹主编.—北京：化学工业出版社，2008.6（2020.8重印）
普通高等教育“十一五”规划教材
ISBN 978-7-122-03061-0

Ⅰ.地… Ⅱ.姬… Ⅲ.地球科学-高等学校-教材 Ⅳ.P

中国版本图书馆CIP数据核字（2008）第080046号

责任编辑：满悦芝　　　　文字编辑：尤彩霞
责任校对：吴　静　　　　装帧设计：尹琳琳

出版发行：化学工业出版社（北京市东城区青年湖南街13号　邮政编码100011）
印　　装：北京虎彩文化传播有限公司
787mm×1092mm　1/16　印张14¼　字数381千字　2020年8月北京第1版第3次印刷

购书咨询：010-64518888　　　　售后服务：010-64518899
网　　址：http://www.cip.com.cn
凡购买本书，如有缺损质量问题，本社销售中心负责调换。

定　　价：49.00元　

前　言

地学是一门以地球系统为研究对象的具有良好发展前景的综合性学科。其内容涉及人类生存发展的各个空间环境，涵盖了地球上的岩石圈（地壳）、大气圈、水圈、土壤圈等各个相互联系、相互制约的圈层。学科内容集成了地质学、气象学与气候学、水文学、土壤学等多个相关学科的科研成果，地学基础已成为环境科学和生态学专业必须开设和学生掌握的专业基础课程。

以适应学科发展的新趋势、新需求，支撑教学工作为目标，本书不但对地壳（岩石圈）、大气圈、水圈、土壤圈等进行了系统、全面的介绍，还融入了本领域内有关近期科研成果。同时，也对地图、遥感等基本技能进行了详细介绍，以期让读者在学习过程中掌握地学相关领域的基本知识、基本理论和基本方法，培养基本技能，又能对学科发展有前瞻性了解。

地壳一章从地壳的化学元素组成、矿物组成和岩石组成三个方面介绍地壳的组成，然后分析了典型地质灾害的成因及其特点和预防措施，最后介绍了构造运动和地壳演化简史。大气圈一章从大气的物理性状入手，先后介绍了大气的热量和温度、大气的水分、大气的运动、天气系统和城市气候。水圈一章概述了地球上的水分布、水循环、物理化学性质等基本情况之后，分别介绍了河流、海洋、湖泊、水库、地下水等水体的基本知识。土壤圈一章介绍了土壤的基本特性、形成规律和土壤类型等内容。地图一章综述了地图的基本特性、分类、投影等概况，详细介绍了高斯-克吕格投影和地形图的分幅编号，并就地形图的应用和地图要素的表示方法进行了重点介绍。遥感一章在介绍遥感物理基础之后重点介绍了遥感解译的标志、方法和程序等。

在编写过程中，李佳兴、孟鹏、周鑫、盘德立、覃晴、李然、谢双蔚、王希萌、万伟、李耀、屠腾等同学做了部分前期资料整理和编辑工作。研究生段池清同学负责编写了大气圈一章，并对书中部分插图进行了整理和清绘。在这里向他们表示感谢。

本教材得到南开大学本科生教材专项资金支持。

书稿几经修改，希望尽可能使地学相关领域的新发展、编者在教学过程中得到的体会以及环境类等专业对地学的科研需求等，在教材中有所体现。同时，尽可能避免一些复杂的化学概念，深入浅出，将地学领域的相关知识点和技能循序渐进地、系统地展示给读者。

由于编者水平所限，书中疏漏和不足之处，希望读者批评指正。

姬亚芹

2008 年 7 月

目　录

第一章 绪　论

任何一门独立的学科都要关注如下 3 个基本问题：①研究什么——研究对象和核心问题；②有什么用——基本价值；③怎么研究——方法论（科学哲学、逻辑、系统论等）。地学基础虽然不是一门独立的学科，但是作为一门专业基础课，对于它的研究也需要从上述三个问题开始。

一、研究对象和核心问题

人类生活在地球上，从事生产活动，积累了大量资料，对地球上各种自然现象、自然规律以及环境问题，逐渐有所认识。随着社会发展、科技进步，人类在同自然作斗争的过程中对地球自然现象的认识越来越深入，越来越广泛。研究地球的科学也就随之发展起来。

地学是地球科学的简称。地球科学是研究地球系统并预测其未来行为的唯一科学。地球是一个复杂的物体，地球系统内存在不同圈层（子系统）之间的相互作用，物理、化学和生物三大基本过程之间的相互作用，以及人类与地球系统之间的相互作用。因此，地球科学是一个庞大的超级学科体系群，根据实际研究的不同圈层、内容特色和服务目的，传统上划分出众多的一级和二级学科分类体系。当前，地学的这些独立的学科主要包括地质学、地理学、土壤学、生物学、水文学、地貌学、天文学、气象学与气候学、地球化学、海洋学等学科及分支。可见，地球科学的内涵远远超出地理学的范畴。各个子学科的研究对象和侧重点有所不同。如地质学着重研究岩石圈，地理学侧重研究地球表层系统，生物学研究地球上的生命有机体。气象学与气候学研究地球大气圈，天文学从天体的角度研究地球及其起源。

多年来，总是有将地理学与地质学相混淆的情况出现，因此，有必要将二者的研究对象和核心问题加以论述。地质学主要研究地球的物质组成、构造运动、发展历史和演化阶段，并为人类的生存与发展提供必要的地质依据，主要是资源与环境条件的评价。地质学当前主要研究地壳，具体地说地质学是主要研究地壳的物质组成、变化、发展历史和古生物变化历史的一门科学。地理学是研究地理环境的科学，即只研究地球表层系统这一部分人类活动的环境。所谓地球表层，实际上是指海陆表面上下具有一定厚度范围，而不包括地球高空和内部的地球表层。这个表层内存在着人类社会及各种地理要素，具有独特的地理结构和形式。地理环境可分为自然环境、经济环境和社会文化环境三类，据此将地理学分为自然地理学、经济地理学和人文地理学三大类。

20 世纪 80 年代，出现了地球系统科学这一个学科术语，1983 年首先由美国学者提出。国际环境与发展研究所和世界资源研究所在他们联合编撰的，反映世界环境和自然资源最新信息的巨型年度丛书《世界资源报告》（1987）一书中写到："我们正在目睹一门内容广泛的新学科的诞生。这门学科能够大大加深对几十亿人居住的我们的这个行星结构和代谢功能的认识。这个学科集地质学、海洋学、生态学、气象学、化学和其他学科传统训练之大成。它有各种各样的名称：地球系统科学、全球变化学或生物地球化学等"。地球系统科学以传统地球科学的内容为基础，重点研究地球各部分之间的相互作用和相互关系，了解、描述地球系统的过去、现在，预测未来演变的趋势。地球系统各部分之间并非简单相加，而是具有非常复杂耦合关系的非线性系统。因此，必须把地球各个部分作为一个整体系统进行研究，以制定全球各种变化研究的整体性规划和提出对策建议。

二、地学在环境、生态等学科中的基础地位

地学基础是教育部高等学校环境科学类专业教学指导委员会确定的环境科学和生态学专业基础课。其基本任务是为环境科学、生态学和地理学等相关专业提供地学的基础知识、基础理论和基本技能。

三、地学的基本任务

地学的基本任务主要包括：研究各自然地理要素（气候、地貌、水文、土壤、生物等）的特征、形成机制和发展规律。研究各自然地理要素之间的相互关系，彼此之间物质循环和能量转化的动态过程，从整体上阐明它的变化发展规律。研究自然地理环境的空间分异规律，进行自然地理分区和土地类型划分，阐明各级自然区和各种土地类型的特征和开发、利用方向。研究各种地学手段（地图、遥感、计量地理学）在环境问题研究中的应用。

由于地学基础课程在环境以及生态等相关学科领域的基础地位，地学的丰富内涵、广阔的研究领域、庞杂的学科体系，以及日益缩短的课时要求，本书不可能将地学的全部内容囊括进来，而是结合多年来编者的教学经验、环境学及生态学等相关学科的地学需求进行了取舍和综合。本书的任务就是较全面地介绍地球科学中的地壳、大气圈、水圈、土壤圈、遥感和地图等方面的基本知识、一般原理和基本手段等，以便使读者了解地学的基本内容，掌握地学的基本技能和研究方法，为学习环境科学、生态学及其他有关学科奠定专业基础。

四、研究方法

研究方法即对研究对象怎么研究——方法论（科学哲学、逻辑、系统论等）。根据地学的特点，通常采用下列研究方法。

1. 野外考察与定位观测

地学所研究的领域已经非常广泛，地理环境是气候、地形、生物、母质、土地利用方式以及人类生产生活等多种因素综合作用的结果，它在这些因素的作用下发生，并随着时间的发展而有不同的变化规律。绝大多数地学现象和问题是不能在实验室内重现的。因此，地学领域相关问题的研究除了搜集和研究前人的资料外，必须进行野外考察与定位观测，积累大量感性资料，以获取研究区域环境系统的组成、结构、功能等方面的一手资料和必要的环境样品，再结合室内化验分析与试验模拟资料，运用综合比较研究方法和相关分析研究方法等，进行分析对比、归纳总结，才能从宏观和微观层面上掌握环境巨系统中的能量流动、物质循环过程，尤其有利于分析污染的成因、时空分布规律以及自然现象和灾害等的影响因素和形成机制机理等。这是地学最基本的研究方法。通过“实践-认识-再实践-再认识”循环往复的形式，得出反映客观事物本质规律的结论。

2. 实验室分析

地球环境巨系统是一个复杂的综合体，人们可以借助现代分析测试手段，在实验室进行样品的物理学和化学方面的分析，如利用偏光显微镜、电子显微镜、化学分析等方法研究矿物、岩石和土壤等的化学组成、物理性质，以获取大量定量实验室数据，为揭示环境问题的发生、发展、演变，及时空分布特征和防控技术的应用与验证、模型的研究提供基础数据支持。

3. 模拟试验和比拟法

由于环境系统非常复杂，为了使研究简化，科研人员已经开始应用模拟试验和比拟的方法开展地球环境问题的相关研究，即在实验室内模仿自然界演化过程进行研究，如在风蚀研

究中就大量使用风洞模拟试验。虽然由于自然界的复杂性不能在实验室内模拟出完全相同的条件，但是随着科学的发展，借助模拟试验的结果来分析实际问题的方法将越来越多地被采用，它是一种重要的研究方法。

4. 遥感技术/地理信息系统技术的应用

借助现代遥感技术监测区域人类活动与环境相互作用的过程，是现代环境监测发展的新趋势。通过多时相、多光谱、多种遥感信息影像的综合应用研究，开发图形图像处理的新技术、新软件、计算机自动识别与制图技术、影像人工解译系统及其标志，构建遥感影像识别的地物光谱特征数据库，提高遥感影像空间分辨率，扩大遥感技术在环境领域的应用范围，使其成为对环境问题发生、发展及演变进行定量化监测的有用手段。

地理信息系统作为地理空间数据处理、分析系统，已经广泛应用并受到越来越多的环境工作者的青睐。通过地理信息系统的开发利用，获取研究区域定量资料，是环境问题研究的重要手段。

将遥感技术、地理信息系统技术等相关技术有机结合，监测研究区域环境现状、分析动态变化规律、预测发展趋势、分析人类活动与环境相互作用的过程等，是现代环境监测和预测分析的发展趋势。

5. 数理统计/计量分析手段的应用

包括环境问题在内的多学科问题涉及多要素、多指标、多变量，需要应用多元数理统计/计量分析等手段来研究各因变量与自变量之间的内在关系，并建立相应的模型，从而为科学辨识和正确处理环境问题奠定基础。马克思就曾表达过这样一种看法，即“一门科学只有在成功地运用数学时，才算达到了真正完善的地步”。“没有数学，我们无法看透哲学的深度；没有哲学，人们也无法看透数学的深度；而若没有两者，人们就什么也看不透。”西方学者凯尔文更进一步说，“如果你能测度你的研究对象，并以数字表示之，那么谓之有所知。如果你不能用数字描述研究对象，那你的知识就是粗浅而片面的，或许你正要开始了解你的研究对象，但无论研究对象为何物，你的认识尚未升华到科学状态”。因此，地学的各项研究也离不开各种数学方法，目前，在环境科学专业中已经开设了与数学、统计学等相关的课程。这些课程的开设为日后的工作将打下扎实的数学基础，成为科学发展的基石。

6. 推理法

地球表层系统的各种作用和表现形式都有其发生发展的一般条件、规律和特性所在。因此，可以利用在地球上所观察到的各种外在的表现形式和现象以及变化规律来推断过去及其变化规律，进行推理论证。推理的基本方法包括演绎和归纳两种。演绎是由一般原理推出关于特殊情况下的结论。归纳是由一系列具体的事实概括出一般原理。在地学研究中，归纳推理法相对演绎推理法更为基本。当然，一些地学现象和环境问题不是简单重复，而是向前发展的，因此需要辩证地对待所获取的资料，才能正确推理。

参考文献

[1] 陈静生，汪晋三. 地学基础. 北京：高等教育出版社，2002.

[2] 赵烨. 环境地学. 北京：高等教育出版社. 2007.

[3] 陈效逑. 自然地理学原理. 北京：高等教育出版社. 2006.

[4] 宋春青，邱维理，张振青. 地质学基础. 第四版. 北京：高等教育出版社，2005.

[5] 伍光和，田连恕，胡双熙，王乃昂. 自然地理学. 第三版. 北京：高等教育出版社，2000.

第二章　地　　壳

地壳包括硅铝层（花岗岩层）和硅镁层（玄武岩层），地壳虽薄，但却是同地球外部各个圈层——土壤圈、大气圈、水圈、生物圈关系最为密切，反映地球内外力地质作用最明显的地方，也是人类和其他生物立地的基础。同时，地壳是自然地理学的研究对象。因此，认识地壳的物质组成，地壳的运动、变化、现象以及它们对地理环境的影响，对于研究自然地理环境、全面理解地理环境各个要素之间的相互作用和相互联系是十分重要的。地球是一个特殊的物理化学系统，它有别于太阳系其他行星，不但有生物圈和生命的长期作用，有液态水圈和氮-氧形成的大气圈，还有岩石圈的板块运动，从而决定了地球系统特有的物质运动与元素行为特征。

第一节　地壳的组成

地壳的组成物质可以从元素、矿物、岩石三个层次来说明。在地壳中各种元素形成矿物，各种矿物组成岩石，岩石构成地壳。可见，元素、矿物、岩石三者既相互联系，又有区别。

一、元素

（一）丰度和克拉克值

化学元素在任何宇宙或地球化学系统中（如地壳、大气圈、水圈、土壤圈等）的平均含量，称为丰度。元素在地壳中的丰度很早就有人研究，美国化学家克拉克（F. W. Clarke，1847～1931）经过40年的努力工作，获得了大量岩石样品的化学成分数据，并于1924年和华盛顿（H. S. Washington，1867～1934）共同发表了第一份地壳元素丰度资料，确定了地壳50种元素的含量，后经许多学者丰富补充，形成了地壳中元素丰度的基本资料，在科学研究中被广泛引用。为了表彰克拉克的贡献，通常把化学元素在地壳中的平均质量百分比称克拉克值。

在地壳中已经发现九十多种元素，这些元素的总特征如下：①地壳中元素的含量极不均匀，部分克拉克值较大的元素依次为O（46.60%）、Si（27.72%）、Al（8.13%）、Fe（5.00%）、Ca（3.63%）、Na（2.83%）、K（2.59%）、Mg（2.09%）、Ti（0.44%）、H（0.14%）、P(0.12%)、Mn(0.10%)、S(0.05%)、C(0.03%) 等，其中含量大于1%的大量元素的总含量大于98%，其余80多种元素的克拉克值之和不到2%，且含量最高的元素氧（46.60%）是含量最低的元素氡的1017倍；②在不同地区、不同深度上，地壳元素的分布也极不均匀，通常，地壳上部以氧、硅、铝为主，钙、钠、钾也较多，而下部，虽仍以氧、硅为主，但其他元素的含量减少，镁和铁相应增多。

目前对于各个圈层元素丰度的研究是地球化学、环境科学等领域研究的热点和重点，也是一项基础性任务，通常作为研究工作的参考系统，如克拉克值经常被用来作为沉积物污染评价和元素富集因子研究的参考系统。

（二）元素自然组合规律

元素是组成地壳的物质基础，元素克拉克值在一定程度上影响着元素的许多地球化学过程，如元素在地质作用下通过自然组合而富集形成矿产，以供人类开发利用，带来经济效益。元素的自然组合受一定的规律支配，主要有元素的地球化学亲和性和矿物晶体形成或变化过程的类质同象和同质多象规律。

1. 元素的地球化学亲和性及其分类

元素的地球化学亲和性是指在自然体系中元素形成阳离子的能力和所显示出的有选择地与某种阴离子结合的特性，是控制元素在自然界相互结合的最基本规律。元素的亲合性是制约各种地质作用中元素地球化学行为的基本属性。同类元素之间往往表现出紧密共生和共同迁移的特点。在元素周期表的基础上，结合元素自然组合的基本规律以及各种地球化学行为特征，人们对化学元素进行了元素地球化学分类。它是对元素自然组合的最基本的划分。其分类方案很多，比较有代表性的分类有戈尔德施密特（V. M. Goldschmidt）分类和查瓦里斯基分类。其中，戈尔德施密特分类自1923年提出以来一直为地学界广泛引用，是国际公认较好的分类，该分类将元素分为亲氧元素、亲铜元素、亲铁元素、亲气元素和亲生物元素五类，见图2-1。

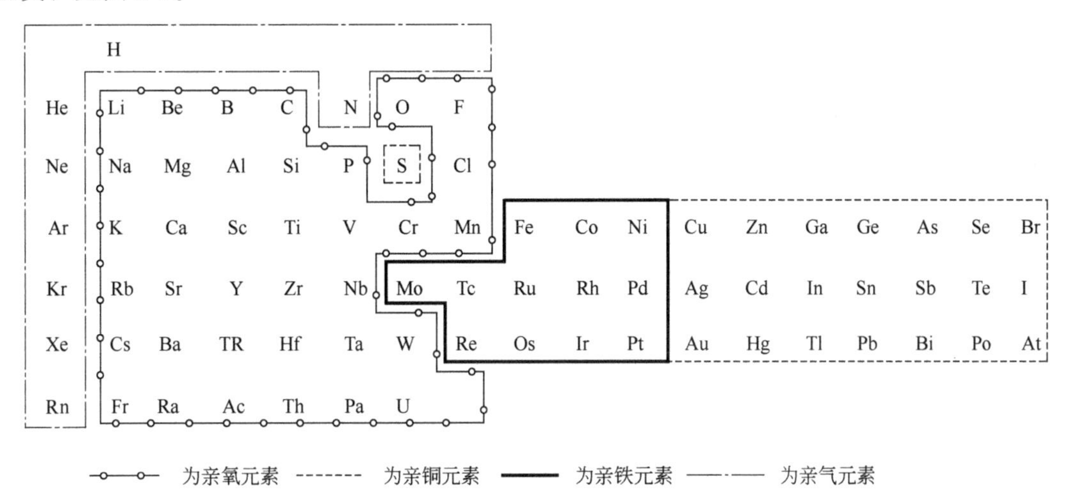

图2-1 戈尔德施密特元素地球化学分类

亲氧元素（oxyphile element or lithophile element）：离子的最外层电子具有8个电子稳定结构，与氧的亲和力强，能与氧以离子键性结合的元素，易熔于硅酸盐熔体，包括Li、Be、B、C、O、F、Na、Mg、Al、Si、P、Cl、K、Ca、Mn、Ti、Cr、V、Ba和I等，其中的金属元素很容易与O、F、Cl化合。它们的原子结构呈惰性气体型，因而在自然迁移过程中表现较稳定。亲氧元素是地壳岩石的重要组成元素，故亲氧元素又称亲石元素。

亲铜元素（sulfophile element or chalcophile element）：离子的最外层电子具有18个电子的铜型结构，与硫的亲和力强，能与铜以共价键性结合，易熔于硫化铁熔体，包括S、Cu、Zn、Ag、Hg、Pb、Sb、Cd、As等，易与硫化合而成硫化物、硫盐等，常和铜的硫化物共生，又称亲硫元素或造矿元素。

亲铁元素（siderophile element）：离子的最外层电子具有8～18个电子的过渡结构，与氧和硫的亲和力均弱，不能形成阳离子，只能以自然金属形式存在，它们常与金属铁共生，以金属键性相互结合，易熔于熔铁，包括Fe、Co、Ni、Ru、Rh、Pd、Re、Os、Ir、Pt、Au等，它们居于亲石元素和亲铜元素间的过渡位置，既能和氧结合，又能与硫结合。

亲气元素：原子最外电子层具有8个电子，具有挥发性或倾向形成易挥发化合物，主要集中在大气圈，包括 H、He、N、Ne、Ar、Kr、Xe、Rn 等。它们具有稳定的电子层结构，多数以单原子分子状态存在。

亲生物元素：包括 C、N、H、O、P、S、Cl、I、B、Ca、Mg、K、Na、V、Mn、Fe、Cu、Si 等。

元素的亲和性不是绝对的，不少元素具有双重亲和性，不同类型的亲和性之间有一定的过渡性。同时，元素亲和性经常被用来解释颗粒物上载带元素的来源分析，如亲铜和亲铁元素在较高温度下（如燃烧冶炼）易熔化乃至气化，一旦排放进入大气，立即在大气悬浮颗粒上核化（如凝华），致使大气颗粒物中这些元素增加，导致大气悬浮颗粒物中亲铜、亲铁元素的含量受局地工业活动影响较大。在自然条件下，如沙尘天气期间，颗粒物上载带的亲铜元素与亲氧元素相比增加很少，导致沙尘主要携带丰富的亲氧元素和 Fe 元素迁移。即外来沙尘对空气中亲氧元素及 Fe 元素影响最大，对亲铜元素基本无影响，这与它们的物理化学性质相一致。

2. 类质同象规律

某些物质在一定的外界条件下结晶时，晶体中的部分构造位置随机地被介质中的其他质点所占据，结果只引起晶格常数的微小变化，晶体构造类型和化学键类型等保持不变，这一现象称为“类质同象”，即性质相近的离子可以相互顶替的现象。类质同象发生替换的条件是：离子半径大小相近；离子的电价相同或电价总和能够平衡；成键轨道相似及轨道能（可用电离势代表）相近。因此，类质同象常发生于元素周期表中相邻元素间，如同族相邻元素 Fe、Co、Ni 间，同族上下元素 Li、Na、K、Rb 间。类质同象是元素存在的一个普遍现象。低克拉克值元素往往存在于高克拉克值元素形成的矿物中。如钾、钠的克拉克值分别为 2.59％和 2.83％，都属于大量元素，在自然界可形成多种独立矿物；与钾、钠同属第一主族的铷、铯，由于在地壳中的含量低，都属于微量元素，难以达到饱和浓度，不能形成自己的独立矿物，主要呈分散状态存在于钾、钠的矿物中，即钾、钠经常可以被铷、铯所置换，但并不破坏其结晶格架。

为了反映矿物中元素类质同象的总体特征，赵利青将发生类质同象置换的元素列于元素周期表中，编制成了一张简表来展现类质同象的全貌，利用该表可以很快地查到可能替代某一元素的其他元素，有助于研究矿物中可能富集的元素及矿床、岩石的元素组合，指导矿产综合评价。

3. 同质多象规律

同质多象与类质同象相反，指成分相同的物质，在不同的外界条件下，形成构造和性质完全不同的晶体的现象。如金刚石和石墨都由碳组成，但它们的结晶构造和物理性质完全不同。

二、矿物

（一）*矿物的概念*

矿物是化学元素在各种地质作用下形成的具有相对固定化学成分和物理性质的自然均质体，是组成矿石和岩石的基本单位。可见，矿物是各种地质作用形成的天然产物，人类加工形成的物质，如食糖虽然具有矿物的某些性质，但不能在自然条件下形成就不是矿物；矿物具有一定的化学成分，如金刚石成分为单质碳；矿物具有较稳定的物理性质，如方铅矿呈钢灰色、金属光泽、不透明、条痕为黑色、较软。矿物是构成矿石和岩石的物质基础，人类的衣、食、住、行等各个方面都离不开矿物。如建造房屋所需要的各种材料、随身佩带的宝石、日常食用的食盐、点豆腐用的石膏等都来自于矿物。

目前人们所能直接观察到的矿物基本上都产自地球的岩石圈中。近年来矿物学的研究由地壳扩大到地幔，推测将会发现一些地幔矿物。人们通过对陨石和月岩中矿物的研究，发现陨石、月岩中的矿物种类和地壳中的矿物基本一致。

（二）矿物的分类

矿物的分类方法很多，目前常用的是同时考虑矿物的化学组成特点和晶体结构特点的晶体化学分类法。这种方法首先根据化学组成的基本类型，将矿物分为自然元素矿物、硫化物矿物、卤化物矿物、氧化物及氢氧化物矿物、含氧盐矿物等五大类，如表 2-1。再根据阴离子的种类把五大类分为若干类，如含氧盐矿物可以分为碳酸盐矿物、硫酸盐矿物、硝酸盐矿物、铬酸盐矿物、硅酸盐矿物、硼酸盐矿物、碘酸盐矿物等。

表 2-1 矿物分类简表

大类	特征及其他
自然元素	以单质形式产出，如金、硫黄、石墨等
硫化物	多具有金属光泽，深条痕，不透明，硬度低，相对密度大，如黄铁矿
氧化物及氢氧化物	如石英
卤化物	大多硬度低，相对密度小，无色透明或浅色，如萤石
含氧盐	碳酸盐、硫酸盐、硝酸盐、铬酸盐、硅酸盐、硼酸盐、碘酸盐等，如橄榄石

以上这些矿物中硅酸盐矿物种数最多，占整个矿物种类的 24%，占地壳总质量的 75%；其他含氧盐类共占三分之一，质量占 17%。

（三）矿物的命名

① 以化学成分命名：如钨锰铁矿（Mn，Fe）WO_4，硫黄（S）。

② 以物理性质命名：如重晶石（相对密度大），方解石（具菱面体解理），孔雀石（孔雀绿色），天青石（天青色），蛇纹石（颜色斑驳如蛇皮）。

③ 以形态特点命名：如石榴子石（四角三八面体或菱形十二面体，状似石榴子），十字石（双晶呈十字形）。

④ 结合两种特点命名：a. 成分及性质，如赤铁矿条痕樱红色，黄铁矿铜黄色，辉锑矿金属光泽，磁铁矿强磁性；b. 形态及性质，如红柱石红色柱状晶体，绿柱石绿色柱状晶体。

⑤ 以矿物发现地地名命名：如香花石（发现于我国香花岭），高岭石（我国江西高岭地方产者最著名）。

⑥ 以矿物发现人名字命名：如章氏硼镁石（英文名 Hungchsaoite，可译为鸿钊石，为纪念我国地质学家章鸿钊而命名）。

⑦ 对于呈现金属光泽的或者是可以从中提炼金属的矿物：往往称之为××矿，如黄铜矿、方铅矿等。

⑧ 对于非金属光泽的矿物，往往称之为××石，如方解石、重晶石等。

⑨ 对于宝玉石类矿物，常称之为×玉，如刚玉、碧玉。

⑩ 对于地表次生矿物，常称之为×华，如钴华、钨华。

⑪ 对于易溶于水的，常称之为×矾，如明矾、胆矾。

⑫ 对于呈粉末状的集合体，常称之为×土，如高岭土。

⑬ 由外文翻译成中国名称的，如托帕石等。

但以矿物特征即以①～④的方法命名的居多，这有助于熟悉该矿物的成分和性质。

（四）矿物集合体的形态

在一定地质条件下，许多矿物往往生长在一起，称为矿物集合体，常见的矿物集合体形态有以下几种。

① 粒状集合体　由各向发育程度大致相等的晶粒组成。粒状集合体大多是从岩浆或溶液中结晶形成的，当岩浆冷却或溶液达到过饱和时，会出现许多结晶中心。围绕这些结晶中心生长的晶体，结晶到一定程度便开始争夺剩余空间，结果形成外形不规则的粒状集合体。

② 致密块状集合体　致密均匀，肉眼不能分辨晶粒之间的界限。

③ 片状、鳞片状、柱状、针状、纤维状、放射状集合体　由许多片状、鳞片状、柱状矿物晶体组成。

④ 晶簇　在岩石空隙或孔洞壁上许多晶形完好的晶体发育在同一基底上，另一端自由发育而形成的矿物集合体形态，称晶簇，如石英晶簇 [图 2-2(a)]。生长晶簇的空间叫晶洞。

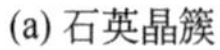

(a) 石英晶簇

(b) 玛瑙

图 2-2　矿物集合体形态示意图

⑤ 杏仁体和晶腺　矿物溶液或胶体进入岩石的气孔或空洞时，往往从洞壁向中心层层凝聚，最后把孔洞充填所形成的矿物集合体。其外形极不规则，与孔洞形状密切相关。杏仁体直径小于 2cm，晶腺直径大于 2cm。晶腺内部具有同心圆状的生长纹饰，如玛瑙 [图 2-2(b)]。

⑥ 结核、鲕状体　矿物溶液或胶体常围绕某一中心生长，使集合体由中心向周围扩大，最后形成球状、瘤状等形态，称为结核。小于 2mm 形同鱼子的结核称鲕状体。

⑦ 肾状、钟乳状和葡萄状集合体　某些含矿物质的溶液或胶体，因失去水分而逐渐凝聚形成的肾状、钟乳状和葡萄状集合体，如溶洞中的钟乳石、石笋就常具有这种形态。

⑧ 土状集合体　疏松粉末状的矿物集合体，一般无光泽，通常是由风化作用产生的矿物，如高岭石。

（五）矿物的物理性质

矿物的物理性质是固定的，它决定于矿物的化学成分和晶体结构。矿物的物理性质包括颜色、条痕、光泽、透明度、硬度、解理、断口、相对密度、韧性等，是鉴定矿物的重要标志。

1. 颜色

颜色是矿物的重要光学性质之一。不少矿物有它的特殊颜色，如孔雀石的特殊绿色、蓝铜矿的特殊蓝色。矿物的颜色有自色、他色、假色之分。自色是指矿物本身固有的化学组成中含有某些色素离子而呈现的颜色。元素周期表中的过渡金属离子对某些波段的光线特别敏感，通常为色素离子。自色大体上固定不变，较稳定。它色是因矿物中混入了某些杂质而表现出来的颜色，与矿物本身的化学成分无关。如纯净的水晶是无色透明的，若有不同杂质混入就呈现不同颜色，如烟水晶（含有机质）、紫水晶（含锰）。假色是因为某些物理的和化学的原因而引起的颜色，如矿物表面形成的氧化膜而引起的矿物颜色。

2. 条痕

条痕是矿物粉末的颜色，一般指矿物在白色无釉瓷板上划擦时留下的粉末的颜色。矿物条痕的颜色可以与矿物颜色一致，也可以不一致。如自然金，二者都是金黄色；赤铁矿条痕为樱红色，而颜色却为赤红、铁黑等色。矿物的条痕比矿物颜色稳定得多，它可以消除假色、减弱他色、显示自色，是鉴定矿物的重要标志之一。如果欲鉴定的矿物，不能直接画出条痕，则可用小刀刮下粉末放在瓷板上或者白纸上进行观察。

3. 矿物的透明度

矿物的透明度指光线透过矿物多少的程度，可将矿物按照透明度分为透明矿物（矿物碎片边缘能清晰透见它物，如石英）、半透明矿物（矿物碎片边缘可模糊透见它物，如闪锌矿）和不透明矿物（矿物碎片边缘不能透见它物，如磁铁矿）。矿物的透明度受矿物中的杂质、包裹体、气泡、裂隙和集合体形态等的影响。自然界没有绝对透明或绝对不透明的矿物。矿物的透明度与矿物的大小厚薄有关。大多数矿物标本表面看是不透明的，但碎成小块却是透明的，不能认为它是不透明的。

4. 光泽

矿物新鲜面对光线的反射程度称为光泽。矿物光泽的强弱决定于矿物对可见光的反射率。反射强，光泽强；反之则弱。矿物光泽一般可分为金属光泽、非金属光泽和半金属光泽，非金属光泽又细分为金刚光泽和玻璃光泽。光泽是鉴定矿物的依据之一，也是评价宝石的重要标志。

① 金属光泽　矿物表面反光极强，如同光亮的金属器皿表面所呈现的光泽。某些不透明矿物均具有金属光泽，条痕为黑色或者金属色，如自然铜、方铅矿、磁铁矿等。

② 半金属光泽　呈弱金属状光亮，暗淡不刺目，半透明，条痕以深彩为主，如辰砂、黑色闪锌矿等。

③ 金刚光泽　呈金刚石状光亮，反射较强，光泽闪亮耀眼，半透明或透明，条痕为浅彩色、无色或白色，如金刚石、白钨矿、浅色闪锌矿等。

④ 玻璃光泽　呈玻璃状光亮，反射较弱，像普通玻璃表面那样的光泽，透明，条痕为无色或白色，如水晶、正长石、方解石等。大约70%的矿物具有此种光泽。

如果矿物表面不平，或带有细小孔隙，或不是单体而是集合体，则其表面所反射出来的光量因经受多次折射、反射而增加了散射的光量，从而造成下列特殊光泽。

① 丝绢光泽　透明矿物，平行纤维状矿物由于反射光相互干扰产生的表面丝绢光亮，如纤维状石膏、石棉等。

② 珍珠光泽　透明矿物，在片状集合体的矿物极完全的解理面上具珍珠状光亮，如白云母、片状石膏等。

③ 油脂光泽　透明矿物，解理不发育，在不平坦的断口上具油脂状光亮（微带暗淡阴影），如石英等。

④ 土状光泽　粉末状和土状集合体的矿物，表面暗淡无光，如高岭石等。

5. 硬度

矿物的硬度是指矿物抵抗外力的刻画、压入、研磨等的能力，可以用摩氏硬度计、小刀或指甲等来确定矿物的硬度。

早在1822年，德国的摩氏（Friedrich mohs）就提出用10种标准矿物来衡量矿物的硬度，并制成摩氏硬度计。据此将硬度分为10级，按照它们的软硬程度依次划分为：滑石、石膏、方解石、萤石、磷灰石、正长石、石英、黄玉、刚玉、金刚石。摩氏硬度计各级之间硬度的差异是不均等的，只表示硬度的相对大小。

利用摩氏硬度计测定矿物硬度简单方便。将预测矿物和硬度计中某一矿物相互刻划，如某一矿物能划动方解石，说明其硬度大于方解石，但又能被萤石所划动，说明其硬度小于萤石，则该矿物的硬度为3～4之间，可定成3.5。瓷砖技术标准中就有摩氏硬度，中国瓷砖摩氏硬度标准为≥6。

在野外可以利用指甲（摩氏硬度为2～2.5）、铜钥匙（3）、小刀（5～5.5）和钢锉（6～7)等来代替硬度计测试硬度。

测定矿物的硬度要在新鲜面进行，否则结果不可靠。矿物的硬度比较固定，因此它是矿物的重要鉴定标志。某些矿物的硬度的细微变化常与形成条件有关，因此根据硬度可以探讨矿物的成因。矿物的硬度在工业技术上有重要意义，如高硬度的金刚石广泛用作研磨、切割、抛光等的重要工具，低硬度的石墨是重要的固体润滑剂。

6. 矿物的解理

矿物晶体在外力作用下沿着一定结晶方向破裂，并产生光滑平面的性质称为解理，这些平面称为解理面。根据晶体在外力的作用下裂成光滑的解理面的难易程度，可以把解理分成下列五级。

① 极完全解理　矿物极易裂成薄片。解理面光滑、平整，此类矿物一般无断口，如云母。

② 完全解理　矿物极易裂成平滑小块或薄板。解理面光滑，此类矿物不易见到断口，如方解石。

③ 中等解理　解理面不太光滑且一般不能一劈到底，在矿物碎块上既可看到解理，又可看到断口，如普通辉石。

④ 不完全解理　矿物不易裂出明显的解理面。解理面不平整，容易出现断口，如磷灰石。

⑤ 极不完全解理（即无解理）　矿物极难出现解理面。在碎块上常出现断口，如石英。

7. 断口

矿物受力后不是按一定方向发生破裂，而产生各种凹凸不平的破裂面的性质，叫断口。断口常具有一定的形态，因此也是鉴定矿物的特征之一。矿物断口的形状主要有贝壳状、锯齿状、参差状、平坦状等几种。

8. 矿物的相对密度

矿物的相对密度是指矿物与4℃时同体积水的质量之比。矿物比重的数值实际上等于矿物的相对密度。矿物相对密度的变化幅度很大，可由小于1（如琥珀)～23（如铂族矿物)，大多数矿物相对密度在2.5～4之间，一些重金属矿物常在5～8之间。

9. 矿物的延展性和脆性

矿物受力后，容易锤击成薄片和拉引成细丝的性质称为延展性。矿物受力极易破碎，不能弯曲称为脆性。大部分矿物具有脆性，延展性是金属矿物的一种特性，如自然金、自然银、自然铜等自然金属矿物都具有良好的延展性。当用小刀刻划矿物时，矿物表面被刻之处立即留下光亮的沟痕，则矿物具有延展性；若矿物表面出现粉末或碎粒，则矿物具有脆性。

10. 矿物的磁性

矿物的磁性是指矿物可被磁铁吸引或矿物本身能够吸引铁屑等物体的性质。最早的指南针就是利用天然磁铁矿制成的。矿物的磁性主要由于矿物成分中含有铁、钴、镍、钛等元素。一般用普通马蹄磁铁来测试矿物的磁性。利用磁性不仅可以用来鉴定和分选矿物，同时还是磁法探矿的依据。

11. 矿物的发光性

一些矿物在外加能量的激发下能发射可见光的性质称为发光性。矿物在外加能量停止后仍然继续发光，此缓慢衰退的发光称为磷光。在外加能量消失后即停止发光，这种发光称为荧光。具荧光性矿物只要在外加能量的连续作用下，就能连续发射某种可见光。如含有稀土元素的萤石和方解石常常产生荧光。矿物的发光性对于某些矿物的鉴定及勘探工作有一定意义。

12. 矿物的弹性和挠性

矿物受外力作用发生弯曲变形，当外力作用消失后，能恢复原状的性质，称为弹性，如云母、石棉等矿物均具有弹性；如当外力作用消失后，弯曲了的变形不能恢复原状的性质，称为挠性，如滑石、绿泥石等矿物均具有挠性。

13. 矿物的放射性

放射性元素能够自发地从原子核内部放出粒子或射线，同时释放出能量，这种现象叫做放射性，这一过程称为放射性衰变。含有放射性元素（如 U、Tr、Ra 等）的矿物叫做放射性矿物。利用矿物的放射性不仅可以鉴定放射性元素矿物和找寻放射性元素矿床，同时对于计算矿物及地层的绝对年龄也极为重要。

14. 矿物的其他物理性质

矿物的其他物理性质还有热电性、易燃性等。这些性质在鉴定、找矿以及矿物应用上都有重要意义。

（六）常见的造岩矿物和一些主要矿物

截至 1998 年底，全世界已发现且命名的矿物有三千八百多种（不包括亚种）。其中，常见矿物只有 100 多种，最常见的只有五六十种，组成岩石主要成分的矿物（常称造岩矿物）不过二三十种。最常见的造岩矿物有长石、石英、云母、角闪石、辉石、橄榄石等几种，见图 2-3。

1. 长石

此类矿物约占地壳总质量的 50%，为分布最广和第一重要的造岩矿物，包括正长石、斜长石及其各种变种。正长石 $K[AlSi_3O_8]$ 或 $K_2O \cdot Al_2O_3 \cdot 6SiO_2$，又名钾长石，多为肉红、浅黄、浅黄白色，玻璃光泽，解理面珍珠光泽，半透明，白色条痕；两组解理直交，由此得名；硬度 6，相对密度 2.56～2.58；正长石是陶瓷业和玻璃业的主要原料，也可用于制取钾肥。斜长石 $Na[AlSi_3O_8]$～$Ca[Al_2Si_2O_8]$，多呈白至灰白色，有些呈浅蓝或浅绿色，玻璃光泽，半透明，白色条痕；两组解理相交成 86°24′，故得名斜长石；硬度 6～6.5，相对密度 2.6～2.76；斜长石也是陶瓷业和玻璃业的主要原料，色泽美丽者可作宝玉石材料，如日光石。

2. 石英 SiO_2

自然界随处可见，在地壳中的含量仅次于长石。纯净的石英无色透明，玻璃光泽，贝壳状断口上具油脂光泽，无解理，硬度 7，相对密度 2.5～2.8。无色透明的石英称为水晶，含锰杂质的为紫水晶，含有机质杂质的为烟水晶；含铁锰杂质呈现玫瑰红色的为芙蓉石（蔷薇石英）。由二氧化硅胶体沉积而成的呈肾状、钟乳状的隐晶质石英称石髓或玉髓；有不同颜色的同心层状或平行条带的石英称玛瑙，细粒微晶组成的灰色至黑色隐晶质石英称燧石，俗称火石。

3. 普通角闪石 $Ca_2Na(Mg, Fe)_4(Al, Fe)[(Si, Al)_4O_{11}]_2[OH]_2$

晶体呈长柱状，横断面为近菱形的六边体，集合体常呈粒状、针状或纤维状；绿黑至黑色，条痕为灰绿色，玻璃光泽，近乎不透明；两组完全解理，交角为 124°；硬度 5～6，相对密度 3.1～3.4。

4. 云母

按照成分和颜色，可分为白云母、金云母、黑云母；集合体呈假六方柱状或板状、片状、鳞片状；颜色多样，玻璃光泽，解理面上珍珠光泽，透明或半透明；具一组极完全解理，薄片有弹性；硬度 2～3，相对密度 2.7～3.1；具高度的不导电性和耐火性。

(a) 正长石(钾长石) (b) 斜长石
(c) 石英 (d) 普通角闪石
(e) 云母 (f) 普通辉石
(g) 橄榄石 (h) 方解石

图 2-3　主要造岩矿物示意图

5．普通辉石 (Ca，Na)(Mg，Fe，Al)[$(Si，Al)_2O_6$]

晶体为短柱状，集合体常为粒状；绿黑至黑色，条痕浅灰绿色，玻璃光泽（风化面暗淡)，近乎不透明；两组中等解理近直交；硬度5～6，相对密度3.23～3.52。

6. 橄榄石 $(Mg, Fe)_2SiO_4$

晶体为短柱状，多呈粒状集合体；浅黄绿色至深绿色，因常呈橄榄绿色而得名；玻璃光泽，透明至半透明；解理中等或不完全，常具贝壳状断口；性脆；硬度6.5～7，相对密度3.3～3.5。

7. 方解石 $CaCO_3$

方解石是组成石灰岩和大理岩的主要成分；硬度3，相对密度2.71；集合体常呈块状、粒状、鲕状、钟乳状等；一般为乳白色，或灰、黑等色；玻璃光泽；三组完全解理，故名方解石；遇稀盐酸剧烈起泡，放出CO_2；方解石在冶金工业上用做熔剂，在建筑工业方面用来生产水泥、石灰。无色透明的叫冰洲石，冰洲石是制作偏光棱镜的高级材料。

三、岩石

岩石（rocks）是由一种或多种矿物组成的集合体。岩石的用途相当广泛。自然界中的岩石种类很多，按其成因不同，可分为岩浆岩、沉积岩和变质岩三大类。

（一）岩浆岩

1. 岩浆作用和岩浆岩的概念

岩浆是上地幔和地壳深处自然形成的以硅酸盐为主要成分的高温（700～1300℃）、黏稠、含有挥发性组分的熔浆流体。岩浆在地下深处形成后，由于具有巨大的活动性和承受的巨大的压力作用而常向着压力低的地方（地壳的破碎处或薄弱地带）运移和聚集，侵入地壳或喷出地表，冷凝成岩石。通常，把岩浆的形成、运移、聚集、变化及冷凝成岩的全部过程，称为岩浆作用。

岩浆作用的方式主要有两种：一种是岩浆上升到地壳中一定位置，由于上覆岩层的外压力大于岩浆的内压力，迫使岩浆停留在地壳中冷凝成岩，称侵入作用，形成侵入岩。侵入作用按深度（距地面3km为界）分为浅成侵入作用和深成侵入作用，相应形成浅成岩和深成岩。另一种是岩浆的内压力大于上覆岩层的外压力，岩浆冲破上覆岩层喷出地表冷凝成岩，称喷出作用或火山活动，形成喷出岩，又称火山岩。

地下深处的岩浆侵入地壳或喷出地表经过冷凝而形成的岩石，称为岩浆岩，又名火成岩(igneous rocks)，包括侵入岩和喷出岩两类。

2. 岩浆岩的产状

岩浆岩的产状指岩浆岩岩体的大小、形状、与围岩（周围岩石）的接触关系以及形成时期所处的地质构造环境（图2-4）。根据岩浆活动方式不同，可将岩浆岩的产状分为两大类，即侵入岩产状和喷出岩产状。侵入岩产状又可分为深成侵入岩产状和浅成侵入岩产状。深成侵入岩的产状有岩基、岩株；浅成侵入岩的产状有岩墙和岩脉、岩床、岩盖、岩盆；喷出岩的产状有火山锥、熔岩流、熔岩被。侵入岩形成于地壳内，只有在上覆地层被侵蚀移去之后，才出露地表。

① 岩基　地表出露面积很大，一般大于$100km^2$，由花岗岩类岩石构成。如天山、昆仑山、秦岭、祁连山、大兴安岭及江南丘陵等都有花岗岩岩基出露。

② 岩株　地表出露面积一般不大于$100km^2$，平面形状多呈圆形、椭圆形或不规则形状，主要由中、酸性岩石组成。岩株可能是独立的小岩体，也可能是岩基顶部的突出部分。如北京周口店的花岗闪长岩岩体就是典型的岩株。

③ 岩床　规模大小不等；岩体呈板状，与围岩的顶板和底板平行，主要由基性岩构成。

④ 岩盆和岩盖　规模一般不大，但直径可达到数千米，厚度不超过1km；多由中、酸性岩石构成；地表形态常为圆形、椭圆形，上凸下平的岩体称岩盖，顶部平整、中央向下凹

图 2-4　岩浆岩产状示意图

①—岩基；②—岩盆；③—岩床；④—岩盖；⑤—岩脉；⑥—岩株；⑦—捕虏体；
⑧—火山锥；⑨—火山颈；⑩—火山口；⑪—熔岩流；⑫—熔岩被

的岩体称岩盆。

⑤ 岩墙　规模大小不等，厚度从几厘米到几十米，长度从几十米到几十千米；岩体呈板状与围岩斜交，常比较陡直；岩性复杂；岩墙常成群出现形成岩墙群。如北京八达岭关沟中就有岩墙群。

⑥ 岩脉　在形态和规模上与岩墙相似，但与围岩在成因上有密切联系。如一个岩体在其主体部分冷凝后，内部还残留有未凝固的岩浆，这部分残余岩浆可侵入母岩形成岩脉。如花岗岩中常有伟晶岩脉。

⑦ 火山锥　火山喷出物大部分在火山口四周形成锥状地貌，称火山锥。火山形成后，由于不断喷发，往往在原来火山锥的基础上形成小的火山锥，称寄生火山锥。在一个火山地区，火山锥常成群出现，称火山锥群。位于火山锥顶部或其旁侧的漏斗形喷口称为火山口；火山多次喷发，火山口崩塌，便形成巨大的破火山口。火山口可积水成湖，称火山口湖或破火山口湖，如中国长白山主峰的天池。

⑧ 熔岩流　基性熔岩往往沿着山坡或沟谷流动，呈狭长带状，前端散开或扩大，有如舌状，长可达数十千米，称为熔岩流。

⑨ 熔岩被　如果基性熔岩沿地壳裂隙喷出，而地形又比较平缓，常四处漫溢，覆盖较大的面积，称为熔岩被。

⑩ 熔岩台地　当喷发次数多、喷发量大时，可以由熔岩构成表面较平缓的台地，称为熔岩台地。如东北长白山区新生代的玄武岩台地，分布面积 5000 多平方千米。

3. 岩浆岩的结构

岩石的结构指岩石中矿物颗粒的结晶程度、颗粒大小、颗粒相对大小、颗粒形态和颗粒之间的相互关系所反映出来的岩石微观构成特征。影响岩浆岩结构的主要因素是岩浆的冷凝速度。岩浆冷凝速度又与岩浆的温度、黏度、压力、成分、外界地质环境等密切相关。

(1) 按照结晶程度分类

① 全晶质结构　组成岩石的矿物全部结晶，多见于深成岩。

② 半晶质结构　组成岩石的矿物部分结晶，部分为玻璃质，多见于喷出岩中心部位和浅成岩边缘部位。

③ 玻璃质（非晶质）结构　组成岩石的矿物全未结晶，全为玻璃质，多见于浅成岩边

缘和喷出岩。

(2) 按照矿物颗粒大小分类

① 显晶质结构　粒度粗大，用肉眼或放大镜可辨别晶体颗粒，可细分为粗粒（颗粒直径＞5mm）、中粒（1～5mm）和细粒（0.1～1mm）结构。中、粗粒结构多见于深成岩。

② 隐晶质结构　晶粒小于0.1mm，须用显微镜才能辨认晶体颗粒。多见于喷出岩。

(3) 按照矿物颗粒的相对大小分类

① 等粒结构　主要矿物颗粒大小相近。

② 不等粒结构　主要矿物的颗粒大小不等，包括斑状结构和似斑状结构。

a. 斑状结构。矿物颗粒相差悬殊，较大颗粒叫斑晶，细小的叫基质，斑晶多在地下先结晶，晶形较好，粒径较大；基质则是岩浆喷出地表或上升到浅处迅速冷凝而成，多为隐晶质。多见于浅成岩和喷出岩。

b. 似斑状结构。类似斑状结构，但基质为显晶质，斑晶则更为粗大。斑晶和基质大致同时形成，一般是由于某一组分过剩，首先饱和结晶形成较大的斑晶，另一种物质较少的则形成基质。多见于深成岩。

(4) 按照矿物颗粒形状分类

① 自形晶　矿物具有完整的形状。

② 半自形晶　部分矿物晶形好，部分则不规则。

③ 他形晶　矿物晶体形状不规则，晶体不能发育成应有的形状，其形状决定于空隙的大小形状。

上述是从不同角度来划分的岩浆岩结构，某些结构可同时在同一岩石中反映出来。同时，不同类型的岩浆岩由于其形成环境不同，形成的结构也不同。深成岩在温度缓慢下降的条件下形成，由结晶明显、颗粒较大的矿物组成。浅成岩一般由细粒或斑状结晶的矿物组成。喷出岩因在气温及气压骤降的环境形成，冷却速度快，结晶时间短，颗粒细小，难以用肉眼分辨。

4. 岩浆岩的构造

岩石的构造是指组成岩石的矿物集合体的大小、形状、排列和空间分布等所反映出来的岩石宏观构成特征。常见的岩浆岩构造如下。

① 块状构造　岩石中矿物均匀分布，无定向排列。

② 流纹构造　黏度较大的岩浆在地表流动、冷凝过程中形成的不同颜色的条纹和拉长气孔呈定向排列所形成的构造。这种构造反映了当时岩浆流动的痕迹，流纹表示当时岩浆的流动方向。常为流纹岩的典型构造，仅出现在喷出岩中。

③ 气孔构造和杏仁构造　岩浆喷溢地表后，大量气体从中迅速逸出所形成的孔洞，称为气孔构造。气孔如被后来形成的浅色次生矿物充填，形状如杏仁，称为杏仁构造。

④ 斑杂构造　岩石的不同组分在颜色、粒度上都非常不均匀，外貌呈斑块状，多见于中、酸性侵入岩。

5. 岩浆岩分类及主要的岩浆岩

岩浆岩的种类很多，目前已经知道的有1000多种。岩浆岩分类以岩石的化学成分、矿物成分、结构、构造、产状等为依据。首先按照 SiO_2 的含量分为超基性岩（＜45%）、基性岩（45%～52%）、中性岩（52%～65%）和酸性岩（＞65%）四大类；其次，按照造岩矿物的种类确定岩石类型；再按主要矿物的百分含量确定岩石名称；最后，按照岩石的产状、结构和构造进一步细分为深成岩、浅成岩和喷出岩，详见表2-2。常见的岩浆岩包括花岗岩、流纹岩、辉长岩、安山岩和玄武岩等，见图2-5。

表 2-2 岩浆岩分类简表

岩石类型	SiO_2 含量	主要矿物成分	深成岩	浅成岩	喷出岩
产状			岩基、岩株	岩墙、岩脉、岩床、岩盆、岩盖	熔岩流、熔岩被、火山锥
构造			块状	块状	气孔、杏仁、流纹、块状
结构			全晶质中粗粒、似斑状	全晶质细粒、斑状	斑状、隐晶质
超基性岩	<45%	橄榄石、辉石	橄榄岩		
基性岩	45%～52%	斜长石、辉石	辉长岩	辉绿岩	玄武岩
中性岩	52%～65%	斜长石、角闪石	闪长岩	闪长玢岩	安山岩
酸性岩	>65%	正长石、斜长石、石英、黑云母	花岗岩	花岗斑岩	流纹岩

(a) 花岗岩（酸性深成岩） (b) 流纹岩（酸性喷出岩） (c) 闪长岩（中性深成岩）

(d) 安山岩（中性喷出岩） (e) 辉长岩（基性深成岩） (f) 玄武岩（基性喷出岩）

图 2-5 主要岩浆岩示意图

① 花岗岩（granite） 酸性深成岩的代表，是分布最广的深成岩；多为肉红、灰白等色或略带黑色斑点；半自形中粗等粒结构或似斑状结构，块状构造；主要矿物为石英、正长石和斜长石，次要矿物为黑云母、角闪石。

② 流纹岩（rhyolite） 为典型酸性喷出岩；矿物成分与花岗岩相似；常为粉红、灰白、浅紫等色；斑状结构，流纹构造，有时有气孔、杏仁构造；斑晶多为正长石或石英，基质多为隐晶质长石、石英。

③ 闪长岩（diorite） 中性深成岩，一般为灰色、灰绿色；中粒结构，块状构造；主要矿物为普通角闪石和中性斜长石，基本上无石英；石英含量为6%～10%时称石英闪长岩。

④ 安山岩（andesite） 典型中性喷出岩，分布之广仅次于玄武岩；矿物成分与闪长岩同；新鲜岩石多为灰黑、灰绿、灰紫等色；斑状结构，多有气孔构造、杏仁构造、块状构造和流纹构造。深色的安山岩与玄武岩肉眼不易区分，如果斑晶为角闪石，则一般可定为安山岩，安山岩中有时可找到黑云母，玄武岩一般极少见黑云母，此外安山岩中斜长石多较粗短。

⑤ 辉长岩（gabbro） 基性深成岩的代表，黑或黑灰色，等粒结构，块状构造，主要矿

物为富钙斜长石和普通辉石，次要矿物为角闪石和橄榄石。

⑥ 玄武岩（basalt） 典型的基性喷出岩，分布最广；矿物成分同辉长岩；多呈黑或暗灰色，风化面呈黄褐色或灰绿色；斑状或隐晶质结构，常有气孔、杏仁构造。

（二）沉积岩

1. 沉积岩的概念和沉积岩的形成过程

沉积岩（sedimentary rocks）是在地表和接近地表的常温常压条件下，由风化作用、生物作用和某些火山作用产生的物质经搬运、沉积和成岩等一系列地质作用所形成的岩石（水成岩）。它在地球表面分布最广，约占地表岩石分布面积的75%，体积只占岩石圈的5%。沉积岩在解释地球历史时显得特别重要，地质学家能根据岩石的原生构造，推断出岩石的历史，包括原岩的组成、搬运的形式和距离以及颗粒成岩时的自然环境，即沉积环境。沉积岩的形成过程包括风化、剥蚀、搬运、沉积、成岩等几个互相衔接的作用阶段，这几个阶段均属于外动力地质作用。

（1）风化作用

岩石及矿物由于温度变化、水及水溶液、大气及生物作用在原地发生的破坏作用，称为风化作用。风化作用使地壳表层岩石逐渐崩裂、破碎、分解，可形成新矿物。风化作用是破坏地表和改造地表的先行者，是使地表不断变化的重要力量。风化作用一般可分为物理风化、化学风化和生物风化3种类型。

① 物理风化作用 岩石因温度变化等在原地发生机械破坏而不改变化学成分、不形成新矿物的作用，又称机械风化作用。温差变化、冻融交替、干湿变化、生物作用、地壳运动等都能引起物理风化。

a. 温差风化。日夜和季节温度变化可使岩石经常不断地表里不均匀膨胀与收缩，产生垂直和平行于岩石表面的裂隙，导致岩石彼此脱离，层层剥落。

b. 冻融风化。填充于岩石裂隙和孔隙中的水结冰以后体积约增加1/11，在裂隙和封闭孔隙中可产生巨大的压力（9.4×10^4 Pa），从而可以撑开和扩大裂隙；冰融成水，继续向裂隙深处渗透。冻融交替把岩石劈开崩碎，因此裂隙中的冻融作用犹如一把砍石利斧，故也称为冰劈作用。

c. 层裂风化。位于地下深处的岩石，因承受上覆岩石的巨大静压力，处于坚实致密状态。当岩石上升、上覆岩石被剥蚀而出露地表时，岩石膨胀，可产生平行于地表的裂隙；如果是具有层理的沉积岩，层与层之间也可张开。

② 化学风化作用 岩石在水、CO_2、O_2 等作用下在原地发生物理状态、化学成分、矿物组成改变并可形成新矿物的作用。化学风化作用主要有溶解作用、水化作用、水解作用、酸化作用、氧化还原作用等方式。

a. 溶解作用。岩石中的矿物在水作用下溶解，矿物溶解的难易主要决定于矿物的溶解度，其溶解度大小顺序一般为：方解石＞白云石＞橄榄石＞辉石＞角闪石＞斜长石＞正长石＞黑云母＞白云母＞石英。岩石发生溶解作用，其中易溶矿物随水流失，而难溶矿物则残留原地，岩石孔隙增加，变得松散软弱。

b. 水化作用。又称水合作用，指矿物与水相结合，形成新的含结晶水的矿物的作用。如硬石膏（$CaSO_4$）变成石膏（$CaSO_4\cdot2H_2O$）。同时水化作用形成的新矿物，往往体积膨胀，对周围岩石产生很大压力（如硬石膏变成石膏，体积可增大30%），从而引起岩石的机械破碎。

c. 水解作用。矿物在水溶液作用下水解并形成新矿物的作用，即矿物中的K^+、Na^+、Ca^{2+}、Mg^{2+}等阳离子很容易与水中的H^+置换，原矿物被分解破坏并形成新矿物。如正长石在水解作用下，一方面形成KOH溶液（K^+与OH^-结合）随水流失，一方面析出SiO_2胶体或随水流失，或胶凝形成蛋白石（$SiO_2\cdot nH_2O$），其余部分则可形成难溶的高岭石残留于原地。

d. 酸化作用。自然界的水中常含有各种酸类（碳酸、硫酸、硝酸等），可加速对各种岩石的破坏作用。如碳酸盐在含有CO_2的水中，就会转变为重碳酸盐，极易与矿物中的K^+、Na^+、Ca^{2+}、Mg^{2+}等阳离子化合成易溶碳酸盐类而随水流失。

e. 氧化还原作用。岩石中矿物在大气和水中大量游离氧作用下，发生氧化作用，在缺氧条件下发生还原作用。在地壳表层氧化作用普遍而强烈，形成氧化带。许多含有变价元素的矿物，在缺氧条件下形成低价化合物。

③ 生物风化作用　指生物的生长发育及其代谢过程对岩石的破坏作用，它包括生物物理风化作用和生物化学风化作用两种。

a. 生物的物理风化作用。植物根系可以伸入岩石裂隙生长，对岩石可产生980～1471kPa的压力，足可劈开岩石，引起岩石表层的机械破碎。动物的挖掘和穿凿活动对岩石具有破坏作用，如蚯蚓、蚂蚁、鼹鼠、黄鼠、田鼠等挖洞钻土，破坏土层。

b. 生物的化学风化作用。生物生长代谢过程中分泌出的各种化合物对岩石的溶解和腐蚀作用。如各种藻类、苔藓、地衣等在生长过程中，经常分泌有机酸、碳酸、硝酸等；动植物死亡后可分解出CO_2、H_2S和各种有机酸，这些物质对岩石起破坏作用。

地壳表层在风化作用下，形成一层薄的残积物外壳，它不连续地覆盖于基岩之上，这层风化外壳称为风化壳。风化作用的进程或方向，首先是岩石遭受物理风化，发生机械破碎；其次是岩石中K、Na、Ca、Mg、Cl、S等元素的溶失；接着是Si、Al、Fe的富集，并合成高岭土等黏土矿物；最后是黏土矿物的进一步分解，失去SiO_2而使Al、Fe更加富集，并分别形成铝土矿和铁矿，使残积物染成砖红色。因此在适当气候和地形条件下，发育良好的风化壳在垂直剖面上常显示清晰的带状分布，即自下而上，风化程度越来越深。

（2）剥蚀作用

风、流水、地下水、冰川、湖泊、海洋等外动力在运动状态下对地面岩石及风化产物的破坏作用，称为剥蚀作用。从剥蚀作用的性质来看，可分为机械剥蚀和化学剥蚀作用两种方式。

a. 机械剥蚀作用。指风、流水、冰川、海洋等对地表物质的机械破坏作用。如风的吹蚀作用和磨蚀作用，流水的冲蚀作用和磨蚀作用，冰川对谷壁或谷底岩石的刨蚀作用，海浪拍打海岸岩石的海蚀作用。

b. 化学剥蚀作用。流水、地下水、湖泊、海洋等以溶解等方式对岩石进行着破坏，称为溶蚀作用。特别是在石灰岩、白云岩地区，这种作用更为显著，通称喀斯特作用。

（3）搬运作用

风化作用和剥蚀作用的产物被流水、冰川、海洋、风、重力等转移，离开原来位置的作用叫做搬运作用。搬运作用包括机械搬运和化学搬运两种方式。

① 机械搬运作用　通常，风化剥蚀产生的碎屑物质多以机械搬运为主，风、流水、冰川、海水、重力作用等都可进行机械搬运。碎屑物质在搬运过程中进行着显著的分异作用和磨圆作用。分异作用主要表现在碎屑粒径顺着搬运方向逐渐变小。磨圆作用是指碎屑在搬运过程中互相摩擦失去棱角变圆的作用。一般，搬运越远，磨圆度越好；反之，磨圆度越差。同时，搬运介质影响分异作用及磨圆作用，如流水、风、海水等可以产生良好的分异作用和磨圆作用，而冰川及重力搬运一般没有分异作用和磨圆作用，碎屑大小混杂，多具棱角。

a. 风的机械搬运。风速越大，其搬运能力也越大。风的搬运方式可分为浮运和底运两种，小于0.2mm的碎屑多呈悬浮状态搬运，而粗大碎屑则往往沿地面滚动、滑动或跳动式前进。碎屑在风的搬运过程中，分选和磨圆作用明显。

b. 流水的机械搬运。流水的搬运方式可以分为浮运和底运两种，而底运又可分为滚动、滑动及跳动等方式。颗粒大、相对密度大和球度高的碎屑，容易沿水底滚动、滑动，或跳跃式前进；颗粒小、相对密度小和球度低的碎屑，多呈悬浮状态搬运。碎屑在流水搬运过程中也产生明显的分选作用和磨圆作用。

c. 冰川的机械搬运。冰川搬运的大量碎屑物质，一部分是从山坡滚落到冰川上的碎屑，一部分是冰川本身进行冰蚀作用的产物。碎屑物质往往大小混杂地固结于冰川之中，随冰川移动而被载运前进。当冰川融化时，碎屑便堆积下来，碎屑物多未经分选和机械磨蚀圆化。

d. 海洋的机械搬运。海洋的搬运物质大部分是从大陆上的河流搬运来的，部分来自海水对海岸的侵蚀。海洋搬运这些碎屑物质主要靠海浪、潮汐和洋流来实现。

海浪是风作用于水面引起的。海浪的机械作用力随着海水加深而递减，海浪搬运作用的范围仅仅是靠近海岸的浅海地区。洋流一般只能从浅海或半深海底搬运细小淤泥和悬浮物质，但搬运距离很远，可以达到几千千米以上。潮汐只在海岸线一带搬运碎屑物质。

e. 重力机械搬运。碎屑物质在重力作用下，沿斜坡由高向低移动。这种作用在有山崩、滑坡、泥石流处表现尤为明显。在重力影响下沿斜坡移动的碎屑物质分选不好，并多具棱角。

② 化学搬运作用　流水、湖、海等进行着化学搬运作用，其搬运方式基本上有两种：一种是以真溶液形式搬运，搬运物质主要来源于岩石风化和剥蚀产物中的 Ca、Na、K、Mg 等可溶盐类（其中 K 易被植物吸收或被黏土吸附，搬运距离较小），如 $CaCO_3$、$CaSO_4$、NaCl、$MgCl_2$ 等；一种是以胶体溶液形式搬运，搬运物质主要来源于岩石风化和剥蚀产物中的 Fe、Mn、Al、Si 等所形成的胶体物质和不溶物质。

（4）沉积作用

风化和剥蚀产物在外力搬运途中，由于水体流速或风速变慢、冰川融化及其他物理化学条件的改变，搬运能力减弱，从而导致被搬运物质的逐渐沉积，这种作用称为沉积作用。沉积作用的方式有机械沉积、化学沉积和生物沉积三种。

① 机械沉积作用　岩石碎屑被流水、风、海浪、冰川等搬运到一定的位置，因搬运力大减而先后沉积下来，称为机械沉积作用。机械沉积时，粗大的碎屑先沉积，细小的碎屑后沉积；相对密度大的碎屑先沉积，相对密度小的碎屑后沉积，这种按一定顺序依次沉积的作用称机械沉积分异作用。这种作用的结果使沉积物按照砾石⟶砂⟶粉砂⟶黏土的顺序，沿搬运的方向形成有规律的带状分布。它们固结后便形成砾岩、砂岩、粉砂岩、黏土岩等。但是，冰川沉积基本没有分异作用，冰碛物颗粒大小混杂，大部分都未经磨圆作用，带有棱角，层理不清楚。只有当冰川前端融化或在冰川底部流出水流时，具有一部分流水沉积的特征，称为冰水沉积，具有轻微的流水沉积分异的特点。

② 化学沉积作用　化学沉积包括真溶液溶解物质沉积和胶体物质沉积，即胶体沉积和真溶液沉积。

a. 胶体沉积。胶体颗粒极小，一般不受重力作用影响，搬运很远，沉积很慢；胶体质点带有电荷，带有相同电荷的胶体质点相互排斥，可以长时间保持悬浮状态。当胶体溶液中加入一定量不同性质的电解质时，即发生中和作用，并在重力影响下引起胶体沉淀。如在海岸地带，携带胶体的大陆淡水与富含电解质的海水混合时，常发生胶体沉积；再如，在干燥条件下，胶体溶液因蒸发脱水也可发生沉积。

b. 真溶液沉积。溶解在水中的物质由于溶解度的不同，以及溶液的性质、温度、pH 值等因素的影响，在环境条件改变时出现先后沉积的现象称化学沉积分异作用，其沉积顺序如下：氧化物（Fe_2O_3，MnO_2，SiO_2）⟶铁的硅酸盐（海绿石等）⟶碳酸盐（$CaCO_3$，$CaMg[CO_3]_2$）⟶硫酸盐（$CaSO_4$）⟶卤化物（NaCl，KCl，$MgCl_2$ 等）。

③ 生物沉积作用　包括生物遗体沉积和生物化学沉积。前者指生物死亡后，其骨骼、硬壳的堆积；后者指生物在新陈代谢中引起周围介质物理化学条件的变化，从而引起某些物质的沉积。如海藻，吸收海水中的 CO_2，可以引起 $CaCO_3$ 的沉淀，形成石灰岩。有时是生物遗体沉积后，又经过复杂的化学变化，形成新的沉积物质，如煤、石油等。这些都可以看作是通过生物作用，直接或间接地使某些成分从自然界中分异出来并在特定条件下进行富集的过程。在湖泊或浅海中，往往有大量生物遗体堆积，并伴随有化学作用，在一定的温度和压力条件下，产生再结晶作用，密度不断增大。

（5）成岩作用

岩石的风化剥蚀产物经过搬运、沉积而形成松散的沉积物，使这些松散沉积物变为坚固岩石的作用叫做成岩作用。成岩作用主要包括压固作用、脱水作用、胶结作用、重结晶作用等几种方式。

① 压固作用　疏松的沉积物越积越厚，压力逐渐增大，下伏沉积物受到上覆沉积物的巨大压力，沉积物孔隙逐渐减少，渐次排出孔隙中的水分，沉积物体积缩小，密度加大，越来越紧实，最后固结成坚硬的岩石。这种压固作用是沉积物成岩的主要方式。

② 脱水作用　沉积物在压固的同时，温度逐渐升高，在压力和温度的共同作用下，胶体矿物和某些含水矿物产生失水作用而成为新矿物，例如 $Fe_2O_3 \cdot nH_2O$（褐铁矿）变为赤铁矿（Fe_2O_3）。矿物失水，沉积物体积缩小，硬度增大。

③ 胶结作用　在沉积过程或成岩过程中，沉积物中的大量孔隙，有的被矿物质填充，从而将分散的颗粒黏结在一起，称为胶结作用。常见的胶结物有硅质（SiO_2）、钙质（$CaCO_3$）、铁质（Fe_2O_3）、黏土质和火山灰等。胶结作用是碎屑岩的主要成岩方式。

④ 重结晶作用　沉积物在压力和温度逐渐增大情况下，可发生溶解或局部溶解，导致物质质点重新排列，使非晶质变成结晶物质，这种作用称重结晶作用。重结晶后的岩石，孔隙减少，密度增大，形成岩石。重结晶作用对于各类化学岩、生物化学岩来说，是重要的成岩方式。

2. 沉积岩的矿物组成

组成沉积岩的矿物达 160 多种，常见的不过 20 多种。沉积岩的矿物成分主要由母岩风化产物演变而来。根据母岩的破坏分解情况（成因）可分为三种基本类型。

① 碎屑矿物　又称继承矿物，是母岩经过物理风化作用后继承下来的抵抗风化能力较强的矿物，如长石、石英、白云母等一些稳定矿物。

② 黏土矿物　为含有硅酸盐或铝硅酸盐类矿物的岩石经化学风化作用分解后产生的新矿物，如高岭石、水云母等。

③ 化学风化和生物风化成因的矿物　从胶体溶液、溶液中或由生物作用沉淀出来的矿物，如方解石、白云石、石膏等。

3. 沉积岩的结构

① 碎屑结构　碎屑被胶结所形成的一种结构，是碎屑岩所特有的结构。按照粒级大小分为砾状结构（>2mm）、砂状结构（0.05～2mm）、粉砂状结构（0.005～0.05mm）。碎屑结构由碎屑物质和胶接物质两部分组成。

② 泥质结构　由极细小的碎屑颗粒（<0.005mm）和黏土矿物所组成，肉眼不能辨认，是泥质岩所特有的结构。

③ 化学结构　是通过化学溶液沉淀结晶及胶体凝聚而成，如大部分石灰岩由许多方解石晶体组成。

④ 生物结构　由生物遗体或碎片组成，如贝壳结构、生物碎屑结构等。

4. 沉积岩的构造

沉积岩常见的构造有层理构造、层面构造（波痕、泥裂等）、结核、缝合线、迭锥、斑点状构造、裂隙构造、压孔构造等（图 2-6）。

① 层理构造　层理构造是沉积物在垂直方向上由于颜色、矿物成分、碎屑的特征及结构变化等而呈现的成层现象，如图 2-6(a)。相邻两层之间的接触面叫层面。层理有水平的，也有倾斜的。若纹层之间相互交错，且与水平面交角大于 35°时，称为交错层理，它表明沉积时介质处于较强烈的水动力环境下。在砂岩、砾岩中，交错层理经常出现。

② 波痕　波痕是由风、流水、波浪等作用所形成的一种波状构造，多是在浅水环境下沉积而成。不论在古老的还是较新的砂岩中，波痕都是常见的沉积构造。

③ 泥裂（干裂）　泥裂是在干旱、暴晒的气候条件下黏土质沉积物露出水面失水收缩形成的由岩层表面垂直向下的多边形裂缝。泥裂的产生表明当时的沉积环境是在干燥与湿

(a) 层理　(b) 波痕　(c) 泥裂
(d) 生物遗迹构造　(e) 锰结核

图 2-6　沉积岩构造示意图

润之间变化。泥裂经常与浅湖和沙漠盆地相联系。

④ 结核　沉积岩的异体包裹物，称结核。它的成分与周围岩石的成分不同，如石灰岩中有铁质结核、煤层中有黄铁矿结核等。

⑤ 生物遗迹构造　化石是埋藏在岩层中的古代生物遗体或遗迹。动物的贝壳、牙齿、骨骼、蛋、粪以及植物的根、茎、叶、果、种或其印迹均可成为化石。

5. 沉积岩的类型和主要的沉积岩

沉积岩通常依据岩石的成因、成分、结构、构造等进行分类。一般是以沉积物的来源作为基本类型的划分准则，而以沉积作用方式、成分、结构、成岩作用强度等作为进一步划分的依据。根据成因、物质组成和结构，沉积岩可分为三类：碎屑岩、黏土岩、化学岩和生物化学岩（表 2-3）。

表 2-3　沉积岩分类简表

<table>
<tr><th colspan="2">岩　类</th><th>物质来源</th><th>沉积作用</th><th>结　构</th><th>岩石名称</th></tr>
<tr><td rowspan="2">碎屑岩</td><td>沉积碎屑岩亚类</td><td>母岩机械风化产生的碎屑</td><td rowspan="2">机械沉积为主</td><td>沉积碎屑结构</td><td>砾岩和角砾岩，砂岩，粉砂岩</td></tr>
<tr><td>火山碎屑岩亚类</td><td>火山喷发碎屑</td><td>火山碎屑结构</td><td>火山集块岩，火山角砾岩，凝灰岩</td></tr>
<tr><td colspan="2">黏土岩</td><td>化学风化产生的黏土矿物为主</td><td>机械沉积和胶体沉积</td><td>泥质结构</td><td>泥岩
页岩</td></tr>
<tr><td colspan="2">化学岩和生物化学岩</td><td>溶解物质和胶体物质以及生物化学作用的产物</td><td>化学沉积和生物化学沉积</td><td>化学结构和生物化学结构</td><td>碳酸盐岩，Si、Fe、Al、Mn、P 质岩，蒸发盐岩，可燃有机岩</td></tr>
</table>

（1）碎屑岩类

由碎屑胶结而成的岩石，如砾岩、角砾岩、砂岩、粉砂岩、黏土岩、火山碎屑岩等。碎屑岩的孔隙或裂隙是石油、天然气、地下水等资源的储集场所。

① 砾岩和角砾岩　砾岩一般硬度较强，不易风化，常组成陡壁、山峰或瀑布的表石；多为圆状、次圆状，砾石含量＞50％。角砾岩，成分和砾岩相似，多为棱角状和次棱角状，显示岩屑的搬运时间较短，砾石含量＞50％。

② 砂岩　砂岩的硬度不及砾岩和角砾岩，但比页岩及泥岩硬。主要砂岩有石英砂岩、长石石英砂岩、长石砂岩等。

a. 石英砂岩。石英颗粒含量占90％以上，砂粒纯净，SiO_2 含量可达95％以上，磨圆度高，分选好；岩石常为白、黄白、灰白、粉红等色；石英砂岩是原岩经过长期破坏冲刷分选而成。

b. 长石砂岩。主要由石英和长石颗粒组成，而长石颗粒含量一般在25％以上；通常为粗粒或中粒，常呈淡红、米黄等色，碎屑多为棱角或次棱角状，胶结物多为钙质或铁质；长石砂岩多为花岗岩类岩石经风化残积而成，或在构造上升地区强烈风化并迅速堆积而成。

③ 粉砂岩　主要由粉砂碎屑组成的沉积岩；粉砂岩的碎屑组分一般比较简单，以石英为主，长石和岩屑少见，有时含较多的白云母。常具有薄的水平层理，颜色多种多样，随混入物的成分不同而变。黄土是一种半固结粉砂岩，我国是世界上黄土最发育的地区，厚度之大居世界之首。

④ 火山碎屑岩　主要由火山喷发的碎屑经沉积而成的岩石，主要有火山集块岩、火山角砾岩、凝灰岩等。

（2）黏土岩

主要由黏土矿物组成的岩石，主要矿物为高岭石、水云母等。层理清晰，致密不透水，泥质结构。主要有层理、波痕、泥裂、雨痕、虫迹、结核等构造。黏土岩是沉积岩中分布最广的一类岩石。最常见的黏土岩是泥岩和页岩。

① 页岩　由细小的黏土组成，在平坦的深水底部逐渐沉积而成，因而有很多薄的层理；由于页岩硬度低，易受风化和侵蚀，故多形成低地。

② 泥岩　组成颗粒比页岩的更细小，但层理一般不及页岩清晰（因急速沉积所致）；抗蚀能力低，易被侵蚀为缓坡或低坡。

（3）化学岩和生物化学岩

各种沉积物在化学风化和生物风化的作用下从水溶液或胶体溶液中沉淀而成的岩石。

① 碳酸盐岩　碳酸盐类矿物含量大于50％，常具有结晶粒状、鲕粒、球粒、碎屑结构等。本类岩石分布很广，代表岩石包括石灰岩和白云岩，以及各种过渡类型的岩石。

a. 石灰岩。以方解石为主要组分，有灰、灰白、灰黑、黑、浅红、浅黄等颜色，性脆，硬度不大，小刀能刻动。在石灰岩地区常形成钟乳石、石笋或晶簇状的石灰华。

b. 白云岩。以白云石为主要组分，外貌与石灰岩类似。主要有原生白云岩和交代白云岩。

② 硅质岩　以二氧化硅为主要成分的岩石。其主要矿物成分是石英、玉髓和蛋白石。硅质岩主要有碧玉岩、硅藻土和燧石岩等。

a. 硅藻土。主要由古代的硅藻遗体组成，矿物成分主要为蛋白石，具有典型的硅藻生物结构，具有微细的纹理。

b. 碧玉岩。主要矿物成分是石英，可有少量生物遗体，如放射虫、海绵骨针等；碧玉岩因含氧化铁而呈现各种颜色，常为红色、绿色或灰黄色。

c. 燧石岩。主要由石英和玉髓组成，致密坚硬，具贝壳状断口，色因含杂质不同而变化。

③ 铁质岩　含大量铁矿物的沉积岩，若其中铁矿物含量很高达到工业品位时，即为沉积铁矿。铁质岩中常见的铁矿物包括赤铁矿、针铁矿、褐铁矿、磁铁矿等。

④ 铝质岩　主要由铝质矿物组成的沉积岩。当铝质岩中 Al_2O_3 的含量＞40％，Al_2O_3 ∶ SiO_2 ≥2∶1，称铝土矿，用于炼铝。

⑤ 锰质岩　富含锰矿物的沉积岩，当锰含量达到工业品位时即构成锰矿石。

⑥ 磷质岩　富含磷酸盐矿物的沉积岩，大多经过海洋生物化学作用沉积而成。

⑦ 蒸发盐岩类　指以钾、钠、钙、镁等卤化物及硫酸盐矿物为主要成分的纯化学沉积岩。这类岩石多形成在干燥气候条件下，由于海水、湖水强烈蒸发，盐度逐渐增大，导致盐类结晶析出沉淀而成岩石。常见的有石盐（NaCl）、钾石盐（KCl）、石膏（$CaSO_4 \cdot 2H_2O$）、硬石膏（$CaSO_4$）、芒硝（$Na_2SO_4 \cdot 10H_2O$）、泡碱（$Na_2CO_3 \cdot 10H_2O$）、硼砂（$Na_2B_4O_7 \cdot 10H_2O$）等。这类岩石在沉积岩中所占比重很小，但其本身常构成重要的矿产资源。

⑧ 可燃有机岩类　由各种生物堆积，经过复杂变化所形成的、含有可燃性有机质的一类沉积岩。按照成分可分为两类：一是碳质可燃有机岩，包括煤、泥炭等；二是沥青质可燃有机岩，化学成分以碳氢化合物为主，包括石油、天然气、地蜡、地沥青等。本类岩石的存在形式多种多样，有固体、液体和气体。

（三）变质岩

1. 变质作用和变质岩

在温度、压力及化学活动性流体等环境条件发生改变的情况下，岩石的成分、结构与构造等随之发生变化的地质作用，称变质作用。变质作用与岩浆作用以及构造运动、地震等都属于内动力地质作用。变质作用形成的新岩石称为变质岩（metamorphic rocks）。原岩可以是岩浆岩、沉积岩，也可以是已经形成的变质岩。原岩是岩浆岩的称正变质岩，原岩是沉积岩的称副变质岩。变质岩就是一种适应新环境的改造岩，其矿物成分既取决于原岩性质，又与变质作用的性质、强度密切相关，因此变质岩既具有自己的矿物成分特点，又和岩浆岩、沉积岩有一定联系，且比它们更复杂多样。

2. 变质岩的结构

变质岩的结构包括变余结构、变晶结构、碎裂结构、交代结构等。

① 变余结构　由于变质作用不彻底，保留下来的原岩的结构，如变余似斑状结构、变余砂状结构、变余碎裂结构、变余变晶结构等。

② 变晶结构　岩石在变质作用过程中重结晶和重新组合所形成的结构，是变质岩的最常见结构。根据变晶矿物的粒度、形状和相互关系等特点可进一步划分为等粒变晶结构、不等粒变晶结构（斑状变晶结构、鳞片状变晶结构等）。

a. 等粒变晶结构，矿物颗粒大小近似相等，矿物镶嵌紧密，不具有方向性。

b. 斑状变晶结构，在细粒的基质上分布着一些较大晶体。

c. 鳞片状变晶结构，片状或鳞片状矿物定向排列。

③ 碎裂结构　原岩受压力超过极限时发生的弯曲、变形、破裂、断开、碎片化等。

④ 交代结构　发生变质作用时，原岩中的矿物被取代、消失以及新矿物的形成等。

3. 变质岩的构造

变质岩的构造主要包括片理构造、块状构造和变余构造等。

① 片理构造　岩石中矿物呈定向排列所形成的构造，是变质岩中最常见的构造。片理构造可细分为板状构造、千枚状构造、片状构造、片麻状构造、条带状构造等。

② 块状构造　矿物颗粒无定向排列，呈均匀状。

③ 变余构造　变质作用后残留下来的原岩的构造，如变余层理构造、变余杏仁构造等。

4. 变质岩的分类和常见变质岩

① 动力变质岩　由动力变质作用形成的变质岩称为动力变质岩，动力变质作用常与构造运动有关。在不同性质的应力影响下，岩石和矿物主要发生塑性变形和碎裂，并伴有一定程度的重结晶作用。主要的动力变质岩有断层角砾岩、破裂岩、糜棱岩等。

② 接触变质岩　岩浆侵入围岩时，由于在岩浆的高温及所含溶液或气体影响下，使接

触带的围岩在成分、结构、构造上都发生变质而形成的岩石，称接触变质岩。接触变质岩包括热接触变质而形成的热接触变质岩（无新物质生成）和由于接触过程中的交代作用而形成的交代变质岩（有新矿物生成）。常见的接触变质岩有大理岩、矽卡岩、石英岩、蛇纹岩、云英岩等。

大理岩建筑上称大理石，大理石是因我国云南大理县点苍山产出数量多、质地优良而得名。它的化学成分主要是碳酸钙，有时也可以是碳酸钙镁；矿物成分主要是方解石，有时也可以是白云石等。质纯的大理岩颜色洁白，当含有不同杂质时，可出现各种不同的颜色和花纹，磨光后绚丽多彩。大理石中方解石颗粒清晰可见，但不同的大理石晶粒粗细是不同的。纯洁雪白的大理岩叫汉白玉，是一种著名的石雕材料，产于北京房山区，方解石结晶较好，磨光后晶莹如玉，质地细致均匀，透光性好，故宫里有一块雕刻着龙和山水的汉白玉就是北京房山产的。云石是云南大理县点苍山产出的大理石，磨光性好，块度大，石块中含杂质、斑点很少，透光度较好，是最优良的一种工艺大理石。

③ 区域变质岩　区域变质岩是原岩经构造运动和岩浆活动等大范围内发生的区域变质作用所形成的岩石。引起区域变质作用的因素较复杂，往往是温度、定向压力和具有化学活动性流体的综合作用。由于区域变质作用的分布范围是区域性的，因而区域变质岩常大面积分布，可达数百至数千平方千米，有的地区甚至达百万平方千米以上，并且变质程度深浅不同的区域变质岩在空间上常呈带状分布，如天山、祁连山都经过区域变质作用。主要岩石有板岩、千枚岩、片岩、片麻岩、石英岩、大理岩。

④ 混合岩　混合岩是由混合岩化作用形成的岩石，在区域变质作用基础上发展起来的，在地下深处常伴随着重熔作用（地下高温热流使变质岩重熔，产生重熔岩浆）和再生作用（地下高温热液与变质岩发生交代作用，产生再生岩浆），使岩石经受流体相物质的渗透、注入、重结晶、混合交代等复杂的变质作用，导致岩石的矿物成分、结构、构造等发生深刻变化，生成混合岩。混合岩是变质岩逐渐向花岗岩过渡的岩石。当混合岩化作用强烈时，通过花岗岩化作用可形成花岗岩或花岗质岩石，称为混合花岗岩，其矿物成分相当于花岗岩或花岗闪长岩。混合岩主要有角砾状混合岩、网状混合岩、条带状混合岩、眼球状混合岩、肠状

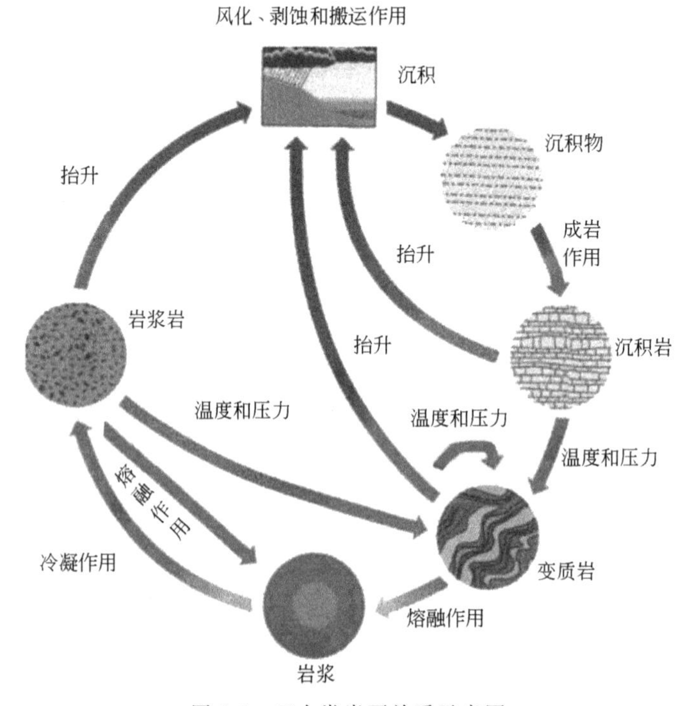

图 2-7　三大类岩石关系示意图

混合岩、混合花岗岩等类型。

东岳泰山的岩石全部是古老的泰山群花岗混合岩，它们已经有近25亿年的历史。那么泰山混合岩是怎样形成的呢？泰山地区是古代海槽的一部分，堆积了一套泥砂质和基性火山物质的巨厚地层，这就是泰山岩石的原来的组分。地层褶皱隆起，大量温度高、活动性大的流体物质沿裂隙渗透到岩石中，与岩石发生强烈的交代作用，流体物质不断地从岩石中带走一些铁镁物质，同时又送来一些硅、钾、钠。在交代作用进行得不完全、不彻底的情况下，原岩的残留体与流体物质就形成黑白相间的条带。这些条带宽窄不一，时而平直、时而弯曲，形态各异，形成各种混合岩。

三大类岩石都是在特定的地质条件下形成的，但是它们之间并非是独立、一成不变的，而是在成因上紧密联系、在内外力地质作用下可以相互转化的。岩浆岩、沉积岩和变质岩经过构造运动抬升而出露地表后，经过风化、剥蚀、搬运、沉积和成岩等作用阶段可形成沉积岩；岩浆岩、沉积岩和已经形成的变质岩经过温度、压力等引起的内动力变质作用可形成变质岩；岩浆岩、变质岩可在高温熔融作用下形成岩浆，地下深处的岩浆上升运动时又可冷凝形成岩浆岩。图2-7基本上反映了三大类岩石之间的相互转化关系。

岩浆岩、沉积岩和变质岩三大类岩石在频繁的地壳运动、岩浆活动和外营力地质作用下，不断有先成岩石的破坏和转化以及新岩石的生成，这就是地壳岩石的“新陈代谢”过程。这一发展变化过程从古至今一刻也没有停息过，现在我们所看到和研究的各种岩石只是代表漫长地壳演化历史长河中的瞬间阶段而已。

第二节　地质灾害

地球自诞生以来，在内力和外力作用下，曾发生过翻天覆地的变化，主要有火山喷发、地震、地壳运动等。第四纪以来，地壳运动趋缓，程度变弱、规模变小，人类的各种工程活动对地质环境也产生了一定的影响。地壳运动及其发展演化过程中，由各种地质作用形成和出现的灾害性地质事件，称为地质灾害。地质灾害受控于自然环境，又受人类活动影响。地质灾害种类繁多，其中以自然成因为主的突发性地质灾害主要有地震、火山、崩塌、滑坡、泥石流等。

一、地震

（一）地震概述

1. 地震概念和几个小概念

地震是大地的快速震动，属于地壳运动的一种特殊形式。地震发生时地下岩石最先破裂的地方叫震源，即地震波发源的地方。震源在地面上的垂直投影，叫震中。震源到震中的垂直距离叫震源深度。

地震时能量以弹性波（地震波）的形式向外传播，震源产生的地震波有纵波（P波）和横波（S波）两种。纵波物质粒子的振动方向与波的传播方向一致，地震时，纵波从断裂处以同等速度向所有方向外传，交替地挤压和拉张它们穿过的岩石，其颗粒在这些波传播的方向上向前和向后运动。横波物质粒子作与波的传播方向垂直的运动，使物体剪切和扭动。纵波比横波速度快，首先到达地面。所以，地震时人们的感觉是先颠后晃。

横波和纵波统称体波，体波到达地面以后产生次生波，速度比横波还慢，这种地震波叫面波。一般当横波或面波到达时，震动最为猛烈，破坏作用最大。

震级表示地震的大小，与地震时震源释放的能量大小有关。20世纪30年代，里克特引入震级的概念，因此又称里氏震级。地震烈度表示地面及建筑物遭受地震影响和破坏的程度（表2-4）。地震基本烈度是指某地区今后一定时期内，在一般场地条件下可能遭受的最大烈度。

表 2-4 中国地震烈度表

Ⅰ度	无感，仪仪器能记录到
Ⅱ度	个别敏感的人在完全静止中有感
Ⅲ度	室内少数人在静止中有感，悬挂物轻微摆动
Ⅳ度	室内大多数人，室外少数人有感，悬挂物摆动，不稳器皿作响
Ⅴ度	室外大多数人有感，家畜不宁，门窗作响，墙壁表面出现裂纹
Ⅵ度	人站立不稳，家畜外逃，器皿翻落，简陋棚舍损坏，陡坎滑坡
Ⅶ度	房屋轻微损坏，牌坊、烟囱损坏，地表出现裂缝及喷沙冒水
Ⅷ度	房屋多有损坏，少数路基破坏，塌方，地下管道破裂
Ⅸ度	房屋大多数破坏，少数倾倒，牌坊、烟囱等崩塌，铁轨弯曲
Ⅹ度	房屋倾倒，道路毁坏，山石大量崩塌，水面大浪扑岸
Ⅺ度	房屋大量倒塌，路基堤岸大段崩毁，地表产生很大变化
Ⅻ度	一切建筑物普遍毁坏，地形剧烈变化，动植物遭毁灭

一次地震只有一个震级，但是，由于震级与地震类型、震源情况、地震台的方位、震源至地震台之间的地质构造、地震仪类型等多种因素密切相关，各地地震台站所测得的震级就可能不完全一致。一次地震会有多个烈度。烈度与震级、震源深度、震中距、土壤及地质条件、建筑物的抗震性能、地形地貌、地下水位等相关。

通常，离震中越近，震源越浅，震级越大，烈度也越大。震级与震中烈度的统计关系，如表 2-5 所示。

表 2-5 震级与震中烈度统计对应关系

震中烈度	Ⅰ	Ⅱ	Ⅲ	Ⅳ	Ⅴ	Ⅵ	Ⅶ	Ⅷ	Ⅸ	Ⅹ	Ⅺ	Ⅻ
震级	1.9	2.5	3.1	3.7	4.3	4.9	5.5	6.1	6.7	7.3	7.9	8.5

2. 地震的分类

(1) 按照震源的深度分类

通常将震源深度小于 70km 的叫浅源地震，深度在 70～300km 的叫中源地震，深度大于 300km 的叫深源地震。破坏性地震一般是浅源地震，如 1976 年的唐山地震的震源深度为 12km。

(2) 按照成因分类

地震按成因分为天然地震和人工地震两大类。

① 天然地震 天然地震按照成因可分为以下三类。

a. 构造地震 它是由于地下深处岩石破裂、错动把长期积累起来的能量急剧释放出来而产生的地震，构造地震占地震总数的 90%以上，由于构造地震频度高、强度大、破坏重，因此是地震监测预报、防灾减灾的重点对象。

b. 火山地震 由火山喷发引起的地震，约占地震总数的 7%，火山地震都发生在活火山地区，一般震级不大。霍尔尼斯认为，火山是地震的“安全阀”，当火山不能“顺顺当当”喷发时，就发生了地震。

c. 冲击地震 岩洞崩塌（陷落地震）、山体崩塌及滑坡、大陨石冲击地面（陨石冲击地震）等某些特殊情况下会产生冲击地震，冲击地震占全球地震总数的 3%左右，其破坏范围非常有限。

② 人工地震 人工地震是由人为活动引起的地震，如工业爆破、地下核试验产生的地震，在深井中进行高压注水以及大水库蓄水后增加了地壳的压力，有时也会诱发地震。其中，水库诱发地震已引起了人们的广泛关注。

很多重大工程，尤其是水库和矿山开发建设都可能诱发地震。最大的水库诱发地震可达6级以上。在现代意义上的矿山地震中，塌陷仅仅是其中的一种。在给矿山造成破坏的矿山地震中，还包括柱体的崩塌、掘进面附近的剪切破裂和张性破裂以及矿山开采引起的应力变化导致的天然地震等。区分不同类型的矿山地震，对保证采矿的安全是非常重要的。

(3) 根据地震的主次分类

按地震的主次可以将其分成主震和余震。在一个地震系列（同一震源体内具有成因联系的一系列地震）中把特别大的一次地震称为主震，主震以后发生的称为余震。时间越长，余震震级越小，次数越少。对余震的研究有三个意义：一是它有助于深化人们对主震的理解，如果说地震这盏灯照亮了地球的内部，那么余震这些灯则帮助我们照亮了震源区，而主震之后对余震的强化观测，常常对认识主震很有帮助；二是对强余震的预测，可以很有效地减轻地震造成的损失；三是今天看到的很多小地震，也许是过去的大地震的余震。

(4) 按震级分类

① 微震　震级小于3级，人们不能感觉，只有仪器可测出。

② 小震　大于等于3级，小于5级的地震，一般不会造成破坏，3级及以上地震称有感地震。

③ 强震　大于5级、小于7级的地震，可造成不同程度的破坏。

④ 大震　7级及其以上的地震，常造成较大的破坏。其中8级以上的地震又称为特大地震。

(二) 地震分布规律

据统计，全球每年平均发生地震约500万次，其中绝大多数地震属于无感地震，有感地震每年约5万次，如果把全世界的震中位置都标示在地图上，可以看到世界上的地震分布是非常不均匀的，如图2-8。总的来看，世界地震主要集中在4个地震带。第一条地震带是差不多环绕了整个北太平洋沿岸的环太平洋地震带，全球约80%的浅源地震、90%的中源地震和几乎全部的深源地震都发生在此带；第二条地震带是沿着欧亚大陆南部展布的地中海-喜马拉雅地震带，地震次数占第二位；第三条地震带是沿着洋中脊展布的洋中脊地震带，主要分布在大西洋中脊和印度洋中脊上；第四条地震带是主要发生在

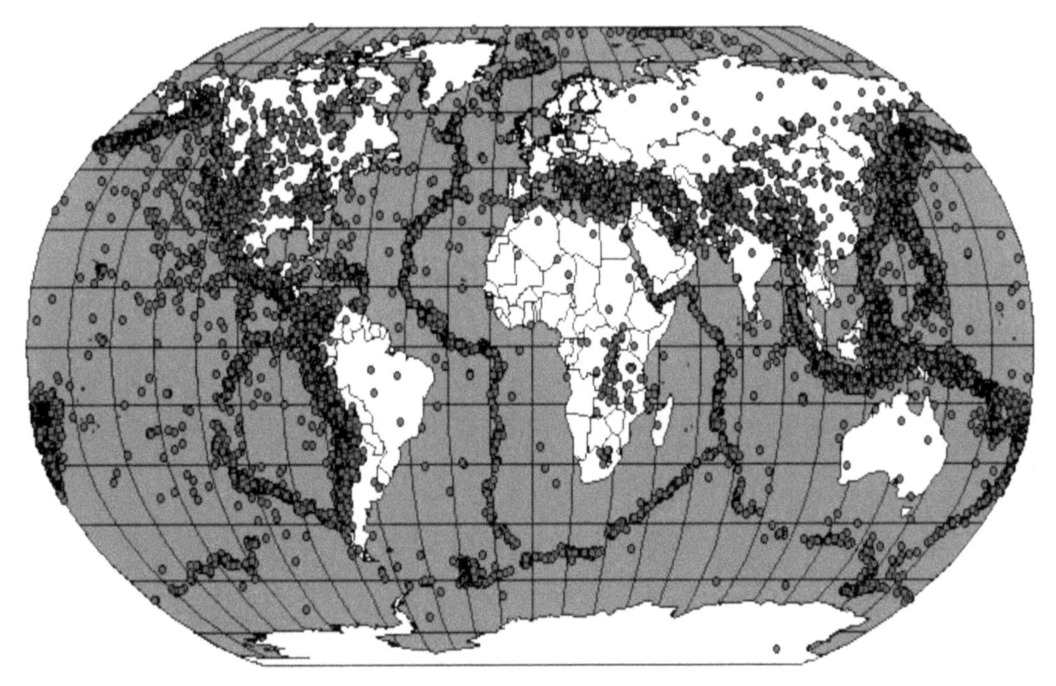

图2-8　1995～2001年全球4级以上地震震中分布图

裂谷的裂谷地震带。

可见，全球绝大多数地震都分布在板块边界上，如喜马拉雅山地区的地震，就是印度板块与欧亚板块碰撞的结果。洋中脊是海底扩张的源地，是重要的板块边界，在洋中脊也有地震发生。有些地方虽然现在已不是板块的边界，但它曾经是历史上的板块边界，所以还有残余余震发生。例如，罗马尼亚有一个地质历史上“残留的”板块俯冲带，那里仍不时有深源地震发生。中国大陆的很多地震也发生在历史上的板块边界上。

（三）地震预报预防

地震对人类及其生存环境有着巨大的影响，由地震直接引起的原生灾害主要有地表错动和地裂缝、砂土液化、滑坡、崩塌、海啸的发生以及建筑物、道路等人工设施受损毁等。地震引起的次生灾害主要有火灾、水灾、毒气扩散、地震建筑物倒塌等引起人类生命财产损失的事件。地震灾害的严重影响众所周知，如唐山1976年大地震死亡24.2万人，并造成巨大的经济和财产损失。因此，我们要采取措施减轻危害，提早准确预报预防，坚持“预防为主，综合防御”的防震减灾方针。应对地震的措施主要有地震预报、震灾预防、地震应急、地震救灾与重建4个环节。

(1) 地震预报

地震预报必须详细说明可能发生的地震的地点、时间、震级和发震概率。例如，预报一个震级大约7.0的地震将要发生在今后7天内，地点为城市A的50km范围内，并同时给出发震概率。及时、准确的预报可以在一定程度上减轻地震造成的危害。但是，目前，世界范围内地震预报尚处于低水平的探索阶段，成功率只有20%～30%。地震发生前常产生一些相关现象，称为地震前兆。它主要包括地应力变化、地形变化、地磁异常、地温变化等微观前兆，以及地下水异常、动物反应异常、地声、地光等宏观前兆。寻找和抓住地震前兆是地震预报的主攻方向。只有通过对地震前兆的科学合理分析，才能准确预报地震。如动物不时地表现出许多古怪行为，常常是由地震以外各种自然因素所引起的。因此，仅根据动物异常行为预报地震几乎是不可能的，必须进一步加强地震预报理论、实验和观测技术的研究和监测台网建设，努力探索地震发生的物理过程和变化规律，早日实现及时、准确的地震预报。

我国的地震预报，是1966年河北邢台大地震之后，以邢台地震现场为发源地，在全国范围内逐步发展起来的。到20世纪90年代初，在我国大陆建立了规模宏大的地震观测系统，包括400多个测震台站、20个区域遥测台网，可进行1700多项地震前兆观测，测量总线路长度达15万千米。它不仅为地震科学研究乃至地球科学的发展提供了大量宝贵的基础资料，而且为我国地震预报的发展打下了坚实基础。

(2) 震灾预防

主要是指通过工程建设的地震安全设防，以达到在遭受未来地震灾害时避免工程建筑的破坏和倒塌，从而减轻地震灾害的工程抗震设防措施。1990年国家地震局和建设部正式颁布了新一代地震烈度区划图，作为当前一个时期国土利用、城市规划和一般工业和民用建筑抗震设防的依据。一些重大工程和易于引发次生灾害的工程，还必须按照有关的法规和规范选择相对安全的建设场地和确定合理的设防标准。此外，震灾预防还包括地震发生前的非工程措施，如通过各种宣传、教育以及适时的防震减灾演习等来提高社会公众的防震减灾意识和主动参与意识。

(3) 地震应急

包括震前应急和震后应急。震前应急是指在地震发生之前，制定大地震灾害一旦发生后的应急行动计划，用于指导政府有关部门、医疗机构、厂矿企业和居民在大地震发生后作出紧急反应，协调行动，减轻灾害损失。20世纪90年代中期以来，各地震重点监视防御区的政府和有关部门均制定了应急预案，且每年进行检查和演练。震后应急主要包括破坏性地震发生后，对地震参数（发震的地点、震级等）的快速测定和报告；震后震情的发展趋势、强余震预测和地震灾害损失的快速评估；成立抗震救灾指挥机构等。地震应急还包括对虚假地震事件的快速处理，即及时平息地震谣传和误传等的社会影响，地震部门及时作出震情判断，配合政府采取切实的措施辟谣，尽快平息社会影响，对稳定社会秩序、保障经济生产有十分重要的作用。

(4) 地震救灾与重建

包括对受灾人员的抢救、次生灾害的处理、生命线工程抢险和灾民紧急安置、灾区防疫、恢复生产和社会生活正常秩序、进行地震安全性评定、提出抗震设防依据等。

二、火山

按火山喷发活动的时间及目前火山活动情况，通常将火山划分为活火山、死火山和休眠火山。活火山是现在仍然活动，或周期性不断活动的火山，如中国台湾大屯火山群中的七星山。死火山是人类史前曾经喷发，人类有史以来一直未发生过喷发活动的火山，如中国大同火山群。休眠火山是人类历史时期曾经喷发，但近代长期处于静止状态但仍有可能喷发的火山，如中国长白山。死火山和休眠火山会突然爆发而变成活火山，如意大利的维苏威火山曾一度被认为是死火山，却在1979年8月24日突然喷发。

(一) 现代火山的分布特征

全世界约有死火山2000座，活火山516座（据F. M. 巴拉德），这些火山分布不均匀。火山分布呈带状，并与年轻的山脉、海沟、海岛和地震带分布相吻合，这些地带与岩石圈板块的边界有着密切的关系，是现代构造运动最活跃的地带。活火山主要集中在以下三个带。

① 环太平洋火山带　现在已知有319座活火山分布于此带，占世界活火山总数的62%。其中，西带（从阿拉斯加起，经阿留申群岛、勘察加半岛、千岛群岛、日本群岛、中国台湾岛、菲律宾群岛、印度尼西亚诸岛，直到新西兰岛）占45%，构成西太平洋火山岛弧；东带（从安第斯山起，经科迪勒拉山脉到阿拉斯加）占17%。东西二带构成所谓“环太平洋火圈”。世界最高的活火山（厄瓜多尔的科托帕克希火山，5896m）和世界最高的死火山（安第斯山中阿根廷的阿空加瓜火山，6964m）等都分布在这条火山带上。

② 阿尔卑斯-喜马拉雅火山带　现在已知有94座活火山分布于此带，占世界活火山总数的18%。它横贯欧亚大陆南部（西起伊比利亚半岛，经意大利、希腊、土耳其、伊朗，东至喜马拉雅山脉，南折至孟加拉湾，与太平洋火山带汇合）。

③ 大西洋海岭火山带　现在已知有51座活火山分布于此带，占世界活火山总数的10%。它北起冰岛，经亚速尔群岛、佛得角群岛至圣保罗岛，以及小安的列斯岛弧。

此外，还有一些活火山分布于太平洋、印度洋、南极洲和东非大裂谷，约占10%。其中东非大裂谷有活火山7座，可称为东非火山带。

我国近代火山多属于死火山或休眠火山，活火山少见。我国火山多属于环太平洋西带和阿尔卑斯-喜马拉雅火山带的范围。

(二) 火山喷发物

火山喷发时，最初常在火山口或在山坡冲开一个出口，喷出热气和热水；接着大量熔岩块以及崩碎的围岩块被喷上天空，形成巨大的黑色烟柱，而后落于火山周围地区；最后，灼热的熔浆从火山口流出，沿山坡沟谷流动，冷凝成喷出岩。这是火山喷发的一般顺序。火山喷发物的性质、化学成分比较复杂，但可按其存在物态分为气态喷发物、固态喷发物和液态喷发物三种。

1. 气态喷发物（火山气体）

火山喷出的气体主要是岩浆中的挥发组分，少部分是岩浆上升过程中熔化围岩得到的。气态喷发物中蒸气最多，占气体总体积的60%～90%，其他成分主要是H_2S、SO_2、CO_2、

HF、HCl、NaCl、NH_4Cl、KCl、CO、H_2 等。早期高温阶段，HCl、NaCl、KCl 等氯化物较多；晚期则富含 SO_2、CO_2 等成分，这种规律可作为火山预测的一种依据。部分火山气体可以凝华出硫黄、硼砂、食盐、钾盐、萤石等矿产。

2. 固态喷发物（火山碎屑物质）

火山固态喷发物指随着气体由火山口喷到天空的熔岩在冷凝后降落到地面上来的固体物质，以及随气体上冲而跌落下来的一些围岩碎屑物。火山碎屑物按其颗粒大小和形状可分为火山灰、火山砾和火山弹三类。①火山灰：直径小于 2mm，一般小于 0.01mm；稍细的火山灰叫火山尘；稍粗的火山灰叫火山砂；火山灰很轻，可以升到高空进入平流层，在更大范围扩散，长期不落。②火山砾：颗粒直径 2～100mm。③火山弹：颗粒直径大于 100mm，甚至重达数吨，火山弹常和其他火山碎屑混在一起堆积在距火山口较近的地方。各类火山碎屑物质经胶结、压固等作用可形成各种火山碎屑岩。

3. 液态喷发物（熔浆）

火山液态喷发物称熔浆，熔浆冷凝后成为喷出岩。熔浆流出地表，因其成分、流速、温度、地形的不同，可形成不同产状的岩体，如熔岩流、熔岩被、熔岩台地等。

（三）火山喷发的利弊

1. 火山喷发的危害

火山喷发的危害是严重的，破坏人类的生存环境：①火山喷出的熔岩，温度很高，它经过的地方，动植物和微生物等焚烧成灰，房屋焚毁，当然，随着距离的增加，温度会逐渐降低，表面会结起硬壳，但破坏性仍然很大。如 1902 年培利火山爆发毁灭了圣佩耳城。②火山喷出的碎屑物质或熔岩，改变地形地貌，能堵塞河流，使航行受阻、河水泛滥成灾。③火山爆发产生的气体和火山灰会造成大气污染，还会遮住阳光导致气温下降，甚至气候异常。④直接造成人员伤亡和财产损失。⑤火山爆发时还会引起海啸、地震、山体滑坡等次生灾害，进而影响人类。

2. 火山喷发的益处

火山活动给人类造成严重危害的同时，也给地球环境和人类带来了许多好处。①火山喷发活动产生了地球的大气圈和水圈。②火山喷发形成的岩石是地壳的重要组成物质。③火山活动还能形成硫黄、砷、铜、铅、锌、氯化铵等许多有用矿产和许多宝石。火山喷出的许多气体，像氯化氢、二氧化硫、氟化氢等也很有用。④火山岩是重要的建筑材料，如用浮石可制造水泥和研磨材料。⑤火山灰可肥田，又是天然的水泥。⑥火山喷发及火山地区为人类提供了优美的旅游资源，如长白山天池。⑦火山拥有的最大财富是热，一般有火山的地方都有丰富的地热资源。

（四）火山预报预防

火山喷发是有规律的，前兆也比地震明显得多。火山喷发前山体易膨胀，这是熔岩在其内部涌动所造成的。火山附近的温泉、热气口及火山口湖的温度在喷发前经常急剧上升。

通过预报，可提早预防，减轻灾害造成的人员和财产损失。

对火山作严密的监察，使对火山喷发时间作预报成为可能，从而可及时疏散人员，减少伤亡人数。圣海伦山（美国）1980 年的火山喷发预报，加隆贡山（爪哇）1982 年的火山喷发预报，内瓦多特瑞兹灿（哥伦比亚）1985 年的灿喷发预报等都是火山预报的成功例子。

三、滑坡和崩塌

滑坡、崩塌在其发生过程中，往往是相伴出现的。滑坡、崩塌曾给我国人民的生命、财产和国民经济建设带来严重的危害，并产生了十分严重的社会影响。因此，我们应该正确认识滑坡、崩塌灾害的发生、分布规律，掌握它们的发展趋势，为国家制定合理的减灾对策，提高减灾成效，提供重要的参考依据。

（一）概念与区别

1. 概念

斜坡上的岩块、土体在重力作用下快速向下坡移动，称为崩塌。崩塌主要包括土崩（土体）、岩崩（岩石）、山崩（涉及到山体）、岸崩（岸边）等类型。其特点主要有以下几方面：下降速度快，发生突然；崩塌体脱离母体运动；崩塌体的垂直位移大于水平位移。

滑坡指斜坡上的大块岩（土）体在重力作用下沿着滑动面整块地向下滑动。滑坡基本保持了岩土的完整性。

2. 崩塌和滑坡的区别

滑坡与崩塌相伴而生，它们产生于相似的地质构造和地层条件下，具有相同的触发因素、相似的前兆和相同的次生灾害，二者可相互转化，如崩塌物不断增加，可诱发滑坡，滑坡体后缘的高陡岩壁会因断裂而发生崩塌。但它们又有明显的区别：①与母体关系不同，崩塌脱离母体，滑坡很少脱离母体；②运动本质不同，崩塌主要发生倾倒、坠落，而滑坡主要发生滑动且具有切向位移；③斜坡坡度不同，崩塌坡度常大于45°，而滑坡坡度一般大于10°并小于45°；④整体性不同，崩塌后崩塌体破碎凌乱，滑坡体整体性好。

（二）影响崩塌、滑坡形成的因素

崩塌、滑坡形成需有特定的地质条件，即一定是斜坡临空面，易于滑动的岩、土体，有软弱结构面及地下水沿软弱面不断活动等基本的地质条件。另外，灾害性降雨、地震、人工活动等也都是崩塌、滑坡形成的重要影响因素。滑坡、崩塌的形成就是上述各种因素的不同组合和综合作用的结果。

1. 地形地貌

崩塌与滑坡的形成直接与地形坡度和坡地相对高度相关，如大角度边坡、孤立山嘴或凹形陡坡等均容易形成滑坡和崩塌。

2. 岩、土体类型

斜坡岩、土体是形成滑坡、崩塌的物质基础。一般易形成滑坡、崩塌的岩石，大都是碎屑岩、软弱的片状变质岩。这些软弱岩经水的软化作用后，抗剪强度降低，容易出现软弱滑动面，形成崩滑体，例如，成昆铁路西车站南侧牛日河岸坡发生的大型岩质顺层滑坡，滑坡体主要是坚硬的砂岩及软弱的页岩（板岩）。该斜坡三面临空，坡度较陡，滑坡体沿软弱的页岩顺层滑动。

3. 断裂构造

构造条件是形成滑坡、崩塌的基本条件之一。断裂带岩体破碎，为地下水渗流创造了条件。此外，活动断裂带上易发生构造地震。因此，断裂带控制着滑坡、崩塌的发育地带的延伸方向、发育规模及分布密度。滑坡、崩塌体成群、成带、成线状分布的特点几乎都与断裂构造分布有关。如成昆铁路沿线，滑坡常集中分布于与线路近似平行的断裂带及其附近。

4. 地下水活动

地下水活动是形成滑坡、崩塌的重要因素之一。受地下水作用时，泥质岩层往往会泥化、软化；另外，地下水使孔隙水压增高，产生浮托力、动水压力，这些都会使岩石抗剪强度降低，容易形成软弱面。

5. 灾害性降雨——暴雨

降水量多寡决定了水动力作用的强弱。降雨下渗引起地下水活动状态的变化，使它成为滑坡、崩塌的直接诱发因素。因此，每到雨季，滑坡、崩塌频频发生。雨量丰富的南方，灾害性降雨引起的滑坡、崩塌较北方明显增多。

6. 地震

地震是滑坡、崩塌的主要触发因素之一。如地震时能形成数量多而规模大的崩塌体。在烈度为Ⅶ度（或震级为6级）以上地震活动地区，尤其在坡度大于25°的斜坡地带，地震诱发的滑坡、崩塌灾害往往特别严重。例如1973年7月6日炉霍7.9级强震，引发137处滑坡、崩塌。

7. 人为活动

城镇、工业、交通、矿山、水电、森林、土地资源的开发，修建铁路、公路、水库工程建设以及人工爆破等活动，改变了自然环境条件，可诱发崩塌和滑坡灾害。

（三）滑坡、崩塌灾害的防治

1. 禁止诱发滑坡、崩塌灾害的活动

① 选择安全稳定地段建设村庄、构筑房舍，这是防止滑坡、崩塌危害的重要措施。村庄的选址是否安全，要通过专门的地质灾害危险性评估来确定。②不要随意开挖坡脚，特别是不能在房前屋后随意开挖坡脚。如果必须开挖，应事先向专业技术人员咨询并得到同意后，或在技术人员现场指导下，方能开挖。坡脚开挖后，应根据需要砌筑维持边坡稳定的挡墙，墙体上要留足排水孔；当坡体为黏性土时，还应在排水孔内侧设置反滤层，以保证排水孔不被阻塞，充分发挥排水功效。③不随意在斜坡上顺坡堆放弃土石，特别是不能在房屋的上方斜坡地段堆弃废土。当废弃土石量较大时，必须设置专门的堆弃场地。④管理好引水和排水沟渠，防止农田灌溉、工业生产、居民生活引水渠道的渗漏，尤其是渠道经过土质山坡时更要避免渠水渗漏。一旦发现渠道渗漏，应立即停水修复。对生产、生活中产生的废水要合理排放，不要让废水四处漫流或在低洼处积水成塘。面对村庄的山坡上方最好不要修建水塘，降雨形成的积水应及时排干。⑤搞好防灾减灾规划，用以指导生产生活。

2. 注意发现滑坡、崩塌前兆

① 山坡上出现裂缝　滑坡裂缝是滑坡形成过程中的一种重要伴生现象。随着滑坡的发展，滑坡裂缝会由少变多、由断续变为连贯。对于土质滑坡，张开的裂缝延伸方向常与斜坡延伸方向平行，弧形特征明显；水平扭动的裂缝顺斜坡倾向发展，多数情况下较平直。对于岩质滑坡，裂缝的展布方向常受岩层面和节理面的影响而复杂化。地面裂缝的出现，说明山坡已经处于不稳定状态。弧形张开裂缝和水平扭动裂缝圈闭的范围，就是可能发生滑坡的范围。斜坡上有明显的裂缝，裂缝在近期有加长、加宽现象；坡体上的房屋出现开裂、倾斜；坡脚有泥土挤出、垮塌频繁；上述地貌现象可能是滑坡正在形成的依据。

② 坡脚松脱鼓胀　有时，滑坡迹象首先在坡脚处显现出来。斜坡前缘土体或岩层发生松脱、垮塌时，垮塌的土体一般较湿润，垮塌的边界不断向坡上扩展；斜坡前部有时会发生丘状鼓起，顶部常有张开的扇形或放射状裂缝分布。

③ 斜坡上建筑物变形　斜坡变形程度不大时，在土质地面和耕地中往往不易发现变形迹象，相比之下，房屋、地坪、道路、水渠等人工构筑物却对变形较敏感。因此，当各种构筑物相继发生变形、特别是变形构筑物在空间展布上具有一定规律性时，应将其视为可能发生滑坡崩塌的前兆。

④ 泉水井水异常变化　滑坡崩塌发展过程中，由于岩层、土层位置的变化，也会引起地下水水质和水量动态的变化。当发现原有泉水出水量突然变大、变小、甚至断流，水质突然浑浊，原来干燥的地方突然渗水或出现泉水，民井水位忽高忽低或者干涸，蓄水池塘忽然大量漏失等现象时，都可能是即将发生滑坡崩塌的表现。

⑤ 地下发出异常声响　滑坡崩塌发展过程中造成的地下岩层剪断，巨大石块间的相互挤压和摩擦，都可能发出一些特殊的响声。

3. 抑制滑坡崩塌灾害的发展、监视灾害动态

当发现滑坡崩塌前兆后，首先应该及时向政府有关部门或地质灾害防治负责人（如果有

的话）报告，其次应分析有哪些因素可能影响滑坡和崩塌的形成和发展，在力所能及的条件下，主动消除或抑制有利于滑坡崩塌形成的因素，就可能延缓滑坡崩塌的形成甚至避免滑坡和崩塌的发生。如可采取拦截、支挡、护坡、护墙、镶补沟缝、削坡、排水等措施抑制滑坡崩塌的发展。

通常，应把变形显著的地面裂缝、墙体裂缝作为主要监测对象；通过在地面裂缝两侧设置固定标桩、在墙壁裂缝上贴水泥砂浆片、纸片等方法，定期观测、记录裂缝拉开宽度，分析裂缝变化与有关影响因素（比如降雨）的关系，就可以掌握斜坡变形的发展趋势，为防灾避灾提供依据。

4. 及时躲避滑坡、崩塌灾害

当地面变形速度加快、滑坡与崩塌征兆越来越明显时，要提前主动搬迁到安全地方。但在许多情况下，由于永久性搬迁场地难以找到或搬迁经费短时间内难以落实等原因，还不得不采取一些临时性的避灾措施，尽量减轻灾害造成的损失。躲避滑坡、崩塌灾害应做好以下几方面准备：预先选定临时避灾场地；预先选定撤离路线、规定预警信号；预先公布责任人；预先做好必要的物资储备。

（四）我国滑坡、崩塌灾害分区

我国的滑坡、崩塌主要分布在：

① 新构造运动频度和强度大的地区（含强震区）；

② 中新生代陆相沉积厚度大或其他易形成滑坡的岩土体的地区；

③ 地表水侵蚀切割强烈的高中山地形高差大的地区；

④ 人类活动强度大，对自然环境破坏严重的地区；

⑤ 暴雨集中且具有形成滑坡、崩塌地质背景的地区。

滑坡、崩塌灾害主要分布在安徽、湖南、云南、重庆、福建和四川等省、直辖市。《中国滑坡崩塌类型及分布图》将我国滑坡、崩塌灾害分区圈定为13个区，各区崩塌和滑坡灾害的分布规律和成因分述如下。

1. 横断山区

指怒江、澜沧江和金沙江三江并流区。出露地层主要是古老的变质岩、碎屑岩、燕山期花岗岩和新生代喷出岩。岩体破碎，风化强烈，风化带厚度一般都在30m以上。沿三江发育三大活动性断裂带。晚新生代以来，新构造运动强烈，火山、地震频繁。地形切割强烈、陡坡发育，梅里雪山主峰为6740m，而怒江谷地高程850m。本区年总降水量1300～1800mm，多暴雨和较长时间的持续降雨过程。本区的滑坡、崩塌主要受构造和地震的控制，而暴雨又是直接的重要诱发因子。因此，要特别注意研究灾害性天气（如遇特大暴雨）对滑坡、崩塌灾害的诱发作用。

2. 黄土高原区

在黄土高原，连续分布着面积达43万平方千米的厚层黄土。在黄土堆积的第四纪时期，由于地壳运动和气候的干湿变化，大约从中更新世开始，曾多次出现过沉积间断，并于间断面上形成多层倾斜不一、厚度不同的古土壤层。全新世以来，黄土地区振荡性上升运动和频繁的地震活动，使黄土继续遭受侵蚀破坏，促使沟谷不断加深，塬、墚、峁缩小。这样，加大了黄土边坡的天然坡度和边坡土体的临空高度，为黄土滑坡、崩塌的形成和分布提供了有利的地形条件和岩性条件。尤其是当冲沟切割至基岩后，一遇暴雨或其他诱发作用，很容易产生滑坡、崩塌。另一类滑坡是滑动面在黄土层中，或沿古土壤层、砂层顶、底板滑动。这类滑坡颇多，其规模一般较前一类要小。

3. 川北陕南山区

本区广泛发育分布的残积、坡积、崩积层，沿其下伏的基岩顶面（常有薄层黏土层），极易产生滑坡。陕南、川北广大山区自1981年以来，气候异常，多灾害性暴雨，因此近年来滑坡、崩塌连续不断。岩石破碎，遇水易于软化，在暴雨诱发下，很容易形成滑坡。本区滑坡、崩塌的形成，除受断裂构造、暴雨影响之外，人为活动是重要因素。由于人为活动引起的滑坡、崩塌几乎年年发生。

4. 川西北龙门山地区

本区位于四川盆地西北边缘地带，属中高山区。地形切割强烈，山脉呈北东走向，河流多与之垂直，峡谷发育。由于地形高耸于四川盆地西北边缘，阻挡来自东南方向的锋面西上，容易形成地形雨，多暴雨，易诱发滑坡、崩塌。地质构造上属华夏系北东向龙门山褶皱断裂带，地震活动频繁而强烈。因地震诱发的滑坡、崩塌不仅数量多，而且非常典型。如有名的迭溪地震（1933年8月25日，7级）诱发滑坡、崩塌数以百计，其中最大滑坡的体积达1.5亿立方米，使千年迭溪古城毁于一旦。滑坡、崩塌主要沿着岷江、嘉陵江、大渡河、青衣江、涪江两岸发育，也沿龙门山断裂带密集分布。该区岷江上游茂汶至汶川一带，发育一套志留纪-泥盆纪浅变质岩系，以千枚岩为主，往往形成滑坡、崩塌。

5. 金沙江中下游河谷地区

本区为金沙江中、下游，河谷断面呈“V”型，岸坡陡峻。出露碳酸盐岩与碎屑岩。断裂发育，沿岸崩塌主要发生在坚硬的碳酸盐岩与厚层砂岩组成的斜坡地段，而滑坡主要发育在碎屑岩风化带和松软岩、土中。本区的巧家-东川、绥江-永善分属强震带，烈度Ⅵ-Ⅸ度，也常诱发滑坡、崩塌。攀枝花市-宜宾市江段长782km，其崩塌和滑坡的形成与河流侧蚀、地震诱发密切相关。

6. 川滇南北向条带状地带

本区活动断裂分布集中，以安宁河断裂带为典型，且活动强烈。地震活动频繁，地震烈度Ⅵ-Ⅸ度。河谷下切侵蚀强烈，谷坡50°～80°，岭谷高差1500～3000m。本区广泛分布古生代变质岩，中生代含膏盐红层及新生代松软岩类，岩体破碎，软硬不一，风化带厚数米至30余米，具备了形成滑坡、崩塌的地质条件。特别是在暴雨诱发之下，很容易形成区域性滑坡、崩塌灾害。如1985年大渡河、安宁河、金沙江地带，都发生了严重的滑坡、崩塌和泥石流灾害。

7. 汉江河谷（安康—白河）地段

本区分布一套震旦纪、志留纪-泥盆纪浅变质岩系，其岩性为片岩、千枚岩及板岩，以片岩、千枚岩为主。这是控制滑坡形成的主导因素。同时，降雨又直接导致滑坡发生。

8. 川东丘陵区

本区属川东褶皱带，北受大巴山弧形构造制约，形成NE-NEE轴向的宽缓向斜与紧闭背斜呈隔挡式排列。地层多为碎屑岩类，容易产生滑坡和崩塌。加之川东是有名的暴雨区，不仅促使滑坡崩塌形成，还导致滑坡崩塌转化为泥石流，造成更严重的灾害。本区滑坡崩塌除受暴雨影响外，还与人为活动（采煤、挖坡建筑、工程建设等）有着密切的联系。本区几乎年年都有重大滑坡、崩塌灾害发生，属于滑坡、崩塌多发区。

9. 长江上游河谷（重庆—庙河）地段

本区即三峡水库区干流段，系巴山弧与新华夏构造复合地带，褶皱轴线呈NE-NEE向，主要出露碳酸盐岩及碎屑岩。地形强烈切割，岸坡陡峻，江流与构造线多近于平行，沿江两岸的滑坡、崩塌极为发育。大多数大型滑坡都发生在顺向坡岸，奉节以西江段尤其突出。崩塌则多发生在切割强烈，岩层平缓且上部为厚层碳酸盐岩及砂岩高耸的斜坡地带。如新滩广家崖、链子崖等。在暴雨诱发和人为活动叠加作用下，很容易形成崩塌、滑坡。

10. 黔西南山区

本区位于黔西高原至黔中山地之间的斜坡地带，为地形深切割带，主要出露砂页岩、玄武岩，间夹石灰岩。本区滑坡多因人为开挖坡脚引起，降雨也对产生滑坡有很大影响。以堆积层滑坡为主，基岩滑坡次之。在地形陡峭，上部为硬岩，下部为软岩，并在下部软岩中采矿或人工挖掘的地区，往往造成崩塌体。如开阳磷矿马路平矿区青菜冲崩塌（1980 年 3 月 20 日，5 万立方米），发生在含磷矿的岩层中。

11. 湘西山区

本区包括怀化、安化、冷水江、沅陵市等县市。本区近年时常发生滑坡。区内分布有早寒武纪灰岩、泥质页岩及前震旦纪变质岩，因而易产生滑坡。

12. 赣西北山区

本区基岩为粉砂岩、泥岩并夹有少量的细砂岩，易风化，风化后形成灰黑色黏土，不透水，使上部土体处于饱水状态。连续降雨或人为开挖，破坏了原有的平衡条件，导致堆积物滑动，产生滑坡。

13. 赣东北山区

本区分布有震旦纪砂页岩、砂砾岩夹泥岩、页岩夹白云质灰岩、磷块岩和白云岩。从岩体上看，除白云质灰岩及白云岩力学强度较高外，其余均为软弱岩类，岩石层间裂隙十分发育，风化带深达 20～30m，当岩层倾向与山坡坡向一致时，很容易产生滑坡。该区的滑坡、崩塌主要发生在岩浆岩、沉积岩形成的山地丘陵区，多与采矿、削坡不当有关，且易在暴雨激发之下形成群发性灾害。

四、泥石流

泥石流是由于降水而形成的一种挟带大量泥沙、石块等固体物质，突然爆发、历时短暂、来势凶猛、具有极大破坏力的特殊洪流。可见，泥石流是在一定的地理条件下形成的由大量土石和水构成的固液两相流体。在我国西南、西北和华北地区的一些山区，均发育有泥石流，尤其在西南多雨、多山地区，泥石流灾害更为普遍。据不全面的调查统计，全国有泥石流沟 6 万多条，其中具明显危害性的 8500 余条，此外，还发生过大量无法计数的坡面泥石流。目前，已知全国有 24 个省、市、自治区出现过灾害性泥石流，其中四川、云南、甘肃、陕西、西藏、青海等省区最严重，约 80%的泥石流灾害发生在这些省（自治区）。其次，新疆、北京、河北、辽宁、贵州、广西、湖北、江西以及台湾等省（市、自治区）泥石流灾害也较多。除此以外的各省（市、自治区）泥石流分布零星，危害轻微。

（一）泥石流的形成条件

特定的地形形态和坡度、丰富的疏松土石供给以及集中的水源补充是泥石流形成的必要条件。而这些条件又受控于地质环境、气候、植被等诸因素及其组合状况。地质环境因素中又以地貌形态、地层岩性、地质构造、新构造活动、地震等对泥石流形成影响最大。人类破坏生态环境从而促进泥石流灾害的发生发展，又不断与泥石流灾害作斗争，采取各种措施来抑制它的发生发展。以上各种因素与泥石流灾害间的关系错综复杂，具体分析如下。

1. 地形地貌条件

地形地貌是泥石流形成的空间条件，对泥石流的制约作用十分明显，其主要方面在于地形形态和坡度是否有利于积蓄疏松固体物质、汇集大量水源和产生快速流动。泥石流形成的上游地区多为三面环山、一面出口的瓢状或漏斗状，地形较开阔，上游有较大汇水面积，周围山高坡陡。中游泥石流流通区地形多为狭窄陡峭的深谷，两岸岩坡稳定，约束泥石流，使其保持一定的流速而不停积下来。下游泥石流堆积区地形多为开阔平坦的山前平原或河谷阶地等。

从区域地貌形态类型来看，只有相对高差较大、切割较强烈的山区才具备发育泥石流的基本条件。统计表明，我国海拔 1000～3500m 的中山区，泥石流最发育。分布在中山区的泥石流数量占我国泥石流总数的一半以上，平原、沙漠及部分低缓的丘陵地带没有泥石流出现。中、低山和黄土高原是暴雨型泥石流的主要分布区，而冰川型泥石流则几乎都分布在高山、极高山地区。

2. 地质条件

地层、地质构造和新构造运动（含地震），对地形、地貌和疏松固体物质的产生起着控制作用，从而也控制了泥石流的分布状况。结构疏松、易于风化、节理和断层发育的岩石在内动力地质作用和外营力作用下遭受破坏，在山坡上堆积较厚的碎屑物质，为泥石流的形成提供丰富的物质来源。一般，变质岩和黄土区泥石流最发育，岩浆岩和碎屑岩地区次之，碳酸盐岩地区泥石流最不发育。构造体系对泥石流发育带的展布方向和范围显示出宏观的控制作用。断裂密集带地壳软弱、差异运动明显、地形崎岖、岩层破碎，有利于河流顺此侵蚀下切，沿岸支沟密集、崩塌滑坡、泥石流均十分发育。

地震对泥石流发生发展有着深远的影响。一次强烈地震不仅可以直接触发泥石流，而且由于地震引起大量岩体松动、产生许多崩滑体，也为泥石流准备了丰富的固体物质来源，从而使地震后相当长时期内泥石流都很活跃。我国一些著名的山区地震带，也正是泥石流的主要发育带。

3. 水源条件

水是泥石流的重要组成部分，又是泥石流的激发条件和搬运介质。沟谷的中上游地区有暴雨或者其他来源的充足水源成为泥石流的直接诱发因素。因此，每到雨季，泥石流频发。我国泥石流的水源条件是暴雨或长时间的持续降雨。

4. 其他条件

滥砍滥伐山林会造成水土流失，开采矿山、堆废弃渣石等会增加泥石流发生的概率。

（二）泥石流的防治

泥石流的三个地形区段特征决定了泥石流防治应该遵循上、中、下游全面规划，三个区段各有侧重，生物措施与工程措施并重的原则。

上游水源区宜种植水源涵养林、修建水库和引水工程等。中游流通区宜修建减缓纵坡和拦截固体碎屑物质的拦沙坝等构筑物。下游堆积区主要修建导流渠、沟以及停淤场等，改变泥石流的运动路径并疏排泥石流。其措施可参见崩塌和滑坡部分。

（三）我国泥石流灾害分区

我国泥石流灾害主要分布在云南、湖南等省。《中国泥石流灾害图》将我国泥石流灾害分为如下4个区，各区概述如下。

1. 东部湿润低山丘陵暴雨泥石流灾害区

地跨我国地势第三级阶梯及第二级阶梯东侧的部分斜坡地带，以大平原和低山丘陵为主，少数山峰高程在1000～2000m。山地一般切割较弱，但坡度大于30°的陡峻地带仍间或出现，尤以第二级阶梯边缘斜坡地带地形较陡。区内年降水量800～2000mm以上，南部多于北部、山区多于平原，向海的斜坡地带雨量特别集中，暴雨频率高、雨量大，由此与当地地质地貌环境间长期作用形成一种平衡状况。这决定了激发灾害性泥石流所需的暴雨强度临界值较高。一般认为，大约300mm/d、60mm/h以上的特大暴雨才易激发灾害性泥石流。本区全部在台风侵扰范围之内，特大暴雨大多在台风天气出现。就总体而言，尽管本区发育泥石流的水源条件充足，但由于固体物质补充不足，地形较平缓，因此泥石流发育程度较弱，暴发频率较低。

2. 北部半干旱-半湿润高原暴雨泥石流灾害区

本区包括黄土高原、内蒙古高原和大、小兴安岭等地区。年降水量在西部为100～400mm，东部为400～600mm，降水量多年变化大，部分地区丰水年雨量可达1000mm以上。物理风化作用较强烈，黄土分布面积广大，总体上疏松固体物质来源丰富，但水源不够充足，地形一般起伏不大，切割微弱，故除黄土高原地区外，泥石流不发育。

3. 西南湿润高中山暴雨泥石流灾害区

本区跨青藏高原的东南边缘、横断山、龙门山、秦岭、大巴山、陇南山地、云贵高原及四川盆地等，是我国地形地貌、地层、构造、气候等条件最复杂多变的地区。区内年降雨量800～1400mm，降雨主要来自暖湿的东南季风和西南季风，且多地形雨，雨量随着海拔高度的增加迅速增大。干湿季分明，5～9月为湿季，其中6～8月雨量集中，经常出现连日大雨和短时的大暴雨。地形雨使局部地带短时暴雨频繁，引发泥石流灾害。由于气候变化的复杂性，干季也偶然出现局地短时暴雨引起突发性泥石流灾害的现象。本区既有适宜的地形条件和丰富的物质供应，又有充足的水源补充，具有发育泥石流的完备条件，致使本区成为全国暴雨型泥石流分布最广泛、数量最多、暴发频率最高、规模最大、类型最齐全的地区。

4. 西部寒冻高原高山冰川泥石流灾害区

包括天山、阿尔泰山、祁连山及青藏高原等高原、极高山、高山以及内陆盆地外围的一些中低山。冰雪融水为泥石流发育提供了水源。6～9月降雨较丰富，不仅本身成为激发泥石流的直接水源，而且还起到加速冰雪消融的作用。降雨和高温天气都可能引起泥石流暴发。山区年平均气温多在6℃以下，昼夜温差大，物理风化作用强烈，疏松固体物质储备极为丰富。这些都为西部寒冻高原高山地区泥石流灾害的发生创造了条件。

第三节　构造运动与地壳演化简史

一、构造运动

（一）构造运动概述

构造运动是指内力所引起的地壳乃至岩石圈发生变形、变位的一种机械运动，地壳的隆起、拗陷和形成各种构造形态的构造运动称地壳运动。通常将晚第三纪以来的构造运动称新构造运动，以前的称（老）构造运动。老构造运动发生在很久以前，运动的结果和痕迹主要记录在地层里；而新构造运动除了在新地层中有显示外，还常表现在火山、地震、隆起、拗陷等各种地貌形态上。构造运动的性质、方向、速率等因时因地而异，具有自身的内在规律。构造运动的每一进程都留下了可靠的地质记录。所以根据地层的岩相特征、厚度、接触关系以及构造变形等，就能从中找到构造运动的信息，重塑地壳构造的发展历程。

构造运动按方向分为水平运动和垂直运动。水平运动指地壳或岩石圈物质大致沿地球表面切线方向进行的运动，通常表现为地壳岩层在水平方向上遭受挤压、拉伸、平移、水平旋转，并形成褶皱和断裂，甚至巨大的褶皱山脉，因此水平运动又称造山运动，大规模的水平运动是海底扩张、大陆漂移和板块构造学说的证据之一。垂直运动指地壳或岩石圈物质大致沿地球半径方向的运动，也叫升降运动，通常表现为大规模的上升或下降，形成隆起和拗陷，并引起海陆变迁，又叫造陆运动。

（二）构造运动的证据

1. 新构造运动的标志

（1）地貌标志

地貌形态是内、外地质作用相互制约的产物，而构造运动常控制外力地质作用的方式和强度，所以，新构造运动必然引起地貌形态的改变。而新构造运动发生的时间较近，地貌方面的证据多保存较好，所以，可用地貌标志来半定量研究新构造运动。

上升运动为主的地区，常形成剥蚀地貌。如地壳大规模上升运动，地表高地为风化剥蚀作用削平降低，高地之间的洼地堆积填平。此外，在距海平面相当高部位的海蚀穴、海蚀阶地、海蚀崖、河流阶地、干溶洞以及珊瑚灰岩等往往是地壳上升运动的证据。如在山东荣成、福建厦门一带，海滩高出海面 20～40m。

下降运动为主的地区，常形成堆积地貌。在陆地发现的巨厚沉积物，在海面下发现的被淹没的三角洲、河流阶地、建筑物以及沉积剖面上沉积物颗粒自下而上由粗到细的变化等都可能是地壳下降运动的标志。如珊瑚是生长于温暖浅海中的腔肠动物，海水深度一般不超过70m。但有些珊瑚礁沉没于海下达几百米。

众所周知，第四纪海平面升降运动、陆源堆积物填充于海水之中、海水温度的变化、气候冷暖变化、大陆上冰川的停积与消融等非构造因素也可以引起海平面升降，进而影响地貌标志。因此，在研究地貌标志时，要注意它是由构造运动引起的，还是由非构造运动引起的，或者是二者叠加在一起所产生的结果，情况相当复杂。

（2）测量数据

对于现代构造运动，在短期或瞬息间还不可能在地貌上留下可以观察到的痕迹，因此必须借助于三角测量、水准测量、远程测量（激光测量）、天文测量等手段，即定期观测一点（线）高程和位置的变化，以测出构造运动的方向和速度。如 1967 年，曾在冰岛洋脊裂谷量测设置标杆，用精度很高的激光测距法，进行重复测量。几年后，再次测量标杆间的距离时发现增大了 5～8cm，这表明裂谷两侧正以每年不到 1cm 的速度拉开。

2. 老构造运动的标志

（1）地层厚度

在一定时间内在一定沉积区可以形成一定厚度的地层，地壳下降幅度越大，沉积物越厚，地层也越厚。所以，对地层厚度进行分析，可在很大程度上得出地壳升降幅度的定量结论。在地壳相对稳定的情况下，在一定环境下形成的沉积物的厚度是有限度的，在浅海环境中沉积物厚度通常只有 200m 左右，在湖泊环境中沉积物厚度也不会超过最大湖水深度。但是，从许多地方的地层剖面看，地层厚度可以达到几千甚至几万米，如天津蓟县的中、上元古界厚度近 10000m，这显然是地壳长期缓慢下降的结果。由于构造运动经常交替进行，下降运动接受沉积，上升运动引起沉积中断或沉积物遭受风化剥蚀，所以沉积层总厚度是相应时期内地壳升降运动的代数和，在一定程度上代表该地区下降的总幅度。

（2）岩相分析

把反映沉积环境的沉积岩岩性和生物群的综合特征，称为岩相。岩相一般可分为海相、陆相和海陆过渡相三类。每类又可细分成若干种岩相。如海相可分为滨海相、浅海相、半深海相、深海相等；陆相可分为坡积、冲积、洪积、湖泊、沼泽、冰川、风成等相。岩相是岩层形成环境的物质表现，一旦沉积环境发生改变，岩相也随之改变。同一岩层的横向（水平方向）岩相变化，反映在同一时期但不同地区的沉积环境的差异。同一岩层的纵向（垂直层面方向）岩相变化，反映同一地区不同时期的沉积环境的改变，而这种改变往往是构造运动的结果。因此，分析岩相变化，就可略知某地区的构造运动的特点。

地壳下降，海水逐渐侵入大陆，陆地面积缩小，海洋面积扩大，称海侵，这时所形成的地层称海侵层位。从垂直剖面上看，自下而上沉积物的颗粒由粗变细；同时，新岩层分布面积大于老岩层，形成所谓“超覆”现象，见图 2-9。

地壳上升，海水逐渐退出大陆，陆地面积扩大，海洋面积缩小，称海退，这时所形成的地层称海退层位。从垂直剖面上看，自下而上沉积物的颗粒由细变粗；同时，新岩层的面积小于老岩层，形成所谓“退覆”现象。

在同一地层剖面上有时可以看到海侵层位和海退层位交替变化，即沉积物颗粒自下而上由粗变细，又由细变粗的规律变化，即一个沉积旋回。通常，海侵层位厚度较大，保存较好；

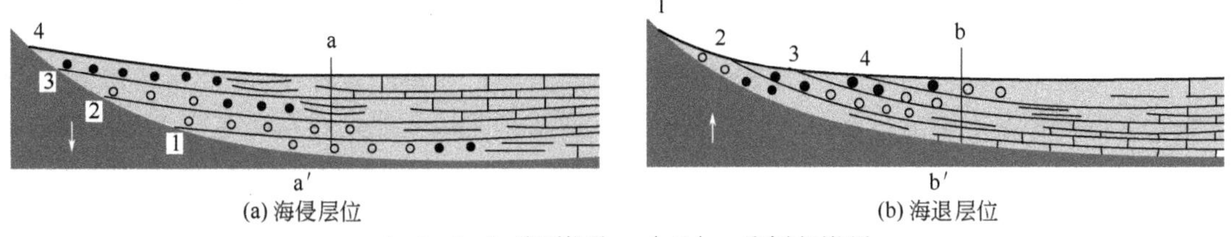

(a) 海侵层位　　(b) 海退层位

1、2、3、4—海面位置；aa′、bb′ —垂直剖面位置

图 2-9　海侵和海退层位示意图

而海退层位，厚度较小，不易完全保存，有时甚至缺失，出现沉积间断；有时也可以看到几次沉积旋回。

（3）构造变形

沉积岩的原始产状通常是近于水平的，构造运动常使地层的产状发生改变，产生褶皱、断裂等构造变形。通过对构造变形的形态特征、性质和组合关系等的分析可以推测老构造运动的方向、性质、强度及时间等。如环太平洋的山系和岛弧，以及喜马拉雅山脉等，目前多认为是板块水平移动和俯冲造成的。

（4）地层接触关系

不同时代地层之间在纵向上的相互关系称地层接触关系，它直接记录了构造运动的历史，是构造运动的证据。常见的地层接触关系有整合和不整合两种基本类型。研究不整合关系，不仅可以确定地史发展过程中的构造运动以及相应的古地理环境（如海陆变迁、山脉隆起、生物界演变等）的变化，而且也可以找出某些矿产的分布规律，如在不整合面上常富集铝土、黏土、铁矿、锰矿等矿产。

① 整合接触　当地壳处于相对稳定下降（或虽有上升，但未升出海面）情况下，形成连续沉积的岩层，老岩层沉积在下，新岩层在上，不缺失岩层，这种关系称整合接触。其特点是连续沉积，没有间断，上下岩层产状基本一致，岩性和古生物特征是递变的。这说明在一定时间内沉积区的构造运动方向无明显变化。

② 不整合接触　构造运动往往造成沉积中断，形成时代不连续的岩层，这种关系称不整合接触。两套岩层中间的不连续面，称不整合面。其特点是岩层时代不连续；不整合面上下岩层的岩性和古生物特征差异显著；不整合面上多有明显的侵蚀面存在。

按照不整合面上下两套岩层之间的产状及其所反映的构造运动过程，不整合又可分为平行不整合（上下两套岩层的产状基本一致）和角度不整合（上下两套岩层成角度相交）（图 2-10）。平行不整合主要是由地壳的升降运动造成，地壳下降，接受沉积；地壳上升，遭受剥蚀；地壳再下降，重新接受沉积。角度不整合由水平构造运动造成，地壳下降，接受沉

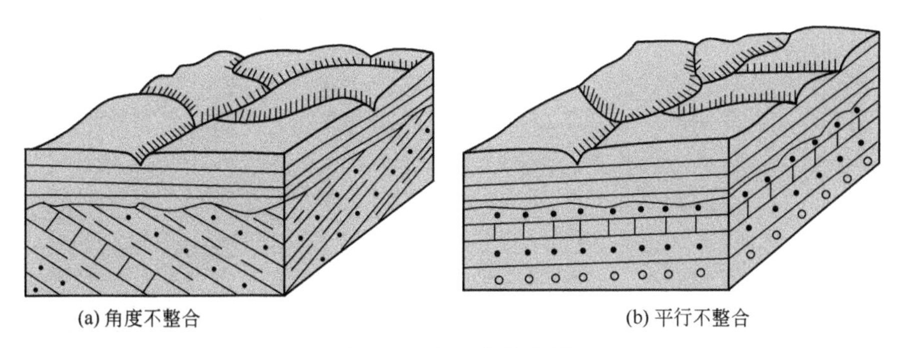

(a) 角度不整合　　(b) 平行不整合

图 2-10　不整合示意图

积；地壳上升，褶皱隆起或断裂，长期遭受风化剥蚀；地壳再下降，接受新的沉积。

（三）地质构造

地质构造是各种动力地质作用导致岩石变形的产物。它表现为岩石的弯曲和断裂，形成褶皱和断裂两种基本构造，如图 2-11。在野外，褶皱和断层是地壳岩石最常见的变形方式。

图 2-11　构造变形示意图

地质构造决定着岩层在地面的出露情况，也决定着大区地形的骨架。因此，地质构造与土壤和植被的分布、矿产资源和水资源的分布、土地利用、农田基本建设的工程措施、城市建设和其他工程建设等都有密切关系。如水平岩层地区，岩层在地面的出露界线大致平行于等高线，土壤也往往表现出按照等高线分布的规律性。

1. 褶皱

岩层在构造运动作用下，改变了岩层的原始产状（近水平），不仅岩层发生倾斜，而且大多数形成一系列各式各样的弯曲，岩层这种未失去连续完整性的弯曲称为褶皱。褶皱是岩层塑性变形的结果，是地壳中广泛发育的地质构造的基本形态之一。褶皱中的一个弯曲称为褶曲（图 2-12），是褶皱构造的基本单位。构造运动是导致褶皱存在的直接原因。褶曲的基本类型只有背斜和向斜两种。背斜是原始水平岩层向上拱起的一个弯曲，核心部位的岩层时代较老，两翼的岩层时代较新。向斜是岩层向下拗陷的一个弯曲，核心部位的岩层时代较新、两翼岩层时代较老。通常，背斜成山，向斜成谷。然而，由于地表风化剥蚀，也可能会出现地形倒置现象，即背斜成谷、向斜成山。背斜和向斜一般连续相间分布，组成大褶曲带，延伸数十千米至数千千米，形成很复杂的构造。世界上的大山脉多是这样的大褶曲带。褶皱构造对找矿、工程及水利建设有着相当重要的意义。根据褶皱两翼对称重复的规律，在褶皱的一侧发现沉积型矿层时，可预测在另一侧也可能有相应的矿层存在。除此以外，背斜部位的岩层常常较为破碎，如果水库位于此就易于漏水，工程建设须避开这种构造部位。

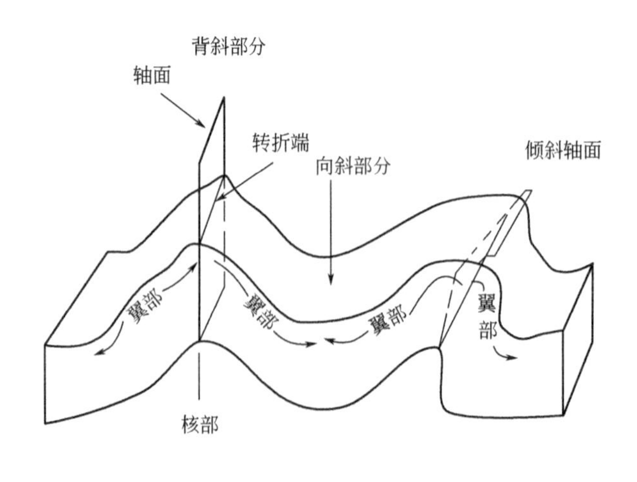

图 2-12　褶曲示意图

2. 断层

地壳中的岩层或岩体受力达到破裂强度而产生的断裂和错动称为断裂构造，断裂岩块发生显著相对位移的称为断层，没有显著相对位移的称节理。节理和断层在成因上没有本质差别，是逐渐过渡的两种地质构造。断层是矿液和地下水循环的通道，因此对矿体的形成和赋存以及地下水的寻找有重要意义。

断层有断层面、断层线、上盘和下盘等几个构成要素（见图 2-13）。断层面是岩层发生相对位移的断裂面，一般是倾斜的。断层线是断层面与地面相交的线。断层两侧被切断的地层叫断层的两盘，位于断层面上部的为上盘，位于断层面下部的为下盘；若断层面为垂直时，则用方位表示，如东盘、西盘等。

根据断层两盘相对位移的关系，断层可分为正断层、逆断层和平移断层三个基本类型。正断层是上盘相对下降，下盘相对上升，一般由张力作用造成，断层面比较陡，断层线比较平直。逆断层是上盘相对上升，下盘相对下降，多由水平挤压而成。平移断层是断层两盘沿断层面在水平方向上发生相对位移。

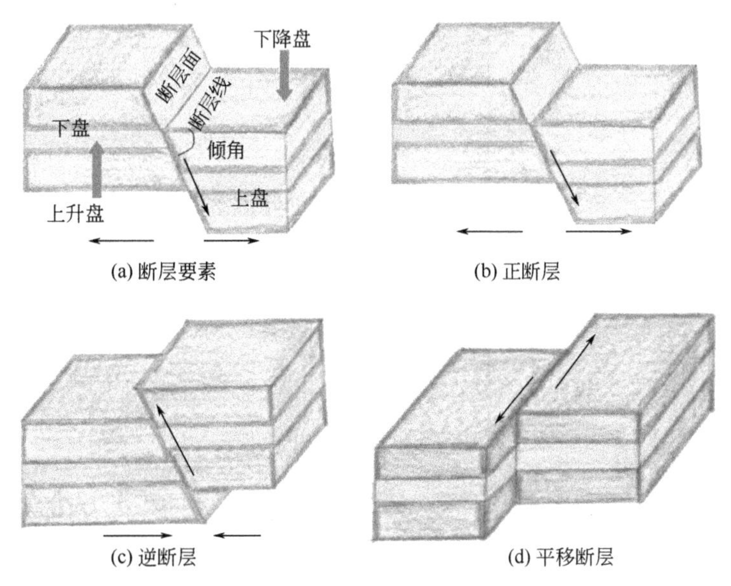

图 2-13 断层示意图

自然界中，断层常以一定的组合形式出现。两条或两组大致平行的断层，中间岩块为共同的下降盘，两侧为上升盘，这样的断层组合类型称地堑，在地貌上常形成坳陷地带，如中国汾河地堑。两条或两组大致平行的断层，中间岩块为共同的上升盘，两侧为下降盘，这样的断层组合类型称地垒，在地貌上常形成块状山地，如江西庐山。此外，垂直的断层面会形成陡壁，如云南昆明的龙门；一连串的断层会形成梯级状的下降盘，称为阶状断层。

二、地壳演化简史

地壳的发展历史简称地史。研究地史可以阐明地壳发展演化的规律，建立地壳演化的时代概念，掌握各地区地层顺序，对认识现代地貌类型、土壤母质、矿产资源的分布规律都有重大意义。

（一）地质年代的确定

地球自形成以来大约经历了 46 亿年的历史，不同的历史阶段发育了相应的地层（地壳上部成带状展布的层状岩石或堆积物）和生物化石（在地层中常保存下来当时生存过的生物遗体和遗迹），它们记录着地壳的历史。

地质年代包括相对地质年代和同位素地质年龄两种。二者相辅相成，却不能彼此代替，因为地质年代的研究，不是简单的时间计算，更重要的是对地球历史的自然分期，力求表明地球历史的发展过程和阶段，同位素地质年龄有助于使这一工作日益完善。

1. 绝对地质年代的确定

绝对地质年代是地壳年龄的实际年限，较多地利用放射性元素衰变的原理来测定岩石绝对年龄，因此也叫放射性同位素地质年龄，以年为单位。如地球表面已知最古老的保存完好的岩石是位于加拿大西北部的片麻岩，其年龄为 39.6 亿年，这一年龄就是绝对地质年龄。

2. 相对地质年代的确定

根据地球发展历史过程中生物演化和岩层形成的顺序，将地球历史划分为若干自然阶段，称为相对地质年代。

在层状岩层的正常序列中，先形成的岩层位于下面，后形成的岩层位于上面，这一原理称为“地层层序律”，地层层序划分的根据主要是岩性变化及岩性组合差异、沉积韵律（岩层节奏）、沉积间断（平行不整合、角度不整合等）等。

保存在地层中的生物化石，由简单到复杂，由低级到高级，表现出清楚的不可逆性和阶段性，在同一时期生物界总体面貌大体具有全球或大区域的一致性，这一原理称为“化石顺序律”。

实际上，化石顺序律和地层层序律是一致的，在最古老地层中找不到化石，在较老地层中可以发现低级化石，在较新地层中可以发现高级化石，这种关系称为“生物层序律”。地层层序律和化石顺序律是生物地层学的理论基础。

根据地层层序和古生物种类可以把地层划分为若干大小不同的单位，这种划分地层的方法称为生物地层学方法，据此所划分的地层单位为年代地层单位，如宇（最大的地层单位）、界、系、统、阶、群、组、段等。其中，宇、界、系、统为国际通用的年代地层单位。阶、群、组、段等其他的单位是地方性或区域性年代地层单位。

组成地壳的全部地层（从最老到最新）所代表的时代称地质时代，不同级别的年代地层单位所代表的时代，称地质时代单位。与年代地层单位相应，形成一个宇的地层所占的时间叫宙，形成一个界的地层所占的时间叫代，形成一个系的地层所占的时间叫纪，形成一个统的地层所占的时间叫世，形成一个阶的地层所占的时间称为期，其对应关系如下。

年代地层单位	地质时代单位
宇（Eonthem）	宙（Eon）
界（Erathem）	代（Era）
系（System）	纪（Period）
统（Series）	世（Epoch）

（二）地质年代表

人们按时代早晚顺序把地质年代进行编年、列制成表，我们把表示地史时期的相对地质年代和相应同位素年代值的表，称为地质年代表，目前比较通用的地质年代表如表 2-6 所示。

宇：是最高级的年代地层单位；宇可分为冥古宇、太古宇、元古宇和显生宇 4 个宇；通常用两个大写字母表示，如冥古宇（Hadean）—HD，太古宇（Archaean）—AR，元古宇（Proterzoic）—PT，显生宇（Phanerozoic）—PH。

界：是根据生物界重大门类的演化阶段所划分的地层单位；界可分为古生界、中生界和新生界 3 个界；用两个字母表示，第一个大写，第二个小写，如古生界（Paleozoic）—Pz，中生界（Mesozoic）—Mz，新生界（Cenozoic）—Cz。

系：界细分为系；一个界包括2～3甚至6个系；系与系之间的生物在目、纲范围内有很大变化，如泥盆系以鱼纲的大发展为主要特征，石炭系以两栖纲的大发展为主要特征。系一般是根据首次研究的典型地区的古地名、古民族名或岩性特征等命名的，如寒武系、奥陶系、石炭系、白垩系等；系的符号一般用一个大写字母表示，如志留系（Silurian）—S；泥盆系（Devonian）—D。

统：一个系可以分为2～3个统。统的名称和系相同，另冠以下、上或下、中、上字样，如下寒武统、中寒武统、上寒武统。统的符号一般在系的符号右下角加阿拉伯数字1、2或1、2、3字样，分别代表下统和上统，或下统、中统和上统，如下志留统S_1。第四系所划分的统则另有专门名称，如更新统为Q_P，全新统为Q_h。

阶：是全国性或大区域性的年代地层单位；一个统可以包括数目不等的阶；阶与阶之间的生物在属和种的范围内有显著差异。阶以地名命名，如华北地区上寒武统根据三叶虫的种类划分为崮山阶、长山阶、凤山阶。

组：是地方性的最基本的地层单位；凡是岩相、岩性和变质程度大体一致的，与上下地层之间有明确的界限的，在一定地理范围内比较稳定的地层，都可以划分为一个组；组采用最初建组的地名（山名、村名等）命名放在统的符号之后，如华北中寒武统包括徐庄组和张夏组等。

群：比组大的地方性地层单位叫群；凡是厚度巨大、岩性较复杂而又具有一定的相似性，但又无明确界限可以分组的一套岩系，或者是连续的、在成因上互相联系的几个组的组合，都可以划分成一个群；用专门地理名称命名，如五台群。

段：组有时细分为段，段的符号未作统一规定，有人采用在组名右上角加1、2、3等，表示第一段，第二段，第三段等。如燕山地区蓟县系雾迷山组第一段。

（三）各地质年代的环境特点

由表2-6分析环境演化的趋势，可知生物演化由简单到复杂，由低级到高级不断发展演化。环境也表现出相似的演化规律。地理环境发展中的五个阶段及其主要的地壳运动、海陆变迁、生物演化的特点、主要矿产形成的时代，简介如下。

地球诞生之初，全身被赤红的熔岩覆盖着，地球逐渐冷却。

1. 太古代（距今25亿年以前）

地球已经形成薄而活动的原始地壳，岩浆活动相当频繁，构造运动强烈。地球表面的原始水圈与大气圈已形成，只是大气和水体处于缺氧状态。水中沉积了铁矿，多数铁矿是太古代形成的。古地层中有石英脉金矿。水体分布广泛，陆地面积不大。到太古代晚期，由于多次构造运动，某些地区形成小规模的陆地（称为陆核）。太古代形成的岩石是变质岩。大约经过十几亿年，地球上有了空气和水，大约32亿年前，出现菌类（古杆菌），大约31亿年前，蓝绿藻开始繁殖（形成大型叠层石化石）。

2. 元古代（距今25亿～5.43亿年）

繁衍了很多菌藻植物，又被称为菌藻植物时代。从原核生物到真核生物，从单细胞到多细胞，生命演化过程进入一个新阶段。藻类繁盛，通过光合作用，不断吸收大气中的二氧化碳，放出氧气，产生游离氧。后生动物大量出现，反映生物界的一次飞跃。陆核不断扩大，地壳经过沉积、岩浆喷发、变质、褶皱等作用，发展成为相对稳定的古陆地。形成的主要矿产是铁矿。

3. 古生代（距今5.43亿～2.5亿年）

发生大规模的海侵，海洋无脊椎动物三叶虫、珊瑚等空前繁盛；晚古生代后期，被子植物出现，蕨类植物繁茂，形成巨大的森林，石炭二叠纪被称为世界上重要的成煤时代，中国煤田多形成于晚古生代；动物由早古生代出现鱼类到泥盆纪繁盛，再到石炭纪演化到两栖类

表 2-6 地质年代简表

宙 EON	代 ERA	纪 PERIOD	世 EPOCH	距今大约年代/百万年	主要构造运动	生物演化
显生宙 Phanerozoic	新生代 Cenozoic	第四纪 Quaternary(Q)	全新世 Holocene	现代～0.01	喜马拉雅运动	人类出现
			更新世 Pleistocene	0.01～2.6		
		新近纪(Neogene(N)	上新世 Pliocene	2.6～12		
			中新世 Miocene	12～23.3		
		古近纪 Pleogene(E)	渐新世 Oligocene	23.3～40		
			始新世 Eocene	40～60		
			古新世 Palaeocene	60～65		
	中生代 Mesozoic	白垩纪 Cretaceous(K)	—	65～137	燕山运动	被子植物出现
		侏罗纪 Jurassic(J)		137～205		鸟类、哺乳动物出现
		三叠纪 Triassic(T)	—	205～250	印支运动	
	古生代 Palaeozoic	二叠纪 Permian(P)	—	250～295	海西运动	裸子植物出现
		石炭纪 Carboniferous(C)	—	295～354		两栖动物出现、爬行动物出现
		泥盆纪 Devonian(D)	—	354～410		节蕨植物出现
		志留纪 Silurian(S)	—	410～438	加里东运动	裸蕨植物出现、鱼类出现
		奥陶纪 Ordovician(O)	—	438～510		无颌类出现
		寒武纪 Cambrian(∈)	—	510～543		硬壳无脊椎动物出现
元古宙 Precambrian	元古代 Proterozoic	震旦纪 Sinian(Z)	—	543～680	晋宁运动 吕梁运动 五台运动	后生动物出现
		—		680～2500		真核生物、高级藻类出现
太古宙 Archaean	太古代 Archaeozoic	—		2500～3600	阜平运动	晚期生命出现，叠层石出现
冥古宙 Hadean				3600～4600		

和爬行类出现，是动物发展史上的一次飞跃；经过晚古生代，特别是石炭纪和二叠纪的海西运动，北方各个古陆合在一起，形成一个大陆，称为劳亚古陆，南方有冈瓦纳古陆，陆地面积空前增大。

4. 中生代（距今 2.5 亿～0.65 亿年）

裸子植物大发展，代表植物主要有松柏、苏铁、银杏类等，它们是主要的造煤植物；爬行动物极度繁盛，最占优势的为恐龙；鸟类、哺乳动物和被子植物出现；地层含有多种矿产，主要有煤、石油、天然气、石膏等；发生了规模巨大的构造运动——燕山运动，形成了中国地质构造轮廓和地貌基础。

5. 新生代（距今 0.65 亿年至今）

生物界与现代接近，植物以被子植物为主；鸟类繁多，哺乳动物繁盛；大约在第四纪初，人类出现并不断发展；发生了巨大的构造运动——喜马拉雅运动，形成了阿尔卑斯山脉、喜马拉雅山脉、安第斯山脉等；海陆分布与现在渐趋一致，此时期中国地层中含有煤、石油等多种矿产资源。

参考文献

[1] 陈静生，汪晋三. 地学基础. 北京：高等教育出版社，2002.
[2] 赵烨. 环境地学. 北京：高等教育出版社，2007.
[3] [美] A. N. 斯特拉勒. A. H. 斯特拉勒. 自然地理学原理. 北京：人民教育出版社，1981.
[4] 陈效逑. 自然地理学原理. 北京：高等教育出版社，2006.
[5] 伍光和，田连恕，胡双熙，王乃昂. 自然地理学. 第三版. 北京：高等教育出版社，2000.
[6] 李天杰，宁大同，薛纪渝，许嘉琳，杨居荣. 环境地学原理. 北京：化学工业出版社，2004.
[7] 李铁锋，潘懋. 环境地学概论. 北京：中国环境科学出版社，1996.
[8] 潘懋，李铁锋，孙竹友. 环境地质学. 北京：地质出版社，1997.
[9] 戎秋涛，翁焕新. 环境地学化学. 北京：地质出版社，1990.
[10] 宋春青，邱维理，张振青. 地质学基础. 第四版. 北京：高等教育出版社，2005.
[11] 景才瑞，王守一，李建生. 第四纪地质学概论. 北京：地质出版社，1990.
[12] 韩吟文，马振东. 地球化学. 北京：地质出版社，2003.
[13] 华南农学院. 地质学基础. 北京：中国农业出版社，1980.
[14] 朱济祥. 土木工程地质. 天津：天津大学出版社，2007.
[15] 张洪江. 土壤侵蚀原理. 第二版. 北京：中国林业出版社，2008.
[16] 刘本立. 第6讲元素周期律与元素地球化学分类. 地质与勘探，1991，27 (6)：22-27.
[17] 赵利青. 元素的类质同象置换简表. 黄金地质，1996，2 (4)：39-42.
[18] 戚长谋. 元素地球化学分类探讨. 长春地质学院学报，1991，21 (4)：361-365.
[19] 中国地质环境监测院，中国地质环境信息网.

思考与练习

1. 戈尔德施密特分类包括（　　）

A. 亲氧元素　B. 亲铜元素　C. 重卤素族　D. 亲气元素

2. 根据地壳中化学元素的克拉克值递减顺序，前八种元素的名称依次是（　　）

A. O、Si、Al、Fe、Ca、Na、Mg、K　B. O、Si、Fe、Ca、Na、Mg、K、F

C. O、Si、Al、Fe、Ca、Na、K、Mg　D. O、Si、Al、Fe、Na、K、Ca、Mg

3. 地壳中分布最广的矿物是（　　）

A. 石英　B. 长石　C. 云母　D. 角闪石

4. 基质和斑晶均为显晶质的不等粒结构称（　　）

A. 斑状结构　B. 似斑状结构　C. 玻璃质结构　D. 隐晶质结构

5. 岩浆岩按照（　　）分为超基性岩、基性岩、中性岩和酸性岩

A. 岩浆温度　B. SiO_2 含量　C. 黏度　D. 岩浆岩的结构

6. 下列属于深成岩产状的有（　　）

A. 岩基　B. 岩墙　C. 火山锥　D. 岩脉

7. 分布最广的喷出岩是（　　）

A. 花岗岩　B. 珊瑚礁灰岩　C. 玄武岩　D. 片岩

8. 关于岩浆岩的说法正确的有（　　）

A. 又名火成岩　B. 现在火山活动不经常发生，故岩浆岩种类和数量很少

C. 包括侵入岩和喷出岩　D. 可以转换成变质岩和沉积岩

9. 野外鉴定矿物硬度的办法有（　　）

A. 用指甲　B. 用小刀　C. 铜钥匙　D. 白瓷板

10. 矿物的物理性质包括（　　）

A. 颜色　B. 条痕　C. 断口　D. 透明度

11. 下列矿物主要成分是 SiO_2 的有（　　）

A. 玛瑙　B. 水晶　C. 紫水晶　D. 烟水晶

12. 下列物质中属于岩浆主要成分的是（　　）

A. 硅酸盐　B. 碳酸盐　C. 水蒸气　D. MgO

13. 岩浆侵入作用的类型有（　　）

A. 深成侵入作用　B. 浅成侵入作用　C. 喷出作用　D. 火山活动

14. 下列岩浆岩的产状中，哪些是在浅成侵入作用过程中形成的（　　）

A. 岩基　B. 岩墙　C. 岩盖　D. 岩床

15. 下列说法正确的有（　　）

A. 岩株不可能出露地表　B. 岩基地表出露面积很大

C. 火山岩又称火成岩　D. 岩墙与岩脉外观相同

16. 深成岩可能具有的结构和构造为（　　）

A. 显晶质结构　B. 杏仁构造　C. 似斑状结构　D. 块状构造

17. 下列岩石中属于基性岩的有（　　）

A. 橄榄岩　B. 辉长岩　C. 闪长岩　D. 玄武岩

18. 下列岩石中属于沉积岩的有（　　）

A. 花岗岩　B. 玄武岩　C. 大理岩　D. 石英砂岩

19. 岩石的成分、结构等性质沿垂直于层面方向变化而形成的层状构造称（　　）

A. 层理构造　B. 层面构造　C. 片理构造　D. 块状构造

20. 下列过程属于沉积岩形成过程的有（　　）

A. 剥蚀作用　B. 变质作用　C. 沉积作用　D. 成岩作用

21. 下列构造中属于变质岩构造的有（　　）

A. 气孔构造　B. 块状构造　C. 板状构造　D. 片状构造

22. 下列关于地震方面的概念正确的有（　　）

A. 地震是大地的快速震动　B. 烈度表示地震的大小

C. 一次地震只有一个震级　D. 一次地震多个烈度

23. 下列对于火山的正确说法有（　　）

A. 死火山一直没有喷发过　B. 火山分布和地震带分布基本吻合

C. 火山灰可肥田　D. 火山爆发时易引起地震、山体滑坡等灾害

24. 对于地震和火山灾害，我们应如何做（　　）

A. 听之任之　B. 进行科学预报　C. 利用动物反应直接预报　D. 相信人定胜天

25. 活火山、死火山和休眠火山的划分依据是（　　）

A. 火山喷发活动的时间　B. 目前火山活动情况　C. 有无爆炸现象　D. 喷出岩的产状

26. 下列关于火山的说法正确的有（　　）

A. 死火山是永远不会喷发的火山　B. 死火山与活火山是相对的

C. 休眠火山是每隔一年喷发的火山　D. 休眠火山是有史以来未喷发，将来可能喷发的火山

27. 下列对于崩塌和滑坡的正确说法包括（　　）

A. 都是快速下滑运动　B. 崩塌体破碎凌乱

C. 崩塌很少脱离母体　D. 碎屑岩、软弱的片状变质岩易形成崩滑体

28. 日常活动中如果要避免诱发滑坡、崩塌灾害，那么要做到（　　）

A. 选择安全场地修建房屋　B. 避免渠水渗漏

C. 利用动物反应直接预报灾害　D. 降雨形成的积水可暂缓排干

29. 为什么我国北方多煤炭？从地理环境演化的角度来说明。

30. 岩浆作用的主要方式包括哪些？

31. 矿物的物理性质包括哪些？
32. 认识长石、石英、云母、角闪石、辉石、橄榄石和方解石等几种重要矿物。
33. 在野外如何鉴别矿物？
34. 简要回答斑状结构和似斑状结构的异同点？
35. 什么是岩浆岩的产状？
36. 机械沉积分异和化学沉积分异顺序如何？
37. 列表比较三大类岩石。
38. 简述我国重要成煤年代的地理环境特征。
39. 新构造运动的证据有哪些？

第三章　大　气　圈

大气圈是指连续包围地球的气态物质。大气圈的主要成分是氮气和氧气，分别占大气容积的78.1%和20.9%，还有氩气占0.93%，三者共占大气总容积的99.96%，此外，还有少量的二氧化碳、氢气、氦气、氖气、氪气、氙气和水蒸气。大气圈的下界始于地面，上界说法不一。以极光出现的高度作为大气圈的上界，大约是1200km的高度，按照大气密度估计的大气圈上界，是2000～3000km的高度。整个大气圈随高度不同表现出不同的特点，从地面开始依次分为对流层、平流层、中间层、暖层和散逸层，再上面就是星际空间了。大气圈的空气密度随高度而减小，越高空气越稀薄。

大气是地球上生命物质的源泉，不仅为生物提供所需的必要元素，还可以阻挡太阳紫外线大量进入地表，保护地球上的生命。大气圈还保持着地球的“体温”，使地表的热量不易散失，同时通过大气的流动和热量交换，使地表的温度得到调节，使之适于人类和生物生存。大气圈是自然环境的重要组成部分和最活跃的因素，大气圈中天气系统的生消与演变是全球气候的基础。随着人类活动的日益增加和工农业生产产生的大量污染物进入大气，为了保护人类赖以生存的环境，研究大气的变化日益重要。本章将介绍大气的基本物理性状、大气热量、温度和大气运动规律以及城市气候等。

第一节　大气的物理性状

一、主要气象要素

气象要素是指描述大气属性和现象变化的物理量，主要包括气温、气压、风（风向和风速）、湿度、能见度、云况、降水量、蒸发、日照时数、太阳辐射、地面辐射、大气辐射等。

（一）气温

气温是指空气的温度，是衡量空气冷热程度的物理量，表示空气分子运动的平均动能的大小。气温通常是指离地面1.5m处于通风防辐射条件下（百叶箱中），从水银或酒精温度表上读取的温度。

气象站通常测定定时气温、日最高气温和日最低气温。在我国，一般以每日北京时间02、08、14和20时四次定时气温观测值的算术平均值为日平均气温。某月逐日的日平均气温之和除以该月的日数即得到月平均气温，月平均气温之和除以12就得到该年的年平均气温。日最高气温和日最低气温分别为一天当中最热时刻和最冷时刻的气温，它们分别由最高温度表读数和最低温度表读数经过订正后得到。一天中日最高气温与日最低气温之差称为气温日较差。一年中最热月的月平均气温与最冷月的月平均气温的差值称为气温年较差。气候学上，通常以30年作为计算多年气温平均值的标准时段。

为了研究和测量气温的高低，需要规定气温的测量单位——温标。量度气温常用的温标有摄氏温标、华氏温标和开氏温标三种。

1. 摄氏温标

规定在一个大气压下，以纯水的冰点为零度，沸点为100度，中间分为100等分，每等分代表摄氏1度。摄氏温度用℃表示。它是1742年由瑞典人摄尔司发明的。目前，我国规定使用的为摄氏温标。

2. 华氏温标

规定在一个大气压下，水的冰点为32度，沸点为212度，中间分为180等分，每等分代表华氏1度。华氏温度用°F表示。它是1709年由德国人华伦海发明的。

3. 开氏温标

也称绝对温标、热力学温标。开氏温标每一度的大小和摄氏温标完全相同，但是，它不是以水的冰点作为零度，而是以理论上所说的分子热运动将完全停止时的温度为绝对零度，它等于−273.15℃。它是1848年由英国物理学家开尔文所创立的。1960年第十一届国际计量大会规定热力学温标以开尔文（K）为单位。规定水的三相（气、液、固）点为273.15K。

4. 温标的换算

在气象学和人们的生活中，我们通常用摄氏温标（t）。但是在说英语的国家，如英国、美国、加拿大、澳大利亚和印度等国，多采用华氏温标（F）。而在科学和理论研究中，一般采用开氏温标（T）。开氏温标（T）、摄氏温标（t）和华氏温标（F）的换算关系为：

$$\text{绝对温度 } T(\text{K}) \approx 273 + \text{摄氏温度 } t(℃);$$

$$\text{华氏温度 } F = \frac{9}{5}t + 32$$

（二）气压

气压是大气压强的简称，它是空气的分子运动与地球重力场综合作用的结果，其数值等于单位面积上从地面直至大气层顶的垂直气柱的总重量。即静止大气中任意高度上的气压值等于其单位面积上所承受的大气柱的重量。当空气有垂直加速运动时，气压值与单位面积上承受的大气柱重量就有一定的差值，但在一般情况下，空气垂直运动的加速度很小，这种差别可以忽略不计。

国际单位制中，压强单位是帕斯卡（Pa），气象部门采用百帕（hPa）为气压单位。历史上也曾用毫巴（即千分之一巴）和毫米水银柱作为气压单位，其换算关系为：1百帕(hPa)＝1毫巴(mb)＝3/4毫米汞柱(mmHg)。

常用的测量气压的仪器有水银气压表、空盒气压表、气压计。

1. 气压场的基本型式

由于动力和热力原因，在同一水平面上气压的分布是不均匀的，常用等压线和等压面表示。通常，气压场基本型式如下（图3-1）。

① 低气压（低压），其等压线闭合，气流向中心辐合，中心气压低，气压向外逐渐增高。空间等压面向下凹，形如盆地。

② 高气压（高压），其等压线闭合，气流自中心向外辐散，中心气压高，向外逐渐减低。空间等压面向上凸，形似山丘。

③ 低压槽（槽），是低压向外伸出的狭长部分或一组未闭合的等压线向气压较高的方向突出的部分。在槽中，各等压线弯曲最大处的连线叫槽线。气压沿槽线最低，向两边递增。槽附近的空间等压面类似山谷。

④ 高压脊（脊），是高压向外伸出的狭长部分或一组未闭合的等压线向气压较低的方向突出的部分。在脊中，各等压线弯曲最大处的连线叫脊线。气压沿脊线最高，向两边递减。脊附近的空间等压面类似山脊。

⑤ 鞍形气压区（简称鞍部），是两个低压与两个高压交错组成的中间区域，其附近空间

等压面形如马鞍。

气象台站日常分析的等压面图有 850hPa、700hPa、500hPa、300hPa、200hPa 和 100hPa 等。它们分别代表 1500m、3000m、5500m、9000m、12000m 和 16000m 高度附近的水平气压场。

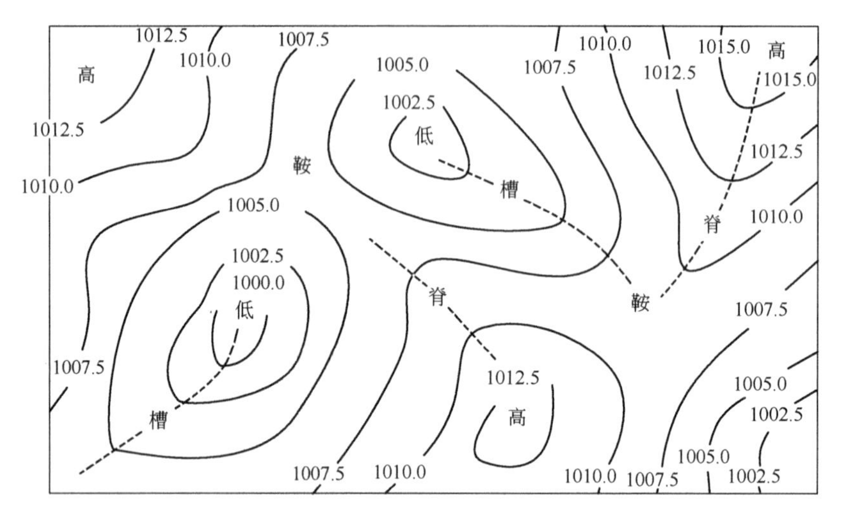

图 3-1 气压场的几种基本型式（单位：hPa）

2. 气压的变化规律

空气因受重力作用和其本身的流动性，而向各个方向都有气压。气压的大小与海拔高度、大气温度、大气密度等有关。如赤道地区，终年气温高，空气密度小，气压较低，而高纬度地区气压高。在空气下沉为主的地区，气压高，反之出现低气压。气压随时空的变化存在一定的规律。因此，随着不同影响因素的变化，气压的变化规律可以概括为以下几个方面。

① 气压日变化和年变化规律　气压的日变化存在最高值和最低值，分别出现在 9～10 时和 15～16 时，还有次高值和次低值，分别出现在 21～22 时和 3～4 时。气压日较差较小，一般为 1～4hPa，并随纬度增高而减小。陆地上冬季气压比夏季气压高，海洋冬季的气压比夏季低。

② 气压随高度和地理纬度的变化规律　地球表面随着海拔的升高，空气的密度减小，大气柱质量减少，气压逐渐降低。在近地层，高度每升高 100m，气压平均降低 12.7hPa。由于水汽的分子量小于干空气的平均分子量，所以含有较多水汽的湿空气的密度和压强要比干空气小。地球表面，由赤道到两极，随地理纬度的增加，温度降低、空气密度增大，气压逐渐增大。

③ 气压随天气的变化规律　气压随天气变化而变化。大气压随天气变化的情况比较复杂，最为典型的是晴天与阴天气压的变化。大气的湿度阴天较晴天大，使阴天大气的密度和气压小于晴天。

3. 流体静力学方程

一般应用静力学方程和压高方程确定空气密度大小与气压随高度变化的定量关系。

假设大气相对于地面处于静止状态，则某一点的气压值等于该点单位面积上所承受铅直气柱的重量，如图 3-2。在大气柱中截取面积为 1m^2，厚度为 $\text{d}Z$ 的微薄气柱。设高度 Z_1 处的气压为 P_1，高度 Z_2 处的气压为 $P_2=P_1+\text{d}P$（$\text{d}P$ 为负值），空气密度为 ρ，重力加速度为 g。则，气柱体积为 $1\times\text{d}Z=\text{d}Z$，其相应空气重量为 $\rho g\,\text{d}Z$。在静力平衡条件下，薄气柱的重力和气压 P_2 向下压力的合力等于气压 P_1 向上的压力，即

$$\rho g\,\mathrm{d}Z+(P_1+\mathrm{d}P)=P_1 \tag{3-1}$$

即：

$$\mathrm{d}P=-\rho g\,\mathrm{d}Z \text{ 或}$$

$$\frac{\mathrm{d}P}{\mathrm{d}Z}=-\rho g \tag{3-2}$$

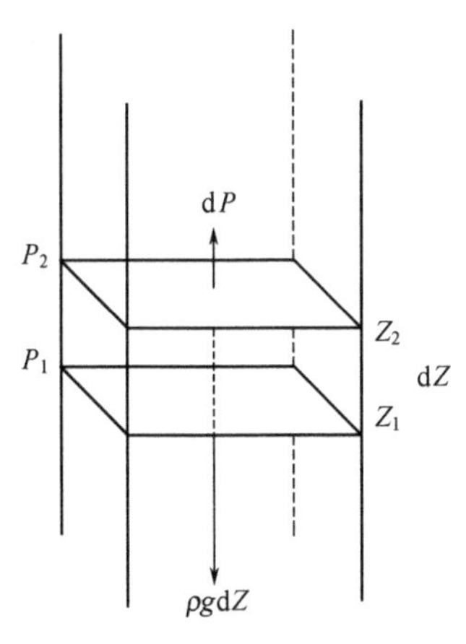

图 3-2　空气静力平衡图

式(3-2) 为气象上应用的大气流体静力学方程。式中，负号表示随高度增加，压强减少。方程说明气压随高度递减的快慢取决于空气密度（ρ）和重力加速度（g）的变化。而重力加速度（g）随高度的变化量一般都很小，因此气压随高度递减的快慢主要取决于空气的密度。在密度大的大气层里，气压随高度递减得快；反之，则递减得慢。实践证明，静力学方程虽是静止大气的理论方程，但除在有强烈对流运动的局部地区外，其误差仅有 1%，因而得到广泛应用。

将状态方程 $\rho=\frac{P}{R_d T}$代入式(3-2) 中，得

$$-\frac{\mathrm{d}P}{\mathrm{d}Z}=\frac{g}{R_d}\frac{P}{T} \tag{3-3}$$

上式称铅直气压梯度或单位高度气压差，它表示每升高 1 个单位高度所降低的气压值。

（三）风

空气的水平运动就是风。风是矢量，用风向和风速表示。

1. 风向

风向指风的来向，地面风向的测定使用风向标。气象台站预报风时，当风向在某个方位左右摆动不能肯定时，则加以“偏”字，如偏北风。当风力很小时，则采用“风向不定”来说明。

地面风向常用 16 个地理方位表示，静风风向记为“C”。高空风向常用方位度数表示，即以 0°（或 360°）表示北风，90°表示东风，180°表示南风，270°表示西风，其余的风向都可以由此计算出来。16 方位中，每相邻的方位间的角度为 22.5°。海上多用 36 方位表示。

为了表示某个方向的风出现的频率，通常用风向频率这个量来表示。它是指一年（月、季等）内某方向风出现的次数与各方向风出现的总次数的百分比，即

风向频率＝某风向出现次数/风向的总观测次数×100%

由风向频率的数值大小，可以知道某一地区哪种风向比较多，哪种风向最少，将风向频率按照一定的比例在各个方位的射线上点出，然后再将各点连接起来，即可形成风向频率玫瑰图，简称风玫瑰图（如图 3-3）。

风向决定着污染物迁移方向。任何地区的风向时刻都在发生变化，但一般都有主导风

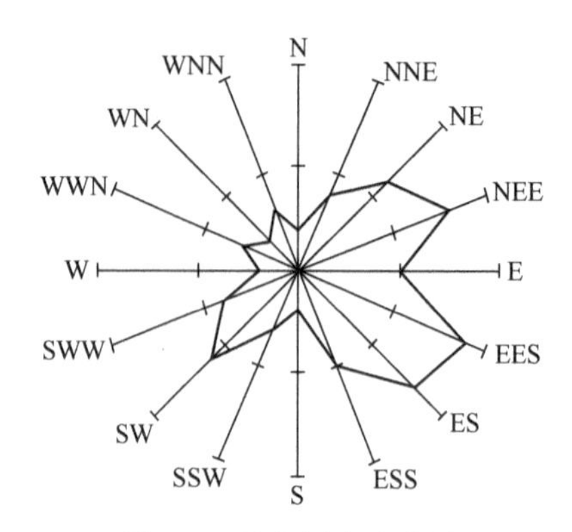

图 3-3　风向频率玫瑰图

向。通常，风将污染物不断地输送到下风向，污染区总是在污染源的下风向。

2. 风速

风速就是风的前进速度，即单位时间内空气所经过的距离，单位是 m/s 或 km/h。地面风速的测量使用风速表，如旋转式风速表。相邻两地间的气压差越大，空气流动越快，风速越大。在天气预报中，通常预报的是风力等级，如风力 2～3 级。这里的“级”表示风速大小，就是风力等级。表 3-1 是国际上普遍使用的蒲福风力等级表（英国人蒲福 1805 年把风划成了 13 个风力等级，后经修改完善）。风速决定着污染物的扩散和稀释状况。一般情况下，大气中污染物质的浓度与风速成反比。

风速口诀是“从一直到九，乘 2 各级有”。意思是：从一级到九级风，各级分别乘 2，就大致可得出该风的最大速度。如一级风的最大速度是 2m/s，2 级风是 4m/s，3 级风是 6m/s……依此类推。各级风之间还有过渡数字，比如一级风是 1～2m/s，2 级风是 2～4m/s，3 级风是 4～6m/s，诸此类推。

有些地方还把风力等级的内容编成了歌谣，以便记忆：

零级无风炊烟上；一级软风烟稍斜；二级轻风树叶响；三级微风树枝晃；

四级和风灰尘起；五级清风水起波；六级强风大树摇；七级疾风步难行；

八级大风树枝折；九级烈风烟囱毁；十级狂风树根拔；十一级暴风陆罕见；

十二级飓风浪滔天。

（四）湿度

表示大气中水汽含量多少的物理量称大气湿度，用以表示大气干湿程度。大气中水汽的含量虽然不多，却是大气中极其活跃的成分，在天气和气候中扮演着重要的角色。大气湿度状况与云、雾、降水等天气现象关系密切。大气中水汽含量的表示方法很多，常用的物理量有如下七种。

① 水汽压（e）　大气压力是大气中各种气体压力的总和，水汽压是大气中的水汽产生的那部分压力，其单位与气压相同，也用 mmHg 或 hPa 表示。当空气中的水汽含量增加时，水汽压也相应增大；反之，水汽压减小。

② 饱和水汽压（E）　在一定温度下，空气中水汽达到饱和时的压力，称为饱和水汽压。饱和水汽压随着气温的升高而迅速增加。在不同温度条件下，饱和水汽压的数值不同。

③ 相对湿度（f）　指大气中实际水汽含量与同温度下饱和时水汽含量之比，即空气中的实际水汽压 e 与同温度下的饱和水汽压 E 之比，以百分数表示，即：

$$f=\frac{e}{E}\times100\% \tag{3-4}$$

相对湿度表示空气接近饱和的程度和大气中水汽的相对含量。$f=100\%$表示空气已经达到饱和，$f<100\%$表示空气未饱和，$f>100\%$表示空气过饱和。相对湿度的大小不仅与空

表 3-1　蒲福风力等级表（经修正）

风力等级	名称	海面和渔船征象	陆地地物征象	海面波高/m		相当于平地十米高处的风速	
				一般	最高	m/s	中数
0	静风	海面平静	静烟直上	—	—	0.0～0.2	0
1	软风	微波鱼鳞状，无浪花。一般渔船正好能使舵	烟能表示风向，树叶略有摇动	0.1	0.1	0.3～1.5	1
2	轻风	小波，波长短，波形显著，波峰光亮但不破裂；渔船张帆，可随风移行 2～3km/h	人面感觉有风，树叶微响，旗子开始飘动	0.2	0.3	1.6～3.3	2
3	微风	小波加大，波峰开始破裂；浪沫光亮，有时有散见的白浪花；渔船可随风移行 5～6km/h	树叶及小枝摇动不息，旗子展开，高的草摇动不息	0.6	1.0	3.4～5.4	4
4	和风	小浪，波长变长，白浪成群出现；渔船满帆可使船身倾于一方	能吹起地面灰尘和纸张，树枝摇动，高的草呈波浪起伏	1.0	1.5	5.5～7.9	7
5	劲风	中浪，具有较显著的长波形状，许多白浪形成；渔船缩帆	有叶的小树摇摆，内陆的水面有小波，高的草波浪起伏明显	2.0	2.5	8.0～10.7	9
6	强风	轻度大浪开始形成，到处都有更大的白沫峰，有时有飞沫；渔船加倍收帆，注意安全	大树枝摇动，电线呼呼有声，高的草不时倾伏于地	3.0	4.0	10.8～13.8	12
7	疾风	轻度大浪，碎浪而成白浪沫沿风向呈条状；渔船停泊港中，近海渔船下锚	全树摇动，大树枝弯下来，迎风步行感觉不便	4.0	5.5	13.9～17.1	16
8	大风	有中度的大浪，波长较长，波峰边缘开始破碎成飞沫片；近港渔船不出海	可折毁小树枝，人迎风前行感觉阻力甚大	5.5	7.5	17.2～20.7	19
9	烈风	狂浪，沿风向白沫呈浓密的条带状，波峰开始翻滚；汽船航行困难	草房被破坏，屋瓦被掀起，大树枝可折断	7.0	10.0	20.8～24.4	23
10	狂风	狂涛，波峰长而翻卷，白沫成片出现，整个海面呈白色；汽船航行很危险	树木可被吹倒，一般建筑物遭破坏	9.0	12.5	24.5～28.4	26
11	暴风	异常狂涛，海面完全被白沫片所掩盖，波浪到处破成泡沫；汽船航行极危险	大树可被吹倒，一般建筑物遭严重破坏	11.5	16.0	28.5～32.6	31
12	飓风	空中充满了白色的浪花和飞沫，海面完全变白	陆上极少，摧毁力极大	14.0	—	32.7～36.9	33
13	注：13～17 级是 1946 年增加的，陆上极少见					37.0～41.4	39
14						41.5～46.1	44
15						46.2～50.9	48
16						51.0～56.0	54
17						56.1～61.2	59

气中水汽含量有关，而且还随气温升高而降低。当水汽压不变时，气温升高，饱和水汽压增大，相对湿度减小。

④ 饱和差（d）　在一定温度下，饱和水汽压与当时实际水汽压之差称饱和差，即 $d=E-e$，单位 hPa。它间接表示空气中的水汽含量，表示空气距离饱和的程度。饱和差越大，空气中水汽含量越少，空气越干燥；饱和差越小，空气中水汽含量越多，空气越潮湿。在研究水面蒸发强度时，多用饱和差，它能反映水分的蒸发能力。气温越高，饱和差越大，蒸发

越强烈；气温越低，饱和差越小，蒸发越缓慢。

⑤ 露点温度（T_d） 在空气中水汽含量不变、气压一定的条件下，使空气冷却达到饱和时的温度，称露点温度，简称露点，其单位与气温相同。露点是空气完全饱和时的临界温度，在露点以下即可发生凝结。在气压一定时，露点的高低只与空气中的水汽含量有关，水汽含量愈多，露点愈高，所以露点也是反映空气中水汽含量的物理量。在实际大气中，空气经常处于未饱和状态，露点温度常比气温低（$T_d<T$）。因此，根据 T 和 T_d 的差值，可大致判断空气距离饱和的程度。

⑥ 比湿（q） 指一团湿空气中，水汽质量 m_w 与该团空气总质量的比值，单位 g/g 或 g/kg。对于一团空气而言无论其体积如何变化，只要其中的水汽质量和干空气质量保持不变，比湿就保持不变。因此，在分析空气的垂直运动时，常用比湿来表示空气的湿度。

$$q=\frac{m_w}{m_d+m_w} \tag{3-5}$$

根据此公式和气体状态方程可推导出

$$q=0.622e/P \tag{3-6}$$

式中，m_d 为该团湿空气中干空气的质量；气压 P 和水汽压 e 采用相同单位（hPa）；q 的单位是 g/g。

⑦ 水汽混合比（γ） 指一团湿空气中，水汽质量 m_w 与干空气质量 m_d 之比，单位与比湿相同为 g/g。饱和湿空气的混合比称饱和混合比。

$$\gamma=\frac{m_w}{m_d} \tag{3-7}$$

根据其定义和气体状态方程可推导出

$$\gamma=0.622e/(P-e) \tag{3-8}$$

通常大气中的混合比和比湿都小于 0.04，因此可以认为 $\gamma\approx q$。

上述表示湿度的物理量中，水汽压、比湿、水汽混合比、露点基本上表示空气中水汽含量的多少，相对湿度、饱和差表示空气距离饱和的程度。除了上述表示方法之外，还有绝对湿度等，绝对湿度不容易直接测量，通常根据气温（t）和水汽压（e）用公式换算求得，实际使用比较少。

（五）能见度

能见度指在当时的天气条件下，视力正常的人能够从天空背景中看到或辨认出目标物的最大水平距离，单位为 m 或 km。能见度的大小直接反映大气的浑浊或透明程度，间接反映大气中杂质的多少，空气中的雾、水汽、烟尘等都可使能见度降低。能见度高低取决于物体和背景的属性、物体和背景照度的属性、大气属性以及观测仪器（包括肉眼）的属性等。由于人眼观测的主观性强，近年来，能见度仪应运而生，它可直接测量大气透过率和背景亮度等气象要素，而后通过计算机进行综合分析来计算能见距离。该仪器可以比较客观地反映大气实际的能见度，目前在一些机场已被采用。能见度的观测一般分为十级，见表 3-2。

表 3-2 能见度等级表

能见度级	白日视程/m	能见度级	白日视程/m
0	50 以下	5	2000～4000
1	50～200	6	4000～10000
2	200～500	7	10000～20000
3	500～1000	8	20000～50000
4	1000～2000	9	50000 以上

（六）云

云是发生在空中的大气凝结现象，是悬浮在空中的小水滴、冰晶微粒或二者混合物的可见聚合群体，底部不接触地面（接触地面者称雾），且具有一定的厚度。云对太阳辐射起反射作用，因此云的形成及其形状和数量不仅反映天气的变化趋势，同时反映大气的运动状况。

云的多少用云量表示，云量指云遮蔽天空视野的成数。将地平以上全部天空划分为10份，被云所遮蔽的份数即为云量。云量观测包括总云量和低云量。总云量是指观测时天空所有的云遮蔽的总成数，低云量是指天空被低云所遮蔽的成数，均记整数。全天无云，总云量记0；天空完全为云所遮蔽，记10；天空完全为云所遮蔽，但只要从云隙中可见青天，则记10^{-}；云占全天十分之一，总云量记1。天空有少许云，其量不到天空的十分之零点五时，总云量也记0。观测低云量的方法与总云量同。

根据形成云的上升气流的特点，云可分为积状云、层状云和波状云三大类。积状云包括淡积云、浓积云和积雨云，积状云多是孤立分散的；层状云包括卷层云、卷云、高层云、雨层云，层状云是均匀幕状的云层；波状云包括层积云、高积云、卷积云，波状云是波浪起伏的云层。

根据云底的高度，云可分成高云、中云、低云三大云族。然后再按云的外形特征、结构和成因可将其划分为十属二十九类。①低云：包括层积云、层云、雨层云、积云、积雨云五属（类），其中层积云、层云、雨层云由水滴组成，云底高度通常在2000m以下。大部分低云都可能下雨，雨层云还常有连续性雨、雪。而积云、积雨云由水滴、过冷水滴、冰晶混合组成，云底高度一般也常在2000m以下，但云顶很高。积雨云多下雷阵雨，有时伴有狂风、冰雹。②中云：包括高层云、高积云两属（类），多由水滴、过冷水滴与冰晶混合组成，云底高度通常在2000～6000m之间。高层云常有雨、雪产生，但薄的高积云一般不会下雨。③高云：包括卷云、卷层云、卷积云三属（类），全部由小冰晶组成，云底高度通常在6000m以上。高云一般不会下雨。

二、空气状态方程

空气状态通常用它的密度（ρ）、体积（V）、压强（P）、温度（t 或 T）来表示。对一定质量的空气，其P、V、T之间存在一定的函数关系。如一小团空气上升时，随着高度的增大，其受到的压力减小，体积随之膨胀增大，因膨胀做功，消耗了内能，气温降低。这说明该过程中一个量变化了，其余的量也会随之变化，即空气状态发生了变化。因此，研究这些量之间的关系就可以得到空气状态变化的基本规律，为研究大气污染物的迁移转化奠定基础。

（一）干空气状态方程

根据大量的科学实验总结出，一切气体在压强不太大、温度不太低（远离绝对零度）的条件下，一定质量气体的压强和体积的乘积除以其绝对温度等于常数，即

$$\frac{P_1V_1}{T_1}=\frac{P_2V_2}{T_2}\cdots=\frac{P_nV_n}{T_n}=\text{常数} \tag{3-9}$$

上式即是理想气体状态方程。凡严格符合该方程的气体，称理想气体。实际上，理想气体并不存在，但在通常大气温度和压强条件下，干空气和未饱和的湿空气都十分接近于理想气体。

在标准状况下（$P_0=1013.25\text{hPa}$，$T_0=273\text{K}$），1mol的气体，体积约等于22.4L，即$V_0=22.4\text{L/mol}$。根据式(3-9)有

$$\frac{PV}{T}=\frac{P_0V_0}{T_0}=R^*\approx 8.31\text{J/(mol}\cdot\text{K)} \tag{3-10}$$

式中，R^*为普适气体常数，对1mol任何气体都适用。

对于质量为M（g），1mol气体的质量为μ（g）的理想气体，在标准状态下，其体积V

等于 1mol 气体体积的 M/μ 倍。即

$$V=\frac{M}{\mu}\frac{R^{*}T}{P}，或\ PV=\frac{M}{\mu}R^{*}T=nR^{*}T \tag{3-11}$$

上式为通用的质量为 M 的理想气体状态方程。在气象学中，常用单位体积的空气块作为研究对象，为此，常将上式中 4 个量的关系变为压强、温度和密度 3 个量间的关系，即

$$P=\frac{M}{V}\frac{R^{*}}{\mu}T$$

式中，$\frac{M}{V}=\rho$，用 R 表示$\frac{R^{*}}{\mu}$，则

$$P=\rho RT \tag{3-12}$$

式中，R 为比气体常数，其取值与气体的性质有关。

可见，温度一定时，气体的压强与其密度成正比；密度一定时，气体的压强与其绝对温度成正比。

如上所述，可把干空气（不含水汽、液体和固体微粒的空气）视为相对分子质量为 28.97 的单一成分的气体，这样干空气的比气体常数 R_d 为

$$R_d=\frac{R^{*}}{\mu_d}=\frac{8.31}{28.97}=0.287\text{J/(g·K)}$$

故干空气状态方程为：

$$P=\rho R_d T \tag{3-13}$$

（二）湿空气状态方程与虚温

实际大气，尤其是近地面气层总是含有水汽的湿空气。在常温常压下，湿空气仍然可以看作理想气体。湿空气状态参数之间的关系如下：

$$P=\rho' R' T \tag{3-14}$$

式中，$R'=R^{*}/\mu'$，μ'和ρ'分别是湿空气的分子量和密度。μ'和 R'都是变量，随着湿空气中水汽含量变化。

如果以 P 表示湿空气的总压强，e 表示其中水汽部分的压强（即水汽压），则（$P-e$）是干空气的压强。干空气的密度（ρ_d）和水汽的密度（ρ_w）分别是

$$\rho_d=\frac{P-e}{R_d T}，\quad \rho_w=\frac{e}{R_w T} \tag{3-15}$$

式中，R_w 为水汽的比气体常数，$R_w=R^{*}/\mu_w=8.31/18\text{J/(g·K)}=0.461\text{J/(g·K)}$（$\mu_w$ 为水汽分子量=18g/mol）

$$R_w=\frac{R^{*}}{\mu_w}=\frac{\mu_d}{\mu_w}\cdot\frac{R^{*}}{\mu_d}=1.609R_d$$

因为湿空气是干空气和水汽的混合物，故湿空气的密度是干空气密度与水汽密度之和，即

$$\rho=\rho_d+\rho_w=\frac{P-e}{R_d T}+\frac{e}{R_w T}=\frac{1.609(P-e)+e}{1.609R_d T}=\frac{P}{R_d T}\left(1-0.378\frac{e}{P}\right)$$

将上式右边分子分母同乘以$\left(1+0.378\frac{e}{P}\right)$，由于 e 比 P 小得多，因而$\left(0.378\frac{e}{P}\right)^2$很小，可以略去不计，则上式可以化简成

$$\rho=\frac{P}{R_d T\left(1+0.378\frac{e}{P}\right)}$$

即

$$P=\rho R_d T(1+0.378\frac{e}{P}) \tag{3-16}$$

上式为湿空气状态方程的常见形式。在此我们引进一个假设的物理量——虚温（T_v），

$T_v=\left(1+0.378\frac{e}{P}\right)T$，则湿空气的状态方程可表示为

$$P=\rho R_d T_v \tag{3-17}$$

可见，湿空气和干空气的状态方程形式相似，仅仅把方程右边实际气温换成了虚温。由于$\left(1+0.378\frac{e}{P}\right)T$恒大于1，因此虚温总比湿空气的实际温度高些。虚温的意义是在同一压强下，干空气密度等于湿空气密度时，干空气应有的温度。虚温和实际温度之差ΔT为

$$\Delta T=T_v-T=0.378\frac{e}{P}>0$$

由此式可知，水汽压e愈大，ΔT值愈大。在低层大气，尤其是在夏季，e值较高，这时必须用湿空气状态方程；但在高空，e值相对较小，因而ΔT很小，可采用干空气状态方程，也不会造成大的误差。

第二节　大气的热量和温度

大气的冷暖变化，不仅在空间分布上是很不均衡的，在时间上也有周期性变化和非周期性变化。由于热能和温度的变化所表现出来的地球及大气的热状况、温度的分布和变化，制约着大气运动状态，影响着云和降水的形成。因此，大气的热能和温度就成了天气变化的一个基本因素，同时也是气候系统状态及演变的主要控制因子之一。因此，本节将分析太阳辐射通过下垫面引起大气增温、冷却的物理过程，并讨论大气温度随时间变化和空间分布的一般规律。

一、太阳辐射

太阳不断地以电磁波辐射和高速粒子流辐射的方式向外发射能量，称为太阳辐射。地球大气中的一切物理过程都伴随着能量的转换，而太阳辐射能是地球大气最重要的能量来源。一年中整个地球可以由太阳获得5.44×10^{24}J的辐射能量，地球和大气的其他能量来源同来自太阳的辐射能相比是极其微小的。如来自宇宙中其他星体的辐射能仅是来自太阳辐射能的亿分之一，从地球内部传递到地面上的能量也仅是来自太阳辐射能的万分之一。

（一）太阳辐射光谱

太阳辐射中辐射能按波长的分布，称为太阳辐射光谱。大气上界太阳辐射光谱如图3-4所示。从图可知，大气上界太阳辐射的波长范围在0.15～4μm之间。这个波长范围内可分为三个主要区域，即波长较短的紫外光区（$<0.4\mu$m）、波长较长的红外光区（$>0.76\mu$m）和介于二者之间的可见光区（0.4～0.76μm）。太阳辐射的能量主要分布在可见光区和红外区，前者占太阳辐射总量的50%，后者占43%，而紫外区只占能量的7%。

（二）太阳辐射在大气中的减弱

到达大气上界的太阳辐射由地球的天文位置决定，称为天文辐射。天文辐射的时空分布规律如下：①全年天文辐射总量低纬大于高纬，天文辐射的季节变化低纬小于高纬。②天文辐射的纬度变化梯度，在南北半球都是冬季大于夏季。③在春分和秋分日，太阳直射赤道，赤道上的天文辐射最大，向两极逐渐减少，极点为零。④在夏至日，太阳直射北回归线，北半球白昼时间随着纬度的增加而加长，北极圈以北出现极昼，北极地区接受的天文辐射最大；从北回归线向南，天文辐射逐渐减小，到南极圈以南，出现极夜，天文辐射为零。⑤在冬至日，太阳直射南回归线，南半球白昼时间随着纬度的增加而加长，南极圈以南出现极

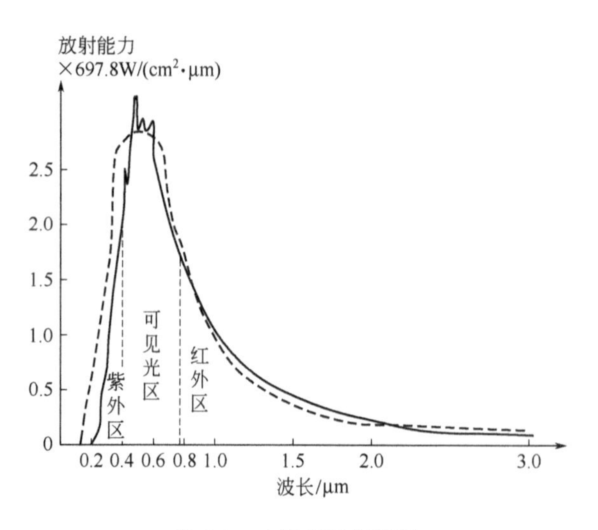

图 3-4　太阳辐射光谱图

昼，南极地区接受的天文辐射最大；从南回归线向北，天文辐射逐渐减小，到北极圈以北，出现极夜，天文辐射为零。

太阳辐射通过大气时，由于受到大气中的水汽、二氧化碳、微尘、氧和臭氧以及云滴、雾、冰晶、空气分子等物质和电磁波的相互作用，产生吸收、散射和反射等过程，导致太阳辐射的传播受到阻碍，使投射到大气上界的太阳辐射不能完全到达地面而减弱。太阳辐射光谱穿过大气后的主要变化有：①总辐射能明显减弱；②辐射能随波长的分布变得极不规则；③波长短的辐射能减弱得较显著。

1. 大气对太阳辐射的吸收

太阳辐射通过大气层时，大气中的水汽、氧、臭氧、二氧化碳、一氧化氮、甲烷和固体杂质等成分对太阳辐射有明显的吸收作用，而其他成分对太阳辐射的吸收作用都很小。

水汽在可见光区和红外区都有不少吸收带，但在红外区吸收能力最强。它的吸收波长范围主要在 0.93～2.85μm 之间，在吸收区间存在几个吸收带。由于最强的太阳辐射能是在短波部分，因此水汽从总的太阳辐射能中所吸收的能量不多。据估计，太阳辐射因水汽的吸收可减弱 4%～15%。

大气中的主要气体成分是氮和氧，但只有氧能微弱地吸收太阳辐射，主要吸收波长小于 0.2μm 的紫外线辐射。在 0.69μm 和 0.76μm 附近，各有一个窄吸收带，吸收能力都较弱。

臭氧在大气中含量虽少，但对太阳辐射的吸收很强。0.22～0.32μm 为一强吸收带，由于臭氧的吸收作用，保护了地球上生物不受强紫外线辐射之害。臭氧在 0.6μm 附近还有一个宽的吸收带，吸收能力不强，但由于位于太阳辐射最强烈的辐射带里，吸收的太阳辐射还是相当多的。因此，臭氧对太阳辐射的吸收作用是很显著的，它对平流层的增温起着重要作用。

二氧化碳对太阳辐射的吸收比较弱，仅对红外区 4.3μm 附近的辐射吸收较强，但这一区域的太阳辐射很微弱，被吸收后对整个太阳辐射影响不大。

此外，悬浮在大气中的水滴、尘埃等杂质，也能吸收一部分太阳辐射，但其量甚微，其影响大小主要取决于水滴、尘埃等杂质在大气中的含量。只有当大气中尘埃等杂质很多（如沙尘天气）时，吸收才较显著。

综上所述，大气对太阳辐射的吸收具有选择性，因而使穿过大气的太阳辐射光谱变得极不规则；在对流层里，对太阳辐射起吸收作用的成分主要是水汽、杂质和二氧化碳；在平流层里主要是臭氧；高层大气里主要是氧。通过大气的吸收作用，太阳辐射被削弱的部分主要是红外光和紫外光，而对可见光影响不大。太阳辐射被大气吸收后变成热能，使大气增温，太阳辐射减弱。

由于大气主要吸收物质（臭氧和水汽）对太阳辐射的吸收带都位于太阳辐射光谱两端能量较小的区域，因而吸收对太阳辐射的减弱作用不大，大气直接吸收的太阳辐射并不多。所以，大气因直接吸收太阳辐射能而引起的增温并不显著，太阳辐射也不是大气主要的直接热源。

2. 大气对太阳辐射的散射

太阳辐射的电磁波进入大气后，受到空气分子、尘粒、云滴等质点的影响，从而向各个方向弥散，产生散射。散射并不像吸收那样把辐射能转变为热能，而只是改变辐射方向，使太阳辐射以质点为中心向四面八方传播。经过散射之后，有一部分太阳辐射就到不了地面，因此使到达地面的太阳辐射量减少。散射作用的强弱与入射辐射的波长和散射质点的大小、成分和性质等有关。

（1）瑞利散射

太阳辐射遇到的是直径比波长小的质点时所发生的散射称为瑞利散射（Rayleigh），又称分子散射。波长愈短，被散射愈厉害，散射能力和波长的四次方成反比，而且这种散射有选择性。因此，太阳辐射通过大气时，受瑞利散射的影响，波长较短的光被散射得较多。所以，雨后天晴（无云），天空呈青蓝色，就是因为在可见光波段，蓝、紫色光的波长较短，散射强度大，因此蓝、紫光向四面八方散射，使天空呈现青蓝色，从而使太阳辐射传播方向的蓝紫光被大大削弱。

（2）米氏散射

太阳辐射遇到直径与波长相当的质点时所发生的散射称为米氏散射（Mie）。它主要由大气中的微粒，如烟、尘埃、小水滴和气溶胶等引起。散射强度与波长的二次方成反比，而且这种分子散射是有选择性的。如云雾的粒子大小与红外线的波长接近，所以云雾对红外线的散射主要是米氏散射。因此，潮湿天气米氏散射影响较大。

（3）无选择性散射

如果太阳辐射遇到的是直径比波长大得多的质点，这种散射称为无选择性散射，散射强度与波长无关，各种波长的辐射都同样被散射。如云雾粒子直径虽然与红外线波长接近，但是相比可见光波段，云雾中水滴的粒子直径就比波长大很多，因而对可见光中各个波长的光散射强度都相同，所以看到天空和云雾呈现白色。

大气对太阳辐射的散射——分析天空和太阳光颜色

① 天空呈蓝色：晴朗的天空，分子散射为主，每个气体分子向周围散射蓝光，天空呈蔚蓝色。空气越稠密，天就越蓝。秋冬季冷空气过后，我们处于密度很大的冷空气团中，天便显得特别湛蓝。天空蓝色只是在低空才看得见，随着高度的增加，由于空气越来越稀薄，大气分子数量急剧减少，分子散射逐渐减弱，天空亮度越来越暗，由蓝而青（8km 以上），由青而暗青（11km 以上），逐渐变成暗紫色（13km 以上）。到 20km 以上的高空，散射作用几乎完全看不出来，天空就变成暗黑色的了。

② 旭日和夕阳呈红色：早、晚太阳高度角小，太阳辐射穿过的大气层最厚，散射作用最强，故太阳辐射中波长较短的蓝光等几乎都被散射，主要剩下波长较长的红光到达观察者，所以太阳呈红色；晴空为蔚蓝色。

③ 正午太阳的白色：正午时，太阳高度角最大，太阳辐射穿过的大气层最薄，大气对太阳辐射的散射等削弱作用很弱。

3. 大气对太阳辐射的反射

到达大气层的太阳辐射能，还有一部分未经转化成热能或做功便直接返回太空，这部分返回的能量称为反射能，其能量谱段为可见光、紫外光和红外光。反射具有一定的方向性，它与入射角有关。大气中云层和较大颗粒的尘埃能将太阳辐射中的一部分能量反射到宇宙空间去。大气中的杂质颗粒越大，反射能力越强；颗粒越小，反射能力越差。反射没有选择性，所以反射光呈白色。

反射能力的大小用反射率表示。大气中反射最明显的是云，云的反射率随云的厚度、高度和形状变化而不同。一般情况下，云的反射率平均为50%～55%。高而薄的云反射率小，为20%～25%；低而厚的云反射率大，约为70%，最大可达90%。赤道地区由于云量大，反射率高，显著地影响地表对太阳辐射的接收。

从以上三个方面来看，太阳辐射通过地球大气层时，由于大气的吸收、反射和散射作用，使到达地面的太阳辐射受到削弱，削弱的主要部分是波长较长的红外线和波长较短的紫外线，而可见光部分被削弱的较少，所以到达地面的太阳辐射主要集中在可见光部分。可见光集中了太阳辐射一半的能量，它给地球表面以巨大的能量，是发生在地理环境里各种现象和过程的最重要的能量源泉。三种方式中，反射作用最重要，散射作用次之，吸收作用相对最小。

（三）到达地面的太阳辐射

到达地面的太阳辐射由两部分组成：一是太阳以平行光线的形式通过大气层直接投射到地面上的太阳直接辐射；二是经过大气中的空气分子和悬浮物散射后自天空投射到地面的太阳散射辐射，两者之和为总辐射。

1. 直接辐射

太阳直射辐射的影响因素很多，但太阳高度角和大气透明度是影响太阳直接辐射的诸多因素中最主要的两个因子。

① 太阳高度角愈小，等量的太阳辐射散布的面积就愈大，因而地表单位面积上所获得的太阳辐射就愈小；太阳高度角越小，太阳辐射穿过的大气层就越厚，太阳辐射被减弱得越多，到达地面的直接辐射就越少。

② 大气透明度决定于大气所含水汽、水汽凝结物和尘埃杂质的多少。这些物质多，大气透明度差，太阳辐射被削弱较多，太阳直接辐射相应减少；相反，大气透明度好，太阳辐射被削弱较少。由此可见，大气透明度也是影响太阳辐射的重要因素。

直接辐射有显著的年变化、日变化和随纬度的变化。这些变化主要由太阳高度角决定。一天当中，日出、日落时太阳高度角最小，直接辐射最弱；中午时太阳高度角最大，直接辐射最强。同理，一年当中，直接辐射夏季最强，冬季最弱。以纬度而言，低纬度地区一年各季太阳高度角都很大，地表得到的直接辐射与中、高纬度地区相比也就大得多。

2. 散射辐射

散射辐射的强弱也与太阳高度角和大气透明度有关。当太阳高度角增大时，到达近地面层的直接辐射增强，散射辐射相应增强，反之亦然。大气透明度低时，参与散射的质点增多，散射辐射增强；反之，散射辐射减弱。另外，云也能强烈地增大散射辐射。与直接辐射相似，散射辐射的变化也主要取决于太阳高度角的变化，一日内在正午前后最强；一年内在夏季最强。

3. 总辐射

由以上对直接辐射和散射辐射的分析可知，总辐射的变化受太阳高度、大气透明度和云的影响，存在明显的日变化和年变化。一天当中，日出以前，地面上总辐射的收入不多，只有散射辐射；日出以后，随着太阳高度的升高，太阳直接辐射和散射辐射都逐渐增加，但直接辐射增加得较快；当太阳高度升到约等于8°时，直接辐射与散射辐射相等；到中午时，太阳直接辐射与散射辐射强度均达到最大值；中午以后二者又按相反的次序变化。云的影响会使总辐射的最大值可能会提前或推后，这是因为直接辐射是组成总辐射的主要部分，有云时直接辐射的减弱比散射辐射的增强要多的缘故。在一年中总辐射强度（指月平均值）在夏季最大，冬季最小。纬度愈低，总辐射愈大；反之愈小。

二、地面辐射和大气辐射

太阳辐射虽然是地球上的主要能源，但大气对太阳短波辐射吸收很少，对地面的长波辐射却能强烈吸收。大气和地面对太阳短波辐射的吸收导致地-气系统的升温，并向外辐射能量。地面和大气通过长波辐射，在地面和大气之间，以及大气中气层和气层之间，相互交换热量，也向宇宙空间散发热量。为此，在研究大气热状况时，必须了解地面和大气之间交换热量的方式及地-气系统的辐射差额。

（一）地面辐射

到达地面的太阳总辐射部分被地球反射（反射辐射），部分被地球吸收（吸收辐射）。地球表面在吸收太阳辐射的同时，又将其中的大部分能量以辐射的方式传递给大气。地表面这种以其本身的热量日夜不停地向外放出辐射能的方式，称为地面辐射。地面辐射的能量主要集中在 1～30μm 的波长范围内，其辐射能最大段在 10～15μm 波长范围内，与太阳短波辐射相比，称之为地面长波辐射。

地面辐射主要决定于地面本身的温度。白天，地面温度较高，地面辐射较强；夜间，地面温度较低，地面辐射较弱。

地面辐射除部分透过大气奔向宇宙外，大部分被大气中水汽和二氧化碳等吸收，其中水汽对长波辐射的吸收更为显著。因此，大气，尤其是对流层中的大气主要靠吸收地面辐射而增温。

（二）大气辐射

大气吸收了来自地面和太阳的辐射之后，以长波的形式发射辐射，其中大气辐射指向地面的部分称为大气逆辐射。大气逆辐射使地面因放射辐射而损耗的能量得到一定的补偿，由此可看出大气对地面有一种保暖作用，这种作用称为大气的保温效应。据计算，如果没有大气，近地面的平均温度应为－23℃，但实际上近地面的平均温度是 15℃，也就是说大气的存在使近地面的温度提高了 38℃。

（三）地面有效辐射

地面放射辐射与地面吸收的大气逆辐射之差，称为地面有效辐射。地面有效辐射是地面通过与大气的长波辐射交换而实际损失的能量。地面有效辐射为正值，地面净失去热量。地面有效辐射为负值，地面净获得热量。

影响地面有效辐射的主要因素有地面温度、空气温度、空气湿度和云况等。地面有效辐射的强弱随这些因素的变化而变化。通常，地面有效辐射在湿热的天气条件下比干冷时小；有云覆盖时比晴空条件下小；空气浑浊度大时比空气干洁时小；海拔高的地方和当近地层气温随高度显著降低时，有效辐射大；夜间风大和有逆温时，有效辐射小，逆温时甚至可能出现负值。所以，有云的夜晚通常要比无云的夜晚暖和一些。云的这种作用，称为云的保温效应。人造烟幕所以能防御霜冻，其道理也在于此。

（四）地面及地-气系统的辐射差额

任何物体都能不断地以辐射的方式进行着热量交换，地面和大气与其他物体一样，也在不断地进行着这种热量交换。其能量收支的差额即为辐射差额。

1. 地面的辐射差额

地面吸收太阳总辐射和大气逆辐射而获得能量，同时又不断向外放出辐射而失去能量。某段时间内单位面积地面所吸收的总辐射和其放射的总辐射之差值，称为地面的辐射差额。

当收入大于支出时，辐射差额为正值，地面将有热量的积累；反之，为负值，则地面因辐射而有热量的亏损；若收支相等，则称为辐射平衡。

地面辐射差额具有日变化和年变化。一般夜间为负，白天为正，由负值转到正值的时刻一般在日出后1h，由正值转到负值的时刻一般在日落前1～1.5h，原因是夜间没有太阳短波辐射的输入，地面持久失热。在一年中，一般夏季辐射差额为正，冬季为负值，最大值出现在较暖的月份，最小值出现在较冷的月份。

全球各纬度绝大部分地区地面辐射差额的年平均值都是正值，只有在高纬度和某些高山终年积雪区是负值。就整个地球表面平均来说是收入大于支出的，即地球表面通过辐射方式获得能量。

2. 大气的辐射差额

大气的辐射差额可分为整个大气层的辐射差额和某一层大气的辐射差额。这也是考虑某气层降温率的最重要因子。由于大气中各层所含吸收物质的成分、含量的不同，其本身温度也不同，所以辐射差额的差别很大。

大气辐射差额取决于大气吸收的太阳辐射、地面有效辐射和大气向宇宙空间逸出的辐射。整个大气层的辐射差额总为负值，因此大气要维持热平衡，还要靠地面以其他的方式（如对流和潜热）输送一部分热量给大气。

3. 地-气系统的辐射差额

把地面和大气看作一个整体，即地-气系统，其辐射差额就是整个地球表面和其上的大气圈吸收的太阳总辐射与该系统向宇宙空间逸出的（地面和大气）长波辐射之差。

地-气系统的辐射差额，随季节、纬度、地面状况、云量和大气成分等因素而变化。地-气系统的辐射差额随纬度增高而由正值转变为负值，在南北纬35°间地-气系统的辐射差额为正值，在此范围以外的中、高纬度地区为负值。辐射差额的这种分布，决定了地球温度场最基本的特征，也是引起高、低纬度之间大气环流和洋流产生的基本原因。这说明必定有另外一些过程将低纬地区盈余的热量输送至高纬地区。这种热量的输送主要由大气及海水的运动来完成。但是观测资料表明，对整个地-气系统而言，辐射差额的多年平均应为零。

三、大气的增温和冷却

空气的增温和冷却，取决于空气所得热量与失去热量之间的差值。地面是空气增热的直接热源，因此大气的增温和冷却随地表面的热状况而变。白天地面吸收太阳短波辐射，导致地面温度高于空气温度，热量由地面向空气传送，空气增温；夜晚地面辐射冷却，导致地面温度比空气温度低，空气向地面输送热量，空气冷却。

（一）气温的绝热变化

1. 干绝热变化

任一气块与外界之间无热量交换的状态变化过程，称为绝热变化。垂直运动的气块的状态变化通常接近于绝热过程。气块绝热上升或下降单位距离时的温度降低或升高值，称为气温的绝热垂直减温率（简称绝热直减率）。对于干空气和未饱和的湿空气来说，则称干绝热直减率，以γ_d表示，其值为0.98℃/100m。在实际工作中，通常取$\gamma_d=1$℃/100m。即在干绝热过程中，气块每上升100m，温度约下降1℃。应注意γ_d与γ（气温直减率）的含义不同。γ_d是干绝热直减率，它近似于常数；而γ是表示周围大气的温度随高度的分布情况，可以大于、小于或等于γ_d。

2. 湿绝热变化

饱和湿空气绝热上升时，如果只是膨胀降温、做功，降温率也应为1℃/100m。但饱和湿空气冷却必然发生凝结，同时释放凝结潜热，加热气块。所以饱和湿空气绝热上升时因膨胀而引起的减温率比干绝热减温率小。饱和湿空气绝热上升的减温率，称为湿绝热直减率，以γ_m表示。

饱和湿空气上升时，温度随高度的变化是由两种作用引起的：一种是由气压变化引起的，空气上升时气压减小，空气温度降低；另一种作用是由水汽凝结时释放潜热引起的，造成温度升高。因此，凝结作用可抵挡一部分由于气压降低而引起的温度降低。有水汽凝结时，空气上升所引起的降温比没有水汽凝结时要缓慢。γ_m 总小于 γ_d。γ_m 不是常数，而是气压和温度的函数，γ_m 随温度升高和气压减小而减小。

（二）大气静力稳定度

大气稳定度是影响大气运动状况的重要因素，许多天气现象的发生及大气污染事件的出现都和大气稳定度密切相关。

1. 大气稳定度的概念

大气稳定度指大气中某一高度的气块受任意方向扰动后，返回或远离原平衡位置的趋势和程度。它表示在大气层中的个别空气块是否安于原在的层次，是否易于发生垂直运动，即是否易于发生对流。假如有一团空气由于某种原因，产生了上升或下降运动，就可能出现三种情况：①该气块逐渐减速并有返回原来高度的趋势，这时的气层对于该空气团而言是稳定的；②气块一离开原位就逐渐加速运动，并有远离起始高度的趋势，这时的气层对于该空气团而言是不稳定的；③如气块被推到某一高度后，既不加速，也不减速，这时的气层对于该空气团而言是中性的。

2. 判断大气稳定度的基本方法

设某一气块处于平衡位置时，具有与四周大气相同的气压、温度和密度，即 $P_{i0}=P_0$，$T_{i0}=T_0$，$\rho_{i0}=\rho_0$。当它受到扰动后，按绝热过程上升一段距离 ΔZ 后，此时其状态参数为 P_i，T_i，ρ_i，周围大气的状态为 P，T，ρ，则单位体积气块受到两个力的作用：周围空气对它的浮力 ρg，方向垂直向上；本身的重力，方向垂直向下。在两力的合力 f（称为层结内力）作用下产生了加速度 a，则

$$f=\rho g-\rho_i g \tag{3-18}$$

$$a=\frac{(\rho-\rho_i)g}{\rho_i} \tag{3-19}$$

假设气块在位移过程中，$P_i=P$，由状态方程可得

$$\frac{\rho}{\rho_i}=\frac{T_i}{T} \tag{3-20}$$

将上式代入式(3-19) 得

$$a=\frac{(T_i-T)g}{T} \tag{3-21}$$

式(3-21) 就是判别大气稳定度的基本公式。当空气块温度比周围空气温度高，即 $T_i>T$，则它将受到一向上加速度而上升；反之，当 $T_i<T$，将受到向下的加速度；而 $T_i=T$，垂直运动将不会发展。

综上所述，某一气层是否稳定，实际上就是某一运动的空气块比周围空气是轻还是重的问题。比周围空气重，倾向于下降；轻则倾向于上升；一样轻重则既不上升也不下降。而空气的轻重，决定于气压和气温，在相同气压下，两团空气的相对轻重又取决于气温。一般情况下，同一高度，一团空气和它周围空气的温度大体相同。如果这团空气上升，变得比周围空气冷一些，它就重一些，那么这一气层是稳定的。反之，这团空气变得比周围空气暖一些，也就轻一些，那么，这一气层就是不稳定的。对于中性平衡的气层，是这团空气上升到任何高度和周围空气都有相同的温度，因而有相同的轻重。

大气是否稳定，通常用周围空气的温度直减率（γ）与上升空气块的干绝热直减率（γ_d）或湿绝热直减率（γ_m）的对比来判断。

假设气块上升过程满足干绝热条件，则达到新高度时其温度为 $T_i=T_{i0}-\gamma_d\Delta Z$；而周围的空气温度为 $T=T_0-\gamma\Delta Z$。因为起始温度相等，即 $T_{i0}=T_0$，以此代入式(3-21)，则得

$$a=g\left(\frac{\gamma-\gamma_d}{T}\right)\Delta Z \tag{3-22}$$

分析式(3-22)可知，$(\gamma-\gamma_d)$ 的符号，决定了加速度 a 与扰动位移 ΔZ 的方向是否一致，亦即决定了大气是否稳定。

当 $\gamma<\gamma_d$，若 $\Delta Z>0$，则 $a<0$，加速度与位移方向相反，层结是稳定的；

当 $\gamma>\gamma_d$，若 $\Delta Z>0$，则 $a>0$，加速度与位移方向一致，层结是不稳定的；

当 $\gamma=\gamma_d$，$a=0$，层结是中性的。

现举例说明：设有 A、B、C 三团未饱和空气，其位置都在离地 200m 的高度上，温度为 12℃，在作升降运动时其温度均按干绝热直减率变化，即 1℃/100m。而周围空气的温度直减率 γ 分别为 0.8℃/100m、1℃/100m 和 1.2℃/100m，则可以有三种不同的稳定度（图 3-5）。

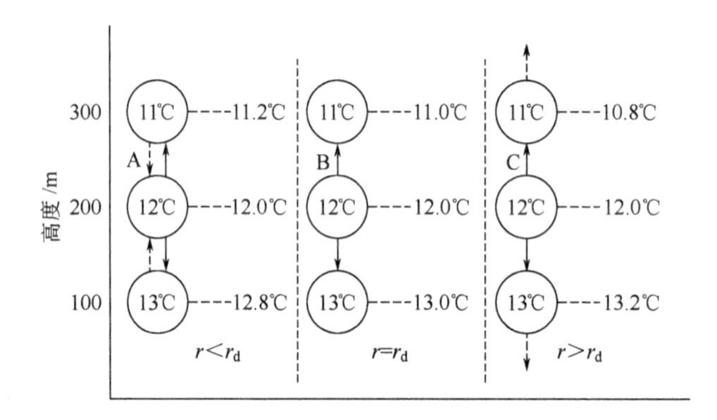

图 3-5　某空气团未饱和时大气的稳定度

A 团空气受到外力作用后，如果上升到 300m 高度，则本身的温度（11℃）低于周围空气的温度（11.2℃），它向上的速度就要减小，并有返回原来高度的趋势；如果它下降到 100m 高度，其本身温度（13℃）高于周围的温度（12.8℃），它向下的速度就要减小，也有返回原来高度的趋势。因此，当 $\gamma<\gamma_d$ 时，大气处于稳定状态。

B 团空气受到外力作用后，不管上升或下降，其本身温度均与周围空气温度相等，它的加速度等于零。因此，当 $\gamma=\gamma_d$ 时，大气处于中性平衡状态。

C 团空气受到外力作用后，如果上升到 300m 高度，其本身温度（11℃）高于周围空气温度（10.8℃），则要加速上升；如果下降到 100m 高度，其本身温度（13℃）低于周围空气的温度（13.2℃），则要加速下降。因此，当 $\gamma>\gamma_d$ 时，大气处于不稳定状态。

同理，饱和湿空气作垂直运动时，温度按湿绝热直减率（γ_m）递减，有 $T_i=T_{i0}-\gamma_m\Delta Z$；而周围空气的温度为 $T=T_0-\gamma\Delta Z$。代入式(3-21)，得

$$a=g\left(\frac{\gamma-\gamma_m}{T}\right)\Delta Z \tag{3-23}$$

同理，$(\gamma-\gamma_m)$ 的符号决定了大气是否稳定。当 $\gamma<\gamma_m$ 时，层结稳定；当 $\gamma>\gamma_m$ 时，层结不稳定；当 $\gamma=\gamma_m$ 时，层结为中性。

综上所述，可以得出如下几点结论：

① γ 愈大，大气愈不稳定；γ 愈小，大气愈稳定。如果 γ 很小，甚至等于零（等温）或小于零（逆温），那将阻碍对流发生。习惯上常将逆温、等温以及 γ 很小的气层称为阻挡层。

② 当 $\gamma<\gamma_m$ 时，不论空气是否达到饱和，大气总是处于稳定状态，因而称为绝对稳定；

而当 $\gamma > \gamma_d$ 时则相反，称为绝对不稳定。

③ 当 $\gamma_d > \gamma > \gamma_m$ 时，对于作垂直运动的饱和空气来说，大气是处于不稳定状态的；对于作垂直运动的未饱和空气来说，大气又是处于稳定状态的。这种情况称为条件性不稳定状态。

由以上结论，如果知道了某地某气层的 γ 值，就可以利用上述判据，分析当时大气的稳定度。

3. 大气稳定度分级

大气温度层结的垂直分布对污染物的扩散和输送起着非常重要的作用。因为气温的垂直分布决定着大气的稳定度。但是大气温度的测量目前尚有困难。因此，提出了大气稳定度分级的一些方法。其中，常用的大气稳定度分级方法有帕斯奎尔（Pasquill）法和国际原子能机构 IAEA 推荐的方法。帕斯奎尔法（简称为 P. S）根据地面风速、日照量和云量将大气稳定度分为六类，即强不稳定、不稳定、弱不稳定、中性、较稳定和稳定六类，并分别表示为 A、B、C、D、E、F。其划分大气稳定度级别标准见表 3-3。

表 3-3 大气稳定度级别

地面风速(距地面 10m 处)/(m/s)	白天太阳辐射			阴天的白天或夜间	有云的夜间	
	强	中	弱		薄云遮天或低云≥5/10	云量≤4/10
<2	A	A～B	B	D		
2～3	A～B	B	C	D	E	F
3～5	B	B～C	C	D	D	E
5～6	C	C～D	D	D	D	D
>6	D	D	D	D	D	D

帕斯奎尔法可以利用常规气象资料确定大气稳定度等级，简单易行，应用方便，但这种方法没有确切地描述太阳的辐射强度，云量的确定也较粗略，为此特纳尔对帕斯奎尔法作了改进与补充，称特纳尔方法（即修订帕斯奎尔法）。特纳尔方法首先根据某地某时的太阳高度角 θ_h 和云量，根据表 3-5 确定太阳辐射等级，再由太阳辐射等级和距地面 10m 高度处的平均风速根据表 3-6 确定大气稳定度的级别。我国采用特纳尔方法，太阳高度角 θ_h 可按下式计算：

$$\theta_h = \arcsin\left[\sin\varphi\sin\delta + \cos\varphi\cos\delta\cos(15t + \lambda - 300)\right] \tag{3-24}$$

式中 φ，λ——分别为当地地理纬度、经度，(°)；

t——观测时的北京时间，h；

δ——太阳倾角（赤纬）(°)，其概略值查阅表 3-4。

表 3-4 太阳倾角（赤纬）(°) 概略值

月份	1	2	3	4	5	6	7	8	9	10	11	12
上旬	−22	−15	−5	6	17	22	22	17	7	−5	−15	−22
中旬	−21	−12	−2	10	19	23	21	14	3	−8	−18	−23
下旬	−19	−9	2	13	23	23	19	11	−1	−12	−21	−23

我国现有法规中推荐的太阳辐射等级见表 3-5，表中总云量和低云量由地方气象观测资料确定。大气稳定度等级见表 3-6。

表 3-5　太阳辐射等级（中国）

总云量/低云量,1/10	夜间	太阳高度角 θ_h/(°)			
		$\theta_h \leqslant 15°$	$15° < \theta_h \leqslant 35°$	$35° < \theta_h \leqslant 65°$	$\theta_h > 65°$
≤4/≤4	−2	−1	+1	+2	+3
5～7/≤4	−1	0	+1	+2	+3
≥8/≤4	−1	0	0	+1	+1
≥5/5～7	0	0	0	0	+1
≥8/≥8	0	0	0	0	0

注：云量（全天空十分制）观测规则与中国气象局编订的《地面气象观测规范》相同。

表 3-6　大气稳定度等级

地面平均风速/(m/s)	太阳辐射等级					
	+3	+2	+1	0	−1	−2
≤1.9	A	A～B	B	D	E	F
2～2.9	A～B	B	C	D	E	F
3～4.9	B	B～C	C	D	D	E
5～5.9	C	C～D	D	D	D	D
≥6	C	D	D	D	D	D

注：地面平均风速指距地面 10m 高处 10min 平均风速，如果使用气象台站资料，其观测规则与中国气象局编订的《地面气象观测规范》相同。

四、大气的温度

（一）大气温度的时间变化规律

地表吸收太阳辐射而得到热量，同时又以长波辐射、显热和潜热的形式将部分热量传输给大气，从而失去热量。从长期平均来看，热量得失是平衡的，因此地面的平均温度基本维持不变。但在某一时段内，可能出现热量得失不平衡而导致地面升温或降温的情况。由于这种热量收支平衡主要受太阳辐射的影响而表现出昼夜、季节变化规律，地面温度也相应出现日变化和年变化规律。由于对流层中的大气主要靠吸收地面辐射而增温，大气温度主要受地表增热和冷却作用的影响而发生变化，所以大气温度也出现与地面温度相类似的时间变化规律。

1. 气温的周期性变化

午热晨凉、冬寒夏暑，这是气温随时间变化的一般规律。

气温日变化是以日为周期的规律性变化。一天中，气温有一个最高值和一个最低值，最高值出现在午后两点钟左右，最低值出现在清晨日出前后。这是因为大气的热量主要来源于地面，地面吸收太阳辐射增温后，放出地面辐射，大气吸收地面长波辐射而增温，由于地面热量传递给大气需要一定的时间，所以最高气温出现在午后两点钟左右，并非正午 12 时。气温逐渐下降，直到日出前地面热量减少到最少为止，所以最低气温出现在日出前后，而非半夜。日较差的大小与纬度、季节和其他自然地理条件有关。日较差最大的地区在副热带，向两极逐渐减小。热带地区的平均日较差约为 12℃，温带为 8～9℃，极圈内为 3～4℃。日较差夏季大于冬季，但最大值不出现在夏至日。同时，任何一个地方，每一天的气温日变化都有一定的规律性，但又不是前一天气温日变化的简单重复，这是各种因素综合作用的结果。

气温年变化是以年为周期的规律性变化。地球上绝大部分地区，一年中有一个最高值和一个最低值。一年中气温最高和最低值出现的时间不在太阳辐射最强和最弱一天出现的月份（北半球的六月和十二月），而是比这一月份要落后 1～2 个月，即最低值出现在一月或二月，最高值出现在七月或八月。海洋上落后较多，陆地上落后较少。在北半球，中、高纬度内陆的气温，七月最高，一月最低；海洋的气温，八月最高，二月最低。

气温年较差的大小与纬度、海陆分布等因素有关。赤道附近，气温年较差很小；愈到高纬地区，气温年较差愈大。

对于同一纬度的海陆相比，气温年较差陆上比海洋上大得多。一般情况下，温带海洋上的年较差为 11℃，大陆上的年较差可达 20～60℃。气温年较差还因天气状况的不同而不同。云雨多的地区，气温年较差小；云雨少的地区，气温年较差大。

近地层气温的年变化，主要受地面吸收的太阳辐射能的变化而表现出随纬度而变的规律。按温度年较差的大小及最高与最低值出现的时间，一般将气温年变化分为四种类型，即热量带。

① 赤道型　一年中有两个最高值，分别出现在春分和秋分日之后，因赤道地区春秋分时中午太阳位于天顶；两个最低值则出现在冬至与夏至之后，此时中午的太阳高度角是一年中的最小值。赤道地区的年较差很小，海洋上仅有 1℃左右，大陆上也只有 5～10℃。这是因为该地区一年内太阳辐射能的收入量变化很小。

② 热带型　该类型一年中有一个最高值（在夏至以后）和一个最低值（在冬至以后），年较差不大（但大于赤道型），海洋上一般为 5℃，陆地上约为 20℃。

③ 温带型　一年中有一个最高值，出现在夏至以后的七月份。一个最低值，出现在冬至以后的一月份。其年较差较大，并且随纬度的增加而增大。海洋上年较差为 10～15℃，内陆一般达 40～50℃，最大可达 60℃。另外，海洋上的极值出现的时间比大陆延后，最高出现在 8 月份，最低出现在 2 月份。

④ 极地型　一年中也有一个最高值和一个最低值，冬季长而冷，夏季短而暖，年较差很大。

以上只是按纬度分型，描述了气温年变化的主要特征，但气温的年变化不仅受纬度的影响，还受地面性质、海拔高度、地形和天气条件等很多因素的影响，所以，各地区气温年变化的情况较复杂。同时，随着纬度的增高，气温日较差减小而年较差却增大，这主要是由于纬度高的地区，太阳辐射强度的日变化比纬度低的地区小，即纬度高的地区，在一天内太阳高度角的变化比纬度低的地区小，而太阳辐射的年变化在纬度高的地区比纬度低的地区变化大的缘故。

2. 气温的非周期性变化

气温除具有周期性日变化和年变化规律外，还存在不规则的非周期性变化。寒潮暴发、冷空气活动、锋面移动、气旋活动等都可以引起气温的非周期性变化。

气温的变化实际上就是受太阳辐射的变化影响而引起的周期性变化和大气的运动而引起的非周期性变化这两个方面共同作用的结果。如果前者的作用大，则气温表现出周期性变化；相反，就显出非周期性变化。但总体来看，气温周期性变化处于主导地位。

（二）对流层中大气温度的垂直变化

在对流层中，气温总的变化情况是随着高度的增加而降低，气温直减率平均为 0.65℃/100m。但是，对流层中的气温垂直分布有以下三种情况：气温随着高度的增加而降低，$\gamma>0$，为正常分布层结；$\gamma=0$，等温层结；$\gamma<0$，逆温。在一定的条件下，对流层中气温随着高度的增加而升高的现象就是逆温。造成逆温的条件是地面辐射冷却、空气平流冷却、空气下沉增温、空气湍流混合等。但是，无论哪种原因造成的逆温都对天气和大气中污染物的扩散有一定的影响。例如，它可以阻碍空气垂直运动的发展，使大量大气污染物和水汽凝结物聚集在它的下面，使能见度下降、污染物浓度增大等，因此逆温层又称阻挡层。

1. 辐射逆温

因地面强烈辐射冷却而形成的逆温，称为辐射逆温。图 3-6 表明辐射逆温的生消过程。图（a）为辐射逆温形成前的气温垂直分布情形。在晴朗无云或少云的夜晚，当风速较小（一般小于 3m/s）时，地面很快辐射冷却，贴近地面的气层也随之降温。由于空气越近地面受地面的影响越大，所以，离地面愈近，降温愈多，离地面愈远，降温愈少，因而形成了自地面开始的逆温［图（b）］。随着地面辐射冷却的加剧，逆温逐渐向上扩展，黎明时达最强［图（c）］。日出后，太阳辐射逐渐增强，地面很快增温，逆温便逐渐自下而上消失［图（d）、(e)］。

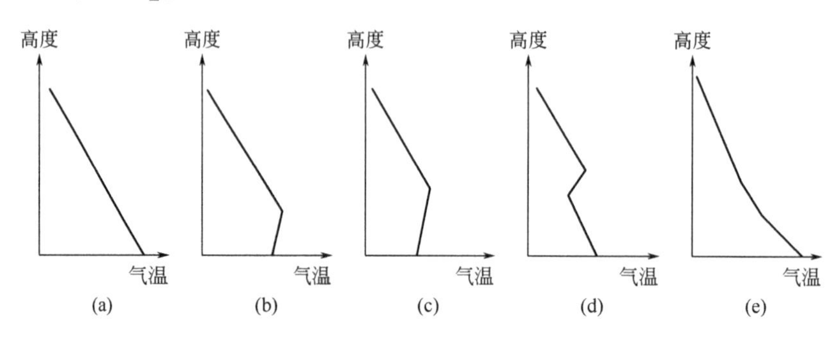

图 3-6　辐射逆温的生消过程

一年四季都可以发生辐射逆温，冬季最强。辐射逆温层厚度从数十米到数百米，中纬度地区的冬季，可达到 200～300m，有时甚至可达 400m。夏季夜短，逆温层较薄，消失也快。冬季夜长，逆温层较厚，消失较慢。在山谷与盆地区域，由于地形逆温的存在，使辐射逆温得到加强，往往持续数天而不消散。

2. 平流逆温

暖空气平流到冷的地面或冷的水面上会发生接触冷却作用，由于暖空气不断把热量传给较冷的地面或水面，造成暖空气本身的冷却，且越接近地表降温越多，于是就产生了平流逆温，如图 3-7。平流逆温多发生在冬季中纬度沿海地区。暖空气与地面间的温差越大，平流逆温越强。

3. 下沉逆温

因整层空气下沉压缩增温而形成的逆温称下沉逆温。当某一层空气发生下沉运动时，因为气压逐渐增大，以及气层向水平方向的扩散，该气层被压缩，使气层厚度减小。若气层下沉过程是绝热过程，且气层内各部分空气的相对位置不变。这样空气层顶部下沉的距离必然要比底部下沉的距离大，其顶部空气的绝热增温就比底部多，因此，顶部空气的温度升高得快，当下沉到一定高度时，空气层顶部的温度就可能高于底部的温度，从而形成下沉逆温。

下沉逆温多出现在高压控制的地区，其范围广、逆温层厚度大、持续时间长。由于下沉的空气来自于高空，水汽含量本来就不多，加上下沉后，温度升高，饱和水汽压增大，相对湿度显著减小，空气很干燥，不利于云的生成，原来有云也会趋于消散。因此，下沉逆温时天气总是晴好的（图 3-7）。

4. 锋面逆温

冷暖气团相遇时，暖气团由于密度小，爬到冷气团上面，形成倾斜的过渡区，称锋面。在锋面上，冷暖气流要进行热传递，暖空气散失热量而逐渐降温，冷空气获得热量而逐渐升温，因冷暖空气的温度差显著而形成的逆温称锋面逆温（图 3-8）。

5. 湍流逆温

由于低层空气的湍流混合形成的逆温，称为湍流逆温。湍流运动时时发生，但湍流逆温却不是时时发生。在湍流运动中，上升的空气块比周围的空气温度高，且按照干绝热直减率变化（图中 CD 线）；而周围空气按照气温直减率变化（图 3-8 中 AB 线），空气块上升到混合层上部时，它的温度比周围空气的温度低，由于 D 点的空气温度较周围空气温度低，就

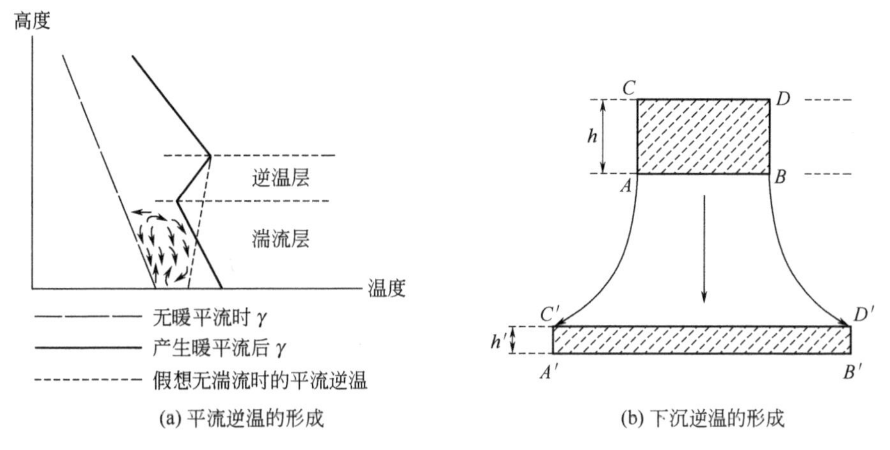

图 3-7　平流逆温和下沉逆温的形成

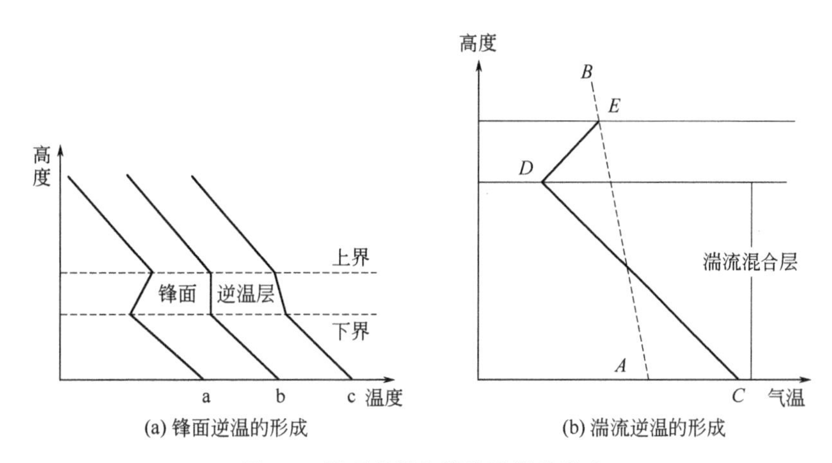

图 3-8　锋面逆温和湍流逆温的形成

会出现距离 D 点越近，周围空气温度受其影响降温越多的情况，随着距离 D 点距离的不断增加，受 D 点温度的影响逐渐减小，到 E 点基本不受 D 点温度的影响，大气温度按照气温直减率发生变化。这样，在湍流混合层顶之上就出现了一个逆温层 DE。空气下沉时，情况相反，会使下层空气增温。这样在混合层以上混合层与不受湍流混合影响的上层空气之间出现了一个过渡层，即逆温层。

6. 地形逆温

在低洼地区（谷地、盆地）因辐射冷却，山坡上的冷空气循山坡下沉到谷底，谷底原来的较暖空气被冷空气抬挤上升，从而出现的温度倒置现象，这样的逆温主要是在地形条件下形成的叫地形逆温。

上面分别分析了各种逆温的形成过程，实际上，大气中出现的逆温常常是几种原因共同形成的。因此，在分析逆温的成因时必须注意当时的具体条件。

第三节　大气的水分

大气从海洋、湖泊、河流、土壤蒸发和植物的蒸腾过程中获得水分。在一定条件下水汽发生凝结，形成云、雾等天气现象，并以雨、雪等降水形式重新回到地面。全球的水分循环，实质上就是水分在大气、海洋和陆地三者之间通过蒸发、凝结、降水和径流等方式的运动过程。因此，地球上水分循环过程对地-气系统的热量平衡和天气变化以及大气中污染物的清除都起着非常重要的作用。

一、蒸发和凝结

（一）蒸发

1. 蒸发的概念

水从海洋和陆地表面进入大气的过程称为蒸发，其实质是由液态水变为蒸气的过程。太阳辐射为蒸发提供所需的能源，蒸发所消耗的水量为蒸发量，单位为毫米（mm）。

2. 影响蒸发的因素

在自然条件下，蒸发是发生于湍流大气之中的，影响蒸发速度的主要因素是湍流交换，并非分子扩散。自然界中蒸发现象非常复杂，不仅受气象条件影响，还受地理环境影响。影响蒸发的主要因素有水源、热源、饱和差、风速与湍流扩散强度等。

（1）水源

没有水源就不可能有蒸发，因此开阔水域、雪面、冰面或潮湿土壤、植被是蒸发产生的基本条件。在沙漠中，蒸发几乎为零。

（2）热源

蒸发必须消耗热量，在蒸发过程中如果没有热量供给，蒸发面就会逐渐冷却，从而使蒸发面上的水汽压降低，蒸发减缓或逐渐停止。因此蒸发速度在很大程度上由热量的供给决定。实际上常以蒸发耗热多少直接表示某地的蒸发速度。也就是说蒸发耗热越多，蒸发速度越大。

（3）温度

温度高时，饱和水汽压较大，饱和差大，利于蒸发的进行。温度越高，蒸发越快。

（4）饱和差

蒸发速度与饱和差成正比。饱和差愈大，蒸发速度愈快。

（5）风速与湍流扩散强度

大气中的水汽垂直输送和水平扩散能加快蒸发速度。无风时，蒸发面上的水汽单靠分子扩散，水汽压减小得慢，饱和差小，蒸发缓慢。有风时，湍流加强，蒸发面上的水汽随风和湍流迅速散布到广大的空间，蒸发面上水汽压减小，饱和差增大，蒸发加快。

（6）其他

如蒸发面的性质：陆上蒸发需考虑土壤结构、湿度、植被特征等，而海洋蒸发还应考虑海水盐度，受人类活动影响较大的水体的蒸发还要考虑水体的水质，这是因为深色污水的蒸发量一般大于清水。

（二）凝结

1. 凝结的概念及条件

水汽由气态变为液态的过程称为凝结。水汽直接转变为固态的过程称凝华。大气中的水汽产生凝结或凝华的一般条件是：有凝结核或凝华核的存在；水汽要达到饱和或过饱和状态。

（1）凝结核或凝华核

实验证明，在纯净的空气中，水汽即使过饱和达到相对湿度为300%～400%，也不会发生凝结。而在实际大气中，水汽压只要达到或超过饱和，水汽就会发生凝结，这是因为作不规则运动的水汽分子之间引力很小，通过相互之间的碰撞不易相互结合为液态或固态水。而实际大气中存在着大量的吸湿性物质，促使水汽在其上凝结而形成小水滴，这些悬浮的微粒称为凝结核，其半径一般为10^{-7}～10^{-3}cm。凝结核的存在是大气产生凝结的重要条件之一。

（2）大气中水汽要达到饱和或过饱和状态

大气中凝结核总是存在的，能否产生凝结取决于空气是否达到饱和或过饱和状态。使空气达饱和的途径有两种：通过蒸发增加空气中的水汽含量，使水汽压大于饱和水汽压；或者通过冷却作用，使空气降低到露点以下，即减小饱和水汽压，使其小于当时的水汽压。当然，也可以是两者的共同作用。

2. 地表和大气中的凝结现象

大气中的水汽凝结现象可以发生在空中，形成云雾，也可以发生在地表面或地表面的物体上，形成露、霜、雾凇和雨凇等。前一类凝结现象产生空中凝结物，后一类凝结现象产生地面凝结物。

（1）露和霜

露和霜一样，大都出现于天气晴朗、无风或微风的夜晚。夜间或傍晚，由于辐射冷却，使贴近地面的空气层随之降温，当其温度降至露点以下，就会发生水汽凝结现象，如果此时露点温度在0℃以上，那么在地面或地物上就会出现微小的水滴，称为露；如果此时露点温度在0℃以下，那么水汽就会在地面或地物上直接凝华成白色的冰晶，称为霜。日出以后，温度升高，露和霜就会蒸发消散。

在农作物生长的季节里，常有露出现。露的降水量虽然很少，但它对农业生产和植物生长是有益的。在我国北方的夏季，蒸发很快，遇到干旱时，农作物的叶子有时白天被晒得卷缩发干，但是夜间有露，叶子就又恢复了原状。人们常把“雨露”并称，就是这个道理。

霜冻和霜是有区别的。霜是指白色固体凝结物，霜冻是指在农作物生长季节里，地面和植物表面温度下降到足以引起农作物遭到伤害或者死亡的低温。有霜时农作物不一定遭受霜冻之害。因此，要预防的是霜冻而不是霜。霜冻，尤其是早霜冻（或初霜冻）和晚霜冻（或终霜冻）对农作物威胁较大，应引起重视，并需采取熏烟、浇水、覆盖等措施进行预防以减轻霜冻危害。

（2）雾凇和雨凇

雾凇形成于电线上、树枝上或其他地物迎风面上的白色疏松的微小冰晶或冰粒。

雨凇是形成在地面或地物迎风面上的透明或毛玻璃状的紧密冰层。初冬或冬末，过冷却雨滴降至温度低于0℃以下的树枝、电线或其他地物上时，会突然冻成一层外表光滑晶莹剔透的冰层——雨凇。这种滴雨成冰的现象并不常见，多在冷暖空气交锋，而且暖空气势力较强的情况下才会发生。

雨凇的破坏性很大，它能压断电线、折损树木。例如山东临沂一次雨凇曾使一根1m长的电话线上冻结重达3.5kg的冰层，造成损失。

（3）雾

雾是悬浮于近地面空气中的大量水滴或冰晶使水平能见度小于1km的现象。形成雾的基本条件是：空气中水汽充沛，存在冷却过程和凝结核。

根据雾形成的天气条件，可将雾分为气团雾及锋面雾两大类。气团雾是在气团内形成的，锋面雾是锋面活动的产物。根据气团雾的形成条件，又可将它分为冷却雾、蒸发雾及混合雾三种。根据冷却过程的不同，冷却雾又可分为辐射雾、平流雾及上坡雾等。其中最常见的是辐射雾和平流雾。

① 辐射雾　地面辐射冷却使贴地气层变冷而形成辐射雾。形成辐射雾的条件是：a. 空气中有充足的水汽；b. 天气晴朗少云；c. 风力微弱（1～3m/s）；d. 大气层结稳定。这时，天空无云阻挡，地面热量迅速向外辐射出去，近地面层的空气温度迅速下降。如果空气中水汽较多，很快就会达到过饱和而凝结成雾。另外，风速对辐射雾的形成也有一定影响。如果没有风，就不会使上下层空气发生交换，辐射冷却效应只发生在贴近地面的气层中，只能生

成一层薄薄的浅雾；而风太大，上下层空气交换很快，流动也大，气温不易降低很多，则难以达到过饱和状态。只有在1～3m/s的微风时，有适当强度的交流，既能使冷却作用伸展到一定高度，又不影响下层空气的充分冷却，因而最利于辐射雾的形成。

辐射雾有明显的地方性。四川盆地是有名的辐射雾区，其中重庆冬季无云的夜晚或早晨，雾日几乎占80%，有时还可终日不散，甚至连续几天。

辐射雾有明显日变化。辐射雾多出现在晴朗无云的夜间或早晨，日出后，随着地面温度上升，空气又回复到未饱和状态，雾滴也就立即蒸发消散。因此早晨出现辐射雾，常预示着当天有个好天气。“早晨地罩雾，尽管晒稻谷”、“十雾九晴”就指的是辐射雾。

② 平流雾　当暖湿空气流经冷的海面或陆面时，空气的低层因接触冷却达到过饱和而凝结成的雾就是平流雾。

只要有适当的风向、风速，雾一旦形成，就常持续很久，如果没有风，或者风向转变，暖湿空气来源中断，雾也会立刻消散。

二、大气降水

从云中降落到地面上的液态水或固态水，称为降水。常见的降水形式有雨、雪、霰、雹等。

（一）降水形成的一般物理过程

降水的形成就是云滴增大为雨滴、雪花或其他降水形式，并降至地面的过程。降水必定有云，而天空有云不一定降水。

云滴的体积很小（通常把半径小于100μm的水滴称为云滴，半径大于100μm的水滴称为雨滴），只有当云滴不断增大转变成雨滴，能够克服空气阻力和上升气流的顶托，并降至地面而不蒸发掉时，才产生降水。

云滴增长的物理过程包括凝结或凝华增长和冲并增长两种过程。具体如下：空气绝热上升冷却，到达某高度时，气温跌至露点，气流进入饱和状态，形成小云滴，这些小云滴还因为水汽不断在其上凝结或凝华而逐渐增大，即凝结或凝华增长过程。大的云滴会因重力作用而下降，在下降途中，较大的云滴会卷入小云滴与小水滴，并通过相撞而结合增大，然后因增重而加速下降，不断与更多的小云滴与小水滴碰撞合并，像滚雪球般越滚越大；另一方面，地面亦会不断有上升气流，既补充水汽和小水滴，又可将下降的云滴推回天空，增加碰撞合并的机会，这就是冲并增长过程。直至上升气流承托不住大水滴的重量，大水滴便降落到地面成为降水。

当云中水滴与冰晶共存时，更容易促使云滴增长。在云中并存在着过冷水滴、水汽和冰晶的条件下，对冰而言，空气已达饱和，对水来说，尚未饱和，于是，水滴将蒸发，冰晶因水汽在其上凝华而不断增长，很快就形成大冰晶。大冰晶下降过程中，与大气中运动速度慢的小云滴碰撞合并，形成更大的冰粒。这些冰粒如在较暖气层中融化，就以雨的形式降落；如果来不及融化，就以雪、雹、霰等固体形式降落。

（二）人工降水

人工降水是根据自然界降水形成的原理，人为地补充某些降水所必需的条件，促使云滴迅速凝结或冲并增长，形成降水。也就是根据不同云层的物理特性，选择合适时机，用飞机、火箭弹等向云中播散干冰、碘化银、盐粉等催化剂，促使云层降水或增加降水量。人工降水常分为暖云催化剂降水与冷云催化剂降水。

暖云（整个云体温度高于0℃的云）不能形成降水的原因是缺少大水滴。欲要暖云降水，就得使云中大水滴有足够的数密度，让它们迅速与小云滴碰并增长，或直接向云中引入大水滴而形成降水。因此，在那些大水滴数密度小而无法形成降水的云中，用飞机、炮弹携带等方法，播撒盐粉、尿素等吸湿性粒子，使形成许多大水滴，便可导致形成或增加降水，野外试验表明，这种撒播盐粉等吸湿性粒子的方法效果很显著。直接向云中引入大水滴的试验表明，其效果较播撒盐粉、尿素等吸湿性粒子差。

冷云不能形成降水的原因是缺少冰晶，云滴得不到增长。欲要冷云降水，就得使冷云中的冰晶有足够的数密度，对那些冰晶数密度不足的冷云，用飞机等播撒干冰、碘化银等催化剂，便可产生大量冰晶，促成或增加降水。干冰（即固体二氧化碳），在1013hPa下，其升华温度为－79℃。将干冰投入过冷却云中后，在它的周围薄层内便形成一个冷区，在此冷区内，过饱和度很大，因此水汽分子结合物能够存在和长大。碘化银是一种非常有效的冷云催化剂。碘化银具有三种结晶形状，其中六方晶形与冰晶的结构相似，能起冰核作用，适用于－4～－15℃的冷云催化。

由于云和降水过程十分复杂，使人工降水和降水检验的方法措施还都很不完善，有待进一步深入研究。人工降水的理论和技术方法还处于探索和试验研究阶段。世界上先后约有80个国家和地区开展了这项试验，其中美国、澳大利亚、俄罗斯和中国等国的试验规模较大。中国一些经常发生干旱的省、区都开展了这项试验，其中有许多成功的例子。这对于增加降水、缓解旱情，起到了积极作用。

（三）降水的类型

降水的形成，第一个步骤就是空气上升。促使空气上升的外力，有对流作用、地形抬升及锋面和气旋活动三大类。根据气流上升特点，降水可分为以下三种类型。

1. 对流雨

大气强烈的对流运动而引起的降水现象，称为对流雨（convection rain）。对流雨来临前常有大风，并伴有闪电和雷声，有时还有冰雹。对流雨形成过程包括：①地面迅速受热；②空气温度激增；③空气急速上升；④超越凝结高度；⑤凝结成厚的积雨云；⑥滂沱大雨；⑦常伴有雷电。

对流雨以低纬度最多，降水时间一般在午后，特别是在赤道地区，降水时间非常准确。早晨天空晴朗，随着太阳升起，天空积云逐渐形成并很快发展，越积越厚，到了午后，积雨云汹涌澎湃，天气闷热难熬，大风掠过，雷电交加，暴雨倾盆而下，降水延续到黄昏时停止，雨后天晴，天气稍觉凉爽。在中高纬度，对流雨则主要出现在夏季，冬季极少。

2. 地形雨

暖湿气流在前进过程中，遇到较高的山体阻碍被迫沿山坡抬升，因高度上升，绝热冷却，产生凝结引起的降水现象，称地形雨（relief rain）。地形雨常发生在山地迎风坡。地形雨形成过程包括：①向岸风被地形所阻，被逼抬升；②空气温度下降；③相对湿度增加；④到达露点温度，水汽饱和；⑤水汽凝结，积聚成云；⑥云厚降雨。

世界最多雨的地方常发生在山地迎风坡，称为雨坡；背风坡由于受山脉所阻，水汽缺乏，更由于空气下沉增温，饱和差增大，降水量很少，称为干坡或称为“雨影坡”。如挪威斯堪的那维亚山地西坡迎风，降水量达1000～2000mm，背风坡只有300mm。

3. 锋面雨

当冷空气和暖湿空气相遇时，暖空气被迫抬升，气温随之下降，进而形成云雾；若水汽充沛，便可形成锋面雨（frontal rain）。锋面雨形成过程包括：①暖空气密度较小，被迫上升；②空气温度下降；③空气湿度增加；④到达露点温度，水汽饱和；⑤水汽凝结，积聚成云；⑥云厚降雨。

由于空气块的水平范围很广，上升速度缓慢，所以峰面雨一般具有雨区广、持续时间长的特点。温带地区峰面雨占有很重要的地位。

（四）降水分布

整个地球表面的降水量分布与两个因素有关，一是大气中水汽的多少，二是大气中上升运动的有无和强弱。总的来看，降水量从赤道向两极减少。全球的降水分布可以分为如下几个带。

1. 赤道多雨带

在赤道地区海洋广阔，陆地如亚马逊河流域、扎伊尔河流域和印度尼西亚等地，又分布着广阔的热带雨林，气温又高，蒸发强烈，大气中水分充足，对流上升运动发展旺盛，因此成为降水量最多的地带。年降水量一般为 1000～2000mm 以上，太平洋的一些岛屿上可达 5000～6000mm。

2. 副热带少雨带

从赤道向两极降水量逐渐减少，在南、北纬度 15°～30°的热带和亚热带地区，由于下沉运动占优势，不利于云雨形成，降水量达到最小值，一般不到 500mm。地球上的沙漠多数都分布在这个地带。

3. 中纬多雨带

温带是锋面气旋活动频繁的地方，暖空气沿锋面上升，降水增加，年降水量达 500～1000mm，成为地球上第二个多雨带。

4. 高纬少雨带

到两极地区，温度低，水汽少，降水量显著减少，而且主要是降雪，极地也是地球上的少雨带。

地球上最大年降水量出现在印度乞拉朋齐，1861 年曾降水 23000mm，多年平均年降水量以夏威夷考爱岛的迎风坡最多，达 12040mm，乞拉朋齐其次，达 11418mm。

沙漠地区的年降水量一般不到 50mm，世界上雨量最少的地方在南美洲智利北部的沙漠地带，连续 14 年不下雨。

第四节　大气的运动

大气时刻不停地运动着，运动的形式和规模多种多样。既有水平运动，也有垂直运动；既有全球性运动，也有小尺度的局地运动。大气的各种运动是各种力作用的结果。大气的运动使不同地区、不同高度间的热量和水分得以传输和交换，使不同性质的空气得以相互接近、相互作用，直接影响着天气、气候的形成和演变以及污染物的迁移扩散。

一、作用于空气的力

任何物体的运动都是在力的作用下产生的，空气的运动也是一样。空气受到不同性质的力的作用，就会出现不同的运动状态。作用于空气的力除重力外，还有由于气压分布不均而产生的气压梯度力，地球自转而产生的地转偏向力，空气层之间、空气与地面之间存在相对运动而产生的摩擦力，空气作曲线运动时产生的惯性离心力等。这些力的不同组合，产生了不同形式的大气运动。因此，首先要讨论作用于空气上的力，也就是讨论空气所受到的各种力的形成及其性质。

（一）气压梯度力

单位质量空气在气压场中由于气压分布不均匀而产生的一个从高压指向低压的力称为气压梯度力。它与空气密度成反比，与气压梯度成正比。

气压梯度力是引起空气运动的主要的力，它可以分解为水平气压梯度力和垂直气压梯度力。垂直气压梯度力与重力始终处于相对平衡状态，所以在垂直方向上一般不会造成较强大的上升气流。

水平气压梯度力虽小，由于没有其他实质的力与之相平衡，在一定条件下它可使空气产生较大的水平运动速度。如空气仅受水平气压梯度力的作用，空气质点将沿着水平气压梯度力的方向加速运动。可见，水平气压梯度力是造成风向的原动力。

（二）地转偏向力

空气是在转动着的地球上运动着，当运动的空气质点依其惯性沿着水平气压梯度力方向运动时，对于站在地球表面的观察者看来，空气质点却是受着一个使其偏离气压梯度力方向的力的作用，这种因地球自转而产生的使运动偏离气压梯度力方向的力称为地转偏向力，又名科里奥利力，它是一个假想力。如图 3-9 所示，北半球一个空气质点自南向北方向作直线运动（t_1 时刻），当该空气质点运动到下一时刻（t_2 时刻）时，其运动方向与初始方向平行（即保持原方向），但是，由于地球自转和地球上以经线指向北极的方向为真北方向，这样，该空气质点看上去偏离了北方向，并偏向运动方向的右侧。地转偏向力的大小为：

$$F=2mv\omega\sin\varphi \tag{3-25}$$

式中，m 为质点质量；v 为质点运动速度；ω 为转动角速度；φ 为纬度。

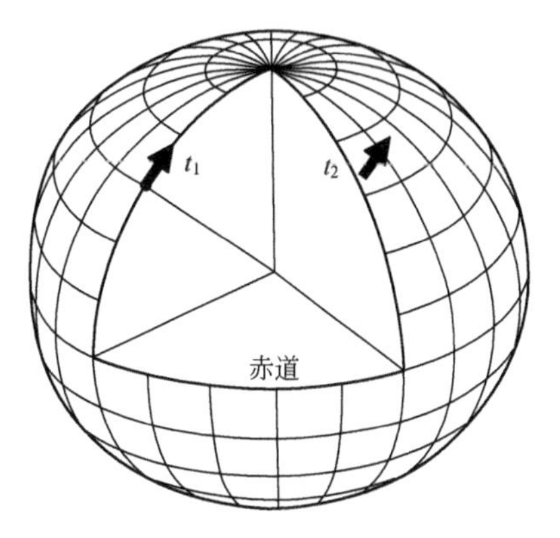

图 3-9　地转偏向力作用示意图

对于作水平运动的空气而言，气流会发生偏转，北半球向右偏，南半球向左偏，赤道为 0，两极偏转最大。随风速的增加而增大。地转偏向力只是在空气相对于地面有运动时才产生，静止状态时没有地转偏向力，而且地转偏向力只改变空气运动的方向，不改变空气运动的速度。

当水平气压梯度力和地转偏向力相平衡时，便形成地转风。空气作等速直线水平运动。地转风方向垂直于水平气压梯度力方向，即平行于等压线。若背风而立，在北半球，低压在左，高压在右；南半球，低压在右，高压在左。

在大尺度的空气运动中，地转偏向力是一个非常重要的力。

（三）摩擦力

如果两个互相接触的物体作相对运动，在接触面上，会产生阻碍相对运动的力，这种力称为摩擦力。在大气与地面之间，大气内的各气层之间，存在着相对运动，因而在它们的接触界面上，也会产生摩擦力，摩擦力阻碍着它们的相对运动。气层与气层之间的摩擦力称为内摩擦力，大气与地面之间的摩擦力称为外摩擦力。摩擦力的存在限制了风速的加大。

摩擦力的大小在大气层的不同高度上是不同的。近地面层最大，随着高度的增加而逐渐减小，到距离地面 1～2km 高度以上，摩擦力的影响可忽略。因此把这个高度以下的气层称摩擦层，以上的气层称为自由大气层。

（四）惯性离心力

作曲线运动的空气还受到惯性离心力的作用。惯性离心力的方向与空气运动方向相垂直，并自曲线路径的曲率中心指向外缘，其大小与空气运动的线速度 v 的平方成正比，与曲率半径 r 成反比。即

$$c=\frac{mv^2}{r} \tag{3-26}$$

惯性离心力是假想的力，垂直于空气运动的方向，只改变空气运动的方向，不改变空气运动的速度，其数值一般比较小。当水平气压梯度力、惯性离心力和地转偏向力三个力达到平衡时，便形成梯度风。在北半球，水平地转偏向力总是指向空气运动方向的右侧，南半球

相反。因此，北半球低压中的梯度风沿着闭合等压线按照逆时针方向吹，高压相反。

对上述四个力总结如下：①一般来说，气压梯度力是使空气产生运动的直接动力，是最基本的力。其他力在空气开始运动后产生和起作用。②地转偏向力对高纬地区或大尺度的空气运动影响较大，而对低纬地区特别是赤道附近的空气运动，影响甚小。③惯性离心力是在空气作曲线运动时起作用，而在空气运动近于直线时，可以忽略不计。④摩擦力在摩擦层中起作用，而对自由大气中的空气运动也可忽略不计。⑤地转偏向力、惯性离心力和摩擦力不能使空气由静止状态转变为运动状态。

二、大气环流

大气环流就是大范围的大气运动状态。就水平尺度而言，有地区（例如欧亚地区）、半球或全球范围的大气环流；就铅直尺度而言，有对流层、平流层、中间层或整个大气圈的大气环流；就时间尺度而言，有一至几天、一月、一季、半年、一年，甚至多年平均的大气环流。大气环流既是地-气系统进行热量、水分等交换和能量转换的重要机制，又是这些物理量输送、平衡和转换的重要结果。大气环流不仅决定着某地区的天气状况，同时在一定程度上也决定了气候的形成，所以研究大气环流意义重大。

大气运动的根本能源是太阳辐射能，地球的自转和公转使地球表面产生温度差异，太阳辐射能在地球上的非均匀分布，是大气环流的原动力。控制大气环流的基本因素包括太阳辐射能及其高能粒子周期性和非周期性的振动、地球表面的摩擦作用、海陆分布和大地形的影响等外界因素，以及大气本身的可压缩性、连续性、流动性和大气水平尺度与垂直分布等内部因素。由于受这些因素的影响形成了多种类型的大气环流。大型的有行星风系、季风等；小型的有海陆风、山谷风等。

（一）行星风系

1. 低纬度环流

由于地球两极和赤道之间存在巨大的热力差异，赤道地区温度高，极地地区温度低。赤道地区气温高，空气膨胀上升，在赤道上空的气压就会高于极地上空同一高度的气压，在气压梯度力的作用下，赤道上空的空气就向极地流动。赤道上空由于空气流出，气柱质量减少导致地面气压降低，因而形成赤道低压带。受地转偏向力作用，从赤道上空向极地运动的气流在北半球逐渐向右偏转（在南半球向左偏转）。随着地理纬度的增高及风速的加大，偏向力逐渐加大，在纬度30°～35°时，气流接近和纬圈平行，形成西风，使从赤道上空输送来的空气在这里堆积下沉，使地面气压升高，形成高压，称为副热带高压带。在这里地面气流分为两支，一支流向赤道，一支流向极地。这样就形成了在对流层中由赤道到纬度30°～35°之间的直接热力闭合环流-低纬环流圈（哈得莱环流圈）。其中流向赤道的气流在地转偏向力的作用下，在北半球成为东北风，在南半球成为东南风，称为东北信风和东南信风。这两支信风到了赤道附近辐合上升，在高空北半球吹西南风，在南半球吹西北风，称为反信风（图3-10）。

2. 极地环流

极地上空有空气流入，再加上极地空气极端寒冷，空气冷却下沉，地面气压就会升高形成极地高压带。下层空气由极地流向赤道方向，在地转偏向力作用下发生偏转，形成极地东风带。在极地高压与副热带高压之间的纬度60°～65°附近形成一个相对低压带，称为副极地低压带。来自副热带高压带和极地高压带的南、北两股气流在副极地低压带处辐合上升。其中，来自较低纬度暖而轻的气流由高空流向极地，在地转偏向力的作用下形成与低层相反的气流，从而形成了极地与纬度60°～65°间的闭合环流，称为极地环流（高纬度环流）。

3. 中纬度环流

中纬度环流形成在纬度30°～60°之间。副热带下沉气流中，流向极地的一支在地转偏向

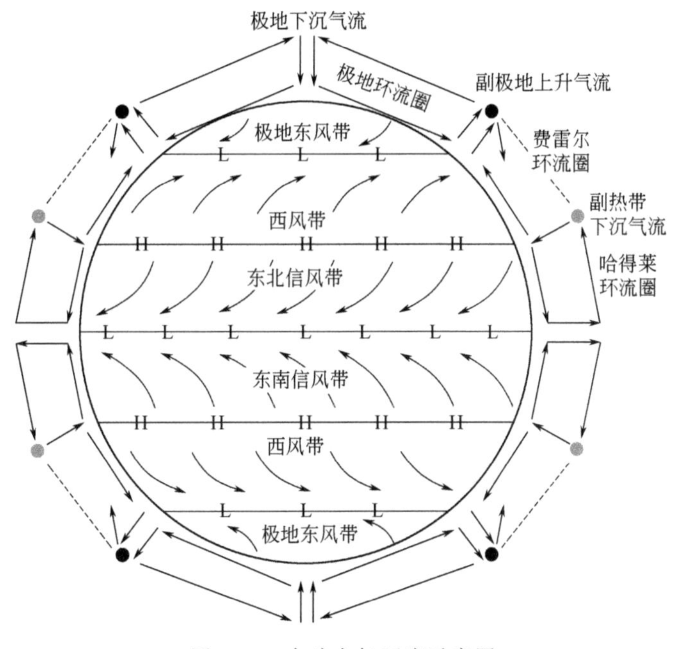

图 3-10　全球大气环流示意图

力的作用下，于中纬度地区转变为西南风（北半球）和西北风（南半球）。上空没有与低层相反方向的气流（上空也是西风），也就无法形成中纬度直接热力环流圈，而是形成间接热力环流圈（费雷尔环流圈）。中纬度地区从地面向上都是西风，称盛行西风带。

（二）季风

季风指大范围的风向在夏季和冬季改变 180°的盛行风。行星风系以地表结构均匀为条件，但实际上地表并不均匀，最显著的就是海陆分异。季风形成的原因，主要是海陆间热力差异的季节变化。季风以年为周期，深刻影响全球气候，影响范围广。

夏季大陆增热比海洋迅速，在近地面形成热低压，气流上升；海洋由于增热慢，近地面形成冷高压，气流下沉。这样，到一定高度，就产生从大陆上空指向海洋上空的水平气压梯度力，空气由大陆上空流向海洋上空，近地面形成了与高空方向相反的气流，构成了夏季的季风环流（图 3-11）。

冬季大陆冷却迅速，海洋上空气温度比陆地高，因此大陆上为冷高压，海洋上为暖低压，低层气流由大陆流向海洋，高层气流由海洋流向大陆，形成冬季的季风环流。

当然，行星风带的季节移动，也可以使季风加强或削弱，但不是基本因素。季风现象是否明显，与大陆面积大小、形状和所在纬度位置有关系。大陆面积越大，季风越明显。北美大陆面积远远小于欧亚大陆，冬季的冷高压和夏季的热低压都不明显，所以季风也不明显。欧亚大陆形状呈卧长方形，从西欧进入大陆的温暖气流很难达到大陆东部，所以大陆东部季风明显。北美大陆呈竖长方形，从西岸进入大陆的气流可以到达东部，所以大陆东部也无明显季风。大陆纬度低，无论从海陆热力差异，还是行星风带的季节移动，都有利于季风形成，欧亚大陆达到较低纬度，北美大陆则主要分布在北纬 30°以北，所以欧亚大陆季风比北美大陆明显。欧亚大陆是全球最大的大陆，太平洋是最大的水域。所以，亚洲东部的季风环流最为典型。但具体地带的季风环流其风向会随着海陆位置的不同而不同。如：出现在北纬 10°到北回归线附近的亚洲大陆东南部热带季风其夏季盛行西南风，冬季东北风；位于副热带亚洲大陆东岸的副热带季风气候其冬季刮西北风，夏季刮东南风；温带季风气候冬季盛行偏北风，夏季盛行东南风。

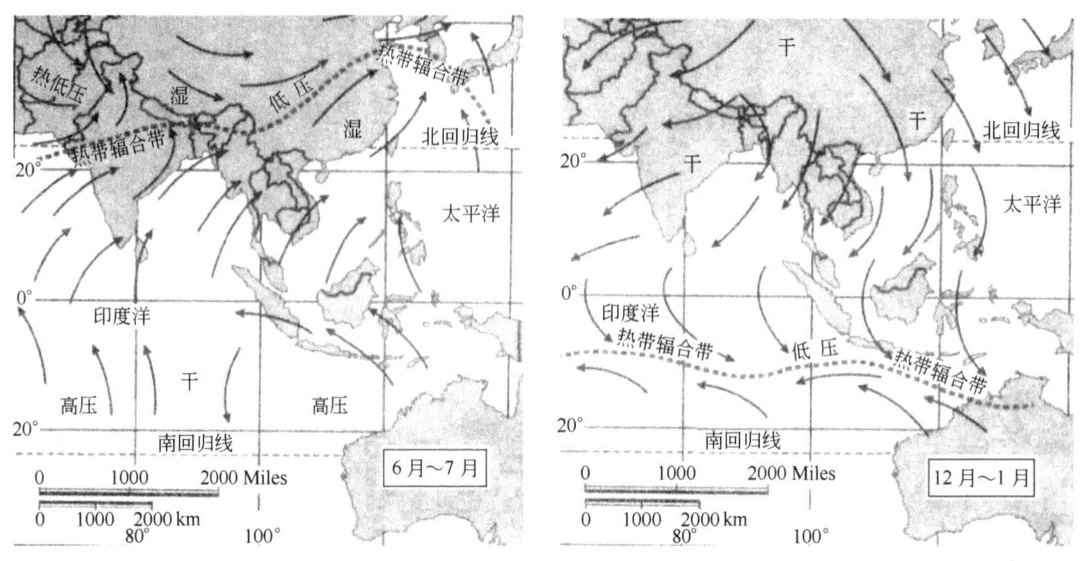

图 3-11　季风形成示意图

（三）局地环流

1. 海陆风

海陆风和季风一样，都是因为海陆热力差异所形成的周期性风。在海滨地区，白天，陆地增温比海面快，下层风从海上吹向陆地，称为海风，上层有反向气流，下午 2～3 时海风最强。夜间，陆地降温快，海面气温高，下层风从陆地吹向海上，称为陆风，上层也有反向气流，夜里 2～3 时陆风最强。海陆温差在上午 9～10 时和晚间 9～10 时消失，海风和陆风便消失了。海风和陆风合称海陆风，海陆风以一日为周期，影响范围仅限于沿海地区，比季风小得多。随着远离海岸，海陆风便逐渐减弱乃至消失。

海风比陆风通常强度大。因为白天海陆温差大，加上陆上气层较不稳定，有利于海风的发展。夜间，海陆温差较小，所波及的气层较薄，陆风也就较弱。海风前进的速度，最大可达 5～6m/s，陆风一般只有 1～2m/s。

海陆风多发生在气温日较差大及海陆温差大的地区。所以，气温日较差较大的热带地区，全年都可见到海陆风；中纬地区海陆风较弱，而且大多在夏季才出现；高纬地区，只有夏季无云的日子里，才偶尔可以见到极弱的海陆风。

海陆风在静稳的天气条件下较明显，如果有强烈的天气系统，如飑线、风暴出现时，海陆风则不明显。此外，如果是阴天，陆风开始的时间往往拖延很长，而海风出现的时间便一直推后下去，有时甚至到 12 时左右才开始。

2. 山谷风

在山地区域，白天近地面风从山谷吹向山坡，称谷风；夜间，近地面风从山坡吹向山谷，称山风。山风和谷风合称为山谷风。白天，山坡空气增温较快；而山谷上空，同高度上的空气因离地较远，增温较慢。于是，山坡上的暖空气不断上升，山谷上的冷空气不断冷却下沉，这样，在山坡与山谷之间形成一个热力环流，即下层风为谷风，上层风向恰好相反［图 3-12(a)］。夜间，空气辐射冷却，山坡上的空气降温较快；而山谷上空同高度的空气因离地面较远，降温较慢。从而形成与白天相反的热力环流，即下层风为山风［图 3-12(b)］。

山谷风是山区经常出现的现象，以日为周期。通常，早晨日出后 2～3h 开始出现谷风，午后最大，日落前 1～1.5h 谷风平息而山风渐起。

3. 焚风

当气流跨越山脊时，背风面上容易产生一种热而干燥的风，叫焚风。焚风不像山风那样

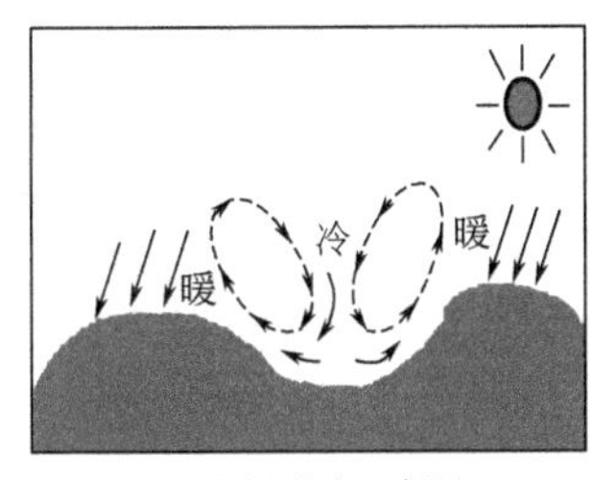

(a) 谷风形成示意图

(b) 山风形成示意图

(c) 焚风形成示意图

图 3-12　山谷风和焚风形成示意图

经常出现，它是在山岭两侧气压不同的条件下发生的。

空气在运动途中遇山受阻，被迫上升，温度随之降低。空气每上升 100m，气温约下降 1℃，当空气上升到达凝结高度时，按 0.5～0.6℃/100m 的湿绝热直减率降温，水汽凝结，形成降水。空气翻过山脊，顺坡而下，空气下沉按照干绝热直减率增温（空气每下降 100m，气温就升高 1℃）。因此，空气沿着高大的山岭下沉到山麓的时候，气温常会有大幅度的升高。这样，就会出现背风坡比迎风坡同一高度处气温高而湿度小的焚风。焚风经常出现在山区，且昼夜均可出现。

焚风常使农作物干枯，降低产量，使森林和村镇的火灾蔓延并造成损失。19 世纪，阿尔卑斯山北坡几场著名的大火灾，都发生在焚风盛行时期。如果地形适宜，强劲的焚风又可造成局部风灾，刮走山间农舍屋顶，吹倒庄稼，拔起树木，伤害森林。焚风在高山地区可加速冬春季积雪的融化，缓解旱情，但大量融雪，可能造成上游河谷洪水泛滥，甚至引起雪崩。焚风还丰富了当地的热量资源，如罗纳河谷上游瑞士的玉米和葡萄，就是靠了焚风的热量而成熟的；而焚风影响不到的邻近地区，这些庄稼就难以成熟。

4. 城市街道风

城市粗糙的下垫面好比地形复杂的山区，街道中以及两幢大楼之间，就像山区中的风口，流线密集，风速加大，可以在本无大风的情况下制造出局地大风来。据风洞实验，在一幢高层建筑物的周围也能出现大风区，即高楼前的涡流区和绕大楼两侧的角流区。这些地方风速都要比平地风速大 30%左右。这是因为风速是随高度的升高而迅速增大的，当高空大风在高层建筑上部受阻而被迫急转直下时，也把高空大风的动量带了下来。如果高楼底层有风道（通楼后），则这个风道口处附近的风速可比平地风速大 2 倍左右。也就是说，当环境风速为 6m/s 时，这时风道附近就可达到 18m/s。在街道绿化较好的干道上，当风速为 1.0～1.5m/s 时，可以降低风速一半以上；当风速为 3～4m/s 时，可降低风速 15%～55%。在平行于主导风向的行列式建筑区内，由于狭管效应，其风速可增加 15%～30%，而在周边式建筑区内，其风速可减少 40%～60%。

风速直接影响空气中污染物的稀释扩散，风向影响污染物是否会对居住区产生不利影响。因此，工厂、居民区的建设和布局要充分考虑季风、海陆风、山谷风等有规律性的风向变化，尽量避免或减少对居民的不利影响。

第五节　天气系统

天气是一定区域短时段内的大气状态（如冷暖、风雨、干湿、阴晴等）及其变化的总称。天气系统通常是指引起天气变化和分布的高压、低压和高压脊、低压槽等具有典型特征的大气运动系统。

大气中各种天气系统都具有一定的空间尺度（表 3-7）和时间尺度，且各种尺度系统间相互交织、相互作用。许多天气系统的组合，构成大范围的天气形势和大气环流。

表 3-7　常见的各种尺度的天气系统

尺度/km 地带	大尺度(>2000)	中间(天气)尺度(200～2000)	中尺度(2～200)	小尺度(<2)
温带	超长波、长波	气旋、锋	背风波	雷暴
副热带	副热带高压	副热带低压切变线	飑线、暴雨	龙卷风
热带	赤道辐合带季风	台风、云团	热带风暴对流群	对流单体

各类天气系统都是在一定的大气环流和地理环境中形成、发展和演变着的，都反映一定地区的环境特性。而天气系统的形成和活动反过来又会给地理环境的结构和演变以深刻影响。因而认识和掌握天气系统的形成、结构、运动变化规律以及同地理环境间的相互关系，对于了解和预测地理环境的演变以及大气中污染物的扩散和保护环境都是十分重要的。

一、气团

从地表广大区域来看，存在着水平方向上物理性质（温度、湿度、稳定度等）比较均匀的大块空气，它的水平范围常可达几百到几千千米，垂直范围可达几千米到十几千米，水平温度差异小，一千千米范围内的温度差异小于 10～15℃，这种性质比较均匀的大块空气叫做气团。

（一）气团的形成与变性

1. 气团的形成条件

气团形成需要具备两个条件：一是要有大范围、性质比较均匀的下垫面。下垫面向空气提供热量和水分，下垫面的性质决定气团属性。在冰雪覆盖的地区往往形成冷干的气团，在热带海洋上常形成暖湿的气团。可见，辽阔的海洋、无垠的沙漠、冰雪覆盖的大陆和极区等都可成为气团形成的源地。二是还必须有使大范围空气能较长时间停留在均匀的下垫面上的环流条件，以使空气能有充分时间和下垫面交换热量和水分，取得和下垫面相近的物理特性。如西伯利亚和蒙古地区，冬季经常为移动缓慢的高压所盘踞，便形成干冷的气团，成为我国冷空气的源地。可见，通过一系列的物理过程（主要有辐射、湍流和对流、蒸发和凝结以及大范围的垂直运动等），才能将下垫面的热量和水分输送给空气，使空气获得与下垫面性质相适应的比较均匀的物理性质，才得以形成气团。

2. 气团的变性

气团在源地形成后，要离开源地移到新的地区，随着下垫面性质以及大范围空气的垂直运动等情况的改变，它的性质将发生相应的改变，称为气团的变性。例如，气团向南移动到较暖的地区时，会逐渐变暖；而向北移动到较冷的地区时，会逐渐变冷。冬季影响我国的冷空气，都已不是原来的西伯利亚大陆气团，而是变性了的大陆气团。

气团在下垫面性质比较均匀的地区形成，又因离开源地而变性。气团总是运动着的，它的性质也总是或多或少地变化着，气团的变性是绝对的，而气团的形成只是在一定条件下获得了相对稳定的性质而已。

（二）中国境内的气团天气

由于不同的气团具有不同的温度、湿度和压力等物理特性，在它们控制下的地区，就分别具有不同的天气特点。例如，当冷气团向南移行至另一地区时，不仅会使这个地区变冷，且由于气团底部增暖，易产生不稳定性天气；当暖气团向北移行至另一地区时，不仅会使这个地区变暖，且由于气团底部变冷，会产生稳定性天气。

我国大部分地区处于中纬度，冷、暖气团交绥频繁，缺少气团形成的环流条件和大范围性质均匀的下垫面，因而，活动在我国境内的气团，大多是从其他地区移来的变性气团，主要是极地大陆气团和热带海洋气团。

冬季通常受极地大陆气团影响，它的源地在西伯利亚和蒙古，称之为西伯利亚气团。这种气团的地面流场特征为很强的冷高压，中低空有下沉逆温，它所控制的地区，天气干冷。当它与热带海洋气团相遇时，在交界处则能构成阴雨天气，冬季华南常见这种天气。热带海洋气团可影响到华南、华东和云南等地，其他地区除高空外，它一般影响不到地面。北极气团也可南下侵袭我国，造成气温急剧下降的强寒潮天气。

夏半年，西伯利亚气团在我国长城以北和西北地区活动频繁，它与南方热带海洋气团交绥，是构成我国盛夏北方区域性降水的主要原因。热带大陆气团常影响我国西部地区，被它持久控制的地区，就会出现严重干旱和酷暑。来自印度洋的赤道气团，可造成长江流域以南地区大量降水。

春季，西伯利亚气团和热带海洋气团两者势力相当，互有进退，因此是锋系及气旋活动最盛的时期。

秋季，变性的西伯利亚气团占主要地位，热带海洋气团退居东南海上，我国东部地区在单一气团控制下，出现全年最宜人的秋高气爽天气。

二、锋

（一）锋的概念和类型

1. 锋的概念

锋是冷、暖气团相交绥的狭窄、倾斜的过渡地带。冷、暖气团之间的交界面叫锋面。锋面与地面相交而成的线叫锋线。一般把锋面和锋线统称为锋。锋是三维空间的天气系统。由于锋两侧的气团性质上有很大差异，该地带冷、暖空气异常活跃，常常形成广阔的云系和降水天气，有时还出现大风、降温和雷暴等剧烈天气现象。因此，锋是温带地区重要的天气系统。

2. 锋的类型

根据锋面两侧冷暖气团的移动方向及结构状况，将锋分为冷锋、暖锋、锢囚锋和准静止锋四种（图 3-13）。

① 冷锋　冷气团向暖气团方向移动的锋。暖气团被迫上滑，锋面坡度较大，冷气团占主导地位。

② 暖锋　暖气团向冷气团方向移动的锋。暖气团沿冷气团向上滑升，锋面坡度较小，暖气团占主导地位。

③ 准静止锋　冷暖气团势力相当，使锋面来回摆动，很少移动，这种锋的移动速度缓慢，可近似看作静止。

④ 锢囚锋　冷锋追上暖锋，将地面空气挤至空中，或者两条冷锋相遇并逐渐合并起来，地面完全为冷空气所占据，这种由两条锋相遇合并而形成的锋就是锢囚锋。锢囚锋也分为冷式和暖式两种。如果前面的冷气团比较暖湿，后面的冷气团比较寒干，则后面的冷气团就楔入前面冷气团的底部，形成冷式锢囚锋；如果后面的冷空气不如前面的冷空气那样冷而干，则后面相对暖的冷气团会滑行于前面冷气团之上，形成暖式锢囚锋。

在冷式锢囚情况下，暖锋脱离地面，成为高空暖锋，位在锢囚锋之后；在暖式锢囚情况下，冷锋离开地面，成为高空冷锋，位在锢囚锋之前。

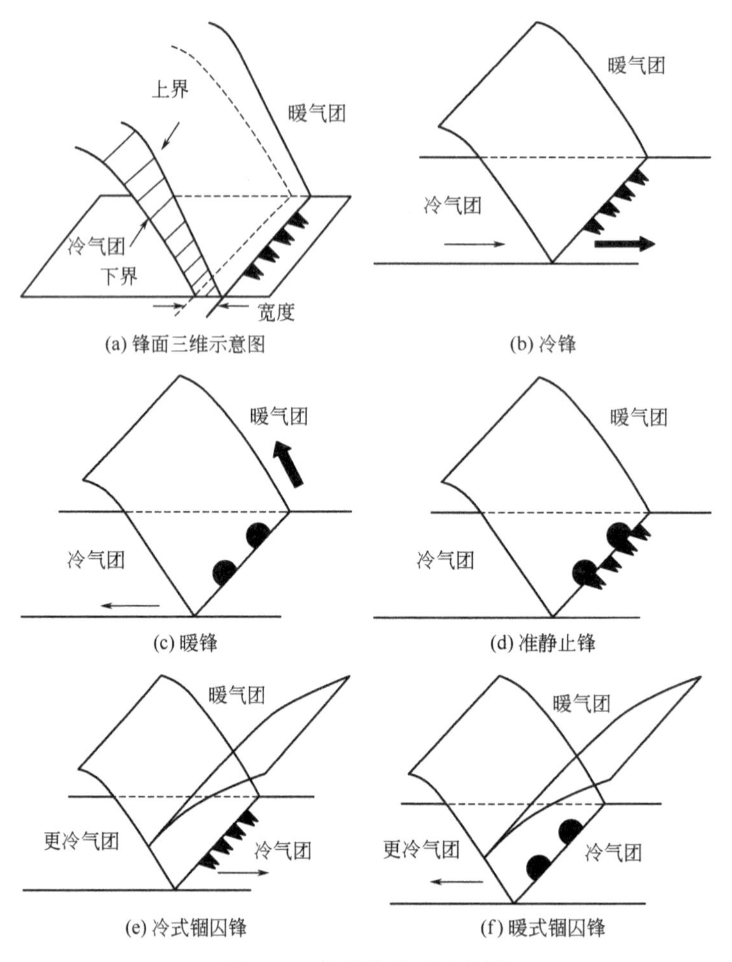

图 3-13 锋及其类型示意图

（二）锋面天气

锋面天气指锋附近的云系、降水、风、能见度等气象要素的分布和演变状况。而这些气象要素的分布和演变主要由锋面坡度大小、锋附近空气垂直运动状态、气团含水量和稳定度等因素决定。这些因素的不同组合状况构成了多种多样的锋面天气。这里介绍几种典型锋面天气模式。

(1) 暖锋天气

暖锋的坡度很小，约为 1/150，暖空气沿着锋面缓慢上升，绝热冷却，如果水汽充沛，在锋面上便产生云系。暖锋降水主要发生在地面锋线前雨层云内，多是连续性降水。在暖锋锋下的冷气团中，空气比较潮湿，常产生层积云和积云。明显的暖锋在我国出现得较少，大多伴随着气旋出现。春秋季一般出现在江淮流域和东北地区，夏季多出现在黄河流域（图 3-14）。

(2) 冷锋天气

根据冷气团移动的快慢不同，冷锋分为两类：移动慢的第一型冷锋或缓行冷锋，移动快的第二型冷锋或急行冷锋。

① 第一型冷锋天气模式　这种锋移动缓慢，锋面坡度不大（约 1/100）。锋后冷空气迫使暖空气沿锋面平稳地上升，当暖空气较稳定，水汽充沛时，会形成与暖锋相似的范围比较广阔的层状云系，只是云系和降水区出现在锋后，多为稳定性降水。夏季，在我国西北、华北等地，以及冬季在我国南方地区出现的冷锋天气多属这一类型。

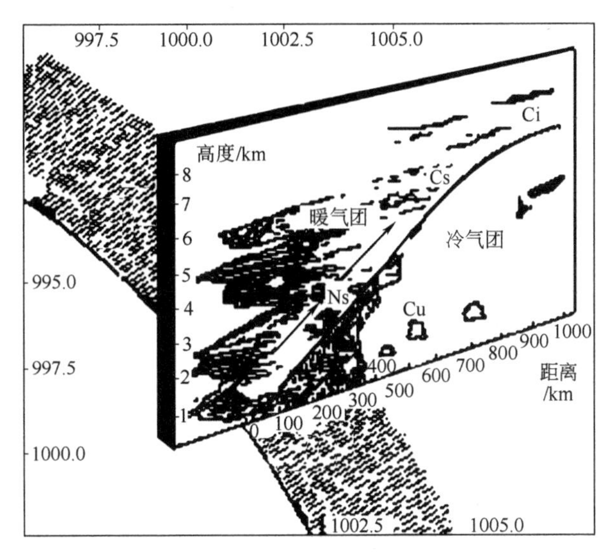

图 3-14　暖锋天气模式

② 第二型冷锋天气模式　这是一种移动快、坡度大（1/40～1/80）的冷锋。冷气团势力强，移速快，猛烈地冲击着暖空气，使暖空气急速上升，形成范围较窄、沿锋线排列很长的云带，在地面锋线附件产生强烈的对流性降水天气。夏季，这种冷锋过境时，往往乌云翻滚，狂风大作，电闪雷鸣，大雨倾盆，气象要素发生剧变。这种天气历时短暂，锋线过后，天空豁然晴朗。冬季，由于暖气团湿度较小，气温较低，不可能发展成强烈不稳定天气，只在锋前方出现云系；如果水汽充足，地面锋线附近可能有宽度不大的连续性降水。锋线一过，云消雨散，大风降温。旱季，空气湿度小，地面干燥、裸露，还会有沙尘天气。这种冷锋天气多出现在我国北方的冬、春季节（图 3-15）。

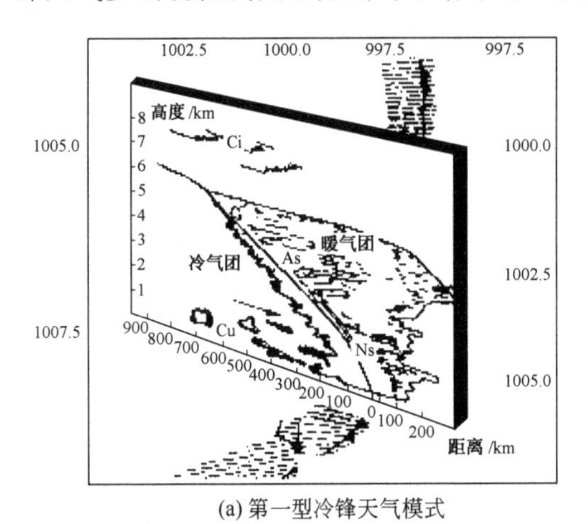

(a) 第一型冷锋天气模式

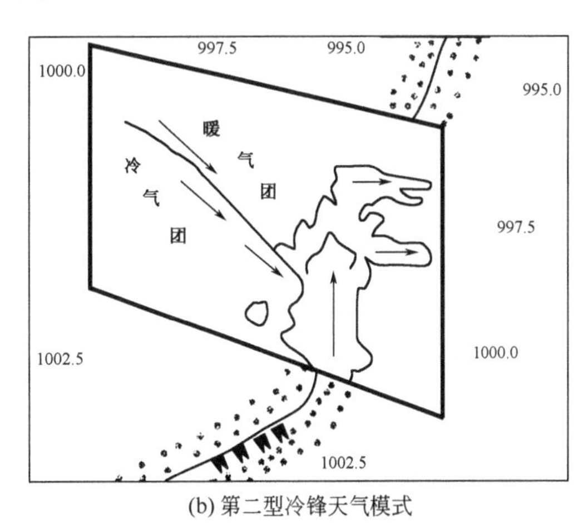

(b) 第二型冷锋天气模式

图 3-15　冷锋天气模式示意图

冷锋在我国活动范围很广，几乎遍及全国，尤其在冬半年，北方地区更为常见，它是影响我国天气的最重要的天气系统之一。我国冷锋大多从俄罗斯、蒙古进入我国西北地区，然后南下，与当地较暖的空气相遇，在锋面上空气干冷很少形成降水，一般只形成大风降温天气。冬季时多二型冷锋，影响范围可达华南，但移到长江流域和华南地区后，常转变为一型冷锋或准静止锋。夏季时多一型冷锋，影响范围较小，一般只达黄河流域，我国北方夏季雷阵雨天气和冷锋活动有很大的关系。

(3) 准静止锋天气

由于准静止锋的坡度比暖锋还小，沿着锋面上滑的暖空气可以伸展到距离锋线很远的地方，所以，云区和降水区比暖锋更为宽广。但是，降水强度小，持续时间长，可造成细雨绵绵不止的连日阴雨天气。

(4) 锢囚锋天气

锢囚锋天气仍然保留着原来两条锋的天气特征。如果锢囚锋是由两条层状云系的冷暖锋合并而成，则锢囚锋的云系也呈现层状，并近似对称地分布在锢囚点的两侧，其天气更加复杂。

在中国，锢囚锋主要出现在锋面频繁活动的东北、华北地区，春季较多。东北地区的锢囚锋大多是蒙古、俄罗斯贝加尔湖一带移来，且多属冷式锢囚锋。华北锢囚锋多在本地生成，属暖式锢囚锋。

三、气旋和反气旋

气旋和反气旋是常见的天气系统，它们的活动对高低纬度之间的热量交换和各地的天气变化有很大的影响。

(一) 气旋和反气旋的概念

气旋是中心气压比四周低的水平涡旋，也叫低压。在北半球，气旋区域内空气作逆时针方向流动，在南半球则相反；反气旋是中心气压比四周气压高的水平涡旋，也叫高压。在北半球，反气旋区域内的空气作顺时针方向流动，在南半球则相反（图 3-16）。

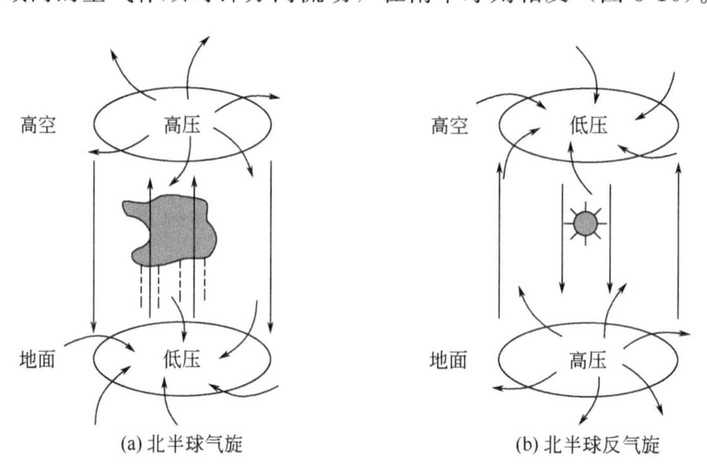

图 3-16 北半球气旋和反气旋的天气特征示意图

(二) 气旋和反气旋的天气特征

在北半球，气旋是一个按逆时针方向旋转并向中心汇集的水平涡旋，必然产生空气上升运动，气流升至高空向四周流出，这样才能保证低层大气不断地从四周向中心流入，气旋才能存在和发展。所以气旋的存在和发展必须有一个由水平运动和垂直运动所组成的环流系统。因为在气旋中心是垂直上升气流，如果大气中水汽含量充足，就容易产生云雨天气。所以每当低气压（或气旋）移到本区时，云量就会增多，甚至出现阴雨天气。

在低层大气，特别是在近地面附近，因为反气旋的气流是由中心旋转向外流出。所以，在反气旋中心必然有下沉气流，以补充向四周外流的空气。否则，反气旋就不能存在和发展。所以反气旋的存在和发展也必须具备一个垂直运动与水平运动紧密结合的完整环流系统。由于在反气旋中心是下沉气流，不利于云雨的形成。所以，在反气旋控制下的天气一般是晴朗无云且干燥。如果反气旋长期稳定少动，则常出现旱灾。我国长江流域的伏旱，就是在副热带反气旋（副热带高压）长期控制下造成的。冬季，反气旋来自高纬大陆，往往带来干冷的气流，甚至可成为寒流。

（三）气旋和反气旋的强度

气旋和反气旋的强弱不一。它们的强度可以用其最大风速和中心气压值来度量。强气旋地面最大风速可达30m/s以上。强反气旋地面最大风速为20～30m/s。气旋的地面中心气压值一般为970～1010hPa，有的低于930hPa。反气旋地面中心气压值一般为1020～1030hPa，冬季寒潮高压最强的曾达1083.8hPa以上。

（四）气旋和反气旋的分类

气旋和反气旋的分类方法比较多，按其生成的地理位置，气旋可分为温带气旋和热带气旋；反气旋可分为温带反气旋、副热带反气旋和极地反气旋。按照结构的不同，温带气旋又可分为锋面气旋、无锋面气旋；反气旋可分为冷性反气旋（或冷高压）和暖性反气旋（或暖高压）。

温带气旋主要发生在东亚（东亚气旋）、北美以及地中海地区。东亚气旋主要发生在我国东北地区（东北气旋）、江淮地区（江淮气旋）和日本南部海域三个地区。东亚气旋一般向东北方向移动。

热带气旋形成于热带海洋上，具有暖心结构、强烈对流上升的特点。热带气旋的强度差别很大，国际上规定热带气旋的名称和等级标准为：台风，地面中心附近最大风速大于32.7m/s；热带风暴，地面中心附近最大风速在17.2～32.6m/s之间；热带低压，地面中心附近最大风速在10.8～17.1m/s之间。

温带反气旋是指活动在中高纬度地区的反气旋，一类是相对稳定的寒冷性反气旋，一类是与锋面气旋相伴的移动性反气旋。冷性反气旋强度大、影响范围广，给活动地区造成大风、降温和降水过程。移动性反气旋的范围小、强度不大。

四、影响我国的几种主要天气过程

（一）寒潮

强烈的冷高压活动带来强冷空气侵袭，如同寒冷的潮流滚滚而来，给我国广大地区带来剧烈降温、霜冻、大风等灾害性天气。这种大范围的强烈的冷空气活动，称为寒潮。我国国家气象局规定，由于冷空气的侵入使气温在24h内下降10℃以上，最低气温降至5℃以下，同时伴有6级左右的偏北风的寒潮，作为发布寒潮警报的标准。后又对上述标准作了如下补充规定：长江中下游及其以北地区48h内降温10℃以上，长江中下游最低气温$T_{min}\leqslant 4$℃，陆上三个大区有5级以上大风，渤海、黄海、东海先后有7级以上大风，作为寒潮警报标准。寒潮天气过程是一种大规模的强冷空气活动过程，它能导致河港封冻、交通中断，牲畜和早春晚秋作物受冻，但它也有利于小麦灭虫越冬，盐业制卤等。

我国冬半年的全国性寒潮平均每年有3～4次，还有约2次仅影响长江以北的北方寒潮或仅影响长江以南的南方寒潮。但各年之间差异很大，全国性寒潮多者达五次，少者一次也没有。3～4月是寒潮活动的最高峰，11月是次峰。这是因为春秋两季是过渡季节，西风带环流处于转换期内，调整和变动都很剧烈，特别是春天，低层比高层增暖大得多，有助于地面低压强烈发展，从而促使风力增强，温度变化也剧烈。隆冬季节，虽然冷空气供应充足，活动频繁，但是天气形势变化较小，因而南下的冷空气往往达不到寒潮的强度。

寒潮侵袭时，引起流经地区剧烈降温、大风和降水。在不同季节、不同地区寒潮天气也有不同。冬半年，寒潮天气的突出表现是大风和降温。大风出现在寒潮冷锋之后，风速一般可达5～7级，海上可达6～8级，有时短时出现12级大风，大风持续时间多在1～2天。大风强度以我国西北、内蒙古地区为最强，在我国北方为西北风，中部为偏北风，南方为东北风。寒潮冷锋过境后，气温猛烈下降，降温可持续1天到数天。西北、华北地区降温较多，中部、南部由于冷空气南移变性，降温有所减少。降温还可引起霜冻、结冰。降水主要产生在寒潮冷锋附近。在我国淮河以北，由于空气比较干燥，很少降水，偶有降雪。淮河以南，暖空气比较活跃，含有水分较多，降水机会增多，尤其当冷锋速度减慢或在长江以南准静止时，能产生大范围的时间较长的降水。春、秋季时，寒潮天气除大风和降温外，北方常有扬沙、沙暴现象，降水机会也较冬季增多。

（二）梅雨

梅雨是指每年6月中旬到7月上、中旬，我国长江中下游宜昌以东的28°N～34°N范围（或称江淮流域）至日本南部这狭长区域内出现的一段连阴雨天气。梅雨季节天空连日阴沉，降水连绵不断，时大时小，所以我国南方流行着这样的谚语：“雨打黄梅头，四十五日无日头”。持续连绵的阴雨、温高湿大是梅雨的主要特征。梅雨是初夏季节我国东部地区主要雨带北移过程中在长江流域停滞的结果，梅雨结束，盛夏随之到来。这种季节的转变以及雨带随季节的移动，年年大致如此，已形成一定的规律性。但是，每年的梅雨并不完全一致，存在很大的年际变化。在气象上，把梅雨开始和结束的时间，分别称为“入梅”和“出梅”。我国长江中下游地区，平均每年6月中旬入梅，7月中旬出梅，历时20多天。但是，对各具体年份来说，梅雨开始和结束的早晚、梅雨的强弱等存在着很大差异。因而使得有的年份梅雨明显，有的年份不明显，甚至产生空梅现象。如1954年梅雨季节异常持久，长达两个多月，使长江中下游地区出现了历史上罕见的涝年；而1958年梅雨期只有两三天，出现了历史上少有的旱年。梅雨是一种复杂的天气气候现象，相对正常梅雨而言，“早梅”、“迟梅”、“特别长的梅雨”、“空梅”以及严重的“倒黄梅”等都属于异常梅雨。

① 正常梅雨　长江中下游地区正常的梅雨约在6月中旬开始，7月中旬结束。梅雨期长20～30天，雨量在200～400mm之间。据统计，这种正常梅雨，大约占总数的一半。

② 早梅雨　有些年份，梅雨开始于5月底6月初。在气象上，通常把“芒种”以前开始的梅雨，统称为“早梅雨”。早梅雨会带来一些反常的现象。例如，由于在梅雨刚刚开始的一段时间内，从北方南下的冷空气还是很频繁的，因此，阴雨开始之后，气温还比较低，甚至有冷飕飕的感觉，农谚说：“吃了端午粽，还要冻三冻”就是这个意思，同时也没有明显的潮湿现象。以后，随着阴雨维持时间的延长，暖湿空气加强，温度逐渐上升，湿度不断增大，梅雨固有的特征也就越来越明显了。早梅雨大概十年一遇。

③ 迟梅雨　在气象上，通常把6月下旬以后开始的梅雨称为迟梅雨。迟梅雨的出现机会比早梅雨多。由于迟梅雨开始时节气已经比较晚，暖湿空气一旦北上，其势力很强，同时，太阳辐射也较强，空气受热后，容易出现强烈对流，因而迟梅雨多雷阵雨天气。迟梅雨的持续时间一般不长，平均只有半个月左右。不过，这种梅雨的降雨量有时却相当集中。

④ 特长梅雨　1954年我国江淮流域出现了百年一遇的特大洪水，这次大水，就是由持续时间特别长的梅雨造成的。这一年，长江中下游地区，5月下半月春雨已经很多，梅雨又来得很早，6月初就开始了。天气一直阴雨连绵，并且不时有大雨、暴雨出现，维持的时间特别长，直到八月初才“出梅”。这一年整个梅雨期长达两个月，连同五月份的春雨，造成长江流域全流域性洪水的现象极为罕见。这种罕见的大水常与异常梅雨联系在一起。

⑤ 短梅和空梅　有些年份梅雨非常不明显，在长江中下游地区停留仅十来天，且这段时间里雨量也不大，难得有一二次大雨。这种情况称为短梅。更有甚者，有些年份从初夏开始到盛夏，长江流域一直没有出现连续的阴雨天气，称为空梅。短梅和空梅平均十年出现1～2次。短梅和空梅的年份，常伴有伏旱发生，有些年份还可以造成大旱。

⑥ 倒黄梅　有些年份，长江中下游地区黄梅天似乎已经过去，天气转晴，温度升高，出现盛夏的特征。可是，几天以后，又重新出现闷热潮湿的雷阵雨天气，并且维持相当一段时期。这种情况就好像黄梅天在走回头路，重返长江中下游，称为倒黄梅。“小暑一声雷，黄梅倒转来”就是长江中下游地区广为流传的一句天气谚语来形象说明倒黄梅。当然，倒黄梅并不一定在小暑日打雷以后出现。一般说来，倒黄梅维持的时间不长，短则一周左右，长则十天半月。但是在倒黄梅期间，由于多雷阵雨，雨量往往相当集中，需要引起注意。

梅雨的出现和大范围雨带南北位移紧密相连。我国东部地区5月中旬到6月上旬，主要雨带摆动在南岭山脉和南岭以南地区，即28°N～29°N以南，这个时期称为“江南雨季”。6月中下旬，主要雨带北移至29°N～33°N范围内（即西起宜昌，东至长江口，南起两湖盆地，北至淮河南岸），稳定少动；这时南岭以南地区阴雨天结束；而长江中下游地区则阴雨绵绵，进入梅雨季节。7月中旬开始，雨带继续北移，先后在黄河、淮河流域以及华北、东北等地停滞、徘徊，形成“黄淮雨季”、“华北雨季”；此时，长江中下游梅雨结束；这种天气一直要维持到8月下旬。然后雨带才随着冷空气的逐渐活跃而快速南撤，在不到一个月的时间内，使雨带一直退到华南沿海地区。雨带的这种规律性变化，说明长江中下游的梅雨并不是孤立的、局部的天气气候现象，而是我国东部地区主要雨季活动的一个组成部分，是主要雨带向北移动过程中在长江中下游地区停滞的反映。

（三）台风

台风和飓风都是产生于热带洋面上的一种强烈的热带气旋，只是发生地点不同，名称不同，在北太平洋西部、国际日期变更线以西，包括南中国海范围内发生的热带气旋称为台风；而在大西洋或北太平洋东部的热带气旋则称飓风，也就是说在美国一带称飓风，在菲律宾、中国、日本一带叫台风。

按世界气象组织规定，热带气旋按其中心附近的2min平均最大风力等级（以蒲氏风力等级表示）区分为不同的强度。不同强度的热带气旋具有不同的名称，由弱到强依次为：热带低压，热带风暴、强热带风暴、台风、强台风和超强台风。①超强台风（Super TY）：底层中心附近最大平均风速≥51.0m/s，即16级或以上。②强台风（STY）：底层中心附近最大平均风速41.5～50.9m/s，即14～15级。③台风（TY）：底层中心附近最大平均风速32.7～41.4m/s，即12～13级。④强热带风暴（STS）：底层中心附近最大平均风速24.5～32.6m/s，即10～11级。⑤热带风暴（TS）：底层中心附近最大平均风速17.2～24.4m/s，即8～9级。⑥热带低压（TD）：底层中心附近最大平均风速10.8～17.1m/s，即6～7级。

台风经过时常伴随着大风和暴雨天气。风向呈逆时针方向旋转。等压线和等温线近似为一组同心圆。中心气压最低而气温最高。

1997年11月25日至12月1日，在香港举行的世界气象组织（简称WMO）台风委员会第30次会议决定，西北太平洋和南海的热带气旋采用具有亚洲风格的名字命名，并决定从2000年1月1日起开始使用新的命名方法。新的命名方法是事先制定一个命名表，然后按顺序年复一年地循环重复使用。命名表共有140个名字，分别由WMO所属的亚太地区的柬埔寨、中国、朝鲜、中国香港、日本、老挝、中国澳门、马来西亚、密克罗尼西亚、菲律宾、韩国、泰国、美国以及越南等14个成员国和地区提供，每个国家或地区提供10个名字，如杜鹃、玉兔、悟空、莫拉克、伊布都等。这140个名字分成10组，每组的14个名字，按每个成员国英文名称的字母顺序依次排列，按顺序循环使用。同时，保留原有热带气旋的编号。

一般情况下，事先制定的命名表按顺序年复一年地循环重复使用，但遇到特殊情况，命名表也会做一些调整，如当某个台风造成了特别重大的灾害或人员伤亡而声名狼藉，成为公众知名的台风后，为了防止它与其他的台风同名，便从现行命名表中将这个名字删除，换以新名字。

第六节　气　　候

气候是指在太阳辐射、下垫面性质、大气环流和人类活动长时间相互作用下，在某一时期内大量天气过程的综合。气候反映平均状况，也反映极端状况，是各种天气现象的多年综合。气候视其空间尺度大小，可分为全球气候、区域气候、小气候、城市气候等。研究尺度不同，考虑的因素不同。目前，气候的研究热点在于全球气候变化和城市气候两个方面。所以，本节仅介绍与全球气候变化相关的气候形成的影响因子及其类型和城市气候的相关内容。

一、气候的形成与变化

(一) 气候形成的主要因子

气候是复杂的自然地理现象之一，它的形成、演变主要受太阳辐射、环流因素（大气环流和洋流），下垫面因素（海陆分布和地形以及冰雪覆盖等）以及人类活动的影响等。

1. 太阳辐射

太阳辐射是气候形成和变化的主导外部因子，也是气候系统的能源。太阳辐射在大气上界的时空分布决定于太阳与地球间的天文位置，又称天文辐射。太阳辐射在地表分布不均及其随着时间的变化是引起不同地区气候差异及气候季节交替的主要原因。天文辐射具有与纬线平行、呈现带状分布的特点，使地球上出现相应的纬向气候带，如热带、副热带、温带、寒带等，都称为天文气候带。这是理想的气候带，而实际气候远为复杂，但这已形成全球气候的基本轮廓。

2. 大气环流对气候的影响

大气环流引导着不同性质的气团活动、锋、气旋和反气旋的产生和移动，对气候的形成有着重要的意义。例如，常年受低压控制，以上升气流占优势的赤道地区，降水充沛，森林茂密；相反，受高压控制，以下沉气流占优势的副热带，则降水稀少，形成沙漠。

从全球来讲，大气环流在高低纬之间、海陆之间进行着大量的热量和水分输送。在热量输送方面，大气环流输送的热量约占 80%。在大气环流和洋流的共同作用下，使热带温度降低了 7～13℃，中纬度温度则有所升高，60°N 以上的高纬地区竟升高达 20℃。在水分输送方面，大气中水分输送的多少、方向和速度与环流形势密切相关，北半球水汽的输送以 30°N 附近为中心，向北通过西风气流输送至中、高纬度，向南通过信风气流输送至低纬度。

环流变异引起气候异常。如在环流异常的情况下，可能在某一地区发生干旱，而在另一地区发生洪涝，或者在某一地区发生奇热，而在另一地区发生异冷。

3. 海陆分布对气候的影响

海洋和大陆由于物理性质不同，在同样的辐射之下，它们的增温和冷却有着很大的差异，产生季风环流和海陆风局地环流，形成差别很大的大陆性气候和海洋性气候等气候类型。

4. 洋流与气候

洋流对气候的影响，主要是通过影响气团而发生的间接影响。因为洋流是它上空气团的下垫面，它能使气团下部发生变性，气团运动时便把这些特性带到所经过的地区，使气候发生变化。一般，有暖洋流经过的沿岸，气候比同纬度各地温暖；有冷洋流经过的沿岸，气候比同纬度各地寒冷。寒流经过的区域，大气比较稳定，降水稀少。洋流运动通过对高低纬度间海洋热能的输送与交换，对全球热量平衡具有重要的作用，从而调节了地球上的气候。

5. 地形对气候的影响

地形起伏不仅使它本身的气候显著不同，而且高耸绵亘的山脉，往往是低层空气流动运行的障碍，它可以阻滞北方的冷空气和南来的暖空气（如阻碍寒潮的行动，使锋带停滞），又可使气流的水分大大损耗。

地形对气温的影响主要表现在随着海拔高度的升高而降低。地形也影响空气湿度和降水，迎风坡降水量显著高于背风坡；在同一坡向，随着高度升高降水量在一定限度内增加，特别是一些不太高的山区，山脚下与山顶的降水量有明显的差别。因此，也形成了山地垂直气候带谱。

6. 冰雪覆盖对气候的影响

冰雪覆盖是气候系统的组成部分之一，海冰、大陆冰原、高山冰川和季节性积雪等，由于它们的辐射性质和其他热力性质与海洋和无冰雪覆盖的陆地迥然不同，形成一种特殊性质的下垫面，它们是一个不可忽视的气候影响因子。雪被冰盖是大气的冷源，它不仅使冰雪覆盖地区的气温降低，而且通过大气环流的作用，可使远方的气温下降。冰雪覆盖面积的变化，影响全球的平均气温、降水、气压场和大气环流发生相应的变化。在冰雪覆盖面积变化特别显著的年份，往往会出现气温和降水异常现象，这种异常可影响到遥远的地方。

（二）气候带类型

气候带与气候类型的划分有多种方法，概括起来可分实验分类法和成因分类法两大类。实验分类法是根据大量观测记录，以某些气候要素的长期统计平均值及其季节变化，与自然界的植物分布、土壤水分平衡、水文情况及自然景观等相对照来划分气候带和气候型。成因分类法是根据气候形成的辐射因子、环流因子和下垫面因子来划分气候带和气候型。一般是先从辐射和环流来划分气候带，然后再就大陆东西岸位置、海陆影响、地形等因子与环流相结合来确定气候型。

在地学领域应用最多的气候带分类系统是 1918 年德国气象学家柯本首先设计，并由他的学生修订的实验分类系统。它以气温和降水两个气象要素为依据，并参照自然植被的分布状况，确定气候类型，把全球划分为 5 个气候带，其中 4 个湿润气候带（热带多雨气候带、温暖气候带、冷温气候带、极地气候带）和 1 个干旱气候带（表 3-8）。

表 3-8 柯本气候分类法（r 表示年降水量，cm；t 表示年平均气温，℃）

气候带	特　征	气候型	特　征
A 热带	全年炎热，最冷月平均气温≥18℃	Af 热带雨林气候	全年多雨，最干月降水量≥6cm
		Aw 热带疏林草原气候	一年中有干季和湿季，最干月降水量小于 6cm 且小于 $\left(10-\frac{r}{25}\right)$cm
		Am 热带季风气候	受季风影响，一年中有一特别多雨的雨季，最干月降水量＜6cm 但大于 $\left(10-\frac{r}{25}\right)$cm
B 干带	全年降水稀少，根据一年中降水的季节分配，分冬雨区、夏雨区和年雨区来确定干带的界限	Bs 草原气候	冬雨区 $r<2t$　年雨区 $r<2(t+7)$　夏雨区 $r<2(t+14)$
		Bw 沙漠气候	$r<t$　$r<t+7$　$r<t+14$
C 温暖带	最热月平均气温＞10℃，最冷月平均气温在 0～18℃之间	Cs 夏干温暖气候（又称地中海气候）	气候温暖，夏半年最干月降水量＜4cm，小于冬季最多雨月降水量的 1/3
		Cw 冬干温暖气候	气候温暖，冬半年最干月降水量小于夏季最多雨月降水量的 1/10
		Cf 常湿温暖气候	气候温暖，全年降水分配均匀，不足上述比例者
D 冷温带	最热月平均气温在 10℃以上，最冷月平均气温在 0℃以下	Df 常湿冷温气候	冬长，低温，全年降水分配均匀
		Dw 冬干冷温气候	冬长，低温，夏季最多月降水量至少 10 倍于冬季最干月降水量
E 极地带	全年寒冷，最热月平均气温在 10℃以下	ET 苔原气候	最热月平均气温在 10℃以下，0℃以上，可生长些苔藓、地衣类植物
		EF 冰原气候	最热月平均气温在 0℃以下，终年冰雪不化

注：1. 夏雨区指一年中占年降水总量≥70％的降水集中在夏季 6 个月（北半球 4～9 月份）中降落者。

2. 冬雨区指一年中占年降水总量≥70％的降水集中在冬季 6 个月（北半球 10～次年 3 月份）中降落者。

3. 年雨区指全年降水分配均匀，不足上述比例者。

（三）气候变化

1. 气候变化简史

气候一直呈现波浪式发展，冷暖干湿交替。气候变化可以是周期性的，也可以是非周期性的。根据不同的时间尺度，地球气候史可以分为地质时期气候（距今22亿～1万年）、历史时期气候（距今1万年左右第四纪冰期结束时开始～近代有气象观测记录止）、近代气候三个阶段。

地质时期气候变化主要表现为大冰期和间冰期交替出现，时间尺度在10万年以上。

在历史时期气候阶段，根据1万年挪威雪线的变化，有人划分出了四个寒冷期（距今8千～9千年、公元前5千～公元前1.5千年、公元前1千～公元100年、公元1550～1850年）和期间的温暖期（距今7000年、距今4000年、公元900～1300年）。历史时期气候表现为气候回暖、冰盖消融、大陆冰川后退。

近代气候变化通常指发生在近一二百年间的气候变化。这段时期始于小冰期末的冷期中，以后气温升高，在20世纪20～40年代变暖达到高峰。以后气温略有下降。20世纪80年代以来再次回暖，统称为20世纪变暖。近百年来全球气温平均上升约0.5℃。

全球气候变暖已经引起了世人的瞩目。未来气候变化究竟怎样，目前存在两种截然相反的观点——变冷说和变暖说。

2. 气候变化的原因

(1) 天文学方面的原因

太阳辐射是地球的唯一外界热源。太阳辐射强度的变化、太阳黑子的周期性活动以及日地相对位置的改变等都可能影响气候而发生变化。如太阳辐射变化1%，气温变化0.65～2℃。

(2) 地质学方面的原因

地质时期，下垫面的自然变化对气候变化产生了深刻的影响，如火山喷发、造山运动和造陆运动（海陆分布）等都显著地影响了当时的气候。

(3) 人类活动方面的原因

人类活动对气候的影响主要表现在以下三个方面。一是人类活动影响甚至改变了下垫面的性质，改变了下垫面的粗糙度、反射率和水热平衡等方面，目前最突出的是破坏森林、坡地、干旱地的植被及造成海洋石油污染等，从而引起局部地区气候变化。二是改变大气中的某些成分（二氧化碳和尘埃等增加）。工业生产和人类生活消耗的燃料，农作物残梗、森林和草原的焚烧以及过度放牧和盲目开荒等，使大量二氧化碳等温室气体和气溶胶倾入大气，导致大气组成的不断变化。这些大气组成的变化导致了温室效应、臭氧层破坏和酸雨等气候效应。三是人类活动向大气释放热量和水汽，从而影响气候。这些影响的效果又互相不同，有的增暖，有的冷却，有的增湿，有的变干。而这些影响又是叠加在自然原因之上一起对气候产生影响，且各个因子之间又互相影响、互相制约。因此，人类活动影响气候变化的过程更加复杂化了。根据观测事实，地球上的气候一直不停地呈波浪式发展，冷暖干湿相互交替，变化的周期长短不一。除了以上三个影响途径，人类活动对气候的影响还包括城市中的气候现象，如气候岛等。

二、城市气候

城市气候是相对于农村（郊区）而言的区域气候。

城市是人类活动的中心，2001年世界城市人口为29.23亿，城市人口比例达到47.7%。预计，到2025年这个比例将增加到80%。随着城市化的不断发展，城市人口高度密集、下垫面特殊化、燃料大量消耗、有害气体和粉尘等大量释放等，改变了城市原有的气候状况，形成一种与城市周围不同的局地气候，称为城市气候。城市气候既有所属区域大气候背景的影响，又反映了城市化后人类活动所产生的作用。因此，不同大气候区的城市气候不尽相同，但也存在一些共同的城市气候特征。

（一）城市气候的研究方法

进行城市气候的研究，首先要有正确而充分的观测资料，然后进行分析。要进行城市气候的研究，一般采取以下方法。

1. 历史对比法

为了研究城市对气候的影响，对某些发展较快的城市，可以对比其多年气候资料，分析它在城市化前后和发展过程中气候变化的情况。在应用历史对比法时必须注意以下两个问题：①某一城市气候资料来源，最好出自同一气象站，或前后两站地理环境相差不大，这样，资料才有可比性；②在研究某一城市气候的历史变化时，还必须考虑在这段历史时期内，由区域气候因子（如太阳黑子、大气环流的变化等）所引起的气候的自然变化，即应用历史对比法进行城市气候的研究时，必须避免气候资料的误差，同时还要滤掉区域气候因子的影响，才能找出其正确的规律。

2. 周末与工作日对比法

在大城市中，工厂、机关、学校及其他企业通常在周末休息，因此人类活动对城市气候的影响在周末与其他工作日不同。因此，可利用同一气象站某些气象要素周末平均记录（M_i）与工作日平均记录（M_w）进行比较，求出两者之差 ΔM。许多大城市观测结果表明：城市热岛效应在工作日的确比周末显著。大气污染浓度也存在类似情况。

3. 城郊对比法

应用城市气象资料（M_u）与郊区同步观测资料（M_r）进行比较，两者的差值 U 可作为城市对气候影响的重要指标。在利用该方法分析时必须注意 M_u 与 M_r 的同步性，对主要气象要素的年际变化和日变化都要进行对比，掌握城市和郊区气候周期性变化的异同。另外，城市和郊区气候还因不同的地面覆盖状况而不同。例如当地面有积雪覆盖时，城市与郊区皆是白雪皑皑，下垫面的性质差异就大大缩小，城市与郊区气候的差别也就不明显。

4. 城市内部不同性质下垫面对比法

研究表明，在同一城市内部，同一季节、同样的天气条件下，由于下垫面性质不同，其辐射能的收支、温度、湿度和风速的差异相当大。城市内部具有多种不同性质的下垫面，在进行城市覆盖层气候研究时，最好先在城市内部下垫面上设置观测点（定点长期观测与短期流动观测相结合），观测其地表和城市覆盖层内不同高度的气象要素的分布和变化，分析其时空分布的规律及其形成机制。这对弄清城市覆盖层的气候特征和形成原因十分必要。

5. 大小尺度因素相结合的方法

城市气候是在大尺度气象要素的基础上叠加城市局地气象要素的双重作用下形成的。因此，局地因素和大尺度气象因素同时存在，各自所起作用此消彼长。当大尺度气象要素比较平稳时，局地因素起主要作用，城市与郊区气候的差别显著。相反，大尺度气象要素剧烈变化，如风力较强，阴云密布或有降水时，则大尺度因素占优势，局地因素被掩盖而不起主导作用，城郊气候差别也不明显。在大尺度气象要素中，风是控制局地要素的主要因子，局地因素对大尺度天气最重要的反馈作用是影响当地的云量和降水。因此，在进行城市气候的研究时，应该就多种不同的天气型式，分别进行典型个例分析。积累大量的典型个例，才能真正掌握在不同天气型式下城市和郊区气候的差异。

6. 模拟试验法

可采用模拟试验法研究城市气候。最常用的是将城市实况按比例做一模型，采样风洞试验，使带烟气流通过此城市模型，利用烟气运动路线可观察上风向、下风向气流变化的情况，并拍摄成录像或使用离子示踪器进行观测。为了观测城市对不同风向的影响，可将城市模型安装在一个大的转盘上，便于转动，以适应不同的风向。这种方法能够直观地表现出城市这个特殊下垫面对气候的影响。缺点主要表现在城市模型的制作只能在几何外形上与实况相似，但城市的真实热力状况和动力状况却难模拟出来。

7. 建立数学模型法

为了从热力、动力等方面对城市气候进行定量研究，根据有关的热力学方程和动力学方程，建立城市热岛、城市热岛环流、城市大气污染物的扩散和城市逆温层分布等相关数学模型；将城市中实测的相关数据代入，计算求解。目前已经有很多学者利用该方法研究城市热岛和大气污染物扩散规律等，该方法对城市气候学走向定量化起着十分重要的作用。

此外，在研究城市气候的成因时，除考虑城市本身的因素外，还要运用一般研究“区域气候”的方法，全面综合地分析当地的纬度、海陆分布、地形、水文条件和盛行风系等对整个城市气候的影响，才能得出正确的结论。在了解其成因和形成过程的基础上来研究其未来发展趋势，并提出改善城市气候状况的措施。

（二）城市气候岛效应

人类活动对气候的影响在城市中表现最为显著。根据设在城区和其周围郊区的气象站同步观测资料表明，城市气候与郊区相比有“热岛”、“干岛”、“湿岛”、“浑浊岛”和“雨岛”等气候岛效应。

1. 城市浑浊岛效应

城市空气浑浊因子比郊区多，大气能见度较差，称浑浊岛。投射到地面的太阳辐射，包括太阳直接辐射 S 和散射辐射 D。在相同强度的太阳辐射下，浑浊空气中的散射粒子多，其散射辐射比干洁空气强，直接辐射则大为削弱。气象学上以 D/S 表示大气的浑浊度（又称浑浊度因子）。城市浑浊岛效应主要有四个方面的表现。

① 城市中因工业生产、交通运输和居民炉灶等排放出的大气污染物比郊区多，即凝结核多于郊区。大城市空气中平均凝结核含量为 14.7 万粒/cm^3，绝对最大值甚至达到 400 万粒/cm^3，远大于郊区的凝结核数量。

② 城市低云量和以低云量为标准的阴天日数（低云量≥8 的日数）远比郊区多。这是由于：城市热岛效应利于对流云的形成；城市下垫面粗糙，机械湍流利于低云的形成；城市空气中凝结核多等。上海 1980～1989 年 10 年的统计资料表明，城区平均低云量为 4.0，郊区为 2.9，城区一年中阴天日数为 60 天而郊区平均只有 31 天。慕尼黑、布达佩斯和纽约等欧美大城市也都观测到类似现象。

③ 城区污染物和低云量均多于郊区，透明度低于郊区，这使得城市的散射辐射比郊区强，直接辐射比郊区弱，大气的浑浊度明显高于郊区。上海市 1959～1985 年 27 年间平均的浑浊度 D/S 为 1.17，比同期十个郊区站的浑浊度 D/S 平均高 15.8%。钱德勒（Chandler）对英国不列颠岛几个城市的研究表明，城市中心的太阳总辐射比郊区少 25%～55%。日本学者测得太阳总辐射日本东京比郊区削弱 12.3%。兰兹葆（Landsberg）总结了大量城市与郊区对比观测资料，指出城市中心地面上，年平均总辐射要比郊区少 15%～20%。周淑贞等的分析表明，城市与郊区太阳总辐射的差异，主要是由于大气污染浓度不同而引起的。要改善城市太阳辐射条件，空气污染防治十分重要。

④ 城市能见度小于郊区。这是因为城市大气中污染物和低云量多，它们对光线有反射、散射和吸收作用，使大气透明度和能见度降低。

总之，浑浊岛效应形成的主要原因是城市污染源多，排放到空气中的污染物多，空气中的凝结核就多，导致城市低云量比郊区多。除此之外，浑浊岛的形成还受到众多气象要素的影响。因此，从多方面分析浑浊岛效应的成因并提出减缓措施，对于保护人类健康是大有裨益的。

2. 城市热岛效应

城市化的发展导致城市中的气温高于外围郊区的现象，称城市热岛效应。城市热岛强度以热岛中心气温减去同期同高度近郊的气温的差值来表示。差值越大，热岛强度越大。夏季，城市局部地区的气温，能比郊区高 6℃甚至更高，形成高强度的热岛。以上海为例，在冬夜和夏夜曾出现过城、郊气温最大差值分别为 6.8℃和 4.8℃的记录。再如，宋艳玲等人对北京市近 40 年气候资料研究分析表明，北京市区与郊区日平均气温最大温差达到 4.6℃；且城郊温差季变化冬季最大，春季最小，分别为 1.11℃和 0.26℃；1961～1977 年市区与郊区温差较小，1978～2000 年市区与郊区温差达到 0.62℃，说明热岛效应明显增强；近 40 年中城郊年平均气温都明显上升，郊区气温平均 10 年升高 0.21℃，市区气温则平均 10 年升高 0.43℃。

城市热岛效应的成因非常复杂，影响热岛强度的因子多种多样，热岛效应随时空变化，变化模式多种多样。通过对近些年城市热岛效应的研究结果的分析，将其形成的直接原因可以概括为如下三个方面。

① 城市下垫面（大气底部与地表的接触面）特性的影响　人类活动改变了城市下垫面的性质。城市中除少数绿地外，绝大部分是人工铺砌的道路，参差错落的建筑物和构筑物，其热容量和导热率都比郊区大得多，从而改变了城市下垫面的热属性，这是白天城市下垫面能够比郊区获得较多热量的一个重要原因。如果墙壁和屋顶涂刷较深的颜色，吸收的太阳辐射能将更多，城市下垫面吸收和储存的热量远比郊区地面多。夜间，地面辐射冷却，城市下垫面内部储存的热量向外传播，通过长波辐射、湍流交换等途径使城市气温下降缓于郊区。另外，城区下垫面不透水面积大，降雨之后雨水很快从排水管道流失，再加上城市植被少，其蒸发蒸腾作用弱于郊区，消耗于蒸发蒸腾的潜热也少，其所获得的太阳热能主要用于下垫面增温，形成“下垫面温度热岛”。研究表明：热岛效应的强度与城市绿化覆盖率成反比，绿化覆盖率越高，热岛强度越低，当覆盖率大于 30%后，热岛效应明显削弱；覆盖率大于 50%，绿地对热岛的削减作用极其明显。规模大于 $3hm^2$ 且绿化覆盖率达到 60%以上的集中绿地，基本上与郊区自然下垫面的温度相当，即消除了热岛现象，城市中以绿地为中心的低温区域，是人们户外游憩活动的优良场所。

② 城市大气污染的影响　城市中的机动车辆、工业生产以及大量的人群活动，产生了大量的氮氧化物、二氧化碳、粉尘等，这些物质可以吸收太阳辐射和地面长波辐射，从而产生温室效应，引起城市大气的进一步升温。

③ 人为热的影响　人为热的来源包括工厂、机动车、居民炉灶和空调以及人、畜的新陈代谢等所产生的热量。城市由于人口密度大、生产和生活所排放的人为热比郊区大，这些“人为热”像火炉一样直接增暖大气。目前全世界能量的消耗逐年增加，而其排放出的人为热又主要集中在城市，因此对城市气候的影响越来越重要。表 3-9 表明，人为热在热量平衡中所占的份额各城市差异很大。它首先与城市所处的纬度有关，又与城市人口密度和每人所消耗的能量相关。

一年四季都可出现城市热岛现象。但是，夏季高温天气的热岛效应对于居民影响较为显著。如环境温度高于 28℃时，人们会有不舒适感；温度再高就易导致烦躁、中暑、精神紊乱；气温高于 34℃，可引发一系列疾病，特别是使心脑血管和呼吸系统疾病的发病率上升，死亡率明显增加。

表 3-9 不同城市人为热的排放量表

城市名称	°N	人口密度/(人/km^2)	年份	时期	人为热/(W/m^2)	净辐射/(W/m^2)
费尔班克斯	64	810	1965～1970	年均	19	18
莫斯科	56	7300	—	年均	127	42
谢菲尔德	53	10420	1952	年均	19	56
温哥华	49	5360	1970	年均	19	57
				夏季	15	107
				冬季	23	6
布达佩斯	47	11500	1970	年均	43	46
				夏季	32	100
				冬季	51	−8
蒙特利尔	45	14102	1961	年均	99	52
				夏季	57	92
				冬季	153	13
曼哈顿	40	28810	1967	年均	117	93
洛杉矶	34	2000	1965～1970	年均	21	108
香港	22	3730	1971	年均	4	110
新加坡	1	3700	1972	年均	3	110

减轻热岛效应的危害，主要措施如下：①增加城区的绿地面积。这是因为绿地能吸收太阳辐射，而所吸收的辐射能量中又有大部分用于植物蒸腾耗热和在光合作用中转化为化学能，因而用于增加环境温度的热量大大减少。植物光合作用，吸收空气中的二氧化碳，1hm^2 的绿地，每天平均可以吸收 1.8t 的二氧化碳，可削弱温室效应。此外，植物能够滞留空气中的粉尘，每公顷绿地可以年滞留粉尘 2.2t，降低环境大气含尘量 50%左右，进一步抑制大气升温。②扩大水面面积。水的热容量大，在吸收相同热量的情况下，升温值最小，表现出比其他下垫面的温度低；水面蒸发吸热，也可降低水体温度。③合理规划，增加空气流通。风能带走城市中的热量，也可以在一定程度上缓解城市热岛。因此在城市规划时，要结合当地风向，增加空气流通。如北京市位于平原中部，三面环山。由于山谷风的影响，盛行南、北转换的风向。夜间多偏北风，白天多偏南风。因此，在扩建新市区或改建旧城区时，应适当拓宽南北走向的街道，以加强城市通风，减小城市热岛强度。④减少人为热的释放。控制城市人口数量，改变能源结构。

3. 城市干岛效应

城市下垫面多为建筑物和不透水的路面，白天，下垫面通过蒸散（含蒸发和植物蒸腾）过程而进入低层空气中的水汽量，城区小于郊区，特别是在盛夏季节，郊区农作物生长茂密，城、郊之间自然蒸散量的差值更大，城市实际水汽压 e 较小。城区由于下垫面粗糙度大（建筑群密集、高低不齐），又有热岛效应，其机械湍流和热力湍流都比郊区强，通过湍流的垂直交换，城区低层水汽向上层空气的输送量又比郊区多，这些导致城区近地面的水汽压小于郊区，城区温度 T 和饱和水汽压 E 较大，则相对湿度 f 小于郊区，形成“城市干岛”。干岛平均强度（指城区平均水汽压低于郊区平均水汽压之值）以 7 月份为最大，1 月份差值（绝对值）最小，午后 14 时干岛强度最大。以上海为例，1984～1990 年 7 年间城市 11 个站水汽压的平均值与同时期周围近郊 4 个站平均水汽压相比较，城区皆低于郊区，呈现出“城市干岛”效应。

城市下垫面的蒸发量和蒸腾量比郊区小的程度与实际不透水面积占下垫面的百分比，建筑物材料的透水性能和市区内植物覆盖率等相关。卢尔（Lull）的研究表明，当流域面积的25%为不透水面积时，其年蒸腾量要减少19%；若不透水面积增加到50%，年蒸腾量减少38%；不透水面积增加到75%时，则年蒸腾量减少59%。城市地表被密集的房屋覆盖，混凝土、沥青覆盖的路面面积逐年增大。城市干岛效应将随之而发生相应变化。

4. 城市湿岛效应

夜晚，风速减小，空气层结稳定，郊区气温下降快，饱和水汽压降低，大量水汽在地表凝结成露，存留于低层空气中的水汽量少，水汽压迅速降低，城区因有热岛效应，其凝露量远比郊区少，夜晚湍流弱，与上层空气间的水汽交换量小，城区近地面的水汽压高于郊区，出现“城市湿岛”。在城市干岛和湿岛出现时必伴有城市热岛。湿岛平均强度以8月份为最大。研究人员通过对上海1984年全年逐日逐个观测时刻大气中水汽压的城、郊对比分析，还发现上海城市湿岛的形成，除上述凝露湿岛外，还有结霜湿岛、雾天湿岛、雨天湿岛和雪天湿岛，它们都必须在风小而伴有城市热岛时才能出现。

5. 城市雨岛效应

国际上在城市对降水影响的问题上曾经存在着不少争论。直到1971～1975年，美国在密苏里州的圣路易斯城及其附近郊区设置了稠密的雨量观测网，运用先进技术进行了持续5年的大城市气象观测实验，才证实了城市及其下风方向确有促使降水增多的“雨岛”效应。我国这方面的研究也较多，如上海地区170多个雨量观测站点的资料表明，城区的降水量汛期明显高于郊区，呈现出清晰的城市雨岛现象；而在非汛期及年平均降水量分布图上则没有发现雨岛现象。研究表明，近年来，北京城区降水量大于郊区的趋势也日趋明显。雨岛效应使城市降雨的次数及暴雨和冰雹的次数较郊区大幅增加，且暴雨最大强度的落点位于市区及其下风方向。

城市雨岛效应形成的条件有如下几方面，①由于城市热岛效应产生的局地热岛环流导致气流辐合上升，有利于对流雨的发展，尤其在盛夏时节，建筑物空调、汽车尾气等更加重了热量的超常排放，使城市上空形成热气流，利于成云致雨。②城市下垫面粗糙度大于郊区，不仅能引起机械湍流，而且还能阻碍降水系统的移动，延长了城区降水时间。③由于城区空气中凝结核多，尤其是一些吸湿性凝结核的存在有促进暖云降水作用。以上种种因素的共同作用，就会促成“雨岛效应”。

由于“雨岛效应”多出现在汛期和暴雨之时，令城区排水系统在突降的暴雨面前显得十分脆弱，易造成大面积积水，甚至形成城市区域性内涝。同时，城市大气中存在较多的SO_2和NO_2，在一系列复杂的化学反应之下，易形成酸雨降落地面，其危害甚大。

综上所述，城市气候中的“五岛”效应是人类在城市化过程中无意识地对局地气候所产生的影响。研究其中规律，不仅有助于城市天气预报，还可通过增加城市绿化、调整能源结构、合理规划城市建设、控制城市大气污染等一系列人为措施，有意识有目的地改善城市气候，使之向有利于居民生活和生产的方向发展。

参考文献

[1] 陈静生，汪晋三. 地学基础. 北京：高等教育出版社，2002.
[2] 赵烨. 环境地学. 北京：高等教育出版社，2007.
[3] 陈效逑. 自然地理学原理. 北京：高等教育出版社，2006.
[4] 赵济. 中国自然地理. 北京：高等教育出版社，2006.
[5] 史培军，王静爱. 地学概论. 呼和浩特：内蒙古大学出版社，1989.

[6] 伍光和，田连恕，胡双熙，王乃昂. 自然地理学. 第三版. 北京：高等教育出版社，2000.
[7] 周淑贞等. 气象学与气候学. 第三版. 北京：高等教育出版社，1997.
[8] 周淑贞，张超. 城市气候学导论. 上海：华东师范大学出版社，1985.
[9] [澳] E. 布赖恩特著，刘东生等编译. 气候过程和气候变化. 北京：科学出版社，2004.
[10] R. G. 巴里，R. G. 乔利著，施尚文等译. 大气、天气和气候. 北京：高等教育出版社，1982.
[11] 宋艳玲，张尚印. 北京市近40年城市热岛效应研究. 中国生态农业学报，2003，11 (4)：126-129.
[12] 林之光. 地球上的人工气候岛和大气污染源——天气与城市水问题. 气象，1997，3 (23)：20-24.
[13] 李爱贞，牟际旺. 城市浑浊岛和城市热岛. 山东师大学报，1994，1 (9)：62-69.
[14] 李爱贞，孙彭力. 城市浑浊岛效应的试验观测. 山东科学，1994，7 (4)：50-55.
[15] 罗哲贤. 下垫面状况变化对气候的影响. 新疆气象，1991，2007 (14)：2-9.

思考与练习

1. 对流层中每升高1000m，气温约下降（　　）
   A. 0.6℃　　B. 7.5℃　　C. 3℃　　D. 6.5℃
2. 若测得某地华氏温度为50℉，则该地的摄氏温度和开氏温度分别为（　　）
   A. 10℃、283.15K　　B. 20℃、273.15K　　C. 20℃、283.15K　　D. 10℃、273.15K
3. 当某铁塔21m处的气温为15℃时，其塔顶部321m高处的气温约为（　　）
   A. 14℃　　B. 13.2℃　　C. 12.2℃　　D. 6℃
4. 秋天傍晚，华北地区农民常在地里熏烟是为了（　　）
   A. 增加大气逆辐射，防止霜冻形成　　B. 驱赶鸟类，防止吞食物种
   C. 熏杀害虫，防止伤害幼苗　　D. 增加凝结核，多生露水
5. 霜冻对农作物威胁较大，下列能够预防霜冻的措施有（　　）
   A. 熏烟　　B. 浇水　　C. 覆盖　　D. 提早收割
6. 下面说法中正确的是（　　）
   A. 空气是有质量的，大气压强是指空气施加于地面的力
   B. 风是指空气的流动
   C. 湿度是指空气中存在的水汽数量，用以表示大气干湿程度的物理量
   D. 天空有少许云，其量不到天空的十分之零点三时，总云量也记0
7. 下列四种辐射中，属于短波辐射的是（　　）
   A. 大气辐射　　B. 太阳辐射　　C. 大气逆辐射　　D. 地面辐射
8. 大气对地面的保温作用，主要是因为（　　）
   A. 大气能大量吸收地面辐射　　B. 近地面大气吸收太阳辐射
   C. 大气逆辐射把热量还给地面　　D. 大气散射把热量还给地面
9. 晴朗的天空呈蔚蓝色，是因为大气对太阳辐射的（　　）
   A. 吸收作用　　B. 反射作用　　C. 直射作用　　D. 散射作用
10. 北半球大陆上的最高气温出现在（　　）
    A. 7月　　B. 1月　　C. 8月　　D. 2月
11. 影响太阳辐射强度的最主要的因素是（　　）
    A. 大气环流　　B. 地面状况　　C. 昼夜长短　　D. 太阳高度
12. 下列因素中，导致地面温度升高的有（　　）
    A. 太阳短波辐射　　B. 地面水分蒸发耗热
    C. 大气逆辐射　　D. 大气以对流的形式输送热量
13. 下面有关辐射的叙述，正确的是（　　）
    A. 太阳辐射的主要波长范围是0.4～0.76μm之间
    B. 空气中含有水汽和水汽凝结物较多，地面有效辐射增强
    C. 对流层大气中的水汽和二氧化碳，对太阳短波辐射的吸收能力很弱，但对地面长波辐射的吸收

能力很强

D. 地面辐射达到最强时，大气温度达到最高值

14. “早晨锻炼身体好”这句话存在误区，是因为（　　）

A. 刚吃过早餐不利于肠胃消化

B. 早晨大气有逆温现象。空气上暖下凉，导致晚间大气垂直对流基本停止，近地面污染物浓度很高

C. 太阳刚出来，空气温度较低，不适于人的运动

D. 这是由人体的生物钟决定的

15. 海水进入大气所通过的环节是（　　）

A. 降水　B. 蒸发　C. 下渗　D. 径流

16. 下列关于云不能降水的原因和相应的解决方法中，正确的是（　　）

A. 暖云因缺少大水滴需播撒盐粉、尿素等吸湿性粒子

B. 暖云因缺少冰晶需播撒干冰、碘化银等

C. 冷云因缺少大水滴需播撒干冰、碘化银等

D. 冷云因缺少冰晶需播撒盐粉、尿素等吸湿性粒子

17. 中纬度地区近地面大气中做曲线运动的空气受到的力有（　　）

A. 气压梯度力　B. 惯性离心力　C. 地转偏向力　D. 摩擦力

18. 海陆风的特点包括（　　）

A. 以年为周期　B. 通常白天吹的为海风　C. 影响范围限于沿海　D. 为局地环流

19. 下列关于气旋和反气旋的说法正确的有（　　）

A. 气旋内的空气作逆时针方向旋转　B. 气旋内的空气作顺时针方向旋转

C. 气旋是水平空气涡旋　D. 反气旋中心有下沉气流

20. 天气变化剧烈是因其位于（　　）

A. 暖气团控制下　B. 冷暖气团交界带　C. 冷气团控制下　D. 无气团控制的地区

21. 关于冷锋的叙述正确的是（　　）

A. 暖气团主动向冷气团移动的锋叫冷锋　B. 冷锋过境，定有大风和雨雪天气

C. 冷暖气团势均力敌，出现阴雨连绵的天气　D. 冷气团主动向暖气团移动的锋

22. 冷锋和暖锋的共同特点是（　　）

A. 过境后天气转晴，温度升高　B. 过境时气压升高

C. 降水多发生在锋前　D. 冷空气在锋面之下

23. 下列天气现象中与冷锋影响无关的是（　　）

A. 我国北方夏季的暴雨　B. 我国东南沿海的台风

C. 我国秋冬季节爆发的寒潮　D. 近年来我国北方春季出现的沙尘暴天气

24. 地球上最主要的能量来源（　　）

A. 大气辐射　B. 地面辐射　C. 太阳辐射　D. 地热

25. 一天中最高气温出现在午后2时左右，是因为此时（　　）

A. 太阳高度角最大　B. 到达地面的太阳辐射最多

C. 地面长波辐射达到最大值　D. 大气获得的热量大于失去的热量，并达到最大值

26. 在风速大致相同，而气温垂直分布不同的A、B、C、D四种情况下，最有利于某工厂68m高的烟囱烟尘扩散的是（　　）

分类 \ 高度	20m	40m	60m	80m	100m
A	16.3℃	16.6℃	16.8℃	17.0℃	17.1℃
B	21.0℃	21.0℃	20.9℃	20.9℃	21.0℃
C	20.9℃	20.8℃	20.6℃	20.2℃	20.0℃
D	15.2℃	14.8℃	14.7℃	14.9℃	15.2℃

27. 关于大气对地面的保温作用的叙述，正确的是（　　）

A. 大气中的水汽和二氧化碳吸收地面长波辐射，能力很强

B. 多云的夜晚比晴朗的夜晚冷一些

C. 大气辐射是短波辐射

D. 大气逆辐射可以使许多热量返回地面

28. 下列气压场中，易出现左图中所示天气系统的是（　　）

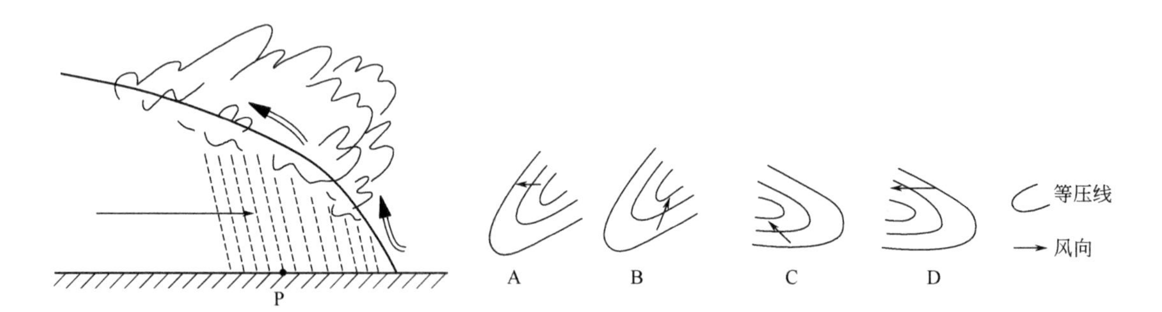

29. 最能反映左图中P地气温垂直分布状况的是（　　）

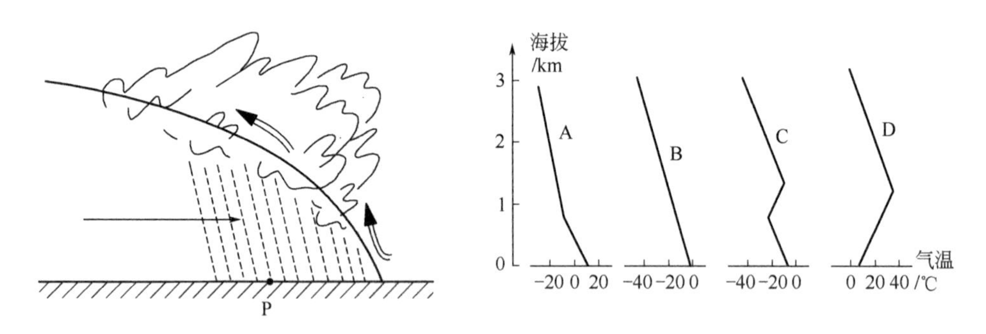

30. 温度有哪三种表示方法，它们之间的换算关系式是什么？

31. 湿度有几种表征方法，每一种方法的含义是什么？

32. 什么是能见度？

33. 天空呈现的各种颜色是在什么情况之下发生的？

34. 大气稳定度的概念，三种类型以及公式的推导过程和结论。

35. 对流层中逆温有几种类型并阐述其产生过程。重点掌握辐射逆温、下沉逆温、湍流逆温的生消过程。

36. 影响蒸发和凝结的条件都有哪些？它们是如何起作用的？

37. 从农业角度考虑，霜与霜冻哪个危害更大？为什么？

38. 什么是雾，辐射雾是如何形成的？

39. 降水有哪些类型？它们分别具有哪些特点？

40. 绘图说明山谷风和海陆风的形成。

41. 简述东亚季风和南亚季风在成因和特征上有何差异？

42. 什么是锋？什么是气团？锋和气团对天气有何影响？

43. 什么是气候，它与天气有何区别？

44. 简要回答气旋和反气旋的区别和联系。

45. 分析城市五岛效应的成因。

46. 某市大气超标日风向统计如下表所示，请画该市超标日风向频率玫瑰图并指出其主导风向。

日期	风向	日期	风向	日期	风向	日期	风向
1月1日	WNW	2月28日	WNW	11月1日	N	12月5日	NW
1月3日	SSW	3月9日	S	11月2日	NNW	12月9日	WSW
1月5日	NW	3月10日	WNW	11月5日	N	12月13日	W
1月6日	W	3月13日	NE	11月13日	SW	12月14日	W
1月7日	NW	3月16日	ENE	11月14日	NNW	12月15日	SSE
1月14日	E	3月29日	NW	11月19日	NW	12月16日	ESE
1月15日	NE	3月30日	WNW	11月24日	N	12月21日	NE
1月29日	ENE	4月10日	SW	11月25日	N	12月22日	NE
2月11日	NNW	4月16日	ESE	11月29日	E	12月23日	WNW
2月13日	WNW	4月17日	NE	11月30日	SSW	12月24日	W
2月14日	WNW	4月20日	ENE	12月1日	W	12月28日	NNW
2月18日	SSE	5月7日	ENE	12月2日	ENE		

第四章　水　　圈

世界淡水资源在时间和空间上分布极不均衡，使有限的淡水资源不能得到有效利用。水资源短缺和日益突出的水环境污染问题成为环境科学研究的重点领域。

第一节　水圈概述

一、地球上水的分布

地球上水的总量约为 13.86 亿立方千米，它们分布在海洋、河流、湖泊、地下含水层、大气、冰盖冰川、永久积雪、土壤、湿地（沼泽）、生物体和各种矿物及岩石中，这些水共同构成地球的水圈。如果把地球上所有的水平铺在地球表面，平均水深可达 2710m。海洋是地球上最大的水体，海水总水量 13.38 亿立方千米，占地球总水量的 96.5%。淡水只占陆地水量的 73%，在所有淡水中又有 77.2%被封存在冰川和雪帽中，只有 22.4%是地下水和土壤水，储存于江河湖库中的淡水不到 0.5%，江河湖库中的水还必须要有一定的最低水量。人类实际直接可利用的水大概只有 $0.1065\times10^8 km^3$，约占地球总水量的 0.2%。

大气中水汽的含量随高度而减少。在 1500～2000m 高空水汽的含量减少为地面的一半，在 5000m 高处减少至地面的十分之一。7km 以内大气圈中水的总量约为 $12900km^3$，折合成水深约为 25mm，占地球总水量的 0.001%。根据前苏联学者 1974 年的数据，地壳 2km 范围内地下水储量约为 $2340km^3$，地球表面生物体内的水量约为 $1120km^3$。

二、地球上水循环

（一）水循环基本过程

地球上的水不断运动变化，进行循环。地球表面的水经过蒸发（evaporation）和蒸散（transpiration，指植物体吸收土壤中的水分，经由茎叶气孔向大气中扩散的现象）作用进入大气，进入大气的水汽被大气带到不同的地区，水汽冷却凝结（condensation）或凝华，再以降水（precipitation）形式降落到地表（海洋、陆地），到达陆地表面的水，或汇流成河川与湖泊，或渗入地下成为地下水，或形成冰川积雪，河、湖、地下水等水分最终流入海洋或逐渐蒸发进入大气。如此周而复始形成水文循环，简称水循环（water cycle 或 hydrologic cycle）。水循环使地球上的水分不断在大气圈、水圈、岩石圈、生物圈之间流动、循环。

水循环整个过程可分解为水分蒸发蒸散、水汽输送、降水、水分入渗、地表和地下径流 5 个基本环节。这 5 个环节紧密联系、交错并存、相对独立，形成一个巨大的动态系统。在不同环境条件下，呈现不同的组合，在全球各地形成一系列不同规模的地区水循环。

水循环作用的范围广及整个水圈，并深入大气圈、岩石圈及生物圈。上至大气圈中距地表约 15km 的高度，下至岩石圈中地表以下平均约 1.0km 的深度。

（二）水循环的类型

水循环系统是由无数不同尺度、不同规模的局部水循环所组合而成的复杂巨系统。通常，按水循环的途径与规模，将全球的水循环分为大循环与小循环。

1. 大循环

大循环是发生在海洋与陆地之间的全球性水循环，又称外循环。

在大循环过程中，海洋蒸发的水汽，由气流带到陆地上空，冷却形成降水，降到地表之后部分蒸发直接返回空中，部分则经地表和地下径流汇入海洋。蒸发和凝结是大循环的两大基本环节，在空中与海洋、空中与陆地之间进行垂向交换，同时以水汽输送和径流的形式进行横向交换。当然，大循环过程中，陆地也向海洋输送水汽，即陆地也通过空中向海洋输送水分，但是数量很少。

2. 小循环

小循环是指发生于海洋与海洋大气之间或陆地与陆地大气之间的水循环，又称内部循环，前者称海洋小循环，后者称陆地小循环。

每年有114.8万立方千米的水参加全球水循环，其中，全球蒸发量的87.5%和降水量的79.3%发生在由海洋与其上空大气耦合形成的海洋-大气系统中，海洋小循环的水分从海洋蒸发、在海洋上空凝结凝华，以降水返回海洋，仅存在水分的纵向交换，比较简单。

全球蒸发量的12.5%和降水量的20.7%发生在由陆地与其上空大气耦合形成的陆地-大气系统中，陆地小循环主要包括陆地表面的蒸发、蒸散、入渗与降水等环节，比海洋小循环要复杂得多，并且内部存在明显的差别。从水汽来源看，有陆面自身蒸发的水汽，也有自海洋输送来的水汽，并在地区分布上很不均匀，一般规律是距海愈远，水汽含量愈少，因而水循环强度具有自海洋向内陆深处逐步递减的趋势，如果地区内部植被条件好，储水比较丰富，那么自身蒸发的水汽量比较多，有利于降水的形成，因而可以促进地区小循环（图4-1）。

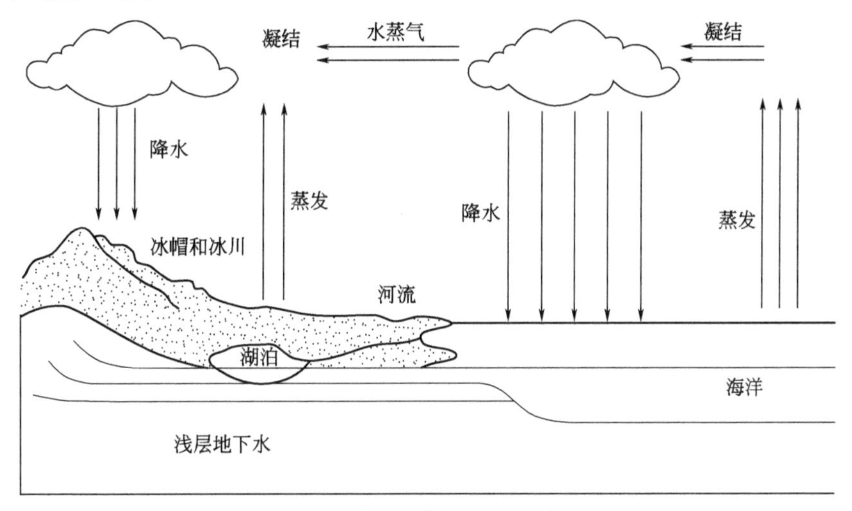

图4-1　全球水循环过程示意图

全球水循环是闭合系统，但局部水循环却是开放系统。因为地球与宇宙空间之间虽亦存在水分交换，但每年交换的水量还不到地球上总贮水量的十五亿分之一，所以可将全球水循环系统近似的视为既无输入，又无输出的一个封闭系统，但对地球内部各大圈层，对海洋、陆地或陆地上某一特定地区，某个水体而言，既有水分输入，又有水分输出，因而是开放系统。

（三）水体的更替周期

水体的更替周期是指水体在参与水循环过程中全部水量被交替更新一次所需的时间，世界上各水体的更替周期见表4-1。

表 4-1　全球各种水体的更替周期

水　体	周　期	水　体	周　期
永久冻土下的冰	10000 年	沼泽水	5 年
极地冰川	9700 年	土壤水	1 年
世界大洋	2500 年	河水	16 天
山地冰川和永久积雪	1600 年	大气水	8 天
深层地下水	1400 年	生物水	12 小时
湖泊水	17 年		

表 4-1 所列的更替周期，是在有规律的逐步轮换这一假设条件下得出的平均更替周期。实际情况非常复杂，如深海盆的水需要依靠大洋深层环流才能缓慢地发生更替，其周期要超过 2500 年；而表层海水直接受到蒸发和降水的影响，其更替周期低于 2500 年。尤其是边缘海受入海径流影响，周期更短。例如，渤海总贮水量约 $19.0\times10^{11}m^3$，而黄河、辽河、海河多年平均入海水量达 $14.55\times10^{10}m^3$，仅此一项就使渤海海水 13 年内就可更新一次。再如，世界湖泊平均更替周期为 17 年，而我国长江中下游地区的湖泊，出入水量大，交换速度快，一年中就可更换若干次。

水体的更替周期不仅反映水循环强度，还能反映水体水资源可利用率。因为从水资源永续利用的角度来衡量，水体的储水量并非全部都能利用，只有其中积极参与水循环的那部分水量，由于利用后能得到恢复，才能算作可供利用的水资源量。而这部分水量的多少，主要决定于水体的循环更新速度和周期的长短，循环速度愈快，周期愈短，可开发利用的水量就愈大。以我国高山冰川来说，其总储水量约为 $5\times10^{13}m^3$，而实际参与循环的水量年平均为 $5.46\times10^{11}m^3$，仅为总储水量的 1/100 左右，如果我们想用人工融冰化雪的方法，增加其开发利用量，就会减少其储水量，影响后续利用。

（四）水循环的作用与效应

水循环作为地球上最基本的物质大循环和最活跃的自然现象，它深刻地影响着全球地理环境、生态平衡和水资源的开发利用，是千变万化的水文现象的根源。

水循环，上达 15km 的高空，是大气圈的有机组成部分，担当了大气循环过程的主角；下达地表以下 1～3km 深处，积极参与岩石圈中化学元素的迁移过程，成为地质大循环的主要动力因素；同时水作为生命活动的源泉、生物有机体的重要组成部分，它全面的参与了生物大循环，成为沟通无机界和有机界联系的纽带，并将 4 大圈层串联在一起，组合成相互影响、相互制约的统一整体。从这一意义上说，水循环深刻地影响了地球表层结构的形成和演变。

1. 水循环与全球气候

水循环的一些环节本身就是天气现象，如大气降水。一些环节（蒸发、凝结等）与天气、气候有密切关系，深刻地影响着全球天气和气候的形成和变化。

① 水循环是大气系统能量的主要传输、储存和转化者。前苏联学者 M. И. 布德科研究指出，大气循环的能量，主要由水循环过程中汽化潜热的转化所提供。他还通过计算表明，如果大气圈中的水汽含量比现在减少一半，地球表面的平均气温将降低 5℃，两极地区的冰盖将大大扩展，地球将进入冰期。

② 水循环通过对地表太阳辐射能的重新再分配，使不同纬度热量收支不平衡矛盾得到一定缓解。在南北纬 35°之间地区，地-气系统的辐射差额为正；而在纬度高于 35°的地带则支出大于收入。据估算，如果没有冷、暖平流来调节高低纬度之间的这种热量分配不均的状态，那么赤道附近地区的温度要比现今增加约 10℃，两极地区则要降低约 20℃。此外，昼

夜的温差亦要远远超过现今的状况。

③ 水循环会直接影响到各地的天气过程，甚至可以决定地区气候的基本特征。如墨西哥暖流与北大西洋西风漂流对整个西北欧地区的天气影响显著，使得55°N～70°N之间大洋东岸最冷月平均气温比之同纬度大洋西岸高出16～20℃，并在北极圈内出现了不冻港。

雨、雪、霜、霰以及台风暴雨等天气现象，本身就是水循环的产物，没有水循环，就不存在这类天气现象。

2. 水循环与地貌形态及地壳运动

水循环过程中的流水以其持续不断的冲刷、侵蚀作用、搬运与堆积作用，以及水的溶蚀作用，在地质构造的基底上重新塑造了全球的地貌形态，如冰川地貌、海岸地貌、河流地貌以及千姿百态的岩溶地貌等，无不是水循环的杰作。

水循环不仅重新塑造地表形态，还深刻影响地壳表层内应力的平衡，是触发地震、滑坡、崩塌和泥石流，甚至引起地壳运动的重要原因。

3. 水循环与生态平衡

水是生命之源，又是生物有机体的基本组成物质。地球上所有生物体中含有的水分总量约有1120km^3，它们积极参与了水循环过程，其平均循环周期仅十几小时，远远高于一般水体的循环速度。没有水循环，就不会有生命活动，就不存在生物圈。

同时，水循环还是制约一个地区生态系统平衡与否的关键因素。例如，同属于热带，水循环强盛的地区，可以成为生物繁茂的热带雨林，水循环弱的地区可成为干旱草原，甚至热带沙漠。处于同一纬度带的大陆东西两岸，凡是受海洋影响大的海岸，水循环强盛，生态环境比较适合生物生长；反之水循环弱的海岸，生态环境相对比较脆弱。如我国温带地区东部处于季风气候区，受海洋影响大，降水丰沛，生态系统复杂多样；而同纬度的西部则为内陆干旱气候区，基本不受海洋影响，降水稀少，沙漠分布广，生态系统脆弱。

此外，对于水循环还是造成洪、涝、旱等自然灾害的主要原因，循环强度过大，可能引发洪水与涝渍灾害；循环过弱，可能产生水资源不足的问题，形成旱灾。

4. 水循环形成一切水文现象

水循环是一切水文现象的根源。没有水循环，就没有降水、蒸发，也就没有径流的产生和江河及湖泊等水体的存在，就不会有一切水文现象。

5. 水循环与水资源开发利用

水是人类赖以生存、发展的宝贵资源，是清洁的能源、农业的命脉、工业的血液和运输的大动脉。正是由于水循环才使水资源具有可再生性和可以永继利用的特点。

如果自然界不存在水循环现象，那么水资源就不能再生，也无法永继利用。但必须指出的是水资源的可再生性和可以永续利用并不意味着“取之不尽，用之不竭”。因为水资源永续利用是以水资源开发利用后能获得及时补充、更新为条件的。更新速度和补给量要受到水循环的强度、循环周期长短的制约，一旦水资源开发强度超过地区水循环更新速度或者遭受严重的污染，那么就会面临水资源不足，甚至枯竭的严重局面。所以对于特定地区而言，可开发利用的水资源量是有一定限度的。必须重视水资源的合理利用与保护，只有在开发利用强度不超过地区水循环更新速度以及控制水污染的条件下，水资源才能不断获得更新、永续利用。

三、地球上水的物理性质

1. 水的热容量与潜热

把水加热到某一温度，要比质量相同的其他物质加热到同一温度，需要更多的热量，这是因为水的热容量比较大。

水的蒸发和冰的融化都要吸收热量，水的凝结和凝华都要放出热量，而且吸收或放出的热量是相等的。这种吸收或放出的热量称为水的潜热。俗话说“下雪暖和，化雪冷”，其科学道理就在于此。水在0℃时的蒸发潜热为2500J/g；在100℃时，汽化潜热为2257J/g；冰在0℃时的融解潜热为1401J/g；冰升华潜热为3901J/g。冰的融化和水的蒸发，其潜热均较其他液体为大，这与水分子结构有关。因为热量不仅用于克服分子力，而且需要用于双水分子（$(H_2O)_2$）和三水分子（$(H_2O)_3$）聚合体的分解上。

水的热容量与潜热特性，对整个地球上的热量变化具有重要的调节作用，使冬季不过冷，夏季不过热。

2. 透明度

透明度是表示各种水体能见程度的一个量度，也是各种水体浑浊程度的一个量度。通常把透明度板（白色圆盘，直径为30cm，且中间刻有黑线）放到水中，从水面上方垂直用肉眼向下注视圆盘，测出直到看不见圆盘时为止的深度，单位以米表示。这一深度值就是透明度。除水体的清浊程度外，透明度还随水面波动、天气状况、太阳光照等外部条件的不同而异。世界大洋中透明度最大值出现在大西洋的马尾藻海，达66.5m。这与该区位于大西洋中部，受大陆影响小、海水盐度高、离子浓度大、海水运动不强烈、悬浮物质沉降快等因素有关。

3. 水的色度

纯水是无色的，但自然界水体的水色，是由水体的光学性质以及水中悬浮物质、浮游生物的颜色所决定的。水色是水体对光的选择吸收和散射作用的结果，因为水体对太阳光谱中的红、橙、黄光容易吸收，而对蓝、绿、青光散射最强，所以海水水色多呈蔚蓝色、绿色。而且水体的颜色与天空状况、水体底质的颜色也有关。

目前，世界各国统一用氯铂酸钾溶液作为水色的标准溶液，来测定水色，也可用水色计测定水色。水色计由蓝、黄、褐三色溶液按一定比例配成21种不同色级，由深蓝到黄绿直到褐色，并以号码1～21代表水色，分别密封在22支无色玻璃管内，并将玻璃管置于两开的盒中（盒左边为1至11号，右边为11至21号）。号码越小，水色越高；号码越大，水色越低。色度5相当于标准溶液色度的1%。使用水色计测定水色的方法如下：透明度测完后，将透明度盘提到透明度一半的水层；根据透明度盘所呈现的海水颜色，在水色计上比色，找出其最接近的色级号码，就是所观测的水色。

水色和透明度，都反映了水体的光学特性。水面上光线越强，透入越深，透明度就越大；反之则小。水色越高透明度越大，水色越低透明度越小，二者关系见表4-2。

表4-2 各大洋水色与透明度对照表

水色号码	1～2	2～5	5～9	9～10	11～13
水色	蓝	青蓝	青绿	绿	黄
透明度/m	26.7	23.2	16.2	15.5	5.0

4. 水的密度

水的密度是指单位体积内所含水的质量，其单位为g/cm^3。水溶液的密度是温度、溶质种类、数量和悬浮物浓度的函数，同时还受大气压的影响。淡水密度与温度的关系见表4-3，0℃的冰密度为$0.9167g/cm^3$，0℃的水密度为$0.9999g/cm^3$，3.98℃时纯水密度为$1g/cm^3$，50℃时水的密度为$0.9881g/cm^3$。

习惯上使用的海水密度是指海水的相对密度，即指在一个大气压力条件下，海水的密度与水温3.98℃时蒸馏水密度之比。海水的密度一般都大于1，例如，1.01600，并精确到小数点后5位，为书写方便，常将计算得到的海水密度减1再乘1000。如，海水密度为1.02823，则简化后为28.23。

表 4-3　水的密度随温度变化

水温/℃	−20	−10	0(冰)	0(水)	3.98	10	50	100(水)
密度/(g/cm³)	0.9403	0.9186	0.9167	0.9999	1.0000	0.9997	0.9881	0.9584

海水的密度与温度、盐度和压力的关系非常复杂，凡是影响海水温度和盐度变化的因素，都影响密度变化。但总的来看，海水密度具有如下两个基本分布特征。

① 各大洋不同季节的密度分布规律基本相同，即大洋表面密度随纬度的增高而增大，等密度线大致与纬线平行。赤道海区温度很高，空气对流运动发展，降水多，盐度较低，表面海水的密度就很小，约为 1.02300。亚热带海区盐度和温度均很高，故密度不大，一般在 1.02400 左右。极地海区温度很低，空气多下沉运动，密度最大。在三大洋的南极海区，密度均很大，可达 1.02700 以上。

② 海水密度向下垂直不均匀递增，但随纬度不同，也有差异。在南北纬 20°之间 100m 左右深度水层内，密度最小，并且在 50m 以内垂直梯度极小，几乎没有变化；50～100m 深度上密度垂直梯度最大，出现密度的突变层（跃层）；从 1500m 左右水深开始，密度垂直梯度变得很小，在深层，密度垂直梯度几乎为零。

5. 水温

水温是一个很重要的物理特性，它影响水中生物的生长、水体自净能力和人类对水的开发利用。各种水体的温度受太阳辐射和近地面大气温度变化的影响而具有日变化和年变化，水温也与其所处的地理位置、补给来源等有关。对于具体的水体类型而言，其水温影响因素不同，其变化也各有特点。

大洋表面水温年变化的影响因素有太阳辐射、洋流性质、季风和海陆位置。从赤道和热带海区向中纬度海区，水温年变幅增大，向高纬海区却减小；同一热量带内，大洋西侧较东侧年变幅大。日变化的影响因素有太阳辐射、季节变化、天气状况（风、云）、潮汐和地理位置等。大洋表面水温日较差不超过 0.4℃。水温的日变化随纬度的增加而减小。最高、最低水温出现的时间各地不同，但最高水温每天出现在 14～16 时，最低水温出现在 4～6 时。

河流水温受太阳辐射、气温等地带性因素的控制和补给来源的影响。高山冰雪融水补给的河流水温低；雨水补给的河流水温较高；地下水补给的河流水温变幅小。河流水温年变化主要随气温有季节变化，春季河水温度升高，最高水温多出现在盛夏，秋季河水温度降低，最低水温多出现在冬季甚至出现结冰和封冻等水情。不同地理位置水温的年变幅不同。在非封冻地区，水温年变幅与气温年变幅的变化趋势相同，即随着海拔高度的增大，变幅减小；随着纬度的增高和大陆度的增强，变幅增大。在封冻区，除了高度增大，变幅减小外，由于水温下限是固定的，随着纬度的增高，夏季气温较低，水温年变幅反而减小。河流水温日变化决定于天气、季节、地理位置和水量等。河流水量越大，水温日变幅越小；中高纬度夏季水温的日变幅大于其他季节；水温日变幅晴天大于阴天。

四、地球上水的化学性质

（一）天然水的化学成分

1. 天然水化学成分概述

天然水在循环过程中不断地与环境物质发生接触，水中便溶解和聚集了各种气体、离子等溶解物质和胶体物质，天然水是化学成分极其复杂的溶液。因此自然界不存在化学概念上的纯水。目前，各种天然水里已发现 80 多种元素。

天然水中各种物质按照性质分成悬浮物质（粒径大于 100nm）、胶体物质（粒径 1～100nm）和溶解物质（粒径小于 1nm）等三大类。俄国学者阿列金把天然水中的溶解物质概括地分为以下 5 组。

① 溶解性气体　主要溶解性气体有 O_2 和 CO_2，有时含 N_2、CH_4、H_2S 和少量的惰性气体 He 等。

② 主要离子　Na^+、K^+、Ca^{2+}、Mg^{2+}、Cl^-、SO_4^{2-}、HCO_3^- 和 CO_3^{2-}。这八种离子是天然水中含量最多的八种离子，它们的含量占天然水中离子总量的 95%～99%。这八种离子在各类水体中的含量和自然地理条件密切相关，如海水中以 Na^+ 和 Cl^- 含量占绝对优势，河水中 Ca^{2+} 和 HCO_3^- 含量占优势。

③ 营养物质　N 与 P 的化合物。

④ 微量物质　指在天然水中含量低于 10^{-2}%的阴离子（如 I^-、Br^-、F^-、BO^-）、微量金属离子、放射性元素等。

⑤ 有机物质　溶解于水中的有机质包括腐殖质和生物生命活动过程中所产生的普通有机物质和生物残体分解所产生的普通有机质。

水中 Ca^{2+}、Mg^{2+} 的含量称为水的硬度。水中所含有的 Ca^{2+}、Mg^{2+} 的总量称为总硬度。将水加热至沸腾，由于形成碳酸盐沉淀而从水中失去一部分 Ca^{2+} 和 Mg^{2+}，失去的这部分 Ca^{2+}、Mg^{2+} 的数量为暂时硬度。总硬度与暂时硬度之差，称为永久硬度。硬度的表示方法很多，有德国制、法国制、英国制等。一个德国制硬度相当于 1L 水中含有 10mg CaO 的量，一个法国制硬度相当于 1L 水中含有 10mg $CaCO_3$ 的量。一个英国制硬度相当于 1L 水中含有 14mg $CaCO_3$ 的量。我国目前常用简单快捷的络合滴足法测定硬度，单位为 mmol/L，1mmol/L 的钙镁总量相当于 100.1mg/L 以 $CaCO_3$ 表示的硬度。

水中各种离子总量称为水的矿化度，以 1L 水中含有的可溶性盐分的克数（以蒸干残余物的量来计算）表示。各种溶解质在天然水中的累积和转化是天然水的矿化过程。

2. 河水的化学组成及特点

河水化学成分的特点如下：①河水的矿化度普遍较低，一般小于 1g/L，平均只有 0.15～0.35g/L；②河水化学组成的空间分布差异较大，离河源越远，矿化度越大，同时钠和氯的含量增大，重碳酸盐含量减小；③河水化学组成的时间变化明显，河水补给来源随季节变化明显，因而水化学组成也随季节变化，如以雨水或冰雪融水补给为主的河流，在汛期河水量增大，矿化度明显降低，夏季水生植物繁茂，使 NO_3^-、NO_2^-、NH_4^+ 含量减少；④河水中各种离子的含量差异很大，其含量顺序：$HCO_3^- > SO_4^{2-} > Cl^- > NO_3^-$，$Ca^{2+} > Na^+ > Mg^{2+} > K^+$。

3. 海水的化学组成与特点

海水是含有多种溶解性固体和气体的水溶液，其中，水占 96.5%，其他物质占 3.5%。海水中有少量的无机和有机的悬浮固体物质。天然元素在海水中已发现 80 多种，其含量差别很大，除了 H 和 O 两种元素外，主要化学元素是 Cl、Na、Mg、S、Ca、K、Br、C、Sr、B、Si、F 12 种，被称为海水的大量元素，其他元素含量都在 1mg/L 以下，称为海水的微量元素。海水中氯化物含量最高，占 88.6%，硫酸盐其次，占 10.8%。

海水运动使不同区域中海水主要化学成分含量的差别减小到最低程度，上述 12 种元素的离子浓度之间的比例几乎不变，从而使海水的化学组成具有恒定性，这是海水化学组成的最大特点。海水的这一性质是建立盐度、氯度、密度相互关系的基础。

① 海水盐度　海水盐度有绝对盐度和实用盐度之分。绝对盐度指海水中全部溶解物质的质量与海水质量的比值。绝对盐度不易直接测量，而以实用盐度代替。实用盐度通过一个标准大气压、15℃时海水样品的电导率与同温同压下标准氯化钾溶液的电导率的比值 K_{15} 来确定，现已制成实用盐度与电导率比值（K_{15}）查算表和温度订正表，供实际应用时选用。我们平时习惯上所指的盐度即为实用盐度，可用盐度计直接测量获得盐度值。盐度的单位符号为

“‰”，后改为 10^{-3}。大洋海水的盐度一般为 33‰～37‰，平均为 34.69‰（34.69×10^{-3}）。

② 海水氯度　每千克海水中所含氯的克数。标准海水的氯度为 19.381‰（19.381×10^{-3}）。由于氯元素在海水中含量大且容易准确测定，人们用氯度来推求盐度，可按克努森式计算，即

$$盐度=0.03+1.805\times氯度$$

近些年来，国际上多采用如下的经验公式，精确度更高。

$$盐度=1.8065\times氯度$$

盐度分布具有区域性，主要受区域降水量 P、蒸发量 E 的影响，形成大洋盐度等值线大体上与纬线平行的分布规律，所以人们建立了盐度$=34.6+0.0175\times(E-P)$的经验公式。但寒流（或暖流）及径流注入海区的海水盐度分布规律会发生变化。如有盐度较高的洋流流入的海区盐度较高；有河流注入淡水的海区盐度较低。

4. 地下水的化学组成与特点

地下水化学组成类型多，地区差异大。地下水化学成分特点如下：①矿化度变化范围大，有从淡水到盐水的各个类型；②化学组成的时间变化极其缓慢，常以地质年代衡量；③化学组成随矿化度而异，如淡水以 HCO_3^- 和 Ca^{2+} 为主，随矿化度增加，阴离子按照 $HCO_3^-\rightarrow SO_4^{2-}\rightarrow Cl^-$ 顺序递增，阳离子 Na^+ 含量增加而逐渐代替 Ca^{2+} 成为主要阳离子，同时，Mg^{2+} 的含量略有增加；④由于生物的呼吸及有机质的分解，土壤空气中 CO_2 的含量增多、O_2 的含量降低，还可能有 H_2S 和 CH_4 等气体，地下水中的气体含量会直接受土壤空气中组分含量的影响而表现出相似的组成特性，即 CO_2 的含量增多、O_2 的含量降低，并可能有 H_2S 和 CH_4 等还原性气体。

5. 湖水的化学组成与特点

湖泊的形态、规模、与外界的交换、生物活动及所处的地理环境特点，造成了湖水化学成分和含盐量与海水、河水、地下水等差异明显。溶解在湖中的物质主要有离子、生物原生质、溶解气体、有机质和微量元素等。湖水化学成分特点如下：①化学成分和矿化度差异较大，有淡水湖（<1g/L）、微咸水湖（1～24.7g/L）、咸水湖（24.7～35 g/L）、盐湖（>35g/L）等各种类型。不同地区湖泊具有不同的化学成分和矿化度。在年降水量大于年蒸发量的地区，湖水矿化度低，为淡水湖。在年蒸发量远大于年降水量的干旱地区，内陆湖的入湖径流全部耗于蒸发，导致湖水中盐分积累，矿化度增大，形成咸水湖或盐湖。②湖中生物作用强烈，生物在湖泊的形成、发展和演化过程中扮演着重要的角色，并深刻影响湖水的化学组成。其中水生生物（主要是藻类）的大量生长繁殖，使湖泊的溶解氧含量降低，并使湖泊加速衰老，发展成为富营养湖。淡水湖泊都有不同程度的富营养化趋势。③湖水交替缓慢，其更替周期为 17 年，深水湖有分层现象，随着水深的增加，溶解氧的含量降低，CO_2 的含量增加，甚至会出现 H_2S、CH_4 等还原性气体。④湖水主要离子之间无一定比例关系。

（二）天然水的分类

地球上不同地区和不同水体，水的溶质数量和成分是多种多样的。为研究方便，要求以某种方法使水化学资料系统化，到目前为止，已经提出多种多样的水化学分类方案。这里介绍几种常用的分类方法。

1. 按矿化度分类

苏联学者阿列金（1970）提出表 4-4 所示的按矿化度分类方案。美国（1970）所采用的按矿化度分类的数值界限与阿列金提出的分类稍有区别。基于人的感觉，把淡水的范围定在 1g/L，这是因为当矿化度高于 1g/L 时水具有咸味。根据矿化度为 25g/L（海水为 24.696g/L）时，水的冻结温度与最大密度时的温度一致的情况，将微咸水与具有海水盐度的水之间的界限定在 25g/L。具有海水盐度的水与卤水界限定在 50g/L 的情况，只有盐湖水与强盐化

表 4-4　矿化度分类简表　　　　单位：g/L

类　型	低矿化水（淡水）	弱矿化水（微咸水）	高矿化度水（具有海水盐度的咸水）	强矿化水（卤水）
阿列金分类	<1	1～25	25～50	>50
美国分类	0～1	1～10	10～100	>100

的地下水才会有这种情况。按矿化度对水进行分类，只考虑了水的一般特征，没有考虑所含各种离子和气体的特性。

2. 阿列金的按主要离子间比例关系分类

曾有很多学者按优势离子成分的原则提出多种分类方案。其中最常用的是阿列金提出的方案，这个方案综合考虑了优势离子的各种划分原则以及它们之间的数量比例。首先按照优势阴离子将天然水划分为三类：重碳酸盐类（C）、硫酸盐类（S）和氯化物类（Cl），然后，每一类再按优势阳离子划分为钙质（Ca）、镁质（Mg）和钠质（Na）三组。每组内再根据阴阳离子的摩尔比例关系分为四个水型：

Ⅰ型：$[HCO_3^-]>[Ca^{2+}]+[Mg^{2+}]$。Ⅰ型水是低矿化水，由岩浆岩溶滤或离子交换作用形成。

Ⅱ型：$[HCO_3^-]<[Ca^{2+}]+[Mg^{2+}]<[HCO_3^-]+[SO_4^{2-}]$。Ⅱ型水是低矿化和中等矿化水，多由岩浆岩、沉积岩的风化物与水相互作用而形成。低中矿化度的河水、湖水、地下水大多属于这一类型。

Ⅲ型：$[HCO_3^-]+[SO_4^{2-}]<[Ca^{2+}]+[Mg^{2+}]$或$[Cl^-]>[Na^+]$。Ⅲ型水包括高矿化度的地下水、湖水和海水。

Ⅳ型：$[HCO_3^-]=0$。Ⅳ型水是酸性水，包括沼泽水、硫化矿床水和煤田矿坑水。

根据阿列金的这种分类，共划分出 27 个天然水种类，如图 4-2 所示。

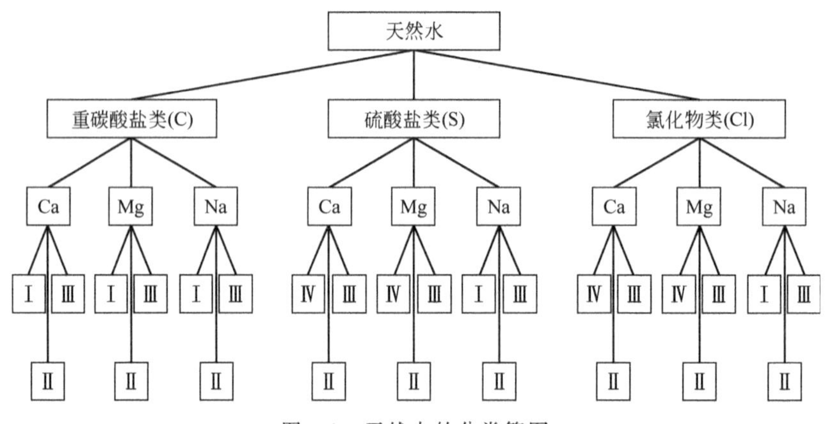

图 4-2　天然水的分类简图

本分类中每一类都以简略符号表示。“类”采用相应的阴离子符号（C、S、Cl）表示；“组”采用阳离子的符号（Ca、Mg 和 Na）表示，标在“类”的符号的上标位置处；“型”采用罗马数字标在“类”符号的右下标处。例如，符号“$\mathrm{C}_{\mathrm{II}}^{\mathrm{Ca}}$”，表示重碳酸盐类钙组第二型水，“$\mathrm{S}_{\mathrm{III}}^{\mathrm{Na}}$”表示硫酸盐类钠组第三型水。此外，有时还要标上矿化度写在下面“型”符号后面（和总硬度写在上面“组”符号后面），如 $\mathrm{S}_{\mathrm{II}0.4}^{\mathrm{Ca}0.5}$，表示矿化度为 0.4g/L，硬度为 0.5mmol/L。

3. C. A. 舒卡列夫的按水化学成分分类法

天然水的 C. A. 舒卡列夫化学分类考虑了各主要离子成分的摩尔百分数和水的矿化度，以相对含量超过 25%的七组主要阳离子和七组主要阴离子成分进行组合而得到 49 组，如表

4-5 所示。该方法是目前普遍采用的地下水化学分类方法。

表 4-5　天然水的舒卡列夫化学分类

超过 25%当量的离子	HCO_3^-	$HCO_3^- + SO_4^{2-}$	$HCO_3^- + SO_4^{2-} + Cl^-$	$HCO_3^- + Cl^-$	SO_4^{2-}	$SO_4^{2-} + Cl^-$	Cl^-
Ca^{2+}	1	8	15	22	29	36	43
$Ca^{2+} + Mg^{2+}$	2	9	16	23	30	37	44
Mg^{2+}	3	10	17	24	31	38	45
$Na^+ + Ca^{2+}$	4	11	18	25	32	39	46
$Na^+ + Ca^{2+} + Mg^{2+}$	5	12	19	26	33	40	47
$Na^+ + Mg^{2+}$	6	13	20	27	34	41	48
Na^+	7	14	21	28	35	42	49

4. 按水化学成分分类——库尔洛夫分类法

按照水中各种主要离子成分的相对含量等指标，以公式的形式来表示水的基本化学性质。例如，某地水的化学分析结果如下：

$(CO_2)_{3.5}$	$F_{0.005}$	$M_{0.38}$	$\dfrac{(HCO_3^-)_{65.55}Cl^-_{13.53}(SO_4^{2-})_{10.11}}{Na^+_{59.33}Ca^{2+}_{31.23}}$	$T_{30℃}$
气体组分	特殊组分	矿化度	阴离子相对组分/阳离子相对组分	温度

式中，横线上下分别为阴阳离子的摩尔百分数，按各组分相对含量递减顺序排列，含量小于 10%的不予表示；横线前面依次为气体成分、特殊成分和矿化度 M，均以 g/L 计；横线后面 T 为水温，还可写出 pH 等指标。各类成分的含量和特征值均标在化学式的右下角。

（三）天然水化学的演化过程

随着天然水中离子总量的变化，水的化学类型也相应发生变化。据此，柯夫达将天然水的演变分为四个阶段，每个阶段的水具有一定的空间分布规律，尤其潜水和湖水非常典型。

① 硅酸盐-碳酸盐水阶段　该阶段离子总量不高，溶质组分以 Na 和 Ca 的碳酸盐为主，主要分布在苔原带、森林带和潮湿的亚热带地区。在我国主要分布在东北和淮河以南的地区以及大多数山地地区。

② 硫酸盐-碳酸盐水阶段　该阶段离子总量可达 3～5g/L，主要分布在草原地带，在我国主要分布在内蒙古西部、宁夏和甘肃等地区。

③ 氯化物-硫酸盐水阶段　该阶段在各个地区的离子总量浓度范围不同，如有些地方离子总量高于 0.5～1g/L 时就达到该阶段，而有些地方离子总量高于 5～20g/L 时才达到该阶段。主要分布在荒漠与荒漠草原地带。在我国主要分布在新疆、青海、甘肃等地区的内陆盆地中。

④ 硫酸盐-氯化物水阶段　演变的最后阶段，离子总量达到最高，多出现在最干旱地区的地下水及盐湖水中，离子总量通常高于 5～20g/L。主要分布在世界上最干旱的局部封闭凹地的中心部分和盐湖周边地区。

第二节　海　　洋

海洋是地球上广阔连续的咸水水体的总称。地球上所有的大陆都被海洋所分隔和包围，海洋相互贯通，连成一片，形成世界大洋。海洋是地球水圈的主体。根据海洋所处的地理位置和水文特征，海洋可分为洋、海、海湾和海峡等。

一、海洋的组成与结构

（一）海洋的组成

洋是世界大洋的中心部分和主体部分，远离大陆，深度大，面积广，不受大陆影响，具有较稳定的理化性质和独立的潮汐系统以及强大洋流系统的水域，世界大洋被陆地分为太平洋、大西洋、印度洋和北冰洋四大洋。

位于大洋边缘，被大陆、半岛或岛屿所分割的具有一定形态特征的小水域，称为海、海湾和海峡。

海是毗邻于大陆，深度浅，面积小，兼受大洋和大陆的双重影响，理化性质较不稳定，潮汐现象明显，有独立海流系统的水域。根据海被大陆孤立的程度和其他地理特征，海可分为陆间海、内陆海和边缘海。陆间海是介于两个以上大陆之间，并有海峡与相邻海洋相连通的水域，一般深度大，如亚、欧、非大陆之间的地中海。内陆海深入大陆内部，受大陆影响显著，海的地区个性很强，如黑海和波罗的海等。边缘海是位于大陆边缘的海，如东海。

海湾是海洋深入大陆的部分，其深度和宽度向大陆方向逐渐减小。一般以入口处海角之间的连线或湾口处的等深线作为洋或海的分界线，海湾潮差较大。

海峡是连通海洋与海洋之间的狭窄的天然水道，水流急，流速大，上下层或左右两侧海水理化性质不同，流向不同。

（二）海洋的结构

根据海底地貌基本形态特征，可将海洋底部分成大陆边缘、大洋盆地和洋中脊三个地貌结构单元，见图 4-3。

大陆边缘可分成大陆架、大陆坡、大陆基和岛弧及海沟。大陆架（或称大陆浅滩）是与大陆毗邻的坡度平缓的浅水区域，是大陆在海面以下的自然延伸部分，通常取 200m 等深线为大陆架外缘。大陆坡和大陆基是大陆架与大洋盆地之间的过渡地带，大陆坡位于上部，坡度较陡，水深 200～3000m，大陆基位于下部，坡度较缓，水深 3000～4000m。岛弧和海沟主要分布在大陆边缘与大洋盆地交接处。岛弧又称花彩列岛，多分布在大陆东岸，往往向东突出。海沟多位于岛弧的东侧——靠近大洋盆地，深度不等。

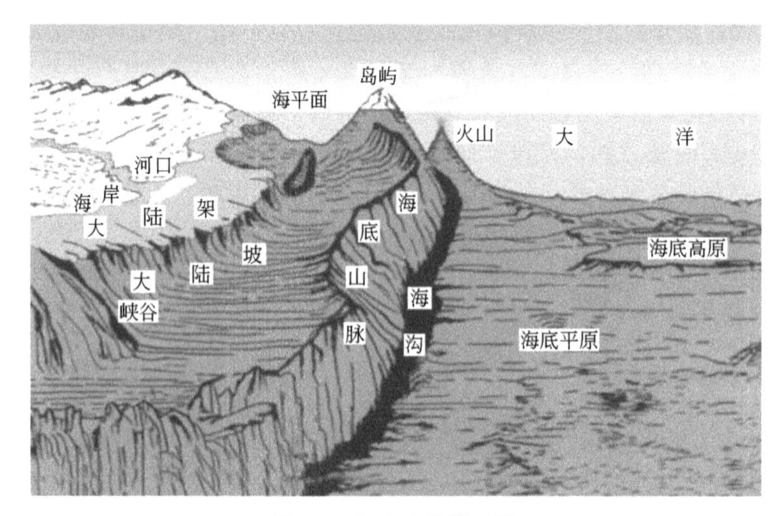

图 4-3　海底地貌类型图

海岸线是陆面与海面的交界线，是大陆架向陆方向的外缘。由于潮汐涨落等因素影响，海岸线的位置也随之迁移。在有潮海，一般把平均高潮线称为海岸线，把平均低潮线称为海滨线。平均高潮线以上狭窄的陆上地带，称为海岸（潮上带），海岸大部分时间露在海面上，只在特大高潮或暴风浪时才被海水淹没。高低潮之间的地带，即海岸线和海滨线之间的地带，称为潮间带（也称海滩），高潮时淹没，低潮时露出水面。

水下岸坡（潮下带）是低潮线以下一直到波浪作用所能达到的海底部分，下限位置水深 10～20m。

海岸（潮上带，或后滨或滩肩）、海滩（潮间带或前滨）和水下岸坡（潮下带或近滨）共同组成现代海岸带，是海洋和陆地相互作用的地带。海岸带类型和资源状况直接影响到国民经济发展。

大洋盆地可分为深海盆地、火山及海峰、海底高原和海底平原，水深 4000～6000m。

洋中脊隆起于海底中央部分，贯穿于整个大洋，组成全球规模的洋底山脉。洋中脊顶部和基部之间的深度落差平均为 1500m。

二、海水运动

海水处在不断运动变化之中，从表层到深层，从水平到垂直，从周期运动到无周期运动多种多样，但引起海水运动的形式主要包括规模宏大的洋流系统、周期涨落的潮汐系统、汹涌澎湃的波浪系统和永无休止的混合系统。

（一）洋流系统

洋流（或称海流）指海洋中具有相对稳定的流速和流向的海水，从一个海区水平地或垂直地向另一海区大规模的非周期性的运动。洋流是海水的主要运动形式。

按成因可分三类：①风海流，是海水在风力作用下形成的水平运动，由于风海流使大洋表层环流与盛行风系相适应。②密度流，是由于海水密度分布不均匀引起的，当摩擦力可以忽略不计时，密度流又称地转流或梯度流。密度流的产生是由于海水受热、冷却、蒸发和降水的分布不均匀，使海水密度分布不均匀而产生流动；也可能是由于不均匀的风作用于海面，产生垂直环流，进而导致海水密度重新分布而形成密度流。③补偿流，是由于某种原因海水从一个海区大量流出，而另一个海区海水流来补充而形成的。补偿流可以在水平方向上发生，也可在垂直方向上发生。垂直方向的补偿流又可分为上升流和下降流。

按照海流本身与周围海水温度的差异分为两类：①暖流，指本身水温较周围海水温度高的海流；②寒流，指本身水温较周围海水温度低的海流。

产生海流的主要原因是风速和密度差异，实际海洋的运动是上述几种类型的综合，见图 4-4。

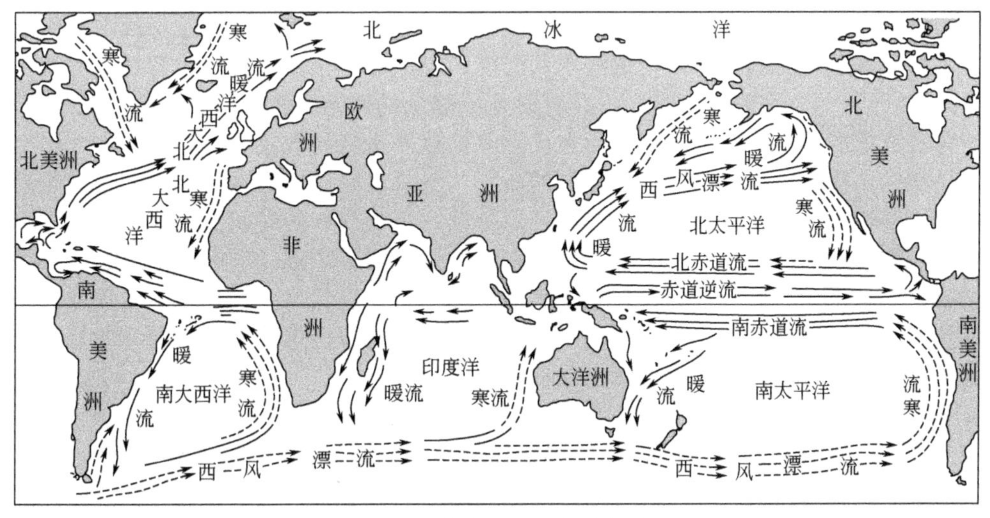

图 4-4　世界洋流分布示意图

（二）潮汐系统

潮汐指海水的周期性涨落现象。潮汐现象在垂直方向上表现出海水的周期性升降运动，习惯称为潮汐；而在水平方向上表现出海水的周期性水平流动，习惯称为潮流。海水升起前进时叫涨潮，下降后退时叫落潮。海水涨得最高时叫高潮（满潮），落得最低时叫低潮（干潮）。当潮汐达到高潮或低潮的时候，海面在一段时间内既不上升也不下降，而是处于一个相对平稳的状态，分别叫平潮或停潮。平潮的中间时刻为高潮时，停潮的中间时刻为低潮时。相邻高潮和低潮的水位差，叫潮差。

1. 潮汐的成因

潮汐现象主要是由于月球和太阳等天体的引力在地球上分布差异引起的，这个差异就是引潮力。

当只考虑月球作用时，可以把地球和月球看作一个地月引力系统，它们之间相互吸引。月球引力与地球和月球质量的乘积成正比，与地月距离的平方成反比，指向月球中心。地球表面不同地点的水质点所受月球引力大小和方向都不同，离月球近的点受到的引力大，反之则小。此外，由于地球质量是月球质量的 81.3 倍，地月系统的公共质心就大大偏向地球中心的一侧，位于地球半径的 0.732 倍处，因此，地月系统围绕位于地球内部的公共质心旋转，使地球上各个质点受到大小相等、方向相同、都指向月球对地心引力的相反方向的惯性离心力。地球表面各质点受到的月球引力和地月系统旋转产生的惯性离心力的向量和就是月球引潮力。

当只考虑太阳作用时，可以把地球和太阳看作一个日地引力系统，它们之间相互吸引。太阳引力与地球和太阳质量的乘积成正比，与日地距离的平方成反比，指向太阳中心。地球表面不同地点的水质点受太阳引力大小和方向都不同，距离太阳近的点受到的引力大，反之则小。同时，由于太阳质量是地球质量的 333400 倍，日地系统的公共质心就大大偏向太阳中心的一侧，可以看成是地球绕着太阳公转。这使地球上各个质点受到大小相等、方向相同、都指向太阳中心的离心力作用。地球表面各质点受到的太阳引力和日地系统旋转产生的惯性离心力的向量和就是太阳引潮力。可见，太阳引潮力和月球引潮力类似。

太阳最大引潮力相当于地球重量的 1940 万分之一，月球最大引潮力相当于地球重量的 893 万分之一，就是说，月球的最大引潮力是太阳最大引潮力的 2.17 倍。因此，在近似地讨论潮汐现象时通常仅用月球引潮力，而忽略太阳引潮力。

引潮力是矢量，可以分成垂直引潮力和水平引潮力两个分力，垂直引潮力只能使海水的重力发生轻微的变化，水平引潮力虽然小，但没有力与其相抗衡，所以微小的水平引潮力使海水发生水平流动。在向月半球上的海水从四面八方汇聚于正垂点（正对着月球的地球表面上的点），使该点的海水积聚而高涨；在背向月半球上的海水也同样从四面八方汇聚于反垂点（正背着月球的地球表面上的点）而在反垂点形成海水高涨现象。上涨的海水，当上涨到一定的高度后，受重力作用而下降；下降的海水，又将其减小的势能转变为动能赋予后继的上升海水之上，于是海水升降振动不已，可以持续一个相当长的时间。

太阳引潮力引起的潮汐叫太阳潮，月球引起的潮汐叫太阴潮。实际的潮汐是二者综合作用的结果。但是由于太阳引潮力比较小，太阳潮不明显，它只对太阴潮起到增强或减弱的作用。总的来看，海水在月球引潮力作用下，海面由球形变成椭球形，正对和背向月球处是高潮，过地心而垂直于引潮力的垂直面上是低潮。

2. 潮汐日变化

当月球在赤道平面的延长线上时，地球各点的海面，在一个太阴日（24 小时 50 分）内，有两次高潮和两次低潮，且相邻高潮或低潮的潮高几乎相等，涨落潮时也几乎相等，这样的潮汐称半日潮，又称赤道潮或分点潮。

当月球偏离赤道平面的延长线时，在一个太阴日内，有两次高潮和低潮，但潮差不等，涨潮时和落潮时也不等，出现高高潮、高低潮、低高潮和低低潮，称不正规半日潮。

当月球偏离赤道平面的延长线更远时，其中的一次高潮和一次低潮消失，半个月内，有连续七天以上在一个太阴日内，只出现一次高潮和一次低潮，这样的潮汐称全日潮。

在半个月内，较多天数为不规则半日潮，但有时一天里也发生一次高潮、一次低潮的现象，称不正规全日潮。

3. 潮汐月变化

每逢朔望（日月相合，月球被太阳照射的一面完全背着地球，我们看不到月球，这时的月相叫新月，也称朔，阴历初一就规定在朔日；日月相冲，地球在太阳和月球之间，月球受光的一面完全向着地球，圆形的月相叫满月，也称望，阴历十五就规定在望日），月球、太阳和地球三者大致位于一条直线上，月球引潮力和太阳引潮力相互重叠，这时的引潮力最大，形成高潮特高、低潮特低的大潮（或称朔望潮）。上、下弦（月球受光面的一半向着地球，呈现西边半圆形的月相为上弦月，东边半圆形的月相为下弦月，分别在阴历初七、八和二十二、二十三），月球、太阳和地球三者的位置形成直角，月球和太阳引潮力互相抵消一部分，这时的引潮力最小，形成一个月中两次高潮不高，低潮不低，潮差最小的小潮（或称两弦潮）。大潮和小潮的周期都是半月，它们也称半月潮。

4. 潮汐年变化

月球在近地点形成近地潮，在远地点形成远地潮，近地潮比远地潮大 39%。如果月球在近地点，又恰逢朔望交食（即太阳在交点附近），则潮汐特别大。在一年内的二分日前后，太阳在二分点附近，如再逢朔望则使一些海区内潮差增大。变化周期为一年。

由于摩擦力作用，高潮向后延迟，即一日间的高潮落后于月球中天的时刻，一月间的大潮落后于朔望 1～3 日。因此，一般情况下，钱塘江大潮的观潮时间以阴历八月十六到八月十八为宜。

5. 潮流

潮流是海水在天体引潮力作用下所形成的周期性水平运动，它与垂直方向上的潮汐现象同时产生。有潮汐就伴有潮流，且潮汐与潮流周期相同。随着涨潮而产生的潮流称涨潮流；随着落潮而产生的潮流称落潮流。平潮或停潮时，潮流速度非常缓慢，近乎停止，称憩流。

潮流受海底地形及深度等地理环境影响而有差异，在大洋中部潮流不显著，流速小；浅海区潮流较显著，潮速较大；海峡、海湾入口处潮流最明显，潮速最大；最大潮速可达到 5m/s 以上，使海水强度扰动，并可产生大小不等的漩涡。潮流受地转偏向力的作用，北半球顺时针旋转，南半球逆时针旋转，在海峡、港湾入口或江河海口处，潮流容易受到海洋宽度的限制，形成往复流。

（三）波浪系统

波浪是海洋、湖泊、水库等宽敞水面上常见的水体运动。水质点在其平衡位置附近做近似封闭的圆运动，便产生了波浪。按成因，波浪可以分成：①风浪和涌浪，风直接作用下而在水面出现的波动为风浪，风浪离开海区传至远处或风区里，风停息后所留下的波浪为涌浪；②内波，发生在海洋内部，由两种密度不同的海水作相对运动而引起的波动现象；③潮汐波，海水在引潮力作用下产生的波浪；④海啸，由火山、地震或风暴等引起的巨浪。

三、厄尔尼诺现象与拉尼娜现象

近 20 年来，厄尔尼诺现象与拉尼娜现象日益成为人们关注的一个焦点，更成为全球气候变化研究的热点之一。厄尔尼诺现象是一种气候变化的事件。厄尔尼诺是西班牙语 El Nio 译音，意为“圣婴儿”。通常在赤道太平洋东部的厄瓜多尔和秘鲁沿岸，由于盛行与海岸平行的偏南风，表层水在风和地转偏向力作用下，产生离岸流，这一带海面温度较低，大气稳定，气候干燥，是著名的赤道干旱带。为了保持水体平衡，深层较冷的海水便涌升上来形成补偿上升流，将深海中富含的营养物质带入表层，上升流为上层鱼类生长提供了极为有利的饵料条件，所以那里鱼类资源十分丰富，形成世界闻名的秘鲁渔场。但是，每年约12月末，有一支弱表层暖流，沿南美洲秘鲁和厄瓜多尔海岸向南流动，代替了那里表层原来的冷水，沿岸上升流也随之减弱或消失，使太平洋中部的广大海面海水温度异常上升，也影响到深海营养物质的输送，使秘鲁渔场大幅度减产，这种现象通常发生于圣诞节前后，故当地渔民取名为“圣婴儿”。

在常年，厄尔尼诺现象每年发生一次，但是不严重，但在一些异常年份里，其造成的危害较大，影响较大的厄尔尼诺现象出现的周期并不规则，2～7年不等，平均约4年一次。

厄尔尼诺造成的影响可以波及全球，造成世界性的天气异常。

拉尼娜现象系西班牙语 La Nia 的译音，意为“圣女”，是指厄尔尼诺发生的地区海水温度异常偏低，其特征恰与厄尔尼诺现象相反，因而又称“反厄尔尼诺”现象。

关于厄尔尼诺现象的研究由来已久，但对和它有关的许多重要问题，包括形成机制、暖水来源以及东部和中西部赤道太平洋环流之间的动力学交换，目前还很不清楚。现在，主要有以下几种观点：地球自转速度变化与厄尔尼诺有关；海底火山喷发和热液活动引发厄尔尼诺事件；气旋活动是产生厄尔尼诺事件的重要原因；太阳活动与厄尔尼诺现象有关；日食活动与厄尔尼诺现象有关；厄尔尼诺现象的出现与赤道太平洋面的东西坡度及逆洋流的强度的变化有关，而赤道洋面的东西坡度及从西向东的赤道逆洋流的强度又和南半球大范围信风系统的强弱有关；厄尔尼诺与太平洋海温每年波动有关等。以上观点各有一定道理，但是还有许多疑点，仍需要科学界的不断努力。

第三节　河　　流

一、水系和流域

（一）河流、水系的概念及其特征

河流的发源地为河源，终点为河口。河流的河口可能在河流入海处、入湖处、注入其他河流处的地方，干旱地区的一些河流可能消失在沙漠中而无明显河口，称为瞎尾河。河口处经常形成三角洲。

在一定的集水区域内，大小不一、规模不等的河流构成脉络相通的系统称为水系。

当一条河由两条河流汇合而成时，其汇合的地方是这条河的开端，而不是源头，通常把其中较长的那条河流（即干流）的起点作为这条河的河源。直接与干流相通或直接注入干流的为一级支流，注入一级支流的为干流的二级支流，依此类推。

由源头起到河口的河道轴线长度为河流长度（河长）。

某河段的实际长度与该河段直线长度之比，称为该河段的弯曲系数，用来表示河道的弯曲程度。弯曲系数越大，河道越弯曲，弯曲系数大对航运和排洪不利。

某一研究时刻的水面线与河底线包围的面积为过水断面。过水断面上河道被水流浸湿部分的周长为湿周，过水断面面积与水面宽度的比值为平均水深。过水断面面积与湿周的比值为水力半径。

（二）流域的概念及其特征

分隔不同水系的高地或山岭等称为分水岭，如秦岭就是长江水系和黄河水系的地表分水

岭。分水岭最高点的连线为分水线。地表以下不透水层或水面的最高点的连线为地下分水线。在地形起伏较大的山地丘陵地区，确定地表分水线比较容易；但是，在地表平坦的平原或沼泽地区就比较困难，这时可以根据地表水的流向或进行精密的水准测量来确定分水线。地下分水线通常较难确定，相邻大中流域的地表分水线与地下分水线不重合而造成的水分交换量相对于流域总水量一般很小，可忽略不计。故多以地表分水线所包围的区域称为流域。一个水系的流域就是该水系的地表集水区。但在岩溶地区应该考虑地下集水区。流域中单位面积内的河流长度为河网密度，用来表示河道的疏密程度。

地表分水线在水平面上的投影所环绕的范围为流域面积，单位 km^2。流域的轴长为流域长度，一般将干流河口至河源的直线距离作为流域长度。对于弯曲的流域，以河口为中心作同心圆，在同心圆与流域的地表分水线相交处绘出若干圆弧割线，割线中点连线的长度可视为弯曲流域的长度。流域面积除以流域长度为流域平均宽度。流域内各处高度的平均值为流域平均高度。流域内各处坡度平均值为流域平均坡度。流域面积与流域长度的平方的比值为流域形状系数。

二、河流的水情要素

河流水情要素是用以表达河流水文情势变化的主要尺度，主要包括河流的水位、流速、流量等。

1. 水位

水位指水体的自由水面高出基面的高程。基面有两种，一种是绝对基面，也叫标准基面；一种是测站基面。

绝对基面以海滨某一地点的特征海水面为零点确定。我国目前采用的有大连、大沽、黄海、废黄河口、吴淞和珠江口基面。为使不同河流的水位可以对比，目前全国统一采用青岛基面（即黄海基面）。

测站基面是水文测站专用的一种固定基面，以略低于历年最低水位的点或以河床最低点作为零点计算水位高程。采用测站基面便于就地观测和计算水位。

水位的观测大都采用水尺法，即在河中立一木桩，桩上安装垂直于水面的搪瓷水尺。观测时，读出水面在水尺上所截的刻度，加上该点的零点高程，即为水位。

为了研究水位的变化规律，常将水位资料绘成水位过程线。水位过程线指水位随时间变化的曲线，它以时间为横坐标，水位为纵坐标。按需要可以绘制时、日、月、年及多年等不同时段的水位过程线，各时间段的水位采用该时间段内的平均水位，如小时均值、日均值、月均值和年均值等，但是一年中最高水位和最低水位转折处仍然采用最大和最小观测数值。

一年中等于和大于某一水位出现的次数之和为历时。将一年内逐日平均水位按递减次序排列，并将水位分成若干等级，分别统计各级水位发生的次数，再由高水位至低水位依次计算各级水位的累积次数（历时），以水位为纵坐标，以历时为横坐标绘制的曲线为水位历时曲线。根据该曲线可以查得一年中，等于和大于某一水位的总天数（即历时），这对航运、桥梁、码头、引水工程的设计和使用均有重要意义。水位历时曲线常与水位过程线绘在一起，通常在水位过程线图上还标出最高水位、平均水位、最低水位等特征水位以供生产、科研使用。

2. 流速

流速指河流中水质点在单位时间内移动的距离，即

$$V=L/t \tag{4-1}$$

式中，V 为流速，m/s；L 为距离，m；t 为时间，s。

流速沿深度的分布称垂线流速分布，以水深为纵坐标、垂线上各点的流速为横坐标点绘

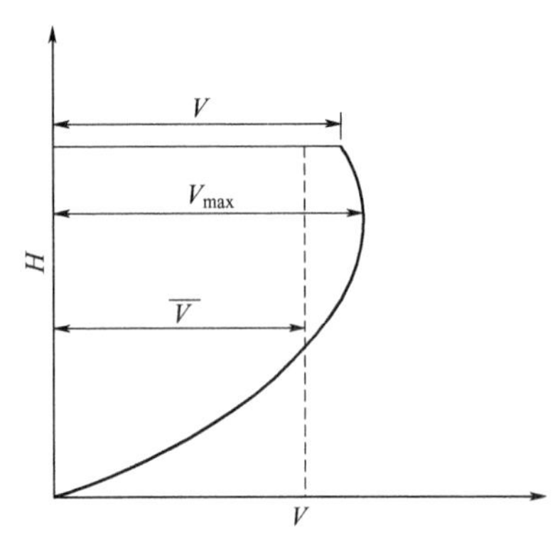

图 4-5　垂线流速分布曲线

成线得到垂线流速分布曲线，如图 4-5。垂线流速分布曲线包围的面积除以水深得到垂线平均流速。通常，最大流速分布在水面以下 0.1～0.3m 水深处，最小流速出现在近河底处，平均流速一般相当于 0.6 倍水深处的点流速。如果河面封冻，则最大流速下移。河流过水断面上流速分布一般都是由河底向水面、由两岸向河心逐渐增大的，河面封冻则较大的流速常出现在断面中部。

可用流速仪测量河流流速，也可利用水力学公式——谢才公式计算，公式如下：

$$V=C\sqrt{RI} \tag{4-2}$$

式中，V 为断面平均流速；R 为水力半径；I 为水面比降；C 为流速系数。

一般河流的河床比降与水面比降数值相近，用河床比降代替水面比降计算。流速系数也称谢才系数，与河床粗糙率、水深和过水断面形状等有关，通常用曼宁公式计算。

$$C=\frac{1}{n}R^{\frac{1}{6}} \tag{4-3}$$

式中，C 为流速系数；R 为水力半径；n 为粗糙系数，可查表 4-6 获得。

表 4-6　河道与河滩的粗糙系数

河道与河滩特征	粗糙系数
条件很好的天然河道(河道平直且清洁,水流畅通)	0.025
条件一般的河道(河道中有一定数量的石块和水草)	0.035
条件较差的河道(水流方向不甚规则,河道弯曲或河道虽然直但河底高低不平,浅滩、深潭、石块和水草较多)	0.040
淤塞和弯曲的周期性水流的河道,有杂草和灌木的不平整河滩(有深潭和土堆);水面不平顺的山溪型卵石和块石河道	0.067
杂草丛生、水流缓弱且有多而大的深潭的河道和河滩;水流翻腾、水面带浪花的山溪型的块石河道	0.080
沼泽型河流(有茂密水草、草墩且在多处水不流动),具很大的死水区域的多树林的河滩;具深坑的河滩及湖泊河滩等	0.140

3. 流量

流量（Q）指单位时间内流经某一过水断面的水量，$Q=VF$，Q 是流量，m^3/s；V 为过水断面平均流速，m/s；F 为过水断面面积，m^2。

与水位一样，流量随时间的变化也可以通过绘制流量过程线和历时曲线来分析。流量过程线是以时间为横坐标、流量为纵坐标而绘制的曲线，它便于分析某一时段的平均流量。流量历时曲线是以历时为横坐标、流量为纵坐标而绘制的曲线，它可以帮助分析一年中大于等于某一流量的天数。

三、河流径流

沿地表和地下运动着的水流称径流。液态降水形成降雨径流，固态降水则形成冰雪融水径流。由降水到达地面时起，到水流流经出口断面的整个物理过程，称为径流形成过程。我国的河流以降雨径流为主，冰雪融水径流只在西部高山及高纬地区河流的局部地段发生。径流的形成与集流过程包括流域降水阶段、蓄渗阶段、漫流阶段、河网集流阶段四个阶段。根据形成过程及径流途径不同，河川径流又可为地面径流、地下径流及壤中流（表层流）三种。

（一）径流的表示方法

在径流研究中经常用到如下径流特征值。

径流总量（W）：一定时段内通过河流某过水断面的总水量称为该断面以上流域的径流总量，m^3。

径流模数（M）：流域单位面积上的平均径流量，$m^3/(s \cdot km^2)$ 或 $L/(s \cdot km^2)$。

径流深度（R）：把某时段内径流总量平均分布于全流域面积上所得到的水深，mm。

模比系数（K）：某时段的径流值与该时段多年平均径流值之比，%。

径流系数（α）：某时段的径流深度与同一时段内降水量之比，%。

河流水量经常变化，各年的径流量就不相同。实测各年径流量的平均值为多年平均径流量，如果统计的实测资料年数增加到无限大时，多年平均径流量将趋于一个稳定的数值，此称为正常年径流量。正常年径流量是年径流量总体的平均值，也是多年平均径流量的代表值。多年平均径流量可以用年平均流量 $Q(m^3/s)$、多年平均径流总量 $W(m^3)$、多年平均径流深度 R(mm) 及多年平均径流模数 $M[L/(s \cdot km^2)]$ 表示。由于河川径流量的总体是无限的，取得总体的全部河川年径流量的资料非常困难，故一般情况下，只要有一定长度的系列资料，则可采用年径流的多年平均值代替正常年径流量。正常年径流量是一个相对稳定的数值。

（二）正常年径流量的计算

正常年径流量反映了河流某断面多年平均来水情况，是水资源可能被利用的最大限度，因而在水利工程的设计和水文计算中是很重要的资料。资料掌握的程度不同，推求正常年径流量的方法也不同。

1. 资料充分时正常年径流量的推求

资料充分是指具有一定代表性的、足够长的实测资料系列。一般要求实测资料系列超过30年，其中要包含特大丰水年、特小枯水年及相对应的丰水年组和枯水年组，只有这样才能客观地反映过去的水文特征，才能为正确地预估未来水文情势提供可靠的依据。资料充分时，可用算术平均值法计算多年平均径流量，以代替正常年径流量。

2. 有短期实测资料时正常年径流量的推求

实测资料时段较短，一般不到20年，代表性较差，这时通常要选择参证站，建立计算站与参证站水文要素（参证变量）之间的数量关系，用参证站较长系列展延计算站的年径流系列，使其资料充分后，再用算术平均值法进行计算。参证站水文要素的选择直接影响到成果的精度，因此，必须详细地分析径流形成的基本条件。目前水文计算时常用的参证变量是参证站的年径流量资料、本站或邻站的年降水资料。

① 利用年径流实测资料延长插补系列　在本流域内（上、下游测站）或相邻流域，选择有长期充分实测年径流资料的参证站，利用该站 N 年（大于20年）资料中与计算站 n 年同期对应的资料建立相关关系，利用参证站（$N—n$）的径流量，通过相关公式推求计算站径流资料，使之达到 N 年。

② 利用年降水资料展延插补系列　如果附近缺乏长期充分的年径流参证变量资料，可以选择降水量作为参证变量，这是因为降水量的多少在一定程度上决定年径流量的大小，实践表明，用降水量作为参证变量，可得到较好的结果。建立参证雨量站（在本流域内或相邻流域或计算站附近）降水量与计算站的相应时段的实测径流资料之间的相关关系，利用降水量资料延长径流量资料系列。

3. 缺乏实测径流资料时正常年径流量的推求

一些中小河流无实测资料，一般通过间接途径推求正常年径流量。

① 等值线图法　水利部门常根据有限的实测资料，绘制径流特征等值线图。如，正常年径流深度等值线图。

使用正常年径流深度等值线图时，首先要在图上勾绘出计算断面以上的流域，并计算流域面积 F。

如果流域面积较小，或者等值线均匀分布，可用插值法求得流域形心处等值线的数值来代表正常年径流深度 R_0。如果流域面积较大，等值线分布又不均匀，则采用面积加权法计算，加权法计算公式为：

$$R_0 = \frac{\sum_{i=1}^{n} R'_i f_i}{F} \tag{4-4}$$

式中，R_0 为正常年径流深度；R'_i 为相邻两等值线的平均年径流深度的平均值；f_i 为流域界限以内相邻两等值线之间的面积；$F = f_1 + f_2 + f_3 + f_4 + f_5 + \cdots + f_n$，即流域面积。

根据计算的流域面积 F 和正常年径流深度 R_0，即可得到正常年径流量。

② 水文比拟法　这种方法首先选择参证流域，要求研究流域与参证流域的各项水文因素相似且参证流域具有较充分的长期水文实测资料，然后直接用参证流域的水文特征值来代表研究流域上的相应水文特征。如果两者个别因素有差异，需要适当修正，例如，两流域自然地理条件相似，而降雨情况稍有差别，则可按雨量系数加以修正。如果两者面积不同，则可按照面积系数加以修正。

（三）年径流量的变化规律

年径流量的多年变化规律的研究，为确定水利工程的规模和效益提供基本依据，对中长期水文预报和跨流域引水也十分重要。年径流量的变化规律一般包括年径流量年际变化和年内变化两个方面。

1. 径流量年际变化

通常用径流量年际变化的绝对比值和变差系数表示径流量年际变化幅度。

年际变化的绝对比值（K_n）为统计时间段内多年最大径流量与多年最小径流量的比值，也称年际极值比。K_n 越大，年际变化幅度越大；反之越小。

年径流量的变差系数（C_v）反映年径流量总体系列的离散程度，C_v 值大，年径流的年际变化剧烈，不利于水资源的利用，且易发生旱涝灾害；C_v 值小，年径流量的年际变化小，利于水资源的利用。年径流量的变差系数 C_v 计算公式如下：

$$C_v = \sqrt{\sum_{i=1}^{n} \frac{(K_i - 1)^2}{n - 1}} \tag{4-5}$$

式中，n 为数据年数；K_i 为第 i 年的年径流量变率，即第 i 年平均径流量与正常年径流量的比值。

河流各年年径流量的丰、枯情况，可按照一定保证率（P）的年径流标准划分，通常以 $P<25\%$ 为丰水年；$P>75\%$ 为枯水年；$25\%<P<75\%$ 为平水年。在径流的年际变化过程中，丰水年、枯水年往往连续出现，而且丰水年组与枯水年组循环交替变化。中国南、北方河流丰、枯水段的交替循环具有如下不同的特征：南方河流丰枯水循环交替的周期短，变化幅度小；北方河流丰枯水循环交替的周期长，变化幅度大。

2. 径流量的年内变化

河流径流量的季节差异称径流的年内变化或年内分配或季节分配。径流的年内变化影响河流对工农业供水、通航时间长短和河流环境容量。河流径流量年内分配一般是不均匀的。

以降雨补给为主的河流，降雨和蒸发的年内变化，直接影响径流的年内分配；冰雪融水及季节性积雪融水补给的河流，气温的年内变化过程与径流季节分配关系密切；流域内有湖泊、水库调蓄或其他人类活动因素影响的河流，径流的年内变化极其复杂。

一般以多年平均季（或月）径流量占多年平均径流量的百分比（径流的季节分配）和一些特征值来综合反映径流量的年内变化状况。综合反映河川径流年内分配不均匀指标的特征值很多，常用径流年内分配不均匀系数和完全年调节系数两个指标来表征河川径流年内分配不均匀情况。

径流年内分配不均匀系数 C_{vy} 的计算式为：

$$C_{vy}=\sqrt{\frac{\sum_{i=1}^{12}\left(\frac{K_i}{\overline{K}}-1\right)^2}{12}} \tag{4-6}$$

式中，K_i 为第 i 月径流量占年径流的百分比；$\overline{K}$ 为 1 个月的个数（即 1）占全年总月数（即 12）的百分比，即 100％/12＝8.33％。

C_{vy}越大，各月径流量相差越悬殊，即年内分配越不均匀；C_{vy}小则分配越均匀。

径流年内分配完全年调节系数 C_r 的计算式为：

$$C_r=\frac{V}{W} \tag{4-7}$$

式中，V 为完全年调节库容；W 为年径流总量。

径流年内分配不均，通常建水库进行调节。如果水库能把下游的径流调节得十分均匀，即在一年内，无论是在洪水期还是枯水期，水库下游的河流流量是一样的（即等于年平均流量），这样的调节称为完全年调节。水库因此而用来储存上游来水的库容即为完全年调节库容。水库用来调节径流量的调节库容会随着径流量年内变化而变化。

3. 我国河川径流变化规律

夏季是我国河川径流最丰沛的季节，统称为夏季洪水。季风气候区受东南季风和西南季风的影响，夏季季风地区降水量大增；西北地区，夏季气温升高，冰雪大量融化。这就形成我国绝大部分地区夏季径流占优势的基本局势，洪水灾害也多发生在夏季。

冬季是我国河川径流量最为枯竭的季节，统称为冬季枯水。枯水是河流断面上较小流量的总称。枯水经历的时间为枯水期，当月平均水量占全年水量的比例小于 5％时，则属于枯水期。北方的河流因气候严寒和受冰冻的影响，冬季径流量大部分不及全年的 5％；主要靠雨水补给的南方河流，每年冬季降雨量较北方多，但也较其他月份少，冬季也为枯水阶段。

春季是我国河川径流普遍增多的时期，但增长程度相差悬殊。东北、西北融雪和解冻形成显著的春汛；江南雨季开始，径流量增加迅速，可占全年的 40％左右；西南地区因受西南季风的影响，一般只占全年的 5％～10％，造成春旱；华北地区一般在 10％以下，春旱现象普遍。每年春末夏初、积雪融水由河网泄出后，在夏季雨季来临前，一般会经历一次枯水期。

秋季是我国河川径流普遍减退的季节，也称秋季平水。全国大部分地区秋季径流量比例为 20％～30％。海南岛为全国秋季河川径流量最高的地区，可达 50％左右，为一年中径流最多的季节。其次是秦岭山地及其以南的地区，可达 40％。

可见，我国河流径流年内分配不均，夏秋高、冬春少。

4. 洪水

(1) 洪水三要素

大量降水或冰雪融水在短时间内汇入河槽形成的特大径流，称为洪水。暴雨洪水的流量大，通常占全年径流总量的 50％以上。以时间为横坐标、洪水流量为纵坐标绘制的曲线称为洪水过程线。分析洪水过程线可得到表征洪水特征的三要素，即洪峰流量 Q_m（洪水过程线的顶点）、洪水总量 W（洪水过程线与横坐标所包围的平面的面积）和洪水总历时 T（洪水过程线的底宽）。洪水三要素是水利工程设计的重要依据，水工建筑物能够抗御的最大洪水称为设计洪水。通常所说某水库是按百年一遇洪水设计，就是指该水库能够抗御重现期为百年的洪水，“百年一遇”即为该水库的设计标准。

（2）洪峰流量的推求

洪峰流量的推求是港口建设、给水排水、道路桥梁及河流开发常遇到的水文问题。对于大多数中小流域的洪水计算，一般多缺乏实测资料，而小流域洪峰流量突出地受到流域自然地理因素的影响，流域面积小、汇流时间短、洪水陡涨陡落，故一般用洪峰流量与有关影响因素（主要是降雨和流域特征）之间的经验关系，建立经验的或半推理、半经验的公式来推求洪峰流量。

① 根据洪水观测资料推求给定频率的洪峰流量　如果河流某断面上有年限较长（20 年以上）的洪水实测资料，可从中挑选一个最大的洪峰流量，或将每年洪水记录中凡超过某一标准定量的洪峰流量都选上，进行频率计算，从而求得所需频率的洪峰流量。

② 地区综合经验公式法　对于无实测洪水资料的小流域，可选取适宜的经验公式推算洪峰流量。经验公式是利用一些资料建立的洪峰流量与影响洪水的主要因素之间的经验关系式，这类公式很多，也比较简单，其基本形式是：

$$Q_p = C_p F^n \tag{4-8}$$

式中，Q_p 为给定频率 P 的洪峰流量，m^3/s；F 为流域面积，km^2；C_p 为随自然地理条件和频率而变的系数；n 为经验指数指数，一般为 1/2、1/4 或 1。

③ 推理公式　推理公式多用来推求小流域洪峰流量，公式很多，中国水利电力科学研究院提出了适用于小于 $500km^2$ 流域的洪峰流量的半理论半经验公式，即：

$$Q_m = 0.278\varphi \frac{S}{\tau_n} F \tag{4-9}$$

式中，Q_m 为洪峰流量，m^3/s；φ 为洪峰径流系数，即汇流时间 τ（h）内最大降雨 H 所产生的径流深 h 与 H 之比值；F 为流域面积，km^2；0.278 为单位换算系数；S 为雨力，mm/s，与暴雨的频率有关，一般可由最大 24h 设计暴雨量按 $S = H_{24p} \cdot 24^{(n-1)}$ 计算而得，也可直接查 S 等值线图；n 为暴雨衰减指数，表示一次暴雨过程中各种时段的平均暴雨强度随着时段的加长而减小的指标，H_{24p} 为频率为 p 的最大 24 小时设计面平均雨量，mm。当推求小于 1h 的时段平均暴雨强度时，$n = n_1$，约为 0.5；当推求大于 1h 而小于 24h 的时段平均暴雨强度时，$n = n_2$，约为 0.7，也可查阅各省区 n 的等值线图或地区综合成果而获取。

四、河流泥沙

河流泥沙是指组成河床和随水流运动的矿物、岩石固体颗粒。随水流运动的泥沙也称固体径流，它是重要的水文现象之一。河流泥沙影响河流水情和河流变迁。防洪、航运、灌溉、发电、港口码头、水库等水利工程的建设，都必须考虑河流泥沙问题。

1. 泥沙来源和含沙水流的侵蚀作用

流域地表流水侵蚀作用产生大量泥沙，通常以侵蚀模数表示流水侵蚀强度，即每平方千米面积上，每年侵蚀下来并汇入河流的泥沙吨数［$t/(km^2 \cdot a)$］。水搬运泥沙一起运动并发生泥沙沉积，通常以含沙量表示河流泥沙的多少，即单位体积浑水中所含泥沙的质量（kg/m^3）。流域的侵蚀模数和河流的含沙量主要取决于流域上暴雨集中的程度、土壤结构与组成、地表切割程度、地面坡度及植被覆盖等条件。在河流侵蚀过程中，由于水流的下切侵蚀使河流不断加深，溯源侵蚀使河流不断加长，由于地转偏向力作用发生右岸旁蚀后退、左岸堆积（北半球，南半球相反）使河流弯曲系数增大，有时会使河流截弯取直，形成牛轭湖。流水因携带泥沙而加剧了其对流域及河道的侵蚀和地貌类型的塑造，而流域侵蚀是河流泥沙的最主要来源。

2. 河流泥沙的运动规律

河流泥沙的运动不仅与水力条件、水流结构有关，还与泥沙特性有关。泥沙特性包括颗粒的大小、形状、密度及泥沙的水力特性。

泥沙在水中均匀沉降的速度称泥沙的沉降速度，也称水力粗度，通常用符号 ω 表示，单位为厘米/秒（cm/s）。根据泥沙颗粒在水中沉降时重力与阻力平衡的方程，可得到泥沙沉降速度的基本公式。如果组成河床的泥沙的沉降速度越大，则抗冲性就越强；随水运动的泥沙沉降速度越大，则堆积于河床的可能性就越大。

根据泥沙在水中的运动状态，可将其分为推移质（也称底沙）和悬移质（也称悬沙）两类。推移质粒径较粗，不能悬浮在水中，只能在离河床面不远的范围内，在纵向水流的推动下，沿着河底跃移、滚动或滑动，故也称底沙。推移质在运动过程中能经常与组成河床的泥沙（称床沙）发生交换。悬移质粒径较小，可以悬浮在水流中，也称悬沙。悬移质在运动过程中，其较粗的部分也常与推移质发生交换。总之，底沙、悬沙和床沙可以相互转换，同一组粒径的泥沙，在不同河段或同一河段的不同时间，可作推移运动，也可呈悬移状态下移。

作用于河底泥沙颗粒的力包括：纵向水流的正面推力（取决于水流的平均速度）、泥沙颗粒上、下部不对称的挠流作用所产生的上举力（常被忽略）、紊动水流的脉动压力（这种压力大小方向不变，对泥沙只施以摇撼作用，通常忽略不计）、泥沙水中有效重力、泥沙颗粒滑动时与河床的摩擦力、泥沙颗粒之间的黏结力（如为粗粒单颗泥沙计算时，此力可略去）。著名的艾里定律认为，推移质的质量与水流速度的六次方成正比。因此，流速增加将使被推移的泥沙颗粒的质量剧增。如果平原河流与山区河流流速之比为 1∶4，那么被推移的泥沙颗粒的质量比将是 $1:4^6$，即 1∶4096。这可用来解释平原河流只能推移细粒泥沙、山区河流一般可推移巨砾的原因。

在接近河底的水流速度增加到一定数值时，静止在河床上的泥沙便开始起动，这时的临界流速称为起动流速，它标志着河床冲刷的开始。起动流速与泥沙颗粒的粒径密切相关，当粒径 $d=0.2$mm 时（水深越大粒径略有增大），起动流速最小。大于此粒径时，重力作用占主导地位，粒径越大，起动流速越大；小于此粒径时，泥沙颗粒间的黏结力很重要，粒径越小，起动流速越大。根据作用于泥沙颗粒的力，推导出泥沙起动公式的结构形式，再利用实验资料可以检验，获得公式中的各个参数，从而建立了起动流速的半经验公式。

河流推移质运动达到一定规模后，河床表面便逐渐形成外形与风成沙丘类似的起伏的水下沙波，称沙波运动。沙波表面的水流速度分布是不均匀的。迎水坡为水流加速区，泥沙被推移的数量不断增加，坡面不断受冲刷，冲刷下来的泥沙越过波峰后，粗粒的跌入谷底堆积，细粒的随水流到下一沙波迎水坡基部。因此，沙波的迎水坡不断被冲刷，背水坡不断淤积，整个沙波缓慢地向下游移动。

当流速减小到某数值时，运动着的泥沙便静止在河床上，此时的临界流速称为泥沙的止动流速。泥沙的起动流速一般为止动流速的 1.2～1.4 倍，这是由于泥沙起动时除了克服泥沙的重力外，还要克服河床的摩擦力及颗粒间的黏结力。

当流速超过起动流速时，河床泥沙开始滑动，流速增大，泥沙间歇性跃动，流速增大到一定程度后，泥沙悬浮在水中，随水流一起下移，这时的水流速度称扬动流速，它是泥沙从推移到悬移运动的一个参数。

单位体积水中的泥沙饱和量，称为水流挟沙能力。当上游来水中实际含沙量超过本河段水流挟沙能力时，泥沙就会沉积；相反，则发生冲刷；如果两者正好相适应，处于输沙平衡状态，即不冲不淤。影响水流挟沙能力的因素有流速、水深或水力半径、泥沙粒径或沉降速度。通过实测资料分析和整理，目前已经建立了相应河流的水流挟沙能力经验公式，研究时可找相关文献参考。

河流总输沙量为推移质与悬移质输沙量之和。然而，由于推移质输沙量较难实测，且缺乏完善的推算方法，而且推移质输沙量在总输沙量中所占比例很小，故它在平原河流计算中往往被忽略不计。

含沙量很高的河流，在汛期常出现一种特殊的高浓度输沙情况，一般当含沙量超过 $500kg/m^3$ 后，泥沙的悬浮不再是分散的单个颗粒悬移，而是以细粉砂以下的细颗粒为主的高含沙水流，随着含沙量的增大，泥沙颗粒之间很快形成絮凝结构，黏性急剧增加，作为一个整体缓慢下沉，整个水流呈均质浆液状态，这种高含沙水流会造成河槽堵塞现象，称为浆河，泥沙会逐渐沉积密实。

当通过高含沙大洪峰时，河床发生强烈的冲刷，可以看到厚达 1m 的成块河床淤积物被掀起露出水面，再塌落水中，或者把成片的河床淤积物像卷地毯一样卷起，一次洪峰可以将河床冲深几米乃至近十米，这种高含沙水流的强烈冲刷现象，称为揭河底。

第四节　湖泊与水库

一、湖泊

湖泊是陆地表面具有一定规模的天然蓄水洼地，由湖盆、湖水以及水中物质组成的自然综合体。湖泊对维护自然平衡和人类文明发展有着重要意义。在地表水循环过程中，有的湖泊是河流的源泉，起着水量贮存与补给的作用；有的湖泊（与海洋沟通的外流湖）是河流的中继站，起着调蓄河川径流的作用；还有的湖泊（与海洋隔绝的内陆湖）是河流终点的汇集地，构成了局部的水循环。

湖泊遍及世界各地，总面积达 270 万平方千米，约占陆地面积的 1.8%，其水量约为地表河流溪沟所蓄水量的 180 倍，是陆地表面仅次于冰川的第二大水体。湖泊差异很大，世界最大的湖泊是里海，面积达 $436340km^2$；苏必利尔湖居第二，为 $88627km^2$；最深的湖泊是贝加尔湖，深达 1620m；最高的湖泊是我国西藏的纳木错，湖面海拔 4718m；最低的是位于巴基斯坦、约旦两国间的死海，水面比海平面低 395m。湖泊最多的国家是芬兰，共有湖泊 55000 多个，占该国面积的 8%，有湖国之称。我国也是多湖国家。

（一）湖泊的分类

1. 按湖泊的成因分类

湖泊的成因类型繁多，概括地说可以分成自然成因和人工造湖两大类。天然湖泊是在内、外力相互作用下形成的，以内力作用为主形成的湖泊主要有构造湖、火山口湖和堰塞湖等；以外力作用为主形成的湖泊主要有河成、风成、冰成、海成以及溶蚀等不同类型的湖泊。天然湖泊具有以下成因类型。

① 构造湖　由于地壳的构造运动（断裂、断层、地堑等）所产生的凹陷积水而形成，其特点是湖岸平直、狭长、陡峻，深度大，如贝加尔湖、洱海等。

② 火山口湖　火山喷发停止后，火山口成为积水的湖盆，其特点是外形近圆形或马蹄形，深度较大，如长白山天池。

③ 堰塞湖　有熔岩堰塞湖与山崩堰塞湖之分。前者为火山爆发熔岩流阻塞河道形成，如五大连池；后者为地震、山崩引起河道阻塞所致，这种湖泊往往维持时间不长，又被冲没

而恢复原河道，如岷江上的大小海子（1932年地震山崩形成的）。

④ 岩溶湖　是由于地表水及地下水溶蚀了可溶性岩层所致，形状多呈圆形或椭圆形，水深较浅，主要分布在碳酸盐岩地区，如贵州的草海。

⑤ 风成湖　是由于风蚀洼地积水而成，多分布在干旱或半干旱地区，湖水较浅，面积、大小、形状不一，矿化度较高。如我国内蒙古的湖泊。

⑥ 河成湖　是由于河流的改道、截弯取直、淤积等，使原河道变成了湖盆，其外形特点多是弯月形或牛轭形，故又称牛轭湖，一般水深较浅，如我国江汉平原上的一些湖泊（图4-6）。

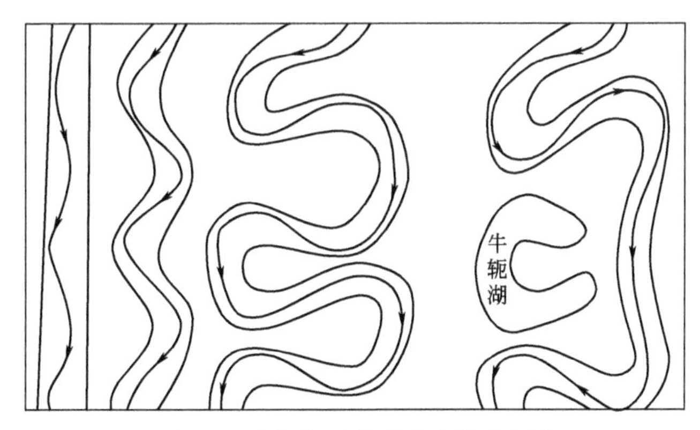

图4-6　牛轭湖及其形成过程示意图

⑦ 海成湖　是在浅海、海湾及河口三角洲地区，由于沿岸流的沉积，使沙嘴、沙洲不断发展延伸，最后封闭海湾部分地区形成湖泊，这种湖泊又称泻湖，如我国的西湖、太湖。

⑧ 冰成湖　是由古代冰川或现代冰川的刨蚀或堆积作用形成的湖泊，包括冰蚀湖与冰碛湖，特点是大小、形状不一，常密集成群分布，如北美五大湖区、芬兰的多数湖泊及我国西藏的湖泊。

总之，天然湖盆往往是由两种以上因素共同作用而成的。

2. 湖泊按矿化度分类

按湖水的矿化度将湖泊分为淡水湖（矿化度小于1g/L）和咸水湖（矿化度大于1g/L）。咸水湖可能是泻湖继承海水性质造成，也可能形成于干旱地区，强烈蒸发使得矿物盐浓度增加而形成。外流湖大多为淡水湖，内陆湖则多为咸水湖、盐水湖。

3. 按湖水营养物质分类

按湖水营养物质（主要是氮和磷）的含量，可以将湖泊划分为贫营养湖、中营养湖和富营养湖，湖泊富营养化是湖泊自然衰老的一种表现。但是，接近大城市的湖泊，由于城市污水及工业废水的大量进入而加快了富营养化的进程，多已成为富营养化的湖泊。湖泊富营养化程度与湖水中氮、磷含量有密切关系，但两者并不呈直线相关。根据对瑞典46个湖的资料统计，不同富营养化程度的湖泊，氮和磷的含量不同（表4-7）。

表4-7　瑞典湖泊氮、磷含量与富营养化程度关系

富营养化程度	总磷/(mg/m³)		无机氮/(mg/m³)	
	平均值	范　围	平均值	范　围
贫-中营养	8.0	7.3～8.7	312	228～392
中-富营养	17.6	11.0～26.6	470	342～618
富营养	84.4	45.8～144	1170	420～2370

国际上一般认为，总磷浓度为 $20mg/m^3$、总氮浓度为 $200mg/m^3$ 是湖泊富营养化的发生浓度。但不同研究者对富营养化的划分常常相似而又不完全相同（表 4-8、表 4-9）。美国水质标准中规定的警戒值是：流水中的磷为 $100mg/m^3$，湖泊水体中的磷不得超过 $50mg/m^3$。

表 4-8　湖泊富营养化程度划分（托马斯）

富营养化程度	总磷/(mg/m^3)	无机氮/(mg/m^3)
极贫营养	＜5	＜200
贫-中营养	5～10	200～400
中营养	10～30	300～650
中-富营养	30～100	500～1500
富营养	＞100	＞1500

表 4-9　湖泊富营养化程度划分（坂本）

富营养化程度	总磷/(mg/m^3)	无机氮/(mg/m^3)
贫营养	2～20	20～200
中营养	10～30	100～700
富营养	10～90	500～1300

从表中可看出，对发生富营养化作用来说，磷的作用远大于氮。当磷的含量不很高时，就可引起富营养化作用，但也决不能因此而忽略高浓度氮的作用。

由于上述单因子评价富营养化的片面性，一些学者相继提出了综合营养状态指数，如美国的卡尔森提出了以湖水透明度为基准的营养状态评价指数，日本的相崎守弘等提出了以叶绿素浓度为基准的营养状态指数。我国在《湖泊（水库）富营养化评价方法及分级技术规定》中推荐使用以叶绿素 a（chla）、总磷（TP）、总氮（TN）、透明度（SD）、高锰酸盐指数（COD_{Mn}）为基准的综合营养状态指数公式来评价湖泊的富营养化状态。

4. 其他

按湖水补排情况分类可分吞吐湖和闭口湖两类，前者既有河水注入，又能流出，如洞庭湖；后者只有入湖河流，没有出湖水流，如罗布泊。

按湖水与海洋沟通情况可分外流湖与内陆湖两类。外流湖是湖水能通过出流河汇入大海者，内陆湖则与海隔绝。

（二）湖水的补给和排泄

湖水主要来自大气降水、地表流水和地下水，某些湖泊来自冰川融水和残留海水。湖水的供给受气候和地形的影响，一般情况下位于高处的湖泊，如山顶的火山口湖，主要靠大气降水补给；位于低洼处的湖泊，其水源除大气降水外还有地下水；温带湖泊，湖水主要来自地表径流与降水；干冷气候区湖泊的补给以冰雪融水和地下水为主。湖水通过蒸发、流泄和向地下渗透三种方式排泄。干旱气候区多数湖泊无出口，湖水主要以蒸发方式排泄。潮湿气候区多数湖泊有出口，湖水主要以流泄方式排泄。如果湖水的流入量大于或等于湖水的排泄量，湖泊能长期存在；如果湖水的流入量少于排泄量，湖泊便逐渐干涸或成为季节性间歇湖。湖泊水体更新速度慢，更容易造成湖泊污染。

（三）湖泊的演化

湖泊有其发生、发展与消亡的过程。湖泊一旦形成，由于自然环境的变迁，人类活动的影响，湖盆形态、湖水性质、湖中生物等均不断发生变化。其中湖泊形态的改变，往往会导致其他变化。

湖泊由深变浅、由大变小，湖岸由弯曲变为平直，湖底由凹凸变为平坦，这就会使深水植物逐渐演化为浅水植物，沿岸的植物逐渐向湖心发展。由于泥沙不断充填、水中生物的死亡和堆积，最后湖泊会转变为沼泽。干燥区湖泊由于盐分不断累积、淡水湖转化为咸水湖。

盐度较小的湖泊其生物大致与淡水湖相同，盐度较大的湖泊，淡水生物很难生存。当水量继续蒸发减少，咸水湖可以变干，转化为盐沼，至此湖泊全部消亡。

1. 湖盆的演化

湖岸长期接受湖水浸润并在波浪、湖流的不断冲击作用下会发生崩塌、滑塌等变形；在湖流的侵蚀下原岸线逐渐侵蚀后退，形成侵蚀浅滩；在流速小的地方发生岸边沉积，并逐渐向湖心方向发展形成淤积浅滩；湖水中的化学沉积、生物沉积及机械沉积使湖底逐渐变平、面积和容积逐渐缩小；当浅滩发展到足以消耗传至岸边波浪的全部能量时，湖岸便演化成相对稳定的形态。当湖泊变浅时，深水部分产生的淤泥往往被浅水沉积物重新覆盖。

2. 湖水的演化

湖水的演化是指湖水化学性质的改变。引起湖水化学性质改变的自然因素主要包括气候变化或盐分平衡变化。如气候变干，蒸发加强，盐分不断浓缩，水的矿化度不断增加，水量不断减少，各种盐类均可析出而沉积于湖底。引起湖水化学性质改变的人为因素主要包括工业废水、农田灌溉用水的排入。湖水化学性质的改变进而影响湖中生物的种类和数量。

3. 湖中生物的演化

湖泊水生生物可分浮游生物、漂浮生物、自游生物和底栖生物等。不同的水生生物要求不同的湖泊环境。湖盆的演化、湖水水质的变化，必然使湖泊生物群落的组成结构、生物的种类、个数相应发生变化。

随着湖盆为沉积物所充填的程度，环生的草丛从四周向湖心扩展，使湖心开阔的水面逐渐缩小，当湖泊水深减到一定程度，植物就沿着湖面从湖底露出水面。生物残骸与泥沙的沉积日积月累，湖泊最终消亡成为沼泽。

二、水库

（一）水库的结构和特征水位及库容

1. 水库的结构

用大坝阻塞河道形成的人工蓄水洼地，叫水库（reservior）。水库一般由拦河坝、输水建筑物和溢洪道三部分组成。拦河坝也称挡水建筑物，主要起抬高水位、拦蓄水量的作用。输水建筑物是专供取水或放水用的，即引水发电、灌溉、放空水库等，也能兼泄部分洪水。溢洪道又称泄洪建筑物，供宣泄洪水、防洪调节及保证水库安全之用。此外，有的还增设通航建筑物、发电机房、排沙底孔等。修水库的目的是调节径流，综合利用水资源。水库的规模用库容来描述，库容指水库纳蓄一定量的水的容积，按照库容的大小可以把水库分为大（大于1亿立方米）、中（1000万～1亿立方米）、小（10万～1000万立方米）和塘坝（小于10万立方米）四种类型。我国是世界上水库最多的国家，目前已建大、中、小型水库约86800座，总库容约4169亿立方米，另外还有库容在10万立方米以下的塘坝630多万个，如此众多的水库塘坝，对我国的生态环境和经济发展有着巨大的影响。

2. 特征库容与特征水位

水库总库容包括防洪库容、兴利库容和死库容，相应于各种库容有各种特征水位（即库中水面的高程），如图4-7。

① 死库容与死水位　根据发电最小水头、灌溉最低水位和泥沙淤积情况而设计的最低水位称为死水位，死水位以下对应的库容为死库容。死库容不能用于调节水量。

② 兴利库容与正常高水位　为满足灌溉、发电等需要而设计的库容称为兴利库容，对应的水位为正常高水位（设计蓄水位），即水库在正常运行条件下允许经常保持的最高水位。

③ 防洪库容与设计洪水位、校核洪水位与汛前限制水位　为了调蓄上游入库洪水、消减洪峰，减轻洪水对下游的威胁以达防洪目的而设计的库容称为防洪库容，所对应的水位为

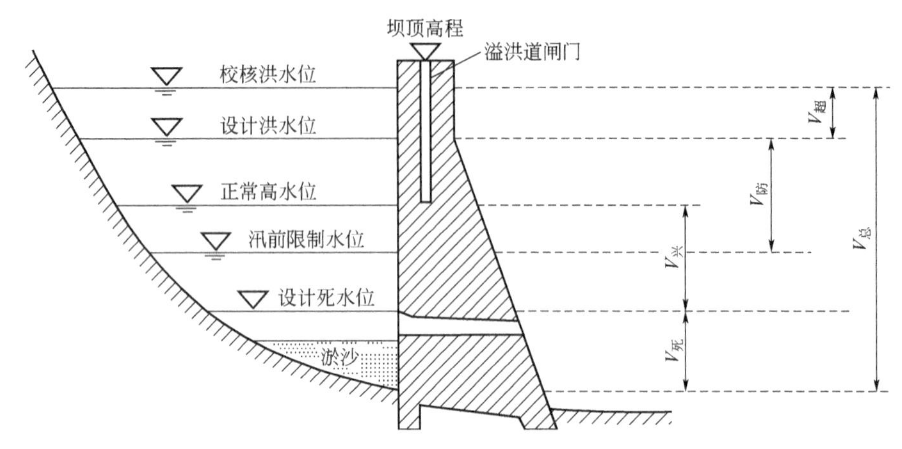

图 4-7　水库特征水位及其相应库容

设计洪水位，即正常年份发生防洪库容设计流量洪水时，水库允许达到的最高水位。当发生特大洪水时，水库允许达到的最高水位称为校核洪水位。在汛期到来之前，为了消减洪峰、拦蓄部分洪水，常腾出一部分兴利库容以备调蓄洪水，其相应的水位称为汛前限制水位（防洪限制水位），洪水来临之前水位不应该超过汛前限制水位进行蓄水。

（二）水库的调节作用

修建水库的目的是改变河川径流的时空分配，实现兴利除害。入库流量为拦河坝以上流域的地表径流和地下径流，出库流量则为人们所控制，根据需要有计划地放出水量，这就是水库的调节作用。水库改变了原来河流的水文规律。如，汛期水库将部分径流拦蓄起来，减轻洪水对下游的威胁；枯水期，水库有计划地将部分蓄水排放出来，减轻干旱威胁。可见，由于水库具有调节作用，才使水库具有防洪、灌溉、发电、航运等多方效益。按调节周期的长短，水库的调节作用可分为日调节、年调节和多年调节。

洪水期间，水库的调节作用非常重要。图 4-8 为一次洪水过程中水库对洪水的调节作用示意图。假定水库溢洪道无闸门控制，水库汛前水位与溢洪道堰顶高程齐平。开始时，入库洪水量大于溢洪道下泄洪水量。随着入库洪水量逐渐增大，下泄流量也相应增加，但仍小于入库流量，水库水位不断上升。在 t_1 时刻，入库洪峰流量出现后，入库洪水量开始减少。在 $t_1 \rightarrow t_2$ 时段内，入流量仍大于出流量，水库水位仍在上升，下泄洪水量仍然增加。在 t_2 时刻，出库流量达到最大值，入流量等于出流量，水位升至最高。此后，入库流量小于出库流量，水库水位趋于下降，出库流量也随之减少，直到水库水位又与溢洪道堰顶高程齐平为止。

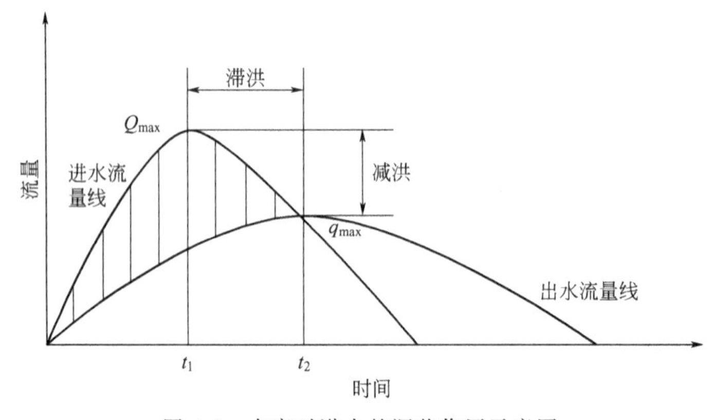

图 4-8　水库对洪水的调节作用示意图

可见，洪水进入水库后，便留一部分水量暂时调蓄在水库中（图中阴影部分），t_2 时刻后，这部分水又慢慢流出来，其结果使洪峰削弱，峰线时间延后，洪水过程拉长。

（三）水库淤积

河道上建坝形成水库，由于改变了河道的流量和流速，使河流失去了原有的平衡和输沙能力而不足以挟带原有的泥沙，泥沙便在水库中沉降。因此，所有水库都存在不同程度的淤积问题。水库淤积形式和来水来沙条件、库底地形及水库运行方式等密切相关。

水库泥沙淤积量的计算，一般可用沙量平衡方法和实测水库水下地形的方法进行计算和分析，在此基础上可推求水库寿命。在没有实测资料时可用下垫面条件相似的临近水库的淤积资料，按照下式粗略计算淤积量：

$$W=GF$$

式中，W 为设计水库多年平均的年淤积量，m^3/a；G 为相似水库单位水土流失面积上多年平均年淤积量，$m^3/(a \cdot km^2)$；F 为设计水库所在流域水土流失面积，km^2。

水库寿命 T 为：

$$T=\frac{V_{死}}{W} \tag{4-10}$$

式中，$V_{死}$ 为水库的死库容，m^3。

第五节 地 下 水

地下水作为地球上重要的水体之一，与人类社会密切相关。地下水以其稳定的供水条件、良好的水质，成为农业灌溉、工矿企业以及城市生活用水的重要水源，尤其是在地表缺水的干旱、半干旱地区，地下水常成为当地的主要供水水源。如，据不完全统计，20 世纪 70 年代的以色列 75%以上的用水为地下水。同时，地下水作为一个重要的生态因子，对地区生态环境起着非常重要的作用。但是，由于过量开采和不合理利用，常造成地下水位严重下降，形成大面积的地下水下降漏斗和地面沉降。此外，工业废水与生活污水的大量入渗，常严重地污染地下水源，危及地下水资源。因而系统地研究地下水的形成和分类、地下水的运动等，具有重要意义。

一、地下水的存储状态

自然界的岩石、松散堆积物和土壤均是多孔介质，在它们的固体骨架间存在着形状不一、大小不等的空隙（包括孔隙、裂隙或溶隙等）。空隙主要被空气占据的为包气带，空隙主要被水所占据的为饱水带。地下水（ground water）是存在于地表以下岩（土）层空隙中的各种不同形式水的统称。在不同的深度范围内，地下水存在形式不同。图 4-9 是典型地下水垂向层次结构的基本模式。自地表起至地下某一深度处出现稳定不透水层为止，可区分出包气带和饱水带两个部分。存在于包气带的地下水包括结合水（分吸湿水、薄膜水）、毛管水（分毛管悬着水与毛管上升水）、重力水（分上层滞水与渗透重力水）。存在于饱水带的地下水包括潜水、承压水（分自流溢水与非自流溢水）。

根据地下水的存在形态可将地下水分为固态水（地下水冻结时形成的冰）、液态水和气态水（存在于土壤空气中的水汽）。液态水可按存在形态分为吸湿水（紧）、膜状水（松）、毛管水、重力水等四种类型。

① 固态水　固态水是以固体状态存在的水分。当土壤和岩石的温度在 0℃以下时，地下水发生冻结成为固态水，在高纬度地带及高山区的冰沼有永冻层的固态水存在，此外在冬季

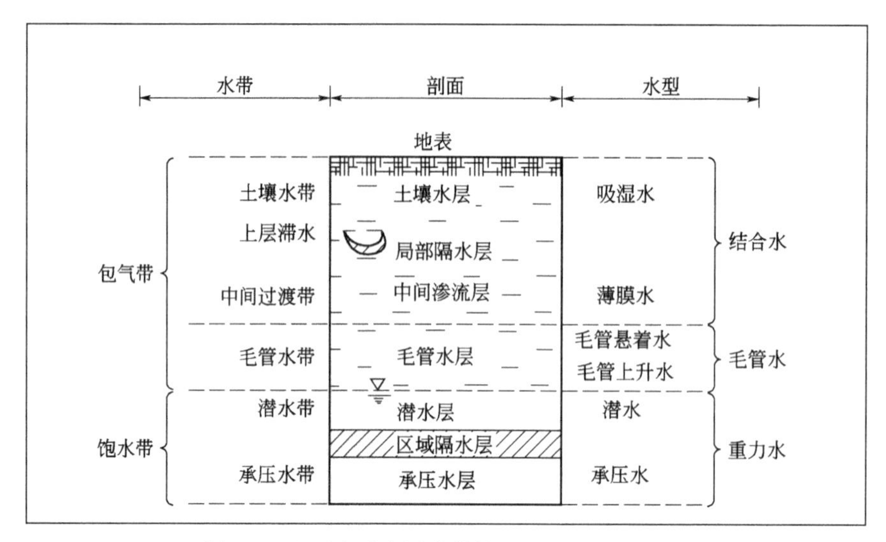

图 4-9　地下水垂向层次结构的基本模式示意图

寒冷的中纬度地带，土壤有季节性固态水。固态水不能为植物所利用。

② 气态水　一般情况下，土壤中存在着气体状态的水分，它是土壤空气的组成部分。水汽在土壤孔隙中靠扩散作用进行运动，而且单位距离内水汽压力相差越大，扩散越快。气态水含量虽然很少，但由于它能自由移动，并能调节其他形态的水分，故其重要性不能忽视。

③ 吸湿水　单位体积的土壤具有的土壤颗粒表面积很大，因而具有很强的吸附力，能将周围环境中水汽分子吸附于土壤颗粒表面，这种束缚在土粒表面的水分即吸湿水。吸湿水不能自由移动、无溶解能力、植物不能吸收、无导电性。土壤吸湿水含量达到最大值时，称为吸湿系数。土壤吸湿水含量与土壤空气相对湿度大小、土壤质地粗细、土壤有机质含量多少密切相关。质地愈细，吸湿量愈大；有机质含量越多，吸湿量越大；相对湿度越大，吸湿量越高。

④ 膜状水　当吸湿水达最大数量后，土粒已无足够力量吸附空气中活动力较强的水汽分子，只能吸持周围环境中处于液态的水分子。由这种吸着力吸持的水分使吸湿水外面的薄膜逐渐加厚，形成连续的水膜，称为膜状水。吸湿水和膜状水合称物理束缚水，前者叫物理紧束缚水，后者称物理松束缚水。膜状水能从水膜厚处向薄处移动，具有较低的溶解能力，它的外层可被植物吸收利用，但移动速度极慢，供不应求，解决不了植物对水分的需求。因此，膜状水即使含量还很高，植物便开始凋萎。植物呈永久萎蔫时的土壤含水量，称凋萎系数。水膜厚度达到最大含量时的膜状水叫最大分子持水量。

⑤ 毛管水　岩石和土壤中的细小空隙可视为毛管，薄膜水达最大后，多余的水分由毛管力吸持在毛管孔隙中，称为毛管水。毛管水具有溶解能力，植物可充分利用。毛管水根据其水分来源，可分为毛管悬着水和毛管上升水。毛管上升水是指地下水位较高条件下，地下水沿毛管上升而存在毛管孔隙中的水分。在干旱区，优质的地下水沿毛管上升，因而地下水质具有特殊意义，地下水质含盐分过高则易引起次生盐渍化；毛管悬着水是指毛管水与地下水无联系而保持在土壤上层的毛管水，主要由降水、灌溉、融雪等入渗而形成的毛管水。毛管悬着水达到最大时的土壤含水量，称田间持水量。毛管都满时为最大毛管持水量。

⑥ 重力水　若土壤和岩石的含水量超过了最大毛管持水量，多余的水分不能被毛管力吸持，就会在重力作用下沿着非毛管孔隙下渗，这部分水称为重力水。土壤或岩石空隙全部充满水时的含水量称全持水量，土壤或岩石含水量达到全持水量后，重力水继续向下渗透。

渗透过程中，如果重力水被局部隔水层阻截，则形成上层滞水；如果遇到区域稳定隔水层，则形成潜水；如果重力水赋存于两个稳定隔水层之间，则形成承压水。排水良好时不能利用，很快消失；排水不良时，水生植物可用。

二、地下水按存储条件的分类

地下水的分类方法很多，最广泛关注的是按照地下水的存储条件将地下水进行的分类，可分成包气带水和饱水带水两大类。

1. 包气带水

埋藏在地表以下、地下自由水面（潜水面）以上包气带中的水，称为包气带水。

与饱水带中的地下水相比较，包气带水具有如下特征：①埋藏特征，埋藏在地表与潜水面之间，直接与大气相通。②水力特征，水所受的压力小于大气压力，受分子力、毛管力和重力作用，其中上层滞水属于无压水（上层滞水指处于包气带中局部隔水层或弱透水层之上的重力水）。③水面特征，毛管水无连续水面，上层滞水的水面受局部不透水层构造的支配。④补给区、分布区与排泄区的分布关系，补给区、分布区与排泄区一致。⑤动态特征，包气带含水率、水质和剖面分布最容易受外界条件的影响，会随季节变化而变化，受地表人类活动影响较大，随大气降水、灌溉水等水质变化而变化。尤其与降水、气温等气象因素关系密切，因此在多雨季节，雨水大量入渗，包气带含水率显著增加；而在干旱月份，土壤蒸发强烈，包气带含水量迅速减少，致使包气带水呈现强烈的季节性变化。

2. 潜水

饱水带中，埋藏于地下第一个稳定隔水层之上并具有自由水面的重力水称潜水。这个自由水面就是潜水面。从地表到潜水面的距离称为潜水埋藏深度（T，m）。潜水面上任一点的海拔即为该点的潜水位（h，m）。潜水面至隔水底板的距离为含水层厚度（H，m）。潜水面上任意两点的水位差与该两点间的实际水平距离之比为潜水水力坡度。

潜水的特点：①埋藏特征，埋藏在潜水面与第一个稳定隔水层之间。②水力特征，由于潜水面上没有稳定的隔水层，潜水面通过包气带中的孔隙与地表大气相连通，潜水面上任一点的压强等于大气压强，潜水面不承受静水压力，为无压水，与河流常有水力联系。③水面特征，具有自由水面，其形状随地形、含水层的透水性和厚度及隔水底板的起伏而变化，潜水面可以是倾斜的、水平的或者低凹的曲面。潜水面的位置随着补给来源变化而发生季节性升降。④补给区、分布区与排泄区的分布关系，补给区、分布区与排泄区一致。⑤动态特征，潜水含水层通过包气带与地表水及大气圈之间存在密切联系，深受外界气象、水文因素和人类活动影响，动态变化比较大，潜水的水位、水量、水温、水质等呈现明显的季节变化。丰水季节潜水补给充足，贮量增加，潜水面上升，厚度增大，埋深变浅，水质冲淡，矿化度降低；枯水季节，补给量减少，潜水位下降，埋深加大，水中含盐量增大，矿化度提高（图 4-10）。

当大面积不透水底板向下凹陷，而潜水面坡度平缓、潜水几乎静止不动时，就会形成潜水湖；当不透水底板倾斜或起伏不平时，潜水面有一定坡度，潜水处于流动状态，此时就形成潜水流。潜水流的流向就是垂直于等水位线从高水位指向低水位的方向。在靠近江河、湖（库）等地表水体的地区，潜水常以潜水流的形式向这些水体汇集，成为地表径流的重要补给水源。特别在枯水季节，降水稀少，许多河流全依赖潜水的补给，以至河川径流过程，成为潜水的出流过程。但在洪水期，江河水位高于潜水位时，潜水流的水力坡度形成倒比降，于是河水向两岸松散沉积物中渗透，补给潜水。汛期过后，江河水位降低，潜水重又补给河流。潜水与地表水之间的这种相互补给和排泄的关系称为水力联系。

3. 承压水

承压水（层间水）是指充满于两个稳定隔水层之间的重力水。含水层厚度指隔水层顶板

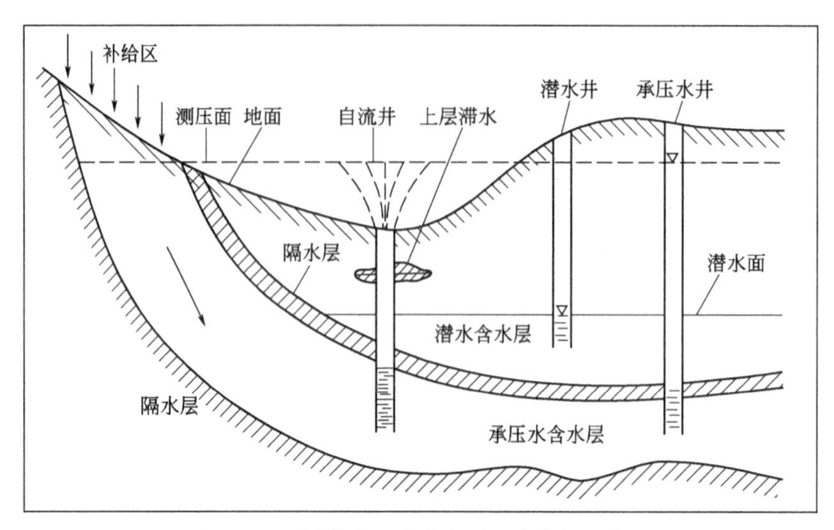

图 4-10　上层滞水、潜水和承压水特征示意图

到底板的垂直距离。钻井钻到隔水层顶板底面时，可见承压水，此时的高程为该点承压水的初见水位（H_1）。承压水沿着钻井上升，最后稳定的高程为承压水在该点的承压水位（H_2）。如果承压水位高于地表，承压水将能自喷到地表，这样的承压水又称自流水。水井凿至受压地下水，且含水层微倾、井口的高度低于受压水面，则地下水会自然涌出；地下水自然涌出的水井，称为自流井。地面到承压水位的距离称为埋藏深度。自隔水层顶板的底面到承压水位之间的距离称为承压水头（h），即 H_2 与 H_1 之差。

承压水的形成主要取决于地质构造条件，只要有适合的地质构造，无论孔隙水、裂隙水或岩溶水都可以形成承压水。最适宜承压水形成的是向斜构造和单斜构造。

① 向斜盆地　又称承压盆地或自流盆地，一般包括补给区、承压区及排泄区 3 个组成部分。补给区通常处于盆地的边缘，地形相对较高，直接接受大气降水和地表水的入渗补给。从补给区当地来看，它是潜水，具有地下自由水面，不受静水压力。承压区一般位于盆地中部，分布范围较大，含水层的厚度往往受构造的影响而变化，由于其上覆盖有隔水层，含水层中的水承受静水压力，具有压力水头。排泄区一般位于被河谷切割的相对低洼的地区，在这种情况下，地下水常以上升泉的形式出露地表，补给河流。

② 承压斜地构造　又称自流斜地，它主要由单斜岩层组所组成。它的重要特征是含水层的倾没端具有阻水条件。造成阻水条件的成因归纳起来主要有 3 种，第一种是透水层和隔水层相间分布，并向一个方向倾斜，地下水充满在两个隔水层之间的透水层中，便形成承压水。第二种是由于含水层发生相变或尖灭形成承压斜地。含水层上部出露地表，下部在某一深度处尖灭，即岩性发生变化，由透水层逐渐转化为不透水层，形成承压条件。第三种是由于含水层倾没端被阻水断层或阻水岩体封闭，从而形成承压斜地。

承压水的特点：①埋藏特征，埋藏在两个稳定隔水层之间。②水力特征，受重力、静水压力作用以及第一个隔水层以上的土壤、岩石等的静压力，若河流切穿含水层，承压水就会补给河流。③水面特征，具有稳定的隔水层顶板，无自由水面，假想的压力水面只有在含水层被切穿时才能显示出来，其形状与补给区和排泄区之间的相对位置有关，见图 4-10。④补给区、分布区与排泄区的分布关系，补给区、分布区与排泄区分布一般不一致。补给区位置通常较高，直接接受大气降水和地表水补给，补给区的水已为潜水。分布区即承压区，往往大于补给区。排泄区多在低平地段或断裂构造带以泉的形式出露地表。补给区、承压区与排泄区 3 部分相对位置则视具体情况而定。可以像自流盆地那样，补给区与排泄区位于两侧，中间为承压区；也可能承压区位于一侧，而补给区与排泄区相邻。⑤动态特征，由于隔水层顶板的存在，在相当大的程度上阻隔了外界气候、水文因素、人类活动等对承压水的影响，其水量、水温、水质等受外界的影响相对较小，比较稳定。承压水不易受污染，一旦受到污染很难修复。⑥水质类型多样，变化大，承压水的水质从淡水到矿化度极高的卤水都有存在，具备了地下水各种水质类型。有的封闭状态极为良好的承压含水层，与外界几乎不发生联系，至今仍然保留着古代的海相残留水，由于高度浓缩，其矿化度可达几百克/升之多，此外承压水质常具有垂直或水平分带规律。

三、地下水的运动

地下水的运动形式一般分为层流运动和紊流运动两种，除了在宽大裂隙和空洞中具有较大的速度成为紊流外，一般为层流运动。地下水的运动又称为渗透。

1. 线性渗透定律

法国水力学家达西（Darcy）在1852～1856年，通过实验得出如下公式：

$$Q=KF\frac{h}{l} \tag{4-11}$$

式中，Q 为单位时间内的渗透水量，m^3/d；K 为渗透系数，m/d；F 为渗透水流过的过水断面面积，m^2；h 为在渗透路径上的水头降低值，m；l 为渗透距离，m。

令 $\frac{h}{l}=I$，I 通常为水头梯度，即单位渗透距离上水头损失量，为正值。

由水力学已知，$Q=VF$，V 为渗透流速，m/d。所以，可得如下公式

$$V=\frac{Q}{F}=KI \tag{4-12}$$

上式为达西定律，也称线性渗透定律，渗透速度与水头梯度成正比。

达西定律适用于层流状态的水流，且要求流速较小。自然条件下，地下水运动多服从达西定律。

2. 非线性渗透定律

在大孔隙和溶洞中，地下水运动具有紊流性质或水流速度较大，这时需采用非线性渗透定律。公式如下：

$$V=K_m I^{1/m} \tag{4-13}$$

式中，K_m 为随 $1/m$ 变化的含水层渗透系数；m 为液态指数，其范围为1～2；其他符号同前。

1912年谢才（A. Chezy）提出了用于地下水呈紊流状态时运动规律的数学表达式，具体如下：

$$V=KI^{1/2} \tag{4-14}$$

渗透系数 K 的测定方法很多，最简便的方法是根据经验数值查表而得（表4-10）。

表4-10　各种沉积物渗透系数（近似值）

岩石、沉积物、土壤	渗透系数/(m/d)	岩石、沉积物、土壤	渗透系数/(m/d)
黏土	<0.001	中砂	5～15
亚黏土	0.001～0.1	粗砂	15～50
亚砂土	0.1～0.5	砾石砂	50～100
粉砂	0.5～1.0	砾石	100～200
细砂	1～5		

参考文献

[1] 陈静生，汪晋三. 地学基础. 北京：高等教育出版社，2002.
[2] 赵烨. 环境地学. 北京：高等教育出版社，2007.
[3] 伍光和，田连恕，胡双熙，王乃昂. 自然地理学. 第三版. 北京：高等教育出版社，2000.
[4] 史培军，王静爱. 地学概论. 呼和浩特：内蒙古大学出版社，1989.
[5] 陈震. 水环境科学. 北京：科学出版社，2006.
[6] 黄锡荃. 水文学. 北京：高等教育出版社，2006.
[7] 王红亚，吕明辉. 水文学概论. 北京：北京大学出版社，2007.
[8] 邓绶林. 普通水文学. 第二版. 北京：高等教育出版社，1985.
[9] 刘俊民，余新晓. 水文与水资源学. 北京：中国林业出版社，1999.
[10] 朱颜明，何岩. 环境地理学导论. 北京：科学出版社，2002.
[11] 林炳营. 环境地学基础. 重庆：科学技术文献出版社重庆分社，1989.
[12] 徐宝棻，应振华. 地球概论教程. 北京：高等教育出版社，1983.
[13] 王礼先，朱金兆. 水土保持学. 第二版. 北京：中国林业出版社，2005.
[14] 刘伟. 厄尔尼诺事件多因素成因分析. 吉林大学博士学位论文，2005.

思考与练习

1. 简述按照矿化度分类和按照离子比例分类。
2. 什么是水的矿化度和硬度？
3. 天然水八大离子是哪些？
4. $C_{\mathrm{II}}^{\mathrm{Ca}}$的含义？
5. 承压水、上层滞水和潜水的区别是什么？
6. 各种特征库容和水位的含义是什么？
7. 按照湖水的营养物质可以把湖泊分为哪几类？
8. 绝对基面和测站基面的含义。
9. 海水盐度和氯度的概念和关系。
10. 什么是水的大循环和小循环，并简述水循环的重要意义。
11. 什么是水色和透明度，二者关系如何？
12. 什么是厄尔尼诺现象，它有什么规律？
13. 径流的特征值包括哪些？
14. 试论述各种推求正常年径流量的方法。
15. 试分析径流变化表征方法及我国径流变化特征。
16. 湖泊是怎样形成的？湖泊有哪些成因类型？

第五章 土 壤 圈

土壤是人类赖以生产和生活的基本自然资源之一，“万物土中生”，多数陆地植物均以土壤为生长基质，土壤是人类衣食住行的基础。土壤由于具有自净能力而成为在一定限度内容纳和消化污染物质的场所，土壤具有一定的环境容量；然而，很多地区的土壤已经受到不同程度的污染，急需开展污染土壤的生态修复理论和技术的研究；同时，生态环境脆弱地区的土壤由于不合理开发利用导致土壤退化乃至土壤资源枯竭问题更是日益严重。土壤的物质组成与性状、土壤的形成与发展以及土壤分类等都是上述科学问题研究的基础，更对土壤资源永续利用、人类社会世代繁衍具有重要意义。因此，本章将主要介绍土壤这些方面的基本知识。

第一节 土壤的基本特性

一、土壤的概念及土壤圈的意义

（一）土壤的概念

土壤（soil）：soil 来源于拉丁文“solum”，指地面或地表的物质。不同的学科给土壤下的定义并不相同，不同时代亦有所差别。多年来，对于土壤科学和农业科学来说，土壤是指覆盖于地球陆地表面具有一定肥力的能够生长植物的疏松层。肥力指土壤能够提供作物生长发育所需要的水分、养分和协调土壤中水、肥、气、热等生活条件的能力。近年来，随着经济社会的快速发展和全球环境问题研究的日益深入，人们对土壤概念的内涵、重要性和功能的认识，已经从土壤肥力扩展到土壤环境功能，并给土壤重新定义为：土壤是发育于地球陆地表面具有生物活性和孔隙结构的介质，是地球陆地表面的脆弱薄层（garrison sposito，1992）；或土壤是固体地球表面具有生命活动，处于生物与环境间进行物质循环和能量交换的疏松表层（赵其国，1996）。

（二）土壤圈的意义

土壤在地球表面断断续续地形成一个圈层，通常称为土壤圈。土壤圈是处于大气圈、岩石圈、水圈和生物圈之间的过渡地带，是联系有机界和无机界的中心环节。土壤是地理环境的重要组成部分，也是连接地理环境各组成要素的枢纽。土壤圈与其他圈层有千丝万缕的联系，具体如下。

① 与岩石圈关系　土壤是岩石圈表面在次生环境中发生元素迁移和形成次生矿物的近期堆积体，土壤的元素组成和矿物组成等直接受母岩的影响，具有一定的继承性；土壤对岩石圈有一定的保护作用，可减少其遭受各种外营力的破坏。

② 与大气圈的关系　通过气体与污染物的吸收、交换与释放影响大气圈的化学组成、水分与能量平衡；对全球气候变化也有一定影响，如水稻田排放甲烷，加剧温室效应。

③ 与生物圈关系　与生物之间通过吸收与归还形成污染物质及养分的循环，为植物生长提供水分、养分及理化条件；决定自然植被的分布；支持和调节生物过程；土壤圈的限制因素对生物产生不利影响。

④ 与水圈的关系　生长在土壤上的植被和土壤机械组成影响大气降水的截留、入渗，从而影响降水的再分配；土壤的物质组成影响水圈的化学组成；土壤圈物质的淋溶和淀积及各种反应过程和成土过程需要水的参与。

⑤ 与人类智慧圈的关系　人类的生存与发展依赖于农业，土壤是农业发展和植物生长的根基，没有土壤就没有绝大部分的植物的存在，也就没有人类衣食住行所需要的物质和能量的来源；人类生产生活过程中产生各种污染物质，土壤是污染物质在环境中的主要堆积场所；土壤具有缓冲、同化、积累、释放和净化性能。土壤环境研究已经成为土壤研究和环境研究的交叉领域和重要研究方向。

二、土壤组成特性

土壤由固相、液相、气相三种物质和土壤生物有机体组成。固相物质包括土壤矿物质和有机质。固相物质之间是形状、大小不同的孔隙，在孔隙中存在着液相物质水和气相物质土壤空气，同时生活着土壤生物体。土壤中各相物质所占据的容积，随时随地都在发生变化。可见，土壤是由矿物质、有机质、水分、空气等四种不同性质的物质和活的土壤生物有机体组成的彼此联系、相互制约的一个有机整体。

（一）土壤矿物质

土壤矿物质主要来源于成土母质，其质量占固体物质总质量的95%以上，被称为土壤的“骨骼”。矿物质是土壤的物质基础，矿物质风化分解后能释放出植物生长所需要的Ca、Mg、K、P等营养元素而直接影响土壤肥力。此外，它还影响着土壤许多重要的物理、化学性质，如吸附性、膨胀收缩性、黏着性和土壤结构及机械组成等。按其来源分为原生矿物和次生矿物两类。

1. 原生矿物

原生矿物直接来源于母岩，指在土壤形成过程中，只受到不同程度的物理风化未改变化学组成和构造的原始成岩矿物。长石、石英、云母、角闪石、黄铁矿等矿物为典型原生矿物，其中石英是土壤中含量最丰富的原生矿物。土壤中的粉砂粒和砂粒几乎全部都是原生矿物。

土壤中原生矿物的数量和类型主要取决于母岩类型、风化强度、成土过程和发育程度等，其种类主要有硅酸盐类矿物、铝硅酸盐类矿物、氧化物类矿物、硫化物和磷酸盐类矿物。一般情况下，土壤中原生矿物的抗风化顺序为：架状硅酸盐＞层状硅酸盐＞链状硅酸盐＞岛状硅酸盐。

2. 次生矿物

次生矿物是由原生矿物在成土过程中经风化后形成的新矿物，其化学组成和构造都发生改变，而不同于原来的原生矿物。次生矿物颗粒较细小，对于土壤离子交换、酸碱反应、保水保肥能力以及膨胀收缩特性都具有很大影响。根据次生矿物的组成、构造和性质可分为简单盐类、次生氧化物类和次生铝硅酸盐类三类。

简单盐类包括各种碳酸盐、重碳酸盐、氯化物、硫酸盐等，结晶构造较简单。次生氧化物类矿物常见的有氧化铁、氧化铝、氧化锰等。次生铝硅酸盐类包括伊利石类、蒙脱石类、高岭石类矿物等，其化学组成和结晶构造极其复杂。

（二）土壤有机质

土壤有机质指土壤中所有由生物来源的各种有机物质，包括动植物和微生物残体，这些生物残体不同分解阶段的产物，以及由分解产物合成的有机物和施入的有机肥等。土壤有机质含量不高，仅占土壤体积的12%或质量的5%左右，但它是土壤肥力高低的一个重要标志，同时很大程度上决定了土壤环境容量。土壤有机质可分为腐殖质和非腐殖质（非特异性土壤有机质）两类。

1. 腐殖质

生物残体经微生物分解，再缩合或聚合形成的一系列棕色或暗棕色高分子有机化合物即为腐殖质。腐殖质性质较稳定，较难为微生物所分解，其分子结构相当复杂，迄今仍在研究之中。腐殖质占有机质总量的50%～65%，主要由C、H、O、N、S、P等元素组成。腐殖质具有较强的络合作用，能与铁、铝、铜、锌等高价金属离子形成络合物，增强腐殖质的稳定性，增强抵抗微生物分解的能力，使腐殖质分解周转时间延长。其中，活性腐殖质和新形成的腐殖质，分解释放养分的能力较强。根据腐殖质颜色的不同，腐殖质可分为黄色腐殖质、棕色腐殖质和黑色腐殖质。依据腐殖质在不同溶剂中的溶解性能，可分为富里酸、胡敏酸、吉马多美朗酸和胡敏素等。其中，胡敏酸和富里酸是主要腐殖质，二者占腐殖质总量的60%左右。

胡敏酸和富里酸的异同点如下：①从元素含量看，胡敏酸含C、N、S含量较富里酸高，而O含量则较富里酸低，但不论是胡敏酸还是富里酸，中性土中N、S含量都高于酸性土。②胡敏酸溶于碱、不溶于酸和酒精、难溶于水，其钾、钠、铵的盐类易溶于水，而钙、镁、铁、铝两价以上的盐类难溶于水，其盐类易发生絮凝，形成良好的土壤结构。富里酸溶于酸和碱，易溶于水，它的低价和高价盐类均溶于水，因此，富里酸及其盐类易溶解而不易凝聚，对土壤矿物质有较强的破坏作用，不易形成良好的土壤结构。③胡敏酸的平均停留期为780～3000年，富里酸为200～630年。④浓度小的富里酸能促进植物根的发育和植物生长，表现出腐殖质的生理活性，而浓度高的腐殖质溶液非但表现不出生理活性，而且对植物生长还有明显的抑制作用。

2. 土壤非腐殖质

土壤非腐殖质是生物残体以及腐殖质在微生物作用下分解而形成的简单有机化合物，也叫普通有机质，包括碳水化合物、有机酸、木质素、蛋白质、含氮磷硫的有机化合物以及其他有机物。碳水化合物是极易被微生物分解的普通有机质，它是土壤微生物活动的主要能源物质。木质素多存在于较老的植物组织中，是一类极为复杂带有苯环结构的高分子化合物，难分解，也有人提出将其划分为腐殖质。蛋白质是植物组织中结构复杂的化合物，容易被微生物分解。普通有机质的分解产物是腐殖质形成的重要原材料或组成物质，是高等植物营养物质和微生物营养物质及能量的重要来源，在土壤中起着积极的作用。

3. 土壤有机质的重要作用

土壤有机质是植物营养元素的源泉，调节着土壤的营养状况，影响着土壤的水、肥、气、热的各种性状；同时腐殖质参与了植物的生理过程及生物化学过程，有对植物产生刺激或抑制的特殊能力，在土壤肥力和植物营养中有着巨大的作用。

① 土壤有机质是植物养料的源泉　土壤有机质含有丰富的植物所需要的重要营养元素，如碳、氢、氧、磷、硫、钾、钙、铁等，还含有一些微量元素，通过不断分解供植物吸收利用。例如，植物生长所需的CO_2，有70%～95%是有机质分解供给的；水稻吸收的氮素养料60%～80%来自土壤。同时，植物养分以腐殖质形态存在，有利于养分保蓄，减少淋溶损失，所以有机质是供应植物养料的物质基础。

② 土壤有机质具有离子代换作用、络合作用和缓冲作用　土壤有机质的羧基、酚羟基使有机胶体带负电荷，具有较强的代换性能，比矿物质代换量高十到几十倍，可以大量吸收保存植物养分，以免淋溶损失。土壤有机酸（如草酸、乳酸、酒石酸、柠檬酸等）、聚酚和氨基酸等都是络合剂，有机酸和钙、镁、铁、铝形成稳定络合物，能提高无机磷酸盐矿物的溶解性，二、三羧基羧酸与金属离子形成稳定络合物的能力较强，有活化土壤微量元素的作用。土壤有机胶体是一种具有多价酸根的有机弱酸，其盐类具有两性胶体的作用，有很强的缓冲酸碱化的能力。

③ 土壤有机质能改善土壤物理性质　土壤有机质几乎对所有的土壤物理性质都有良好

的影响，腐殖质是很好的胶结剂，能使土粒形成良好的团粒结构，从而使土壤通透、疏松，减少黏着性，改善耕性。腐殖质色暗，可加深土壤颜色，增强土壤吸热能力，同时其导热性小，有利于保温，使土温变化缓和。

④ 土壤有机质促进植物生长发育　土壤有机质中含有许多对植物生长发育起促进作用的物质，如维生素 B_1 和维生素 B_2、激素和抗生素（青霉素、链霉素）等。这些物质的作用在于提高植物氧化、还原酶的活性，提高吸收养分的能力，加强呼吸作用。

（三）土壤水和空气

土壤水分、空气和热量是土壤肥力因素中密切相关的三个因素，其中水与空气的动态变化最为活跃，它们同处于土壤孔隙中，二者在土壤容积上互相消长，从而影响土壤中温度和养分状况的变化。

1. 土壤水

土壤水（soil moisture）是土壤的重要组成部分。土壤水分按照存在相态划分为液态、固态和气态三种。液态水按其存在形态又可分为吸湿水、膜状水、毛管水、重力水等几种类型（见水部分）。

（1）土壤水的重要性

土壤水具有很大的流动性，它的运动变化对土壤肥力起到重要作用，它不仅是植物生活不可缺少的生存因子，它还和可溶性盐构成土壤溶液，成为向植物供给养分和土壤中污染物质迁移转化的介质。水分不足植物会凋萎；水分过高，空气受到排挤，造成土壤缺氧，肥力下降。自然条件下土壤保持的水分含量称为土壤含水量，在北方地区通俗称为土壤“墒情”。同时，土壤水也是土壤中热量传递的主要载体，进而影响土壤温度在垂直方向上的变化。更影响土壤污染物的迁移转化。可见，土壤水的储存、运动和变化对土壤环境影响很大。

（2）土壤水的来源

土壤水分主要来自大气降水、灌溉水、地下水、地表径流等。大气降水是土壤水的最主要来源，也是一切土壤水的原始补给源。在有人工灌溉水补给的地方，灌溉水是重要补给源，在地下水水位高的地方，尤其在有河床高于地面的地区，地下水是重要补给源。

（3）土壤水的消耗

土壤水分的消耗主要有土壤蒸发、植物吸收和蒸腾、水分渗漏和径流损失等，其中地面蒸发和水分渗漏最为重要。土壤水分的蒸发分为两个阶段。第一阶段是在大气物理条件下，即在日照、气温、相对湿度、风速等起决定作用的条件下，土壤水分由饱和状态降低到田间持水量；第二阶段是在土壤本身特性起决定作用的条件下，土壤水分从田间持水量进一步下降到更低含水量的过程。例如，毛管孔隙多的土壤，其土壤水分不断通过毛管蒸发而损失；团粒结构、非毛管孔隙多的土壤，毛管蒸发弱、水分消耗慢。

（4）土壤水的有效性

只有部分土壤水分是植物可以吸收的，能够被植物所吸收的水分，称为土壤有效水。土壤水分有效性主要受土壤质地、结构、有机质含量、植物种类等因素影响。土壤水分常数常用来说明土壤含水量、持水能力，及研究土壤水分状况和土壤水对植物的有效性。土壤水分常数主要包括吸湿系数、凋萎系数、田间持水量等。其中，田间持水量和凋萎系数的差值就是植物可利用的土壤水范围，称为土壤有效水范围。田间持水量是土壤能相对稳定保持的最高水量，也是对作物有效的最高含水量指标，常被用作灌溉水的上限，约为吸湿系数的 2.5 倍（吸湿系数指干土从相对湿度接近 100%的空气中吸收水汽的最大量）。凋萎系数指导致植物产生永久性凋萎时的土壤含水量。当含水量低于凋萎系数时，植物将枯萎死亡。因为凋萎系数因植物种类不同而有较大差异，目前农业上常用向日葵作为测定凋萎系数的植物，也可用吸湿系数乘以 1.34 作为凋萎系数的粗略值。不同土壤，其土壤水有效性不同。砂质土持水量小，有效水范围小，黏质土田间持水量虽高于壤土，但凋萎系数高，有效水范围也小于壤土，所以壤土有效水范围最大。有机质持水量大，但对水分吸持力强，凋萎系数也高，所以有机质含量只能在一定程度上才能增大有效水范围。粒状结构的土壤田间持水量大于无结构的土壤，因而有效水范围较大。

2. 土壤空气

(1) 土壤空气的组成

土壤孔隙中存在着的各种气体混合物称为土壤空气。土壤空气主要来源于环境空气，存在于未被水占据的土壤孔隙中。土壤中经常发生各种化学反应和生物作用，使得土壤空气和环境空气在数量或组成上既有相似之处，又有显著差别。

土壤空气与环境空气组分异同如下：①土壤空气中氧气含量比大气中低，这是由于根系呼吸和好氧微生物代谢消耗土壤空气中的氧气所致，这在土壤与大气间交换不畅的情况下尤为明显。一般，近地大气中氧气含量为 20.97%，而土壤空气中氧气含量为 18.0%～20.03%。Clark 和 Kemper 的研究表明，裸地氧气消耗量为 2.5～5.0g/(m^2・d)，有作物生长的农地氧气消耗量约为裸地的两倍。Currie 在研究中发现，氧气消耗速率是二氧化碳产生速率的 60%～70%，夏天蔬菜地氧气消耗量最大可达 24g/(m^2・d)。②土壤空气中二氧化碳含量较大气中高，由于二氧化碳是植物根系呼吸作用及微生物对土壤中含碳有机物分解的产物所致，故在根系呼吸作用和微生物活动强烈且通气不良的土壤中，二氧化碳的浓度常高于环境空气中二氧化碳浓度的数十倍至几百倍。大气中二氧化碳平均为 0.03%，而土壤空气中其含量要高得多，约为 0.15%～0.65%。Monteith 等的研究表明，无植被覆盖的黏土的二氧化碳的释放量冬季为 1.5g/(m^2・d)，夏季为 6.7g/(m^2・d)。Currie 测得裸地冬天二氧化碳的释放量为 1.2g/(m^2・d)，夏季为 16g/(m^2・d)，蔬菜地二氧化碳冬夏释放量分别为 3.0g/(m^2・d) 和 35g/(m^2・d)。③土壤空气中水汽含量比大气中高，土壤空气经常为水汽所饱和，其相对湿度一般接近 100%。④土壤空气中含有较多的还原性气体。通常，大气中还原性气体是较少的。当土壤通气不良时，由于嫌气微生物作用和还原反应的进行，土壤中会产生甲烷、硫化氢、氢、氨等还原性气体。如果是受到污染的土壤，土壤空气中还可能存在相应的污染物质。⑤二者主要成分都是 N_2、O_2 和 CO_2。⑥二者 N_2 含量接近。

(2) 土壤空气的交换过程

土壤空气组成的变化过程就是土壤空气的交换过程，它主要包括彼此制约、相互协调的浊化过程和更新过程。

① 土壤空气的浊化过程　指土壤中不断消耗 O_2、产生 CO_2 及其他有害气体的过程，这主要由生物的生命活动引起。高等植物和微生物的生命活动消耗 O_2，释放 CO_2，这使得土壤空气中 O_2 和 CO_2 含量随着时间和剖面深度发生动态变化。通常，土壤空气中 CO_2 含量随土层加深而急剧增加，O_2 则相反。

② 土壤空气的更新过程　指 CO_2 及其他有害气体从土壤中排出、O_2 进入土壤的过程，主要决定于气体扩散、流动及土壤的通气性。a. 气体的扩散作用，由于土壤中氧气和二氧化碳的浓度不同，根据气体运动规律，气体总是从浓度高的地方向浓度低的地方扩散，大气中氧的浓度高，可不断进入土壤中，而土壤中二氧化碳浓度高，不断向大气中扩散。土壤这种扩散机制，好像生物呼吸作用吸入氧气，吐出二氧化碳一样，所以把它称为“土壤呼吸作用”。b. 气体的流动，主要指外界风、气压、温度、降水或灌溉等条件的变化使土壤空气和大气之间由总压力梯度推动而发生的气体整体流动。如，大气压力上升，部分气体进入土壤孔隙；土壤温度高于大气温度，土壤空气进入大气。c. 土壤的通气性，土壤空气与大气间的气体交换及土体内部允许气体扩散和流通的性能，称为土壤通气性。土壤通气性与土壤孔隙、质地结构、土壤含水量等密切相关。土壤孔隙状况是土壤空气与大气交换能否畅通的主

要因素。而土壤孔隙又有毛管孔隙和非毛管孔隙之分。保持在毛管孔隙中的空气很难与大气进行交换，土壤通气性主要取决于土壤中通气孔隙的多少。若土壤中通气孔隙量超过10%，而且分布均匀时，即使毛管中充满水分，土壤通气仍然良好。d. 气候变迁、昼夜温差、生物活动等也影响土壤空气和近地面大气之间的气体交换。

土壤中水和气是一对矛盾，土壤中水分多了，土壤气体就少了，而且大气和土壤之间的气体交换过程也受到阻碍。如果土壤全部淹水，空气只能通过土壤孔隙水中的分子扩散进入土壤，其扩散速度要比干土慢一万倍。土壤为水饱和75min后，水中氧的浓度降低为其原来值的1%。土壤淹水后6～10h内，氧气即降至接近于零。所以当土壤水分过多、通气不良时将造成不良后果。如，好气性微生物不能正常活动，只有嫌气性和兼气性微生物能够活动，这将降低有机质分解速度，且分解产物多呈还原态，对植物有毒害作用。植物根系也因氧气不足而减少呼吸能量，降低对水分和养分的吸收能力，引起缺乏营养元素等症状。所以，调节水、气在土壤中的比例是提高土壤肥力的重要措施。

三、土壤形态特性

土壤形态是土壤的外部特征，包括土壤剖面构造、土壤颜色、质地、结构、孔隙状况等，这些特征可以通过观察者的感觉来认识。土壤形态特性是各种成土因素作用下成土过程的外部表现，是土壤野外鉴别的基础。

（一）土壤剖面及土壤发生层

从地面垂直向下的土壤垂直断面称为土壤剖面（soil profile），土壤剖面中的各个层次是土壤形成过程中产生的，称为土壤发生层，简称土壤层，它表现出程度不同的水平状存在。土壤层的颜色、质地、结构和物质组成均有差异，它是母质在成土作用下分化而成的。现对自然土壤和耕作土壤剖面分别加以说明。

1. 自然土壤剖面

发育良好的自然土壤剖面大致具有有机质层、淋溶层、淀积层和母质层等四个主要的土壤发生层，如图5-1所示。严格地说，母质层不应称作土壤发生层，因为它不是成土作用产生的，这里只是把它作为土壤剖面的重要成分与主要发生层列在一起。

土层代码	土层名称	传统名称
O	覆盖层（枯枝落叶层）	A_0
H	泥炭层	
A	腐殖质层	A_1
E	淋溶层	A_2
B	淀积层	B
C	母质层	C
R	母岩层	D

图5-1　自然土壤剖面构型的一般综合图式

（1）有机质层

一般出现在土壤表层。根据有机质的聚集状态，可以将有机质层细分为覆盖层、泥炭层和腐殖质层。

a. 覆盖层　以O表示，在通气干燥的条件下，植物残体不能完全分解，在地面上形成以分解和半分解的有机质为主的土层，由地面上的枯枝落叶堆积而成，又称枯枝落叶层。它的成土过程是枯枝落叶堆积过程。森林土壤覆盖层最明显。

b. 泥炭层，以 H 表示，在长期水分饱和的情况下，湿生植物残体在表面累积形成的一种有机质层。它是在泥炭化过程中形成的。

c. 腐殖质层　以 A 表示，该层植物根系、微生物等生物活动最集中，有机质丰富，颜色深暗，一般具有团粒结构，并富含有机养分。在温暖干旱的气候条件下，表土仅有微弱的有机质累积或根本没有有机质的累积，表层的颜色可能比邻近的下层淡。

（2）淋溶层

以 E 表示，传统代码为 A_2，本书以国际代码 E 表示。随着上层水分的下渗，水溶性物质和细小土粒向下层移动，产生淋溶作用。淋溶是指物质随渗透水在土壤中沿土壤垂直剖面向下的运动。在淋溶作用强烈的土壤中，不仅易溶性物质 K、Na、Ca、Mg 等从此层淋失，而且难溶性物质如 Fe、Al 和黏粒也发生变化而下移，因此此层中只留下最难移动、抗风化力最强以石英为主的矿物颗粒。因此，淋溶层颜色浅淡，一般呈灰白色，土壤颗粒较粗，主要由砂粒和粉砂粒组成。

（3）淀积层

以 B 表示，是承受由淋溶层淋溶下来的物质淀积而形成的土层，质地黏重，较紧实，矿物养分比较丰富，呈棕色或棕红色。B 层对应着各种不同的成土过程。通常用一个下标小写字母来限定它的成土过程，以便在剖面定性描述中使它有足够的内涵，如黏化 B 层，以 B_t 表示。

（4）母质层

以 C 表示，由岩石风化碎屑残积物或堆积物组成。它是土壤发育的母体，是风化过程产生的，风化是地质过程而非土壤过程。

（5）C 层以下是未经风化的坚硬岩层，即 R 层

在具体剖面中，除划分上述基本层次外，可出现一些亚层以及一些特殊层次，如潜育层、钙积层等。由于自然因素和人为干扰，自然土壤剖面的发生层可能不具有上述所有的土层，其组合情况也会发生变化。如，发育短的土壤可能出现剖面中只有 A—C 层；坡麓部位可能会出现 A—B—A—B—C 层的形式；受风蚀或水蚀影响大的地区土壤表土被侵蚀，产生 B—C 层的形式。

2. 耕作土壤剖面

自然土壤经过人为耕作就变成耕作土壤，在耕作土壤中，旱耕地和水耕地由于开发利用方式不同，耕作、水分等的差异，其土壤剖面也明显不同，由上至下其层次如图 5-2 所示。

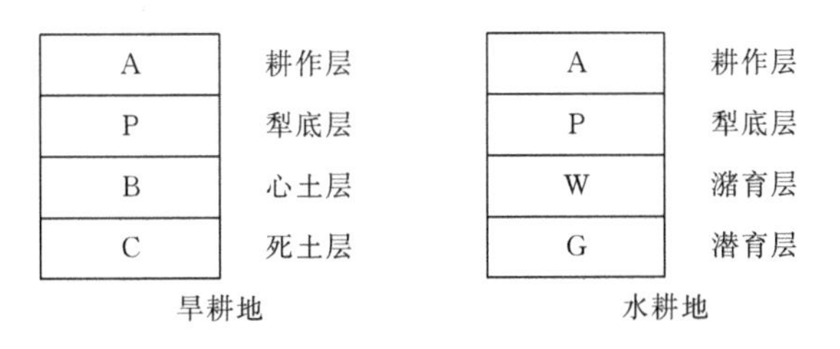

图 5-2　耕作土壤剖面示意图

① 旱耕地土壤剖面

a. 耕作层，以 A 表示，又称表土层，厚度 10～20cm，由于受耕作、施肥和灌溉的影响，土质疏松多孔，土块细碎，含有机质较多，颜色较深。

b. 犁底层，以 P 表示，又称亚表土层，位于耕作层之下，为耕犁翻耕土地的底部，其厚度 10～15cm，颜色浅，有机质含量少，土层坚实，相对于耕层而言质地较黏重。

c. 心土层，以B表示，又称生土层，厚度20～30cm，土壤熟化程度不够，不利于作物生长，只有少量植物根系分布在该层，土层更加紧实，有机质含量极少，颜色浅。

d. 死土层，以C表示，又称底土层，相当于自然土层的C层，不受耕作的影响。

② 水耕地土壤剖面　水耕地土壤由于长期种植水稻，受水浸渍，并经历频繁的水旱更替、水耕水肥和旱耕旱肥交替，形成了与旱耕地土壤不同的剖面构型。一般水耕地土壤剖面可划分为耕作层（以A表示）、犁底层（以P表示）、潴育层（以W表示）、潜育层（以G表示）等土层。

随着土壤形成过程的进行，原来均质的母质发生分异，形成不同的土壤发生层。各土壤发生层都与其上下土层有着发生上的层位关系。如，机械淋洗过程形成黏粒淀积的黏化B层，其上部必然存在一个黏粒迁出的淋溶层。不同的土壤发生层的组合构成了各种各样的土体构型，也就是各种各样的土壤类型。

主要土壤发生层的修饰字母如下：

在土层大写字母的右下角附加一个或两个小写字母可修饰命名主要土层，以进一步明确该土层的特性，如 B_t 表示一个黏化层，B_{tg} 表示该层有黏化现象和潜育化现象，下标字母一般不超过两个。用来修饰主要土层的下标字母及含义如下。

a：高分解有机质，如Oa。

b：埋藏或重迭土层，如 B_{tb}。往往由于表面堆积作用造成原来的土层被埋藏起来，在此情况下，被埋藏的土层即用b表示。

c：指结核状累积，此字母常与表明结核化学性质的其他字母结合应用，如 B_{ck}。

g：反映氧化还原过程所形成的具有锈纹、锈斑或铁锰结核的土层。

h：指自然土壤剖面矿质土层中有机质的积累，如 A_h、B_h。

k：指碳酸盐的聚积，如 B_k。

m：指土层被胶结、固结、硬结，常与指示胶结物化学性质的字母联合使用，如 C_{mk} 表示C层中的石灰结磐层。

n：交换性钠的累积，如 B_{tn} 表示碱化层。

p：耕作层，如 A_p 表示耕层。

q：指硅质聚积，如 C_{mq} 表示C层已为硅质胶结成硅化层。

r：指地下水影响产生的强烈的还原作用而形成的土层，如 C_r。

s：指铁、铝、锰等氧化物的累积，如 B_s。

t：指黏粒淀积，如 B_t。

u：当主要土层A和B不被其他小写字母修饰，但必须在垂直方向上续分为亚土层时加u。加u无特别意义，只是为了避免与旧的标志系统 A_1、A_2、A_3、B_1、B_2、B_3 混淆。在A层与B层不需要划分为亚土层时，则无需加u。

w：指B层中就地发生了结构、颜色、黏粒含量变化的就地风化过程，而非淀积性土层。

y：指石膏聚积，如 B_y。

z：比石膏更易溶解的盐分的累积，如 A_z。

3. 土壤剖面的挖掘

挖掘主要土壤剖面时，首先在已经选好点的地面上画个长2m、宽1m的长方形，挖掘深度要求2m。但是，对于不同地区的不同土壤，要有不同的深度要求，通常，对于土层较薄的土壤，只要挖掘到母岩或母质层即可；对盐渍土，挖到地下潜水位为限；对于耕作土壤剖面，规格可小一些，一般长宽深分别为1.5m、0.8m和1m，或根据科研需要确定土壤剖面具体规格。

挖掘时，要将观察面留在向阳面以备观察，观察面要垂直于地面，土坑的另一端应挖成阶梯状以备上下土坑时用，挖掘的土要堆放在土坑两侧。

（二）土壤质地

土壤由大小不等的土壤颗粒组成，按一定的粒径大小及其性质变化将土粒分为若干组，称为土壤粒级。由于土壤粒级的划分标准不同，就产生了多种粒级分级体系。目前，国内外主要的粒级分级系统见表 5-1。各分类系统通常将粒级划分为石砾、砂粒、粉粒和黏粒四个级别。土粒粒级不同，其成分和性质也随之不同。石砾和砂粒几乎全部由原生矿物组成，粉粒的绝大部分也是原生矿物，黏粒则主要是次生矿物。粒径小于 0.01mm 的颗粒才具有明显的吸湿性和可塑性，膨胀性突然剧增，渗透速度急剧减小，水分吸持量明显增大。粒径小于 0.001mm 的颗粒才具有胶体性质。粒径小于 0.002mm 的颗粒在溶液中才表现出布朗运动的特征，并且不受重力影响而自由沉降，其组分中未风化的原生矿物比较少。

表 5-1　国内外主要土壤粒级分级系统简表

<table>
<tr><th rowspan="2">粒径/mm</th><th rowspan="2" colspan="2">中国制</th><th rowspan="2" colspan="2">国际制</th><th rowspan="2">美国农部制</th><th rowspan="2" colspan="3">俄罗斯卡庆斯基制</th><th colspan="4">日本</th><th rowspan="2" colspan="2">英国标准局和麻省理工学院制</th></tr>
<tr><th colspan="2">农林省制</th><th colspan="2">农学会制</th></tr>
<tr><td>>3</td><td colspan="2" rowspan="3">石砾</td><td colspan="2" rowspan="2">石砾</td><td rowspan="2">石砾</td><td colspan="3">石块</td><td colspan="4" rowspan="2">石砾</td><td colspan="2" rowspan="2">石砾</td></tr>
<tr><td>3～2</td><td rowspan="10">物理性砂粒</td><td colspan="2" rowspan="2">石砾</td></tr>
<tr><td>2～1</td><td rowspan="9">砂粒</td><td rowspan="4">粗</td><td>极粗砂粒</td><td rowspan="10">砂粒</td><td rowspan="6">粗</td><td rowspan="9">砂粒</td><td rowspan="4">粗</td><td rowspan="8">砂粒</td><td rowspan="2">粗</td></tr>
<tr><td>1～0.6</td><td rowspan="7">砂粒</td><td rowspan="3">粗</td><td rowspan="2">粗砂粒</td><td rowspan="7">砂粒</td><td rowspan="2">粗</td></tr>
<tr><td>0.6～0.5</td><td rowspan="3">中</td></tr>
<tr><td>0.5～0.25</td><td>中砂粒</td><td>中</td></tr>
<tr><td>0.25～0.2</td><td rowspan="4">细</td><td rowspan="5">细</td><td rowspan="2">细砂粒</td><td rowspan="4">细</td><td rowspan="5">细</td></tr>
<tr><td>0.2～0.1</td><td rowspan="3">细</td></tr>
<tr><td>0.1～0.06</td><td rowspan="2">极细砂粒</td><td rowspan="4">细</td></tr>
<tr><td>0.06～0.05</td></tr>
<tr><td>0.05～0.02</td><td rowspan="4">粉粒</td><td rowspan="2">粗</td><td rowspan="5">粉粒</td><td rowspan="6">粉粒</td><td rowspan="2">粗</td><td rowspan="6">粉粒</td><td rowspan="2">粗</td></tr>
<tr><td>0.02～0.01</td><td colspan="2" rowspan="4">粉粒</td><td rowspan="8">物理性黏粒</td><td colspan="2" rowspan="2">粉粒</td></tr>
<tr><td>0.01～0.006</td><td rowspan="2">细</td><td rowspan="2">中</td><td colspan="2" rowspan="4">粉粒</td><td rowspan="2">中</td></tr>
<tr><td>0.006～0.005</td><td colspan="2" rowspan="6">黏粒</td></tr>
<tr><td>0.005～0.002</td><td rowspan="5">黏粒</td><td rowspan="4">粗</td><td rowspan="2">细</td><td rowspan="2">细</td></tr>
<tr><td>0.002～0.001</td><td colspan="2" rowspan="4">黏粒</td><td rowspan="4">黏粒</td></tr>
<tr><td>0.001～0.0005</td><td rowspan="3">黏粒</td><td>粗</td><td colspan="2" rowspan="3">黏粒</td><td colspan="2" rowspan="3">黏粒</td></tr>
<tr><td>0.0005～0.0001</td><td>细</td></tr>
<tr><td><0.0001</td><td>黏粒</td><td>胶质</td></tr>
</table>

自然界的土壤没有一种是完全由单一粒级的土粒组成的，而是有的土壤含砂粒多，有的土壤含黏粒多，有的含粉粒多一些，这样就出现了各种各样的粒级组合形式。

各粒级在土壤中所占的相对比例或质量百分数，称为土壤质地（soil texture），又叫土壤机械组成。土壤质地的分类和划分标准各国不统一，最常见的有国际制、美国农部制和俄罗斯威廉斯-卡庆斯基制。国际制和美国农部制均将质地分为 4 类 12 级，俄罗斯威廉斯-卡庆斯基制采用双级分类制（基本分类和详细分类），即按照物理性砂粒和黏粒的质量分数将土壤质地划分为 3 类 9 级——基本分类，在基本分类基础上把 9 个质地类别进一步划分为 39 个详细类别——详细分类。在我国，20 世纪 30 年代熊毅提出了一个较为完整的质地分类，即将土壤分为砂土、壤土、黏壤土和黏土四组共 22 种质地；1978 年我国土壤质地分类暂行方案将其分为砂土、壤土和黏土三组共 11 种质地；邓时琴于 1986 年对 1978 年分类作了修改，提出了我国现行的土壤质地分类系统，见表 5-2。

表 5-2　我国土壤质地分类简表

质地组	质地名称	颗粒组成		
		砂粒(0.05～1mm)	粗粉粒(0.01～0.05mm)	黏粒(<0.001mm)
砂土组	极重砂土	>80%	—	<30%
	重砂土	70%～80%		
	中砂土	60%～70%		
	轻砂土	50%～60%		
壤土组	砂粉土	≥20%	>40%	
	粉土	<20%		
	砂壤土	≥20%	<40%	
	壤土	<20%		
	砂黏土	≥50%	—	≥30%
黏土组	轻黏土	—		30%～35%
	中黏土			35%～40%
	重黏土			40%～60%
	极重黏土			>60%

砂土的土壤颗粒中砂粒占优势，土壤中的大孔隙多，毛管作用弱，通气透水性强，有机质分解迅速彻底，不易积累，保水保肥能力差；疏松易耕作；热容量小，温度变化剧烈，易受干旱和寒冻威胁；主要矿物成分是石英；含养分少，要多施深施有机肥。

黏土的土壤颗粒中黏粒占优势，黏土的毛管孔隙多，通气透水性差，有机质分解缓慢利于积累，养分含量丰富，保水保肥能力强；质地黏重，不易耕作；蓄水多，热容量大，土体紧实板结，耕作费力。

壤土所含的砂粒、粉粒和黏粒的含量较适中，具有一定数量的非毛管孔隙和适量的毛管孔隙，兼有砂土和黏土的优点，即不仅通气、透水性能良好，而且蓄水、保肥和供肥能力强，是农业上的理想土壤。以土壤的持水能力而言，砂土保持水分最少，黏土最多，壤土中等。

上砂下黏的土壤利于耕作、发苗，托水保肥，被称为“蒙金地”。

上黏下砂的土壤则不利于耕作、发苗，又漏水漏肥，对作物生长不利，易造成作物减产和区域严重的生态环境问题。

野外鉴定土壤质地，一般用目视手测的简便方法，其参考标准见表 5-3。

表 5-3　土壤质地目视、手测法标准（根据卡庆斯基分类）

质地名称	目视或放大镜判别	干摸时状况	湿揉时特征
砂土	主要是砂粒，有石英、云母、角闪石等，粒散疏松	指间有砂粒粗糙感，有沙沙声，放在手上会从指缝间自动流下	有砂感，无可塑性，不能搓成条、团或球状、片状
砂壤土	主要为粉砂粒，砂砾含量较少，含极少部分黏粒	疏松，摸时指间有明显的砂感	在一定湿度下，可搓成球，不易搓成土条，或勉强搓成土条，也一碰即碎
轻壤土	主要为粉砂，含黏粒较少，含较少砂和细砂粒	较疏松，干时成土块，但不坚硬，易碎，指间有砂质感，无沙声	可搓成土条，但提起时即断
中壤土	黏粒成分增加，砂粒减少	干时结成块，不易弄碎，手模时有均质感，不粗糙	可搓成细条，并可弯曲成环状，但有裂痕，压扁时有断裂
重壤土	黏粒较中壤增加	干时结成大块，坚硬，不易弄碎，均质，有细感	可搓成细长条，并能弯成环状，无裂痕，或微有裂痕，压平时有大裂缝
黏土	主要为黏粒，砂粒极少	干时坚硬，棱角明显，极不易弄碎，表面有细腻感，有光泽或附有胶膜，细土可进入指纹内，不易擦净	有细腻感，可塑性强，可搓成任何形状，搓成细长条，弯成环状而无裂痕

（三）其他形态特征

1. 土壤颜色

土壤颜色是土壤物质组成及其内在性质的外在体现，是土壤层外表形态特征最显著的标志。为了对土壤颜色进行科学描述，目前普遍采用以门塞尔颜色系统为基础的标准色卡比色法来鉴别土壤颜色。许多土壤都是根据颜色命名的，如红壤、黄壤等。有机质、矿物质、水分、质地、生物活动、温度等因素都能影响土壤颜色，其中土壤的化学组成和矿物组成是关键的影响因素。

土壤的各种颜色表明土壤的不同特性：黑色表示含有大量有机物质；红色表示含有氧化铁，而且排水越好，红色越强；黄色是水化氧化铁聚集的结果；白色显示有盐分聚集；棕色表示聚集了大量的黏土矿物或不同比例混合了红黄白黑等颜色的物质；紫色表示含有高的氧化锰。

2. 土壤结构

土壤颗粒很少呈单粒存在，通常会聚积成大小不一、形状不同的团聚体（aggregates）。各团聚体的组合排列形式及其所产生的综合性质称为土壤结构（Soil structure）。不同土壤或同一土壤不同层次往往具有不同的土壤结构。按土壤团聚体的大小及其几何形态，土壤结构主要包括六大类：粒状结构、块状结构、柱状结构、片状结构、团聚状和大块状结构，见图 5-3。还有松散未胶结的土壤单粒，无结构。

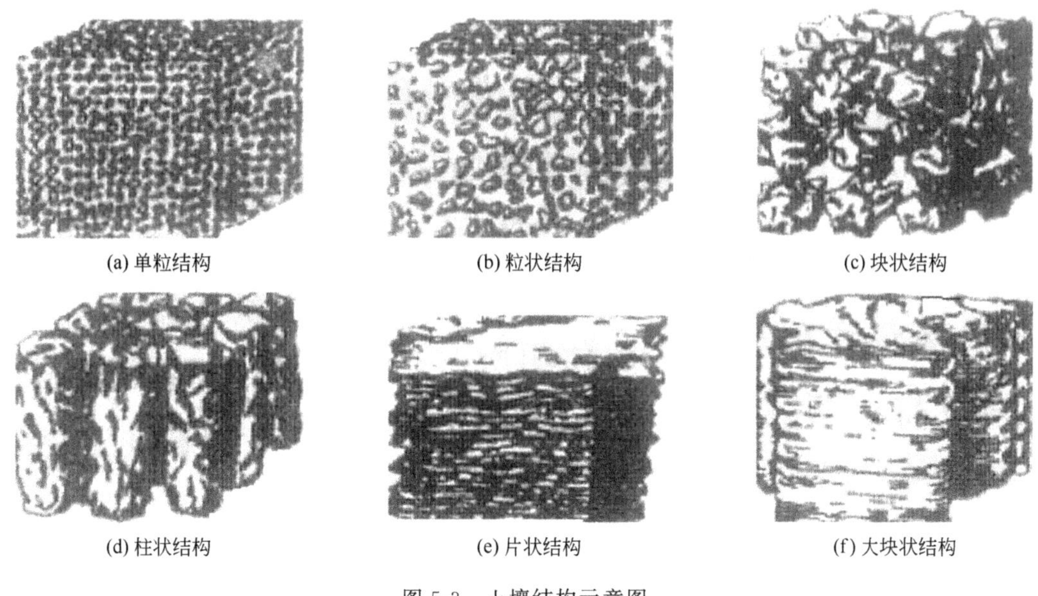

图 5-3　土壤结构示意图

① 粒状结构　团聚体的三轴等距延伸呈球形，有平或弯曲的表面，棱角不明显，多形成于表土层。

② 块状结构　团聚体的三轴平均发展，外形不规则，边面不明显，多见于心土层。

③ 柱状结构　团聚体沿纵轴伸展，水平轴极不发育，多见于干旱土壤的亚表层和耕作土壤的犁底层。

④ 片状结构　团聚体横轴大于纵轴，土粒排列成片状、板状、页状或鳞片状，多见于老耕地的犁底层。

⑤ 大块状结构　团聚体的三轴平均发展，外形不规则，边面较明显且结构体巨大，多见于半干旱半湿润地区土壤的心土层或底土层。

⑥ 团粒结构　土壤胶结成粒状和小团块状，大体成球形，常见于表土，是肥沃土壤的结构形态。

3. 土壤孔隙状况

土壤中存在大小及其分布状况和形状不同的孔隙。按照孔隙大小可分为细孔隙、中孔隙和大孔隙三种。土壤孔隙直径小于0.1mm的为毛管孔隙。按照多少常分为少孔隙、多孔隙和极多孔隙三种。土壤孔隙状况用孔隙度表示，即单位容积土壤中孔隙容积所占的百分数。土壤孔隙度与土壤质地、有机质含量和土壤结构等密切相关。一般情况下，砂土、壤土和黏土的孔隙度分别为30%～45%、40%～50%和45%～60%；有机质多的土壤孔隙度也高，大孔隙也较多；有良好团粒结构的土壤，其大小孔隙比例适中。孔隙度越大可容纳的水量越多，通气性越好。土壤孔隙度的高低只反映土壤孔隙的总量，不能说明孔隙的大小、分布和性质等状况，而土壤孔隙的这些状况直接影响土壤中水分和土壤空气的状况、污染物的迁移转化和作物生长等，对环境科学和农业科学非常重要。

土壤孔隙的形状、直径和连通性质千变万化，相当复杂而难以研究。人们根据当量孔径d（mm）将土壤孔隙分为无效孔隙、毛管孔隙和通气孔隙三类。土壤孔隙当量孔径指与一定的土壤水吸力H(hPa）相当的孔径。当量孔径与土壤水吸力的关系式如下：

$$d=\frac{3}{H}$$

式中，d为当量孔径，mm；H为土壤水吸力，hPa（100Pa）。

可见，土壤当量孔径与水吸力呈反相关，当量孔径越小，土壤水吸力越大，每一种当量孔径对应一定的土壤水吸力，如当土壤水吸力为1000Pa时，当量孔径为0.3mm。

无效孔隙，是土壤中的微细孔隙，当量孔径小于0.002mm，土壤水吸力大于1.5×10^5Pa。这种孔隙内没有毛管作用，也不能通气，几乎总是充满无效水，作物不能吸收利用其水分。

毛管孔隙，是土壤中的中孔和细孔，当量孔径在0.002～0.02mm之间，土壤水吸力为1.5×10^4～1.5×10^5Pa之间，具有毛管作用，水分可借助毛管力保持在土壤中，并可发生运动，对植物来说是有效水。

通气孔隙，是土壤中的粗孔隙，当量孔径大于0.02mm，土壤水吸力小于1.5×10^4Pa，不具有毛管作用，经常充满空气，许多植物的细根可深入其中。通气孔隙的多少直接影响土壤通气和透水能力。

四、土壤环境特性

（一）土壤胶体及其吸附性能

1. 土壤胶体概念和类型

土壤是由大小不同的土壤颗粒所组成的分散相体系，按照土壤颗粒的大小可以将土壤分散体系分为土壤溶液和土壤胶体两大类。土壤胶体按其成分和特性主要分为三种：次生矿物和简单氧化物等构成的土壤无机胶体（也称矿质胶体）、腐殖质和有机酸等有机化合物构成的土壤有机胶体、土壤腐殖质和黏土矿物通过混合和吸附结合在一起而形成的有机-无机复合胶体。

2. 土壤胶体的性质

① 具有巨大的比表面面积和表面能　土壤比表面面积指单位质量土壤颗粒所有表面的面积之和，土壤颗粒物越小，其比表面面积越大。随着土壤粒径的减小，土壤胶体性质会逐渐增强。土壤胶体具有一般胶体的特性，即具有巨大的比表面面积和表面能，使土壤具有物理吸附性和可塑性等性质。

② 土壤胶体的电化学特性　土壤胶体一般带有负电荷，少数带正电荷或是两性胶体。

土壤胶体的核心部分为胶体微粒核，微粒核的表面分子向介质溶液解离离子而带有电荷，形成内离子层；在其外层则吸引相反电荷的离子形成外离子层；外离子层的离子随距离内层远近不同而受到电性引力大小不同，距离远的受电性引力较小，活动性大，并逐渐向介质溶液中过渡，并易为溶液中带有相同电荷的其他离子所置换。

3. 土壤胶体阳离子交换吸附的概念和特点

带负电荷的土壤胶体从土壤溶液中吸附相反电荷的离子（阳离子），在一定条件下，与土壤溶液中的阳离子进行交换，这就是土壤胶体阳离子交换吸附。阳离子交换吸附特点如下。

① 是可逆反应，并能迅速达到平衡。当离子交换反应达到平衡后，如果溶液的离子组成或浓度改变，则胶体上的离子就要和溶液中的离子产生交换，方程式如下：

$$\boxed{X}—Ca^{2+} + 2NaCl \rightleftharpoons \boxed{X}—2Na^{+} + CaCl_2$$

式中，$\boxed{X}$表示胶体；$\boxed{X}—Ca^{2+}$表示土壤胶体吸附了一个二价的钙离子；$\boxed{X}—2Na^{+}$表示土壤胶体吸附了两个一价的钠离子；NaCl是土壤溶液中的溶质。下同。

② 阳离子交换作用按当量定律进行，即离子间的交换以离子价为依据进行等价交换，如40g钙离子（1mol）可以交换46g钠离子（2mol）。

③ 交换受温度和土壤水分状况影响，与交换点位置直接相关。外表面上的交换可瞬时发生，一小时内达到平衡；内表面上的交换需要很长时间才能达到平衡，因为离子在到达交换点前需要在晶层间隙中运动，受离子扩散规律制约，所以往往需要很长时间才能达到平衡。在湿润的土壤中，交换作用进行较快，而在较干燥土壤中则进行缓慢，因为在交换过程中需要足够的水分。温度也影响交换速度。

④ 反应方向受阳离子交换能力的影响。阳离子交换能力指一种阳离子将其他阳离子从胶体上代换下来的能力，它决定于阳离子所带的电荷数、阳离子半径及水化程度等。通常，离子所带电荷数越多，交换力越强，如$Na^{+} < Ca^{2+} < Al^{3+} < Ti^{4+}$；在同价离子中，离子半径越大，水化阳离子半径就越小，交换能力就越强，如$Li^{+} < Na^{+} < K^{+}$；受离子浓度影响，离子浓度高，交换能力强，可通过调整离子浓度控制反应方向。

土壤交换吸附可以把交换力强的元素保存起来，而把交换力弱的元素淋失掉，进而影响土壤中有毒物质的活性和营养元素的有效性。

4. 土壤胶体阳离子交换量及其影响因素

阳离子交换量（cation exchange capacity，CEC）指每千克土壤中所含有的全部交换性阳离子的量，单位为cmol/kg。一般在pH值为7时测定。土壤阳离子交换量的大小，基本上代表了土壤保持的养分数量。交换量大，保肥能力强，反之则弱。土壤阳离子交换量可作为评价土壤保肥力的重要指标。一般，小于10cmol/kg，保肥能力弱；10～20cmol/kg，保肥能力中等；大于20cmol/kg，保肥能力强。

影响土壤胶体阳离子交换量的因素主要有：①土壤胶体种类，不同种类的土壤胶体其阳离子交换量差异很大，如高岭石为5～15cmol/kg、蒙脱石为60～100cmol/kg、有机胶体为100～700cmol/kg。②土壤质地，土壤质地越细，其交换量越大，一般砂土1～2cmol/kg，轻壤土7～8cmol/kg，中、重壤土15～18cmol/kg，黏土25～30cmol/kg。③土壤溶液的pH值，土壤胶体表面的—COOH和—OH的解离强度以及高岭石、铁铝的含水氧化物所带电荷均受介质pH值的影响，当pH值从2.5上升到8.0时，交换量可以从65cmol/kg上升到345cmol/kg。④腐殖质含量，腐殖质含量越高，阳离子交换量越大。腐殖质胶体具有极大的比表面积，其交换量为200～500cmol/kg，比无机胶体的交换量大得多。

（二）土壤溶液

土壤水分中含有各种可溶性物质便形成了土壤溶液，被称为土壤“血液”。溶解物质一方面来源于自然环境，一方面来源于人类生产生活，如污水灌溉。土壤溶液中的溶质主要包括无机盐类（如碳酸盐）、简单有机化合物（如乙酸）和溶解性气体（如 O_2）。

1．土壤酸碱反应

（1）酸碱性指标

土壤溶液中 H^+、交换性 H^+ 和交换性 Al^{3+} 的存在引起土壤酸度。根据土壤中 H^+ 和 Al^{3+} 的存在形式及测定方法的不同，将土壤酸度分为活性酸度和潜性酸度两种。

土壤溶液中所含 H^+ 引起的酸度为活性酸度，即 pH 值，也称土壤有效酸度，它是土壤酸性的强度指标。根据活性酸度将土壤划分为酸性土、中性土和碱性土，长江以南多为酸性土（pH<6.6）和强酸性土（pH<4.5），长江以北除了灰化土和淋溶土外大都为碱性土（pH>7.5）和中性土（6.6<pH<7.5）。

土壤胶体表面吸附的阳离子有两类：一类是酸性离子，包括 H^+ 和 Al^{3+}，也称致酸离子；另一类是盐基离子，除 H^+ 和 Al^{3+} 外的所有阳离子。土壤胶体表面吸附的 H^+ 和 Al^{3+} 所引起的酸度称为潜性酸度。致酸离子吸附在土壤胶体上时不显酸性，解吸到土壤溶液中时显酸性，方程式如下。

$$\boxed{X}-H^+ + KCl \rightleftharpoons \boxed{X}-K^+ + HCl,\quad \boxed{X}-Al^{3+} + 3KCl \rightleftharpoons \boxed{X}-3K^+ + AlCl_3$$

土壤潜性酸度要比活性酸度大得多，一般相差 3～4 个数量级。潜性酸度通常用每千克烘干土壤中 H^+ 的厘摩尔数表示（cmol/kg），它是土壤酸度的数量指标。

盐基饱和度与土壤酸度关系密切。盐基饱和度指盐基离子占全部阳离子交换量的百分比。在一定范围内，土壤 pH 值随着盐基饱和度的增加而升高。这种关系大致如表 5-4 所示。

表 5-4　盐基饱和度和土壤 pH 值的关系简表

土壤 pH 值	<5.0	5.0～5.5	5.5～6.0	6.0～7.0
盐基饱和度/%	<30	30～60	60～80	80～100

通常将盐基饱和度大于等于 50%的土壤称为盐基饱和土壤，小于 50%的称为盐基不饱和土壤。盐基饱和度高，养分高。若阳离子总量大，而盐基饱和度偏小，需要采取措施对土壤加以改良，如施肥或用石灰中和。

土壤溶液中 OH^- 的浓度大于 H^+ 浓度时，土壤所表现出的性质，称为土壤碱度。土壤的 pH 越大，碱性越强。土壤碱性强弱除用 pH 表示外，也可用总碱度和碱化度来表示。

土壤溶液中碳酸根和重碳酸根的总和为总碱度。即：

$$总碱度 = CO_3^{2-} + HCO_3^{2-}\,[\mathrm{cmol/L}]$$

引起土壤碱性反应的主要是含有碳酸根和重碳酸根的碱金属和碱土金属的盐类。用中和滴定法测定总碱度，用 cmol/L 表示，也可用 CO_3^{2-} 和 HCO_3^{2-} 占阴离子的质量百分数表示。总碱度在一定程度上反映土壤的碱性程度。因此，可以作为土壤碱化程度分级指标之一。

土壤胶体表面交换性钠离子占阳离子交换量的百分比，称为碱化度，或钠饱和度。钠水解引起土壤溶液中产生 NaOH，溶液呈碱性。按照碱化度划分土壤碱度，一般的划分标准如表 5-5 所示。

表 5-5　土壤碱化度分级

土　壤	非碱性土壤	轻度碱化土壤	中度碱化土壤	强碱化土壤	碱　土
碱化度	<5%	5%～10%	10%～15%	15%～20%	>20%

(2) 酸碱缓冲性能

土壤具有抵抗在外界化学因子作用下酸碱反应剧烈变化的能力，称土壤的酸碱缓冲性能。这种缓冲性能可以缓和物质进入土壤造成的土壤酸碱度的剧烈变化，即当增加或减少土壤溶液中 H^+ 浓度时，其 pH 值不随之发生相应的变化。土壤之所以具有酸碱缓冲性能，是由于土壤溶液中具有弱酸强碱盐或强碱弱酸盐、胶体物质及两性物质等。土壤胶体物质的酸碱缓冲作用模式分别为：

对酸的缓冲作用模式：$\boxed{X}—Ca^{2+} + 2HCL \rightleftharpoons \boxed{X}—2H^+ + CaCl_2$

对碱的缓冲作用模式：$\boxed{X}—H^+ + NaOH \rightleftharpoons \boxed{X}—Na^+ + H_2O$

可见，当向土壤溶液中加入酸性物质时，土壤胶体上的阳离子与溶液中的 H^+ 发生阳离子交换吸附，从而降低溶液中由于加入酸而引起的 H^+ 浓度；当向土壤溶液中加入碱性物质时，土壤胶体上吸附的氢离子与加入的阳离子发生置换，并生成水，从而起到对碱的缓冲性能。

(3) 酸碱性对土壤养分、植物生长和物质毒性的影响及其调节

土壤酸碱度影响土壤矿物质的风化强度、土壤生物的活动、有机质转化、溶液中化合物的溶解和沉淀及离子的交换吸附。可见，酸碱度影响植物营养的有效性和毒性以及植物的生长发育。

①酸碱性显著影响土壤中 N、P、Ca、K 等营养元素的有效性。如，强酸性土壤中，微生物活动受到抑制，有机质分解、硝化作用和固氮作用降低，N、P 有效性降低；K 随强酸性淋溶而大量淋失。②酸碱性影响土壤中许多微量元素的有效性和毒性。如，Fe、Mn、Cu、Co、Ni、Cd 等微量元素在强酸性环境有效性增大，利于植物吸收，但是浓度过高会毒害植物。③酸碱性影响植物生长。如茶树适宜在酸性土壤中生长，毛白杨在 pH 8～8.5 的土壤中能正常生长。④酸碱性通过影响害虫的生存条件而影响植物健康。如，喜酸针叶林在中碱性土壤中易发生猝倒病。⑤酸碱性影响土壤的理化性质。如，碱性土干时收缩为硬块，湿时泥泞，不利于植物生长。

土壤过酸或过碱，都会影响植物的生长发育，并通过植物和动物体内毒性物质的累积放大，进而通过食物链影响人体健康，因此需要采取适当措施调节酸碱度。

通常以施用石灰或石灰石粉来调节土壤酸度，以施用石膏来改良碱性土壤。其中和方程式如下：

$$\boxed{X}—2H^+ + Ca(OH)_2 \rightleftharpoons \boxed{X}—Ca^{2+} + 2H_2O$$

$$\boxed{X}—2Al^{3+} + 3Ca(OH)_2 \rightleftharpoons \boxed{X}—3Ca^{2+} + 2Al(OH)_3\downarrow$$

$$\boxed{X}—2Na^+ + CaSO_4 \rightleftharpoons \boxed{X}—Ca^{2+} + Na_2SO_4$$

$$Na_2CO_3 + CaSO_4 \rightleftharpoons CaCO_3 + Na_2SO_4$$

中和过程中，石灰和石膏的施用数量主要依据为土壤潜性酸度、碱度和 pH、有机质含量、盐基饱和度、土壤质地等土壤多方面的性质；其次，考虑植物对酸碱性的适应范围；最后，还要考虑土壤中有毒重金属元素的酸碱有效性。总之，施用石灰和石膏均要适量，因地制宜，切忌多多益善。

对于土壤酸碱度的改良，除了用上述的化学法外，还可以在酸性土壤上施用生理碱性肥料（如硝酸钠等），碱性土壤上施用生理酸性肥料（如硫酸铵等）。对于酸性土和碱性土，均宜多施用有机肥。

2. 氧化还原反应

土壤中存在着许多氧化剂和还原剂，构成相应的氧化还原体系，氧化还原反应是土壤中的重要反应。参加氧化还原反应的元素主要有 O、N、S、P、Fe、Mn、Cu 等。土壤氧化还

原反应不完全是纯化学反应，绝大多数有微生物的参与，例如，$NH_4^+ \longrightarrow NO_2^- \longrightarrow NO_3^-$，就是在细菌作用下完成的。

氧化还原状态用氧化还原电位（E_h）表示，其单位为 V 或 mV，其公式为：

$$E_h(V)=E_0+\frac{0.059}{n}\lg\frac{[Ox]}{[Red]} \tag{5-1}$$

式中 E_h——氧化还原电位；

E_0——体系的标准氧化还原电位（即在 25℃，一个大气压时，氧化剂和还原剂离子浓度均为 1mol/L 或活度比为 1 时测得的电位），可从化学手册上查表获得 E_0；

n——反应中转移的电子数；

$[Ox]$、$[Red]$——分别为氧化剂和还原剂的浓度，mol/L。

可见，E_h 的大小决定于标准氧化还原电位（E_0）和氧化剂与还原剂的浓度比。E_0 随氧化还原体系的不同而不同。

影响土壤氧化还原状态的主要因素有：①土壤的通气和排水状况。土壤空气中氧是主要的氧化剂，在通气良好的土壤中，氧化体系为主，E_h 高，当 E_h>700mV 时为完全的氧化条件，植物有效养分无法积累，有机质含量降低；排水不畅时，还原体系为主，E_h 低，当 E_h<200mV 时，还原作用强烈，有机质分解缓慢，NO_2^-、Mn^{2+}、H_2S 和 Fe^{2+} 等出现，这些还原物质对作物有强烈的毒害和抑制作用；土壤通透性能好，氧化还原处于平衡状态，当 E_h 介于 200～700mV 时，养分供应正常，根系生长发育良好。②土壤中易分解的有机物质。有机质分解是耗氧过程，在一定通气条件下，土壤易分解有机质越多，氧气消耗越多，E_h 值越低。③土壤中易氧化或易还原物质的状况。土壤中易氧化的物质浓度越高，则还原条件越发达，E_h 越低；反之，易还原的物质浓度越高，则氧化条件越发达，E_h 越高。④植物根系的代谢作用。植物根系分泌物可通过影响土壤微生物活动或参与土壤氧化还原反应而影响根际土壤的氧化还原状况。⑤土壤 pH 值。理论上，在通气不变的条件下，pH 每上升一个单位，E_h 下降 59mV，实际土壤 pH 与 E_h 的关系相当复杂。⑥土壤微生物活动。土壤微生物活动要消耗氧气，微生物活动越强烈，耗氧越多，E_h 值越低。

（三）土壤的吸收性能

土壤吸收性能是指土壤能够吸收和保留土壤溶液中的分子和离子、胶体溶液中的悬浮颗粒、气体以及微生物的能力。这种能力不仅影响土壤肥力和性质，还影响土壤中污染物质的活性。

按照土壤吸收作用发生的方式，将它们分为以下五种类型。

① 机械吸收性能，指土壤对物体的机械阻留。

② 物理吸收性能，指由于土壤巨大的比表面和表面能而使土壤具有的对分子态物质的保持能力。

③ 物理化学吸收性能，指土壤胶体阳离子交换吸附。

④ 化学吸收性能，指易溶盐在土壤中转变为难溶盐保存在土壤中的过程。如土壤溶液中的碳酸钙沉淀的形成。

⑤ 生物吸收性能，指土壤中微生物和植物根对植物营养元素的吸收、保存和积累过程。这种吸收具有选择性。

第二节　土壤形成的基本规律

土壤形成过程的实质是植物营养物质的地质大循环（又称植物营养物质地质淋溶过程）

与植物营养物质的生物小循环（又称生物积累过程）之间的矛盾统一过程。前者是地表岩石因风化作用而释放出的各种植物营养物质随水流进入海洋，由此形成的沉积岩一旦因海底上升再度成为陆地时，又经受风化，重新释放所含营养物质的过程。后者是岩石风化中释放出的植物营养物质一部分被植物所吸收，植物死亡后经过微生物的分解又重新释放供下一代植物吸收利用的过程。地质大循环为土壤的形成准备了条件，而生物小循环则使土壤的形成成为现实。没有地质大循环就不可能有生物小循环，没有生物小循环则成土母质不可能具有肥力特征而形成土壤。可见，土壤圈与岩石圈、大气圈、水圈和生物圈不断进行相互作用、物质交换与能量循环。根据道库恰耶夫的观点，土壤是母质、气候、地形、生物、时间五大自然成土因素和人为因素共同作用的产物。

一、成土因素

（一）母质因素

土壤母质是与土壤有直接发生联系的母岩风化物或沉积物。岩石风化物或者就地堆积，或者在重力、水流、风力、冰川等作用下被搬运到其他地方，形成各种沉积物。母质主要包括岩石残积母质、坡积母质、洪积母质、河流冲积母质、风积物、湖积物、浅海沉积物和冰碛物等多种类型，它是形成土壤的物质基础。土壤就是以母质为基础在各成土因素综合作用之下逐渐形成的。土壤的某些性质是从母质继承来的，二者之间存在着“血缘”关系。年轻土壤的性质主要是继承母质的；即使最古老的土壤，也残留着母质的影响；即使在风化强度大的湿润地区，母质的性质仍然可以深刻地影响土壤。母质的机械组成、矿物成分和化学成分等性质直接影响土壤的物理化学性质及成土过程的速度和方向。

1. 母质的化学元素与矿物组成直接影响土壤物质组成

①土壤的矿物质中原生矿物质直接由母质经物理风化作用而来，没有发生化学组成上的改变。②土壤次生矿物虽然是成土过程中产生的新矿物，但也直接脱胎于母质，母质是形成次生黏土矿物的原材料，如酸性岩中的钾长石发育的土壤高岭石居多，而基性岩中的斜长石发育的土壤则三水铝矿居多。③母质化学元素尤其是营养元素含量直接影响土壤养分状况，母质是土壤植物矿质营养元素的最初来源。如钾长石风化后形成的土壤含钾元素多些，斜长石风化后形成的土壤含钙多些。④母质物质含量直接影响土壤元素背景值，土壤对母质含量的继承性是大多数地区土壤微量元素含量分布的基本特征，成土过程和其他成土因子的影响往往被母质作用所掩盖，因此土壤微量元素不像常量元素那样表现出鲜明的地带性分异特征。

2. 母质物质组成的差异影响风化作用的效果进而影响成土过程的进程

母质以抗风化能力强的物质组成，则风化效果弱，土壤发育速度缓慢，土壤处于相对不成熟发展阶段。不含游离石灰的花岗岩类、辉长岩类等岩浆岩类的风化产物为基础形成的土壤要比富含石灰的沉积岩类的风化产物为基础形成的土壤的发育速度快。再如，由各种矿物成分组成的母质与由单一矿物组成的母质相比，前者的土壤发育较后者迅速。可见，黏土矿物的性质深刻影响土壤的发育速度，而黏土矿物又直接受母质影响。

3. 母质的物质组成和层理直接影响土壤的机械组成和成土过程

母质的物质组成和层理对非成熟土壤（如冲积土）的质地有直接的影响，甚至当母质是由抗风化的矿物组成时，其质地对成熟土壤或老年土壤（绝对年龄）的质地也有直接影响。若母质含有大量易风化的铝硅酸盐矿物，这些矿物在适当的水热条件下迅速风化，产生大量黏粒物质，形成的土壤质地黏重；若母质几乎完全由抗风化强的矿物（如石英）组成，产生的黏粒极少，形成的土壤质地较粗，如我国西北的风积母质上发育的土壤颗粒较粗，通透性好，保水保肥能力差；若母质层理明显，且各层组成物质差异大，那么风化后的土壤就会出现上黏下砂，或上砂下黏等质地。

4. 母质的机械组成影响土壤中物质的淋溶与淀积过程及有机质含量

细质地母质上发育来的土壤渗透性差，淋溶作用弱，保水保肥能力强，有机质的分解缓慢，有助于有机质的累积，土体发育较浅薄。较粗母质发育来的土壤淋溶强烈，保水保肥能力弱，常处于干燥状态，阻碍土壤发育，氧化作用强，有机质分解快且含量低，土层深厚。

随着土壤逐渐成熟，母质的影响逐步下降，其影响可能被其他因素完全遮蔽。

（二）气候因素

气候直接影响土壤的水、热状况，并通过对植物生长、微生物和动物活动以及物质的分解与合成的影响而间接影响土壤的形成和发育。降水量、气温和风速等气象要素直接影响了土壤圈与其他圈层之间物质的迁移、转化和能量交换，是影响土壤中物质迁移转化速度、母质风化速度、成土过程方向和强度的最基本因素。

1. 降水量

水是许多矿物风化和成土过程的媒介与载体，更是生命体生长发育必需的养分载体和水源。水分影响土壤中的化学作用。

①随着降水量的增加，有机质含量增加。温带地区自西而东，土壤依次为栗钙土—黑钙土—黑土，降水量和有机质含量依次增加。②降水量的多少影响土壤中易溶盐类的多少。蒸发量大于降水量的地区，土壤水分上升，土壤中的易溶盐发生表聚，只有极易溶解的盐类，如 NaCl、K_2SO_4 等发生轻微淋溶，出现大量 $CaSO_4$ 结晶，甚至出现石膏层，而 $CaCO_3$、$MgCO_3$ 则根本未发生淋溶。可见，土壤淋溶作用不足以洗掉土壤胶体上的代换性盐基，土壤盐基饱和度大多是饱和的，土壤呈中性或偏碱性，这是我国中部和北部地区的一般情况。潮湿多雨地区，土壤中下行水量较大，在较湿润的地区，淋洗掉了土壤胶体上的部分代换性盐基，其位置被 H^+ 所代换，导致盐基饱和度降低和土壤酸度增加及肥力下降，这是我国东南地区土壤的一般情况。③随着降水量的增加，土壤阳离子交换量呈现增加的趋势。温带地区随着降水量的增加，土壤有机质含量和黏粒含量增加，这种规律只发生在温带地区，不能外推。

2. 气温

气温直接影响风化作用速度、有机物的合成和分解速度，决定土层厚薄。温度每上升10℃，化学反应速率将增加 1 倍。同时，气温通过影响土壤水分的蒸发而影响土壤水分移动方向，进而影响土壤中物质的淋溶与淀积等。气温对土壤的影响在我国各个热量带土壤性状的差异上直接体现出来，具体如下：①寒带地区，温度低，风化作用和生物化学过程微弱，土壤发育缓慢，处于原始阶段，母质以物理风化为主，多为碎屑状原生矿物，颗粒粗大。②热带地区，高温多雨，土壤化学风化作用强，矿物除石英外多被分解，颗粒较小，原生矿物风化淋溶程度高，形成以高岭石和氧化物为主的黏土矿物。植物生长迅速，有机物质积聚与分解速度快，形成 O 层薄或缺失现象，腐殖质少。③温带地区，土壤有机质含量随着温度的增加而减少。如我国温带地区，自北而南，从漂灰土—暗棕壤—褐土，土壤有机质含量逐渐减少。但不能把这个规律随意外推到赤道地区，许多湿润热带的土壤含有较高的有机质。这种随着温度升高有机质含量减少的趋势，草原土壤比森林土壤更显著。同时，温带湿润半湿润地区，土壤黏土矿物一般以伊利石、蒙脱石、绿泥石等为主。

高温高湿的气候条件促进矿物迅速风化及物质迁移转化。而导致最低程度风化的环境条件是温暖但干旱或冷且干旱的气候。

水热条件的不同，对土壤中有机质的合成与分解产生了不同的影响，造成有机质含量的不同。就我国而言，热带雨林植物生长量可达荒漠带的 500～1000 倍以上。因此，推测一个地区土壤的有机质含量时，除考虑上述降水、气温外，还要考虑植被类型、土壤所处地形部位、土壤质地和耕作措施等因素的影响，一定要综合考虑，否则将得出错误的分析结论。例如，华南地区，高降水量结合长的生长季导致植物茂盛生长，产生大量有机物质，但实际上华南地区土壤的有机质含量却低于东北地区。这是因为，华南地区，温暖季节长，有利于有机质的分解；而东北地区，漫长寒冷的冬季抑制了微生物对土壤有机质的分解。土壤有机质含量取决于有机质合成与分解这对过程的动态平衡。

3. 风速

风对土壤形成的影响主要表现在以下四个方面：①风速增加蒸发作用，加速土壤中水分流失，进而影响土壤中物质的迁移和转化；②在干燥地区，强风会将表面土壤带走，令养分流失，造成土壤风蚀沙化危害；③风力减弱造成风蚀物的堆积作用，在接受堆积的地方形成风积地貌；④风速影响作物的生长发育，进而间接影响土壤的形成过程。

随着气候的改变，土壤的形成方向和速度以及形成的土壤类型不断发生着变化。特别是第四纪以来冰期和间冰期的变化使土壤发生了较大变化。在北京山丘区，发现了与现今气候条件下广泛分布的“褐土”性状不同的残存红色土，就是上新世湿热古气候条件的产物。在黄土高原黄土剖面中发现的多层埋藏古土壤也反映了气候条件的变迁。有些现今暴露在地表情况下的古土壤，不但接受了现代气候条件的影响与作用，而且也继承了古气候影响下所给予它的一些性状。

（三）地形因素

地形在土壤形成过程中，只是通过对物质与能量的再分配起间接作用，并不直接提供任何新的物质和能量。地形在成土过程中的作用，一方面表现在影响母质在地表进行再分配，另一方面表现在土壤及母质接受光热条件的差别以及接受降水或水在地表的重新分配的差别。

1. 地形通过影响降水和辐射而影响成土过程

地形对气候产生影响，使土壤的水分和温度状况发生变化，影响水热再分配。①海拔高度不同，大气降水不同，土壤水分和温度也发生相应变化。海拔升高，气温降低，在一定高度范围内湿度增大，植被与土壤也发生相应变化，产生土壤垂直分布规律。②坡向影响太阳辐射，进而影响水热条件。不同的坡向影响接收的太阳辐射能量，造成土壤温度的差异。在北半球，南坡接受的辐射比北坡多，因此南坡土壤温度比北坡土壤温度高，南坡土壤的昼夜温差也较北坡的大。在大气降水量相同的情况下，由于阳坡接收了较多的太阳辐射能，土壤蒸散量高于阴坡，造成阳坡的土壤水分条件比阴坡的土壤水分条件差，南坡湿度变化较大；北坡则常较阴湿，因而影响土壤中的生物过程和物理化学过程。

2. 地形通过影响物质再分配而影响成土过程

① 地形影响地表水和地下水的分布及径流方向　降雨落到山坡或山脊上易产生径流，径流汇集在坡麓或山谷中的低平地上，从而引起降水在两者间产生再分配。而且，大气降水渗入土壤中转化为地下径流后，也是从正地形（高地）流入负地形（低地），造成它们所发育的土壤的地下水供给条件不同。

② 地形影响土壤中物质的迁移转化　例如，在陡坡上，表土不断被剥蚀，使得底土层总是暴露出来，延缓了土壤的发育，产生了土体薄、有机质含量低、土层发育不明显的土壤或粗骨性土壤；坡麓地带或山谷低洼部位或平坦土地上，常接受由上部侵蚀搬运来的沉积物，也阻碍了土壤发育，产生了土体深厚、整个土体有机质含量较高、但发生土层分异也不明显的土壤；正地形上的土壤遭受淋洗，一些可溶的盐分进入地下水随地下径流迁移到负地形，造成负地形地区的地下水矿化度大；在沼泽地区，形成泥炭层。

③ 地形起伏影响排水情况　在山坡上，排水迅速，土壤含水量较低；在平坦地面上，如果泥土或岩石排水不良，就会出现地下水位上升至地面的情况，令有机物质累积；在和缓起伏的地形，排水状况理想，令土壤剖面保持稳定；在陡峭山坡，水分流失过多，土壤剖面发育迟缓。

（四）生物因素

生物是影响土壤发生发展的最活跃因素。通过生物的循环，才能把大量的太阳能纳入成土过程，才能使分散于岩石圈、水圈和大气圈的多种养分物质聚集于土壤之中，才能使土壤具有肥力并使之不断更新。因此，成土过程实质上就是母质在一定条件下被生物不断改造的过程，没有生物的作用便没有土壤的形成。成土作用中的生物因素包括植物、动物和微生物。

1. 植物

植物在土壤形成过程中的作用，主要体现在土壤与植物间的物质和能量的交换方面。①植物腐烂分解把有机物质供给土壤。不同的植物类型所形成的有机质的性质、数量和积累方式等不同，它们在成土过程中的作用也不同。自然植被可以被非常粗略地分为两大类型，即森林和草原，两者对土壤形成的影响差别较大。不同树种的森林或不同草种的草原在土壤形成中的影响也不同。如陆地上植物每年形成的生物量约为 5.3×10^{10} t，其中一部分以凋落物的形式归还给土壤，在土壤微生物作用下分解形成有机质。②植物根部巩固土壤，防止水土流失，促进土壤发育。③植物对降水产生截流作用，令土壤侵蚀减少，增加土壤水分含量。④森林减低风速，遮蔽阳光，减少土壤水分蒸发，使分解作用不断进行。⑤植物吸收盐基养分，养分被吸收后，经分解作用再释放回土壤中。⑥植物根部和其分泌的有机酸有利于土壤结构的形成和矿物的风化、分解，从而影响土壤空气及水分流通与循环，进而影响成土过程。

(1) 木本植物对成土过程的影响

木本植物凋落物主要是部分枝叶及花果等，树木的根系是长命的，而且根系占整个树木有机产物总量的比例较低，因此，土壤有机质的来源主要是掉落在地表的枯枝落叶，造成有机质含量随深度增加锐减，木本植被下有机质多聚积于最表层，厚度不大。凋落物层下部为半分解的有机质层，碳含量高而厚度不大。有机质中含单宁、树脂较多，在真菌分解下产生较强的有机酸，既可抑制细菌活动又能对矿质土粒进行酸性溶提，使表土层的盐基淋失，铁、铝、锰等淋溶下移，呈酸或强酸性，养分贫乏。疏松多孔，通透性能好，利于好气微生物活动及真菌类生长，形成强酸性腐殖质。故土壤的有机质总量不及草原土壤，有机质的品质和氮、磷的含量也比草原土差。

(2) 草本植物对成土过程的影响

草本植物的地上和地下部分每年全部或大部分死亡而更新，草原土壤的有机质含量约为森林土壤的两倍，土壤中有机质层较深厚。草本植物的有机产物的90%以上是在地下部分，而且根系数量随着深度增加而逐渐减少，造成草原土壤的有机质含量随深度增加逐渐减少。含单宁、树脂较少，木质素含量不及木本植物高，以纤维素为主，凋落物柔软而少弹性。草原植被的残体含碱金属和碱土金属较森林植被高，分解过程中不产生强酸性物质，并以细菌分解为主，所形成的有机质的品质较好，盐基饱和度较高。草本植物众多的须根死亡后可形成有机胶体，活根的伸展和分泌出的多糖类化合物易与土粒结合形成良好的土壤结构，肥力较高。

2. 微生物

种类繁多、数量极大的土壤微生物在土壤形成中的重要作用是多方面的，可概括为：①分解有机质，释放各种养分。通过微生物对生物残体等有机质的分解，产生矿质营养元素，供生物利用，使生物世代繁衍生息，没有微生物对有机质的分解，就没有元素在生命界的无限循环，也就没有土壤肥力的形成、发展与演化。②合成土壤腐殖质，发展土壤胶体性能。没有土壤微生物的作用，就没有土壤腐殖质的合成，由于微生物的分解和合成加工为腐殖质，使有机胶体及其一系列的胶体特性得以发展，某些肥力特征才能表现。③有的微生物能固定大气中的游离氮素，如固氮菌等能创造土壤中氮素化合物，使母质或土壤中增添氮素营养物质。④吸收、分解、转化土壤有机污染物及重金属污染物，部分微生物活性可作为土壤污染程度的指示物。

3. 土壤动物

土壤动物种类繁多，对成土作用影响各不相同。①土壤动物以其残体增加土壤有机质。②动物对土壤物质的机械混合和消化别的动物或植物有机体，影响土壤结构和有机质分解。如，部分土壤线虫等原生动物和各种昆虫及其幼虫、蚯蚓、蚁类等土壤无脊椎动物，对翻动土壤及消化、分解土壤有机质的作用很强。其中，蚯蚓对土壤肥力的促进作用最突出，其年生长量大，将吃进的有机质和矿物质混合后，形成粒状土壤结构，促使土壤肥沃，已被广泛用于我国水土流失严重的红壤地区的土壤改良。热带蚁类的影响在有些地区也很显著。脊椎动物如蛇、鳝鳅、鼹鼠等主要起机械松土作用。

总之，土壤动物、微生物和植物构成了土壤生态系统并共同参与了成土过程，是影响土壤发生发展的最活跃因素。在这三者之中，植物起着积极主导作用。特别是绿色高等植物，它们选择性吸收分散于母质、水圈和大气圈中的营养元素，利用太阳辐射能制造有机质，创造了土壤中的有机组成部分；并使植物生长所必需的元素在土壤中富集起来，使土壤与母质有了性质上的差别。由于不同植物类型的生长方式不同，所形成的土壤有机质在性质、数量和积累方式上不同，这造成了土壤性质的差别。

（五）时间因素

B. B. 道库恰耶夫将土壤定义为“历史自然体”，土壤不仅随着空间条件的不同而不同，还随着时间的推移而变化。时间是各种成土过程深化和发展的条件，任何一个过程的进行都是在一定空间和时间下开始和完成的。随着时间的推移，土壤的特性会不断发展变化。也就是说，在其他成土因素相同的情况下，具有不同年龄或处在不同发生阶段的土壤将存在着性状上的差异。如，随着时间的进展，土壤剖面层次分化会越来越明显。我们所研究的土壤只是处在一个时间极长、范围极广的历史长河中的一个静止瞬间的片段。

土壤形成的时间因素即土壤的年龄，通常可分绝对年龄与相对年龄。把土壤从新鲜风化层或新母质上开始发育的时候算起直至当前这段时间，称为土壤绝对年龄。土壤绝对年龄可用地层对比法、古地磁断代法、热释光法、同位素法等地学测年的方法测算。相对年龄指土壤发育的某个阶段或发育程度，可作为成土过程的强度及发育阶段更替速度的指标，可通过土壤剖面土层分异程度来确定土壤相对年龄。通常，土壤发生层分异越明显、土层越厚，相对年龄越大，如从 A—C 剖面构型到 A—B—C 剖面构型，相对年龄越来越大。反之，分化度较弱、土层越薄，其相对年龄较短。年幼的土壤，各土层层次的特征并不明显。土壤在稳定的气候环境下，经过长时间的发育，形成成熟的土壤剖面。所以，土壤相对年龄不仅取决于土壤存在的持续时间，而且也取决于各成土因素和土壤本身性质的改变情况。此外，相对年龄还可用来说明环境变迁中土壤类型的阶段发育问题。

时间对土壤形成的影响主要表现在以下几个方面：①时间影响其他成土因素的重要性。在土壤形成初期，母质因素最重要；但土壤形成后，其他因素的重要性日渐提高。如同类土壤中，有的植被受人为破坏而引起表土的剥蚀流失，在后来次生植物群落下进行新的成土作用，皆发育着较年轻的土壤。②土壤的发育阶段反映土壤的性质和类型随着时间的推移而发生的演变。如，珠江三角洲地区随着海滩的向前发展，土壤经过脱盐化和脱沼泽化过程，土壤类型也从滨海盐土变为沼泽土再向着草甸土等阶段而演变。其中演变程度的差异就是相对年龄的差异。绝对年龄相同而相对年龄可以不同。③绝对年龄和相对年龄都可以表示成土过程的速度及土壤发育阶段的更替速度。对于两个相对年龄相同或发育程度相同的土壤来说，绝对年龄大的土壤较绝对年龄小的土壤发育速度慢；而对于两个绝对年龄相同的土壤来说，相对年龄小的土壤发育速度较相对年龄大的土壤发育速度慢。④不同阶段土壤的发育速度不同。在理想发育条件下，土壤按照幼年土⟶成熟土⟶老年土的发育阶段变化。母质可以在较短的时间内转变为“幼年土”，这个阶段有机质累积、矿物分解与合成迅速，仅存在 A

层与C层，土壤性状决定于母质。随着B层的发育，土壤达到成熟阶段，土壤有机质含量、黏土矿物含量保持不变。如果成土条件不变，成熟土壤继续发展，最终进入老年阶段，原生矿物风化殆尽，黏土矿物合成速度低于黏土矿物分解速度，土壤有机质含量和黏土矿物含量减少。事实上，土壤发育条件千变万化，土壤也就相应处于不同的发育阶段。如，抗风化的石英砂母质上发育的土壤长期停留在幼年阶段；有些成熟的土壤因为受到侵蚀而被剥掉土体，新的成土过程又重新开始。

（六）人类活动

未经开垦的自然土壤，就是在上述自然成土因素的综合作用下不断形成演变的。但是，随着人类活动的影响范围的不断扩大，人类对土壤的影响越来越大，纯粹受自然成土因素影响的土壤越来越少。人类活动往往是有意识、有目的的，这是人类活动与其他自然成土因素影响不同的根本原因。自从有了人类文明史，人们就开始干预土壤的发生发展，在不同的社会制度和不同的生产力水平下，人类对土壤的干扰程度及其效果不同。有些干扰程度很大，以致改变了原来土壤的基本性状，产生了新的土壤类型，如水稻土、菜园土、灌淤土等。总的来看，人类活动给土壤造成的影响具有正反两个方面，人类既可以改良土壤，也可以引起土壤退化。人类通过开垦、伐林、施肥、灌溉、排水、耕作、保护植被、定向培育土壤等措施，改变土壤的性质、位置和成分，从而改善土壤的水、气、热条件，促进土壤熟化，成为高产土壤。另一方面，人类活动给土壤带来的不利影响也很多。如不适当地引水灌溉常造成土壤的次生盐渍化或使盐渍化分布范围扩大、盐化程度加深；大量施用农药、化肥和灌溉污水造成土壤中有毒物质的残留；不合理开发利用加剧土壤侵蚀与土壤沙化并使其强度成倍增加，从而使土壤退化。充分认识人类活动对土壤发生发展的影响，其重要意义在于尽可能避开人类对土壤发展的不利影响，充分发挥人类活动的积极因素，促使土壤肥力不断提高。

综上所述，五大自然成土因素与人为因素一起综合地影响着土壤的发生发展过程，在人为因素作用下土壤属性虽然可发生强烈的变化，但人类对于土壤的影响是在自然土壤基础之上发生的，自然土壤及自然成土因素还在继续影响土壤的发展演变；某些自然土壤的属性也只能在人为因素的作用下逐渐发生改变。所以在指出人为因素的影响时，不能忽视自然成土因素的持续作用，人类活动必须适应自然规律，才能达到预期目的。

二、主要成土过程

土壤成土过程是在一定的时间和空间条件下，在成土因素综合作用下，土壤中物质交换与转化的过程。成土条件组合的多样性造成了成土过程多样性和复杂性。在每一块土壤中都发生着一个以上的成土过程，其中起主导作用的成土过程决定着土壤发展的大方向，其他辅助成土过程对土壤起着不同程度的影响。不同类型土壤的主导成土过程不同。根据土壤形成过程中物质迁移、转化的特点，将土壤形成过程划分为以下基本成土过程。

（一）淋溶与淀积过程

淋溶过程（eluviation）指土壤剖面中物质随水流从上层迁移到下层或侧面的运动过程，形成淋溶层，位于淀积层之上。例如，在多雨地区，土壤中的可溶性物质会随雨水下渗而发生淋溶过程，淋溶强烈的土壤会使得大量的可溶性有机物与矿物质流失，土壤肥力减弱直至消失，极不利于植物的生长。

淀积过程（illuviation）与淋溶过程相反，指被淋溶下来的物质在土壤某部位相对积聚的过程，形成淀积层，一般位于淋溶层之下。

（二）泥炭化过程与枯枝落叶堆积过程

泥炭化过程（peat formation）指有机质以不同分解程度的植物残体形式累积的过程，主要发生在地下水位高或地表有积水的沼泽地段。植物残体因缺氧而不能彻底分解，以不同分解程度的有机残体累积于地表，形成一个很厚的暗灰色泥炭层。在适当的环境条件（例如高压）之下，泥炭可进一步转变成煤炭（无烟炭）。目前世界上大部分在高纬度地区发掘到的泥炭层，许多都是9000年前，上一次的冰河期结束、冰河北退之后形成的。

枯枝落叶堆积过程（littering）是指植物残体在矿质土壤表面累积的过程，它往往发生在森林植被条件下。这些有机物质累积的原因，并非因积水缺氧，而是因为通风干燥缺水而难以分解，由植物基本未分解的枯枝落叶堆积在地表就形成了枯枝落叶层。

（三）腐殖质化过程

腐殖质化过程（humification）指进入土壤的有机残体在微生物作用下转变为腐殖质并在土壤表层积累的过程，往往形成一个暗色的腐殖质层A。由于植被类型、覆盖度及有机质分解的情况不同，腐殖质累积的特点也不同。如湿草原植被下的A层土壤颜色为黑色；针叶林下A层土壤为棕黑色。

（四）矿质化过程

矿质化过程（mineralization）是指有机物质分解释放出无机态矿质元素的过程。即土壤有机质在微生物作用下分解成简单的有机化合物以致最终被彻底分解为无机化合物的过程。植物残体中贮存的养分对植物生长一般是无效的，只有通过燃烧或缓慢地氧化腐解所进行的矿化过程，才能分解成可被植物吸收的离子状态。

（五）钙化过程——脱钙与积钙过程

钙化过程指土壤剖面中碳酸盐的淋溶过程（脱钙过程）与淀积过程（积钙过程），形成钙积层。碳酸盐移动的一般反应式是：$CaCO_3+H_2O+CO_2 \rightleftharpoons Ca(HCO_3)_2$。主要发生在干旱、半干旱或者半湿润的气候条件下，以中纬度的草原和荒漠草原地带最为典型。在该气候条件下，降水只能将土体中易溶的氯、硫、钠、钾等盐类淋出土体，而钙、镁等碳酸盐类则部分淋失，部分残留于土体中。脱钙过程（decalcification）发生在水和二氧化碳存在的情况下，上述反应式向右移，形成可溶的重碳酸盐，并随水分移动淋溶出某一土层或整个土体。当土壤脱水或二氧化碳浓度降低的情况下，该反应式向左移，溶液中的重碳酸盐转化为难溶的碳酸盐在土壤中淀积下来即为钙积过程（calcification）。钙化过程随着降水量的减少而增强，表现为钙积层层位提高，厚度增大，石灰富集增多，甚至在土壤表层就有石灰反应。在半干旱、半湿润气候条件下，通常是上部土层脱钙，下部土层积钙，可见到松软粉末状石灰或石灰结核等钙积特征。在干旱地区甚至发生通体钙化现象。

（六）灰化过程

灰化过程（podzolization）指土体上部（特别是亚表层）二氧化硅残留和金属氧化物以及腐殖质淋溶淀积的过程。灰化过程主要发生在寒湿气候和郁闭的针叶林植被下，具体条件可以概括为四点：①降水量大于蒸发量，可发生强烈淋溶过程。②较低的温度，微生物活性受限，有机质分解缓慢，有机酸大量累积，发生酸性淋溶过程。③地表植物残体积聚，形成较厚的覆盖层，凋落物中缺乏盐基元素，腐解产生的有机酸酸性较强。④母质排水条件良好，利于淋溶发生。

地表覆盖层产生大量有机酸，活性很强的有机酸对土壤矿物有强烈的破坏性，除石英外，大部分矿物都会在有机酸作用下分解，强烈的酸性淋溶将上部土体中碱金属和碱土金属以及铁、锰、铝（淋溶层形成还原态的铁、铝，并以胶体形式向下淋溶）等盐基离子淋失并在淀积层发生淀积。由于硅酸不溶于酸而经过脱水作用形成白色粉末状的二氧化硅，这样在土体上部就形成了一个二氧化硅富集的灰白色淋溶层——灰化层。腐殖质和氧化铁等胶体物质在土体下部遇到高盐基状态或水分被土壤吸收而发生淀积，形成红棕色、质地密实的淀积层。

（七）脱硅富铁铝化过程

脱硅富铁铝化过程（ferrallitization）指脱硅、富铝铁氧化物的过程，主要发生在热带、亚热带高温高湿条件下。该过程可分为三个阶段：①脱盐基阶段，矿质土粒在湿热气候作用下，其铝硅酸盐发生强烈水解，释放出盐基物质，H^+交换出盐基离子，风化液呈中性或碱性，可溶性盐基离子不断从风化液中流失。盐基的淋失随富铝化的发展而增强，直至彻底淋失。②脱硅阶段，硅以游离硅酸形式进入碱性土壤风化液，并随水分与盐基一起淋溶。③富铝铁化阶段，矿物彻底分解，矿物中的铁铝等离子大部分被释放出来，硅酸继续淋溶，铝、铁、锰氧化物在土体中明显形成与富集，形成铁铝层 Bs，土体呈鲜红色，土体颜色随土壤脱硅富铝化过程的发展而加深。铝与铁、锰不同，不受还原作用的影响而移动，在碱性淋溶过程中，始终保持稳定状态，所以铝的富集和脱硅过程是脱硅富铝化过程的典型特征。

（八）盐化与脱盐化过程

盐化过程（salinization）是土体中易溶盐类随毛管上升水向表层移动与聚积的积盐过程。除滨海地区外，盐化过程多发生在干旱、半干旱地区。随着蒸发作用的进行，地下水和成土母质中的易溶盐类被上行水携带到土体表层集聚，形成盐化层。脱盐化过程（desalinization）指由于大气降水、开沟排水降低地下水水位或灌溉淋洗等，将土壤中的可溶性盐类从某一土层或从整个剖面中移去的过程。

（九）碱化与脱碱化过程

碱化过程（alkalization）指钠离子在土壤胶体上的累积，使土壤呈强碱性反应，并形成物理性质恶化柱状不透水的碱化层 B_{tn}的过程。土壤胶体吸附交换性钠离子占阳离子交换量的百分数达到20%以上，释放出碱质，pH 可达 9 以上，且土壤干时收缩为硬块，湿时泥泞，不利于植物生长。碱化过程主要发生在半干旱地区干湿交替环境下的一些低平地方。土壤溶液中的阳离子可与土壤胶体吸附的阳离子进行交换吸附，反应式为：

$$\begin{matrix} Ca^{2+}- \\ Mg^{2+}- \end{matrix}\boxed{X}\begin{matrix} -Na^+ \\ -Na^+ \end{matrix} + 3CO_3^{2-} \rightleftharpoons Na_2CO_3 + MgCO_3 + CaCO_3 + \boxed{X}^{6-}$$

从这个公式和碳酸盐的溶解度来看，Na^+析出以前，大多数 Ca^{2+}和 Mg^{2+}向下发生沉淀，反应不断向右进行，土壤溶液中 Na^+的浓度不断增大并向土壤表层集聚，土壤表层中的钠盐就会逐渐占绝对优势，Na^+与土壤胶体上吸附的其他阳离子起置换反应的机遇进而增大，致使碱化过程得以进行。

脱碱化（dealkalization）指钠离子脱离土壤胶体进入土壤溶液的过程。如果用来淋洗碱土的水中含有高浓度的 Ca^{2+}或 Mg^{2+}，则 Ca^{2+}和 Mg^{2+}可以置换胶体上的 Na^+，由于 Na^+脱离土壤胶体而进入土壤溶液，使脱碱化过程得以进行。

（十）黏化过程

黏化过程（clayification）指土体内黏土矿物的生成和聚积过程，形成一个质地相对黏重的黏化层 B_t，层位较深，黏粒含量高，透水性差。通常，寒冷、干旱地区的土壤，黏化过程微弱；在温带和暖温带湿润地区表现最为明显。这是因为温暖湿润的气候条件有利于原生矿物的分解和次生黏土矿物的形成，或由于湿润条件下表层黏粒向下淋溶，导致土壤亚表层和心土层黏粒富集，形成黏化层。

（十一）潴育化过程

潴育化过程（redoxing）指土壤形成中的氧化还原过程，主要发生在季风气候区直接受地下水周期性浸润的地方。地下水位雨季上升、旱季下降，使土层呈现干湿交替的现象，进而引起土层中铁、锰化合物的氧化态与还原态的变化，产生局部的移动或淀积，形成一个具有锈纹、锈斑或铁、锰结核的潴育层。

（十二）潜育化过程

潜育化过程（gleyization）指土体中发生的还原过程，主要发生在土体水分饱和的强烈还原条件下。在整个土体或土体下部，土壤因长期处于水分饱和、缺乏空气的还原状态下，产生有机与无机的低价态物质，形成蓝灰或者青灰的还原土层，即潜育层。

（十三）熟化过程

熟化过程（ripening）指人为培肥土壤的过程，在人类耕作、灌溉、施肥、改良利用和定向培育下，在土壤上部形成人为表层的过程。熟化过程改变了土壤的原自然剖面和某些过程，使土壤向着肥力提高的方向发展。它包括水耕熟化过程和旱耕熟化过程两个方面。水耕熟化过程是通过灌溉、耕作和施肥等措施定向培育高度肥沃水稻土的过程。旱耕熟化过程是通过耕作和施肥等措施，使土壤肥力向着有利于作物生长的方向发展的过程。人为熟化过程并没有摆脱自然因素的影响，而是同时受人类和自然双重因素的综合影响，但以人为因素为主导。

（十四）退化过程

土壤退化过程（degradation）是由自然因素或人为因素引起的土壤物质流失、土壤性状与土壤质量恶化、土壤肥力下降、作物生长发育条件恶化和土壤生产力减退的过程。土壤退化包括土壤污染、盐渍化、侵蚀等多个类型。土壤退化机理及其防治对策正在成为土壤学、环境学、生态学、地理学等的重要研究内容。

第三节　土壤分类及其主要类型

一、土壤分类系统

（一）土壤分类的目的和意义

由于土壤形成因素和土壤形成过程的不同，自然界的土壤多种多样。土壤分类就是根据土壤的发生发展规律和自然性状，在系统认识土壤的基础上，按照一定的标准，对土壤所进行的科学区分。土壤分类能正确的反映土壤之间以及土壤与环境之间在发生上的联系，反映它们的肥力水平和利用价值，为合理利用土壤、改造土壤和提高土壤肥力提供依据。同时，土壤分类的研究成果还可以反映出土壤科学的研究水平，特别是反映出土壤地理学和土壤发生学的研究水平，是土壤学领域内其他分支的研究基础。也是建立土壤信息系统、保护土壤环境、促进农业生态系统协调发展的基础。所以，土壤分类既是土壤科学的基础，又是土壤科学发展水平的标志，具有十分重要的理论意义和实践意义。

（二）中国土壤分类的发展

1. 古代土壤分类

我国地域辽阔，自然条件复杂，农业历史悠久，土壤种类繁多，早在公元前二、三世纪《禹贡》和《管子·地员篇》等就有土壤分类方面的记载。

《禹贡》根据土色、质地和水文等，将九州土壤分为白壤、黑坟、赤埴、涂泥、青黎、黄壤和海滨广斥等，并将土壤分类与地形、植物和土地利用联系起来，它是世界上土壤分类的最早尝试。《管子·地员篇》关于土壤类别的区分更为详细。根据土色、质地、结构、孔隙、结聚、有机质、盐碱性等肥力因素，密切结合地形、水文、自然植被等自然条件，将九州土壤分为十八类，每类又分为五级，即所谓“九州之土凡九十物”。

2. 早期的马伯特土壤分类

中国古代的土壤分类都是从实用角度进行的，并非系统分类或自然分类。直到 20 世纪

30 年代，传入了当时美国的马伯特土壤分类，在中国划分出了显域土、隐域土和泛域土三个土纲，建立了 2000 多个土系。直到 1950 年宋达泉在全国土壤肥料会议上提出《中国土壤分类标准的商榷》一文为止，中国土壤分类主要受马伯特土壤分类影响，山地棕壤、砂浆黑土和水稻土现仍沿用。

3. 土壤发生学分类的发展

1954 年中国土壤学会第一次代表大会上，借鉴前苏联地理发生分类体系，拟定了土类为基本分类单元的分类系统。1958 年开始了第一次全国土壤普查工作，拟定了全国农业土壤分类系统。1978 年中国土壤学会召开的第一次土壤分类会议上提出了《中国土壤分类暂行草案》，该分类系统充实了水稻土的分类，明确了潮土、灌淤土和塿土为独立土类，丰富了高山土壤的分类，增加了磷质石灰土等新类，共 14 个土纲，46 个土类。在 1978 年至 1984 年期间开展了第二次全国土壤普查，并在 1984 年草拟了《中国土壤分类系统》(1984)，并于 1988 年修订，于 1992 年确立为《中国土壤分类系统》(1992)。该分类系统经过少许修改，在 1998 年出版的《中国土壤》一书中几乎全部得到了体现，其逐步修订代表了全国土壤普查的科学水平。该分类在中国土壤分类史上占据重要地位，影响深远，它目前仍在沿用，但也存在着一些问题。

4. 土壤系统分类的发展

1984 年以后，中国科学院南京土壤研究所主持，全国有关研究机构和高等院校的土壤科学工作者参加的中国土壤系统分类研究课题组，主要参照美国《土壤系统分类》的思想原则、方法和某些概念，吸收西欧、苏联土壤分类中的某些概念和经验，进行了中国土壤系统分类研究。先后提出了《中国土壤系统分类》初拟（1985《土壤》6 期）、第二稿（1987《土壤学进展》特刊）和第三稿（1988），1991 年正式出版了《中国土壤系统分类》(首次方案)，在广泛征求国内外同行意见的基础上，1995 年出版了《中国土壤系统分类》（修订方案）(1995)，出版专著《中国土壤系统分类——理论·方法·实践》(1999) 和《中国土壤系统分类检索》(第三版) (2001)，使我国的土壤分类工作进一步得到完善。1996 年开始，中国土壤学会将该分类推荐为标准土壤分类加以应用。目前，该分类与发生学分类两个土壤分类系统并存应用。

（三）中国土壤发生学分类（1998）

采用土壤发生学原则，把成土因素、成土过程和土壤的理化性状结合起来，将自然土壤和耕作土壤统一到同一土纲中。分类系统采用七级分类制：土纲、亚纲、土类、亚类、土属、土种和变种（亚种）。土纲、亚纲、土类、亚类为高级分类单元，以土类为基础；土属为中级分类单元；土种为基层分类单元。

土纲是根据成土过程的共同特点，对某些有共性的土类的归纳与概括。全国土壤共归纳为铁铝土、淋溶土、半淋溶土、钙层土、干旱土、漠土、初育土、半水成土、水成土、盐碱土、人为土、高山土共 12 个土纲。

亚纲是对根据土壤形成的水热条件、岩性和土壤属性的重大差异对土纲范围内土壤群体的续分，全国土壤共分 29 个亚纲。

土类是根据成土因素、成土过程和土壤属性来划分的，具有一定相似的发生层次。同一土类具有相同的成土因素及主导成土过程，土类之间在性质上有明显的质的差别，同一土类利用方向和培肥途径基本一致。全国土壤共分 61 个土类。

亚类是根据主导土壤形成过程以外的另一个次要的或者新的形成过程进行的土类续分。亚类之间形态更接近，改良利用方向比土类更一致。

土属是亚类和土种之间具有承上启下意义的分类单元，主要根据母质、水文等地方性因素及侵蚀、堆积等土壤的残遗特征划分。对不同的土类或亚类，所选择的土属划分标准就不一样。如根据母质类型及风化度划分红壤亚类的土属，根据盐分组成划分盐土土属。

土种是基层分类单元，根据土壤发育程度或熟化程度来划分。因母质、地形等条件的差异，形成了在土层厚度、腐殖质层厚度、淋溶深度、钙积程度等方面的不一致性，根据这些方面量的差别划分土种。如根据耕层和土层厚度划分红壤土种；根据盐化和碱化程度划分盐碱土。

变种是根据土种范围内的变化来划分，一般根据耕作层养分含量及质地、某些土层厚度及出现的层位高低等因素划分。

该分类系统采用连续命名与分段命名相结合的方法，土纲和亚纲为一段，以土纲名称为基本词根，加前缀构成亚纲名称，如湿润铁铝土。土类和亚类为一段，以土类名称为基本词根，加前缀构成亚类名称，可单独使用，如，盐化潮土。土属、土种和亚种均不能自成一段，必须与它的上一级分类单元连用，如壤质厚层湿暖铁铝土（表 5-6）。

表 5-6　中国土壤发生学分类系统（中国土壤，1998）

土　纲	亚　　纲	土　　类
铁铝土	湿热铁铝土	砖红壤、砖红壤性红壤(赤红壤)、红壤
	湿暖铁铝土	黄壤
淋溶土	湿暖淋溶土	黄棕壤、黄褐土
	温暖湿淋溶土	棕壤
	湿温淋溶土	暗棕壤(灰棕壤)、白浆土
	湿寒温淋溶土	棕色针叶林土、漂灰土(棕色泰加林土)、灰化土
半淋溶土	半湿热半淋溶土	燥红土
	半湿暖温半淋溶土	褐土
	半湿温半淋溶土	灰褐土、黑土、灰色森林土
钙层土	半湿温钙层土	黑钙土
	半干温钙层土	栗钙土
	半干暖温钙层土	黑垆土、栗褐土
干旱土	干温干旱土	棕钙土、灰钙土
漠土	干温漠土	灰漠土、灰棕漠土
	干暖温漠土	棕漠土
初育土	土质初育土	黄绵土、红黏土、新积土、龟裂土、风沙土
	石质初育土	石灰土、火山灰土、紫色土、磷质石灰土、石质土、粗骨土
半水成土	暗半水成土	草甸土
	淡半水成土	潮土、砂姜黑土、林灌草甸土、山地草甸土
水成土	矿质水成土	沼泽土
	有机水成土	泥炭土
盐碱土	盐土	草甸盐土、滨海盐土、酸性硫酸盐土、漠境盐土、寒原盐土
	碱土	碱土
人为土	人为水成土	水稻土
	灌耕土	灌淤土、灌漠土
高山土	湿寒高山土	高山草甸土(草毡土)、亚高山草甸土(黑毡土)
	半湿寒高山土	高山草原土、亚高山草原土、山地灌丛草原土
	干寒高山土	高山漠土(寒漠土)、亚高山漠土(冷漠土)
	寒冻高山土	高山寒漠土(寒冻土)

以上各级分类单元各自具有为生产服务的明确目的。如，土类、亚类广泛反映地区的土壤合理利用、土壤改良和农业发展方向的情况。土种和变种的区分为土壤利用改良和提高土壤肥力的具体措施服务。土属介于两者之间。我国目前使用的发生学分类体系仍然属于地理发生学土壤分类，它要求以成土条件、成土过程和土壤属性的三者统一来划分土壤，但是在实际分类时，常遇到三者不统一的情况，只好按照成土条件来划分土壤；同时，各分类单元的概念模糊不清，没有量化的分类标准和检索系统，给应用造成困难。因此，发展新的以土壤本身性质为分类标准的定量化的土壤分类体系势在必行。

(四) 中国土壤系统分类 (1995)

《中国土壤系统分类》(修订方案)(1995) 是以诊断层和诊断特性作为分类基础的系统化、定量化的土壤分类系统。诊断层 (diagnostic horizons)，是用于鉴别土壤类别，在性质上有一系列定量规定的土层，包括诊断表层和诊断表下层。诊断层就是土壤发生层的定量化和指标化。在拟定的 33 个诊断层中，包括 11 个诊断表层、20 个诊断表下层和 2 个其他诊断层。诊断表层是位于单个土体最上部的诊断层，通常包括发生层的 A 层，如有机质表层。诊断表下层由物质的淋溶、淀积作用在土壤表下层形成的具诊断意义的土层，通常包括发生层的 B 层，如黏化层。诊断特性 (diagnostic characteristics)，是具有定量规定的土壤性质 (形态的、物理的、化学的)，如土壤水分状况、土壤温度状况、盐基饱和度、铁质特性、石灰性等，中国土壤系统分类共设置了 25 个诊断特性。作为一个系统，除具有诊断层和诊断特性外，该分类还有一个应用诊断层和诊断特性的检索系统。

该分类采用六级分类制，分为土纲、亚纲、土类、亚类、土族和土系 6 级。前四级为高级分类单元，主要供中、小比例尺土壤调查制图确定制图单元用；后两级是低级 (称基层) 分类单元，主要供大比例尺土壤调查制图确定制图单元用。目前，这个分类系统只有亚类以上高级分类。

土纲：根据主要成土过程产生的性质或主要影响成土过程的性质划分，共 14 个土纲 (见表 5-7)。

亚纲：土纲的辅助级别，主要根据影响现代成土过程的控制因素所反映的性质 (如温度、水分和岩性等) 划分，共划分出了 39 个亚纲。如根据水分状况变性土纲又分为潮湿、干润、湿润三个亚纲。

土类：亚纲的续分，根据反映主要成土过程强度、次要成土过程或次要控制因素的表现性质划分，共分为 141 个土类，如钙积、石膏、黏化和简育及盐积正常干旱土就是根据次要成土过程表现性质划分的土类，它们同属正常干旱土亚纲。

亚类：土类的辅助级别，主要根据是否偏离中心概念土类，是否具有附加成土过程的特性和是否具有母质残留的特性来划分。代表土类中心概念的亚类为普通亚类，具有附加成土过程的亚类为过渡性亚类，如灰化、漂白、黏化、碱化、石膏、盐化、龟裂、淋溶、钙积、潴育、潜育、灌淤等；具有母质残留特性的亚类为继承亚类，如石灰性、含磷、含硫等。

土族：基层分类单元，主要根据土壤剖面控制层段的土壤机械组成、土壤温度、酸碱度、污染特性以及人类活动所赋予的其他特性等来划分。

土系：最低级别的基层分类单元，由若干空间相邻且特性相似的单个土体组成的聚合土体所构成。同一土系的土壤，其成土母质、地形条件和水热状况均较相似。

命名采用分段连续命名法。土纲、亚纲、土类、亚类和土族为一段，以土纲为基础，在土纲前面加反映亚纲、土类、亚类和土族性状的术语，分别构成亚纲、土类、亚类和土族的名称。土系则单独为一段来命名，通常采用该土系代表性剖面点位或者首次描述该土系的所在地的标准地名直接命名。

中国土壤系统分类具有定量诊断分类的优点，反映了当前国际土壤分类的潮流和方向，也便于土壤分类的自动检索。在引进国外土壤分类的基础上，加入了具有中国特色的土壤类型，如人为土。但是，由于“中国土壤系统分类”还没有作为国家分类系统用来指导全国性的土壤调查，目前还没有建立以这种分类为基础的数据库。

表 5-7 中国土壤系统分类土壤划分依据简表

土 纲	亚 纲	主要成土过程或影响成土过程的性状	主要诊断层、诊断特性
有机土	永冻有机土 正常有机土	泥炭化过程	有机表层，泥炭化过程产生的有机土壤物质特性
人为土	水耕人为土 旱耕人为土	人为熟化过程	水耕表层、耕作淀积层、水耕氧化还原层、灌淤表层、堆垫表层、泥垫表层、肥熟表层、水耕氧化还原表层等特性
灰土	腐殖灰土 正常灰土	灰化过程	灰化淀积层
火山灰土	寒冻火山灰土 玻璃火山灰土 湿润火山灰土	影响成土过程的火山灰物质	火山灰特性
铁铝土	湿润铁铝土	高度铁铝化过程	铁铝层和铁铝特性
变性土	潮湿变性土 干润变性土 湿润变性土	土壤扰动过程	膨胀-收缩或翻转-混合过程产生的变性特征
干旱土	寒性干旱土 正常干旱土	干旱状况下，弱腐殖质化过程，钙化、石膏化、盐化过程	干旱表层、钙积层、石膏层、盐积层
盐成土	碱积盐成土 正常盐成土	盐渍化过程	盐积层、碱积层
潜育土	寒冻潜育土 滞水潜育土 正常潜育土	潜育化过程	潜育特性
均腐土	岩性均腐土 干润均腐土 湿润均腐土	腐殖化过程	暗沃表层、均腐殖质表层特性
富铁土	干润富铁土 常湿富铁土 湿润富铁土	富铁铝化过程	富铁层
淋溶土	冷凉淋溶土 干润淋溶土 常湿淋溶土 湿润淋溶土	黏化过程	黏化层
雏形土	寒冻雏形土 潮湿雏形土 干润雏形土 常湿雏形土 湿润雏形土	矿物蚀变过程	雏形层
新成土	人为新成土 砂质新成土 冲积新成土 正常新成土	无明显发育	浅淡表层

二、土壤分布规律

土壤是各成土因素综合作用的产物。在一定的成土条件下，必然形成与其相适应的土壤类型。影响土壤形成的温度、水分、生物等成土因素的分布具有空间分布规律——地带性分布规律，这使得土壤的分布也同样具有空间分布的地带性分布规律。同时，由于地形、地质地貌、水文等的差异，造成与地带性土壤类型不同的非地带性土壤，形成区域性土壤分布规律。因此，土壤分布规律包括土壤地带性分布规律（水平地带性、垂直地带性）和土壤区域性分布规律。

（一）水平地带性分布规律

水平地带性分布规律是土壤大致与纬度或经度相平行的随生物气候带演替的土壤带状分布规律。我国土壤水平地带性分布规律，包括经度地带性和纬度地带性两个方面。

我国的气候具有明显的季风特点，冬季受西北气流控制，寒冷干燥；夏季受东南和西南季风影响，温暖湿润。东南季风不仅影响东部沿海，而且深入内陆；西南季风除影响青藏高原外，尚可波及长江中下游地区。因此，热量由南而北递减，湿度由西北向东南递增，故由北而南依次分出寒温带、温带、暖温带、亚热带和热带五个热量带；由东南向西北则出现湿润、半湿润、半干旱和干旱四个地区。

在我国东部，土壤带谱分布具有大致沿纬线方向延伸，按纬度方向逐渐演化的土壤纬度地带性分布规律。由于不同纬度地表处于不同的热量带，生物随之发生变化，引起土壤类型由北而南依次发生变化，其主要带谱由北而南依次为：灰化土-棕壤-黄棕壤-红壤与黄壤-赤红壤-砖红壤。

土壤经度地带性是由于大陆的外形、洋流与风向的特点、山脉的走向和海拔高度的差异，使土壤的分布具有大致沿经线方向延伸，按经度方向逐渐演化的土壤经度地带性分布规律。在我国温带和暖温带，土壤带谱分布就具有经度地带性分布规律，由于距离海洋远近不同，水分条件随之发生变化，引起生物和土壤发生较大变化，其土壤类型由东向西依次为：暗棕壤-黑土-黑钙土-栗钙土-棕钙土-灰漠土-灰棕漠土。

（二）垂直地带性分布规律

在山区，气候与植被存在着垂直变化，土壤分布也表现出类似的垂直规律性变化，这种山区土壤沿垂直方向随地势高低而发生变化的土壤分布规律称为土壤垂直地带性分布规律。随着海拔高度的增加，气温不断下降，植被发生变化，导致土壤类型相应发生变化，而呈现垂直分布规律。山地土壤垂直分布规律具有以下特点。

① 垂直带谱随基带的不同而不同。基带是垂直带谱的起点，它受水平地带性分布规律的影响，具有与所在地的水平地带性相同的土壤类型，土壤垂直带谱在基带土壤类型基础上随着海拔高度的变化而不同。如，位于暖温带的河北雾灵山和甘肃云雾山，海拔均为二千多米，但前者的基带生物气候特点是半湿润地带，其基带土壤为褐土，其垂直分布规律从下往上依次为褐土—山地淋溶褐土—山地棕壤—山地暗棕壤—山地草甸土。而后者的基带生物气候特点为半干旱地带，基带土壤为黑垆土，其垂直分布规律从下往上依次为黑垆土—山地栗钙土（阴坡为山地褐土）—山地草甸土。可见，垂直带谱带有基带的深刻烙印。

② 山体越高，相对高差越大，山地土壤垂直带谱越完整，包含的土壤类型越多。如，我国喜马拉雅山的主峰——珠穆朗玛山是世界最高峰，具有最完整的土壤垂直带谱，其土壤类型之多，为世界所罕见。从下至上分布着红壤—山地黄棕壤—山地酸性棕壤—山地灰化土—黑毡土和草毡土—高山寒漠土—雪线。

③ 山坡的坡向对土壤垂直带谱有明显影响。山坡的坡向不同，其受太阳辐射不同，导致其温度、水分、植被类型发生相应变化，进而影响土壤类型发生变化。如，秦岭主峰太白山，其南坡基带土壤类型为黏磐湿润淋溶土或铁质湿润淋溶土；而北坡基带土壤类型为简育干润淋溶土和土垫旱耕人为土，除基带土壤类型存在差异之外，不同高度处的土壤类型和分布高度也有差异。

（三）土壤区域性分布规律

在地带性分布规律的基础上，在中小地形、母岩母质、水文地质、成土年龄和人为活动等区域性因素的影响下，土壤地带性分布规律变化会被打破，土壤呈现出不同的土壤类型组合和分布模式，称为土壤区域性分布规律。例如，华北平原由太行山山麓到滨海平原，随着地形差异依次分布的土壤类型为褐土—草甸褐土—草甸土—潮土—滨海盐土等；在湖泊四周，以湖泊为中心向外地形渐高，受地下水的影响逐渐减少，因而依次形成沼泽土—草甸土等地带性土壤；在干旱与半干旱地区，如内蒙古高原的湖泊周围，从湖泊向外，依次分布着沼泽土—盐化草甸土—草甸栗钙土—栗钙土；耕作土壤以居民点为中心，离居民点越远，土壤熟化程度越差；北京西部山区，从基带海拔 200m 向上到 1200m，随着降水量增加，植被类型由灌草丛变化到森林，覆盖度增加，土壤淋溶条件变强，但在 1200m 高度处石灰岩发育的土壤仍有石灰性反应，而在海拔 200m 处花岗岩类母质发育的土壤却有的呈微酸性反应。

综上所述，土壤分布规律性是自然条件和人为因素综合作用的反映。因此，研究和了解土壤分布规律，不仅可以了解土壤在自然界变化与分布的规律性，更重要的是可以作为农业自然区划，全面区划农、林、牧业生产及制定土地利用改良规划，以及制定因地制宜的增产措施的依据。

参考文献

[1] 陈静生，汪晋三．地学基础．北京：高等教育出版社，2002.
[2] 赵烨．环境地学．北京：高等教育出版社，2007.
[3] [美] A. N. 斯特拉勒，A. H. 斯特拉勒．自然地理学原理．北京：人民教育出版社，1981.
[4] 陈效逑．自然地理学原理．北京：高等教育出版社，2006.
[5] 伍光和，田连恕，胡双熙，王乃昂．自然地理学．第三版．北京：高等教育出版社，2000.
[6] 李天杰，宁大同，薛纪渝，许嘉琳，杨居荣．环境地学原理．北京：化学工业出版社，2004.
[7] 李铁锋，潘懋．环境地学概论．北京：中国环境科学出版社，1996.
[8] 李天杰，赵烨，张科利，郑应顺，王云．土壤地理学．第三版．北京：高等教育出版社，2004.
[9] 李天杰，郑应顺，王云．土壤地理学．第二版．北京：高等教育出版社，1983.
[10] 邵明安，王全九，黄明斌．土壤物理学．北京：高等教育出版社，2006.
[11] 李天杰．土壤环境学．北京：高等教育出版社，1995.
[12] 孙向阳．土壤学．北京：中国林业出版社，2005.
[13] 崔晓阳．土壤资源学．北京：中国林业出版社，2007.
[14] 霍亚贞，李天杰．土壤地理实验实习．北京：高等教育出版社，1987.
[15] 于天仁，陈志诚．土壤发生中的化学过程．北京：科学出版社，1990.
[16] 张凤荣，马步洲，李连捷．土壤发生与分类学．北京：北京大学出版社，1992.
[17] 易淑棨，王立德等．土壤学．南京：江苏科学技术出版社，1985.
[18] 朱鹤健，何宜庚．土壤地理学．北京：高等教育出版社，1992.
[19] [美] N. C. 布雷迪著，南京农学院土化系等译．土壤的本质与性状．北京：科学出版社，1982.
[20] 林成古．土壤学．北京：农业出版社，1983.
[21] 戴树桂．环境化学．北京：高等教育出版社，1997.
[22] 马建华等．现代自然地理学．北京：北京师范大学出版社，2002.
[23] 李法虎主编．土壤物理化学．北京：化学工业出版社，2006.
[24] 龚子同．中国土壤分类四十年．土壤学报，1989，26 (3)：217-225.
[25] 中国科学院南京土壤研究所土壤系统分类课题组，中国土壤系统分类课题研究协作组．中国土壤系统分类检索．第三版．合肥：中国科学技术大学出版社，2001.

[26] 龚子同，张甘霖，陈志诚，骆国保，赵文君．以中国土壤系统分类为基础的土壤参比．土壤通报，2002，33（1）：1-5.
[27] 张保华，何毓蓉．中国土壤系统分类及其应用研究进展．山东农业科学，2005，（4）：76-78.

思考与练习

1．下列关于降水对土壤形成的影响中，正确的是（　　）
A．多雨地区易形成铁铝土
B．干燥地区易盐分表聚
C．温带地区随着降水量的增加，有机质含量增加
D．东部地区自南向北降水量增加，有机质含量增加

2．下列关于温度对土壤形成的影响中，正确的是（　　）
A．温度每上升10℃，化学作用增加一倍　　B．寒带地区，土壤发育缓慢
C．华南地区土壤有机质含量高于东北地区　　D．热带地区O层薄或缺失

3．关于我国现存的两个土壤分类系统的说法正确的是（　　）
A．两个分类系统均是6级制　　B．发生学分类以诊断层为依据
C．最高级别都是土纲　　D．系统分类以诊断特性等为分类依据

4．对土壤发生学分类的正确描述包括（　　）
A．是6级分类制　　B．由11个土纲组成
C．与生产实践结合紧密　　D．以诊断层和诊断特性为依据

5．土壤具有维持酸碱反应相对稳定的能力，称土壤的（　　）
A．吸收性能　　B．缓冲性能　　C．氧化性能　　D．还原性能

6．对于我国土壤分布规律的说法正确的有（　　）
A．温带草原和荒漠土壤分布规律属于纬度地带性规律
B．经度地带性规律主要决定于水分条件
C．山地土壤分布具有垂直地带性规律
D．垂直地带性规律决定于水热条件

7．下列成土过程会发生在干旱半干旱地区的有（　　）
A．钙化过程　　B．盐化过程　　C．黏化过程　　D．灰化过程

8．下列说法不正确的有（　　　）
A．钠离子从土壤胶体进入溶液为碱化过程　　B．黏化过程形成黏化层
C．脱硅富铝化过程发生在半湿润地区　　D．灰化过程有SiO_2残留

9．下列关于土壤酸碱度的说法正确的有（　　）
A．活性酸度是土壤溶液中氢离子浓度
B．据活性酸度分酸性土和碱性土
C．土壤胶体表面吸附的交换性铝离子所引起的酸度属于潜性酸度
D．Al^{3+}解析到溶液中时显活性酸度

10．活性酸度与潜性酸度的说法正确的有（　　）
A．土壤溶液中［H^+］引起的为活性酸度　　B．据潜性酸度分酸性土壤和碱性土
C．Al^{3+}解析到溶液中时显潜性酸度　　D．土壤酸度主要由Fe^{2+}、H^+、Al^{3+}引起

11．土壤胶体具有巨大的吸附阳离子的性能，是由于土壤胶体（　　）
A．巨大的比表面　　B．巨大的表面能　　C．全都带有负电荷　　D．两性胶体

12．下列对于土壤胶体的吸附性能描述正确的有（　　）
A．土壤胶体带有正电荷　　B．离子交换以离子价为依据进行等价交换
C．钠离子的交换能力强于钙离子　　D．离子的浓度大，则交换能力强

13．下列说法正确的有（　　）
A．土壤有机质被称为土壤的骨骼　　B．土壤胶体被称为土壤血液

C. 机械组成又称土壤质地　　　　D. 土壤就是土地

14. 从地面垂直向下的土壤（　　）称为土壤剖面。发育良好的自然土壤剖面，大致可分为（　　）四层。

15. 覆盖层以O表示，指以地面上的（　　）的有机质为主的土层，由地面上的（　　）堆积而成，又称枯枝落叶层。

16. 影响土壤颜色的首要决定因素是（　　）。

17. 发生学分类系统主要依据土壤的（　　），即把（　　）、（　　）和（　　）三者结合起来，采用（　　）、（　　）、（　　）、（　　）、（　　）、（　　）、（　　）七级。

18. 我国土壤系统分类的特点是什么？采用（　　）、（　　）、（　　）、（　　）、（　　）、（　　）六级。

19. 土壤由（　　）三种物质组成。

20. 土壤矿物质主要有（　　）和（　　）两种类型。

21. 土壤腐殖质是一种特殊类型的（　　），较难为微生物所（　　）。

22. 土壤水分的重要来源是（　　），其类型包括（　　）。

23. 土壤有机质是什么？其来源如何？它们在土壤中的作用如何？

24. 阳离子交换吸附的特征包括哪几个方面？

25. 活性酸度和潜性酸度的区别？

26. 什么是盐基饱和度和钠饱和度？

27. 解释土壤的酸碱缓冲性能。

28. 简述土壤空气和大气的异同点。

29. 自然土壤剖面包括哪些层次，各有什么特点？

30. 耕作土壤剖面包括哪些层次，各有什么特点？

31. 土壤粒级是什么含义？各粒级有什么特性？

32. 什么是土壤的机械组成（质地），分哪些级别，每一类别有什么特征？

33. 土壤氧化还原电位势的含义。

34. 土壤的成土因素包括哪些？简述各自然成土因素对土壤形成的影响。

35. 理解脱硅富铝化过程、盐化过程、碱化过程、黏化过程、灰化过程、钙化过程等重要成土过程。

36. 我国目前两种土壤分类系统分别是什么？各有什么特点？

37. 简要说明我国土壤分布规律。

38. 你家乡所在地区的土壤类型是什么（土类）？

第六章　地　　图

凡是具有空间分布的任何事物和现象，都可以用地图加以表现，地图已经应用到人们生产生活的各个领域，起到导航的工具作用，随着科学技术的不断进步，地图的研究领域和应用范围及编制技术日新月异。环境科学工作者在科学实践和教学过程中，更需要借助地图来了解研究对象的时空分布规律，因此需要在了解地图基本知识的基础上能够科学运用地图，尤其要掌握地图阅读、量测及制图的基础知识和基本技能。根据环境专业和生态学专业的实际需要，本章在介绍地图的基本知识之后，重点介绍地形图和专题地图两个部分。

第一节　地图概述

一、地图的定义与基本特征

地面风景照片、风景画、遥感像片，都是按透视原理构成，将地理事物表示在平面上，而这些均不是地图，地图与他们的区别主要在于地图具备严密的数学法则、经过地图综合、应用地图符号系统等三个基本特征。

（一）地图具有严密的数学法则

地球是一个旋转椭球体，其自然表面是一个高低起伏、在数学上不可展开的曲面，要将球面无重叠、无裂隙、无变形地展开形成平面地图是不可能的，为了解决这个问题，就要按一定的数学法则建立起地球椭球面（或球面）与地图平面之间点与点的函数关系式，这种方法就是地图投影。利用地图投影使地球表面上各点和地图平面上的相应各点保持一定的函数关系，才能在地图上准确地表达空间各要素的位置和分布规律，才可能反映出它们之间的时空规律和相互关系，使地图具有区域性和可量测性。地球上各种事物和现象不论范围和尺寸多大，必须按照一定的比例尺经过缩小才能表示在地图上。比例尺是地图线性缩小程度的标志，它是图上线段长度与地面上相应距离的水平投影长度之比。按照一定的数学法则确定的地图投影和地图比例尺等共同构成地图的数学基础，是风景照片或风景画所不具备的。

（二）地图经过地图概括

缩小了的地图不可能表示地球上所有的事物和现象，只能根据地图的用途及图形清晰易读的需要，进行取舍和化简，保留和突出主要的事物和现象，以便在有限的图幅内清晰表达出制图区域的基本特征和各要素的主要特点，这种对地图内容的科学的取舍和概括加工的过程就是地图概括，也称制图综合。

（三）具有完整的地图符号系统

地图运用易被人们感受的图形符号来表示各种复杂的自然、经济和社会现象。地图符号是地图的语言，该系统包括点状符号、线状符号、面状符号、色彩以及文字等。通过地图所特有的完整的符号系统不仅能清晰表示出有形地物的外形、位置、范围、质量特征和数量特征，还可以表示出地面没有外形的许多现象，如气压、雨量、污染状况、政区和人口移动等的时空分布规律，也可以表现出事物的相互关系。

根据上述对地图所具有的基本特征的分析，可以给地图定义如下：**地图是按照一定的数学法则，运用符号系统，经过制图综合，概括地将地球上的各种信息缩小表示在平面上的图形。**

从地图的定义可以看出，地图与遥感影像和风景画有如下区别：遥感影像是详细记录地面所有信息的缩小影像，它没有地图符号系统，也没有内容的取舍和概括；风景画虽然进行了一定的概括和取舍，但没有以严密的数学法则为基础，也没有地图符号系统。

二、地图的组成要素

地图的种类很多，表现的主题各异，但是构成地图的主要要素都包括数学要素、图形要素、辅助要素，有些图上还有各种补充资料。

（一）数学要素

数学要素决定图形分布位置和几何精度，起着地图“骨架”的作用，主要包括地图投影、坐标网、比例尺、大地控制点、图廓、方位和分幅编号等。地图投影是用数学方法将地球椭球面上的图形转绘到平面上的方法；坐标网是各种地图的数学基础，是地图上不可缺少的要素；比例尺表示坐标网和地图图形的缩小程度；大地控制点是具有统一而精确的平面位置和高程位置的点，包括三角点、导线点和水准点，它能保证将地球的自然表面转绘到椭球面上，再转绘到平面直角坐标网内时，具有精确的地理位置；图廓分为内图廓和外图廓，内图廓是地图图幅范围的界线，也是相邻图幅地图拼接的公共拼图线，梯形分幅的内图廓由经纬线组成，外图廓由平行于内图廓的粗线组成，外图廓不属于地图的数学要素，仅仅起到装饰美观作用，在内外图廓间绘有表示经差和纬差均为1分的分度带，用于确定地形图上任一点的地理坐标。

（二）图形要素

图形要素是地图的内容，是用地图符号所表示的制图区域内，各种现象的分布、联系以及时间变化等的内容部分，如江、河、山地、平原、植被、居民点、道路、行政界线等。它是地图组成要素中的主体部分。

（三）辅助要素

为了便于读图与用图，在图形的外侧设置辅助要素。辅助要素主要包括图名、图例、编制和出版单位、出版时间等。辅助要素对于读图是不可缺少的部分。

（四）补充资料

在有些图的图边或图廓内空白处适当位置配有补充资料，用以补充和丰富地图的内容。补充资料通常以补充地图、剖面图、统计图、统计表等形式配置。

三、地图的分类

随着科技进步，地图的类型日益增多。一般可从地图的性质、内容、比例尺、制图范围、用途等角度对地图进行分类。

（一）按内容和性质分类

按内容和性质分为普通地图和专题地图。普通地图按内容的概括程度进一步划分为地形图和普通地理图。

① 普通地理图　它是用同等详细程度来表示制图区域地貌、水系、土质、植被、居民点、交通网、境界线等自然地理要素和社会人文要素一般特征的地图，能综合概括反映制图区域的各种现象的主要特征，是以地形图作为基础资料经过制图综合而成的。

② 专题地图　它是在普通地图基础上，着重显示一种或几种主要要素或集中表示某个主题内容的地图。专题地图在地理底图上特别完备和详细地显示专题现象或普通地图的某些

要素，而将其余要素列于次要地位，或不予表示。专题地图的主题多种多样，服务对象广泛，如环境领域的大气污染源分布专题地图。

③ 地形图　它是按国家统一的数学基础、图式图例、测量和编图规范，经实地测绘或根据遥感资料，配合其他有关资料编绘而成的一种比例尺较大的普通地图。地形图几何精度高，内容详细。按组织测绘的部门及服务对象，地形图可分为国家基本比例尺地形图和工程用大比例尺地形图两类。a. 国家基本比例尺地形图，它是由国家测绘管理部门统一组织测绘、具有统一投影、统一分幅编号、严密的高程控制网和平面控制网的地形图，是国民经济建设、国防和科学研究的基础资料。国家基本比例尺地形图包括：1∶5千、1∶1万、1∶2.5万、1∶5万、1∶10万、1∶25万，1∶50万和1∶100万八种比例尺地形图。b. 工程用大比例尺地形图，它是由部门或单位针对某一工程建设的规划设计和具体施工需要，按照自订规范在小范围内实测成图的，内容一般按照专业部门的需要而有所增减。

随着比例尺的不同，地形图的内容与精度也有区别，从而它的功用也就各异。大比例尺地形图（1∶5千～1∶10万），内容详尽，是地形测量或航空摄影测量的直接结果，可以迅速在图上定位，进行图上量测，可用于各项建筑的设计，进行各种勘测，规划与研究农、林、牧、副、渔各业的发展等。此外，它还是编绘较小比例尺地图的主要资料。中比例尺地形图（1∶25万、1∶50万）是根据较大比例尺地形图或通过外业调查搜集资料编制的，可供工程建筑时研究地形之用，也可用于局部地区短距离航行时标定方向，还可作为编制较小比例尺地形图或专题地图的基本资料。小比例尺地形图（1∶100万）完全是通过室内编绘而成，内容更具概括性，它可用于了解与研究广大地区内自然社会经济概况，也可用于编制大范围的各项规划等，可作为编制更小比例尺地图的基础资料。

（二）按比例尺分类

比例尺，表示图上距离比实地距离缩小的程度，因此也叫缩尺。用公式表示为：比例尺＝地图上线段长度/相应线段实地长度。比例尺是一个比值，不带单位。地图比例尺中的分子通常为1，分母越大，比例尺就越小。比例尺通常有以下三种表现形式：①数字式，用数字的比例式或分数式表示比例尺的大小。例如，1∶10000，或写成1/10000。②文字式，在地图上用文字直接写出地图上1cm代表实地距离多少千米，如图上1cm等于实地距离10km，或写成百万分之一。③图解式，又可分为直线比例尺、斜分比例尺和复式比例尺。直线比例尺用直线线段形式标明图上线段长度所对应的地面距离；斜分比例尺是根据三角形的相似原理制成的图解比例尺，多用于测绘和绘图，地图上一般不用；复式比例尺（投影比例尺）是为了消除地图投影变形对图上量算的影响，按照投影特性设计的一种图解比例尺，复式比例尺主要用于小比例尺地图，但由于小比例尺地图只能了解地面概况，不能用于图上量算，所以地图上很少采用复式比例尺，只有很少的小比例尺地图上有复式比例尺。

地图比例尺有主比例尺（普通比例尺）和局部比例尺（特殊比例尺）之分。

在地球投影中，切点、切线和割线上是没有任何变形的，这些地方的比例尺皆为主比例尺，常表示在图上。在各种地图上通常所标注的都是此种比例尺，也称**普通比例尺**，一般说的比例尺都是主比例尺。在大比例尺地图上，由地图投影因素产生的变形很小，可以只用**主比例尺（普通比例尺）**及其任何形式（数字式、文字式、图解式等）来表示地图的比例尺，并且不必给予说明。据此比例尺对地图内容进行各种量算，可以得到较为准确的结果。

由于投影变形的存在，不同地方的缩小比例不一样，有的比主比例尺大，有的比主比例尺小，有的与主比例尺相等（切线、切点、割线之处），这就需要用**局部比例尺**。一般地图上都不注此种比例尺，这也给了人们一个误解，以为在地图上可以一把比例尺全图通用。在比例尺的标注形式上，可以使用数字式表示主比例尺，但最好同时使用图解式的复式比例尺，如纬线比例尺或经线比例尺。图6-1为复式比例尺示例。

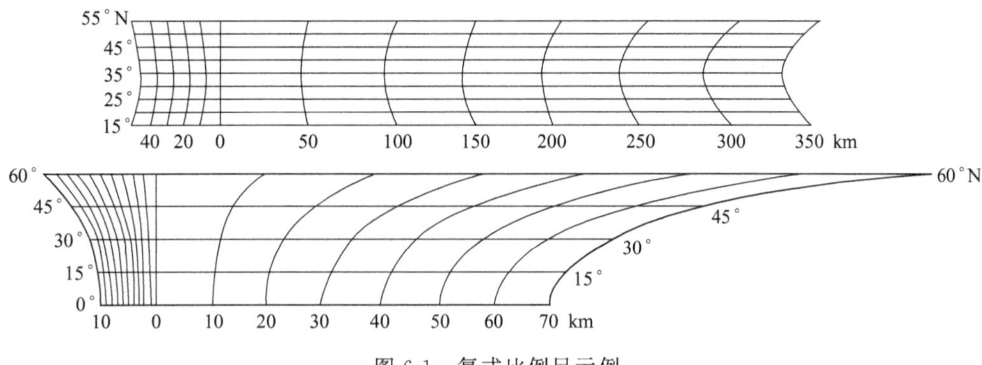

图 6-1　复式比例尺示例

（上图为等角正轴割圆锥投影的复式比例尺，下图为等角正轴切圆柱投影的纬线比例尺）

在正常情况下，人眼能够分辨的图上最小距离为 0.1mm，因此通常把图上 0.1mm 所表示的实地水平距离 D，称为比例尺的最大精度（可量精度）。它等于 0.1mm 与比例尺分母 M 的乘积，即 $D=0.1\text{mm}\times M$（比例尺分母），不同比例尺地形图的可量精度见表 6-1。根据比例尺的精度，可以确定在测图时量距应准确到什么程度，例如，测绘 1∶1000 比例尺地形图时，其比例尺的精度为 0.1m，故量距的精度只需 0.1m，小于 0.1m 在图上表示不出来。另外，当设计规定需在图上能量出的实地最短长度时，根据比例尺的精度，可以确定测图比例尺，如在图上需要表示出 0.5m 的地面水平长度，此时应该选择不小于 0.1mm/500mm＝1/5000 的测图比例尺。

表 6-1　大中比例尺国家基本地形图的可量精度

比例尺	1∶500	1∶1千	1∶5千	1∶1万	1∶2.5万	1∶5万	1∶10万	1∶25万	1∶50万
可量精度/m	0.05	0.1	0.5	1	2.5	5	10	25	50

地图比例尺的大小决定地图内容的概括程度，直接影响地图的功用。地图按照比例尺分为大、中、小三类。大比例尺地图是比例尺大于等于 1∶10 万的地图；中比例尺地图是比例尺小于 1∶10 万至大于 1∶100 万的地图。小比例尺地图是比例尺小于等于 1∶100 万的地图。

在同样图幅上，比例尺越大，地图所表示的范围越小，图内所表示的地物和地貌的情况越详细，精度越高；比例尺越小，地图上所表示的范围越大，反映的内容越概略，精度越低。

（三）按其他指标分类

地图还可以按照其他指标分类，如按照地图图形可划分为分布图、区划图、等值线图、点值图、统计图等。按照制图区域分为全球图、大洲图、大洋图、半球图等。

第二节　地图投影

一、地图投影基本理论

（一）地图投影概念和实质

地球内部物质分布不均匀、地表起伏不平高低之差近 20km，不可能用简单的数学公式来表达地球表面。由于生产和科学发展的需要，人们进行了反复的科学观测和研究，并找到了一个可以用数学方法来表达的旋转椭球来近似描述地球（简称椭球体），且这个旋转椭球是由一个椭圆绕其短轴旋转而成的。以地球椭球体的形状和大小代表地球用于测量与制图，又称其为参考椭球体。地球旋转椭球体的大小和形状，同大地平均海水面所包围的地球相近似。经过长期的观测、分析和计算，世界上许多学者和机构算出了参考椭球体的长短半径的数值。我国1953年前采用海福特椭球体，1953年起改用克拉索夫斯基椭球体，1978年后开始采用1975年国际椭球体，并以此建立了我国新的、独立的大地坐标系。

地球椭球体表面是不可展开的曲面，而地图是平面，因此制图过程把曲面直接展为平面时，不可避免要发生破裂或褶皱，所以必须采用特殊的方法将曲面展开，使其成为没有破裂或褶皱的平面。由于球面上任一点的位置是用地理坐标（纬度、经度）表示，而平面上点的位置是用直角坐标（纵坐标 x、横坐标 y）或极坐标（动径 ρ、动径角 δ）表示，所以要想将地球表面上的点转移到平面上，必须采用一定的数学方法来确定地理坐标与平面直角坐标或极坐标之间的关系。**这种在球面和平面之间建立点与点之间函数关系的数学方法，称为地图投影。**

因为球面上任一点的位置决定于它的经纬度，所以实际投影时是先将一些经纬线交点展绘在平面上，再将相同经度的点连成经线，相同纬度的点连成纬线，构成经纬线网。有了经纬线网以后，就可以将球面上的点，按其经纬度画在平面上相应位置处。经纬线网是地图编制和使用的基础，是地图的主要数学要素之一。**地图投影的实质就是将地球椭球面上的经纬线网按照一定的数学法则转移到平面上（图6-2）。**

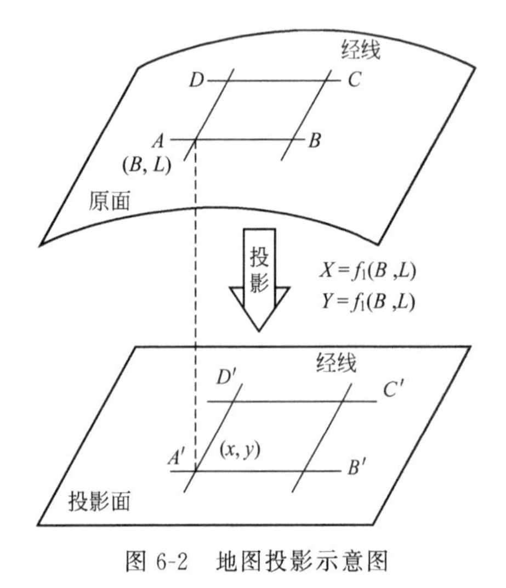

图6-2　地图投影示意图

（二）地图投影变形的含义与类型

用地图投影的方法将球面展为平面，虽然可以保持图形的完整和连续，但它们与球面上的经纬线网形状并不完全相似。这表明投影之后，地图上的经纬线网发生了变形，因而根据地理坐标展绘在地图上的各种地物，也必然随之发生变形。变形表现在长度、面积和角度三个方面。

1. 长度比与长度变形

地图上的经纬线长度与地球仪上经纬线长度特点并不完全相同。地图上经纬线长度并非都是按照同一比例缩小的，这表明地图上具有长度变形。长度比就是投影面上一微小线段（变形椭圆半径）和球面上相应微小线段（球面上微小圆半径，已按规定的比例缩小）之比。用长度比可以说明长度变形。长度变形就是长度比与1之差。长度比是一个相对数量，只有大于1或小于1的数（个别地方等于1），没有负数。而长度变形则有正有负。长度变形为正，表示投影后长度增长；长度变形为负，表示投影后长度缩短。

2. 面积比与面积变形

由于地图上经纬线网格面积与地球仪上经纬线网格面积的特点不同，在地图上经纬线网格面积不是按照同一比例缩小的，这表明地图上具有面积变形。面积比就是投影平面上微小面积（变形椭圆面积）与球面上相应的微小面积（微小圆面积）之比，面积比与1之差就是面积变形。面积比也是个相对数量，只有大于1或小于1的数，没有负数。面积变形也有正有负，面积变形为正，表示投影后面积增大；面积变形为负，表示投影后面积缩小。

3. 角度变形

投影面上任意两方向线所夹之角与球面上相应的两方向线夹角之差，称为角度变形。地球仪上经线和纬线处处都呈直角相交，而地图上经线和纬线不一定相交成直角从而产生角度变形，角度变形因投影类型和地点而异。

（三）变形椭圆

地球面上一无穷小的圆在平面上一般被描写为一无穷小椭圆。这个椭圆是由于投影变形而产生，故称此椭圆为变形椭圆。变形椭圆是显示变形的几何图形，从图 6-3 可以看到，实地上同样大小的经纬线在投影面上变成形状和大小都不相同的图形。实际中每种投影的变形各不相同，通过考察地球表面上一个微小的圆形（称为微分圆）在投影中的表象——变形椭圆的形状和大小，就可以反映出投影中变形的差异。

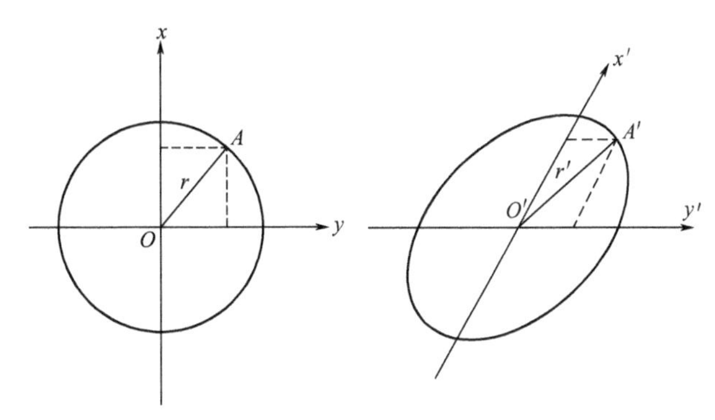

图 6-3　变形椭圆示意图

（四）地图投影的种类

1. 按变形性质分类

① 等角投影　投影面上某点的任意两方向线夹角与椭球面上相应两线段夹角相等，即角度变形为零。由于这类投影没有角度变形，所以多用于编制航海图、洋流图和风向图等。

② 等积投影　在投影平面上任意一块面积与椭球面上相应的面积相等，即面积变形等于零。由于这类投影可以保持面积没有变形，故有利于在地图上进行面积量算和对比。一般常用于绘制对面积精度要求较高的自然地图和经济地图。

③ 任意投影　在这种投影图上，长度、面积和角度都有变形，它既不等角又不等积。任意投影中，有一种比较常见的**等距投影**。在这种投影图上并不是不存在长度变形，它只是在特定方向上没有长度变形。等距投影的面积变形小于等角投影，角度变形小于等积投影（图 6-4）。

2. 按投影面分类（几何投影）

通常，地图投影面有平面、圆锥面、圆柱面三种，与投影面相应的投影类型如下。

① 方位投影　以平面作为投影面，使平面与球面相切或相割，将球面上的经纬线网投影到平面上。

② 圆锥投影　以圆锥面作为投影面，使圆锥面与球面相切或相割，将球面上的经纬线网投影到圆锥面上，然后将圆锥面展开为平面而成。

③ 圆柱投影　以圆柱面作为投影面，使圆柱面与球面相切或相割，将球面上的经纬线网投影到圆柱面上，然后将圆柱面展开为平面而成。

3. 按投影面与地球相割或相切分类

① 割投影　以平面、圆柱面或圆锥面作为投影面，使投影面与球面相割，将球面上的经纬线投影到平面上、圆柱面上或圆锥面上，然后将该投影面展为平面而成。

② 切投影　以平面、圆柱面或圆锥面作为投影面，使投影面与球面相切，将球面上的经纬线投影到平面上、圆柱面上或圆锥面上，然后将该投影面展为平面而成。

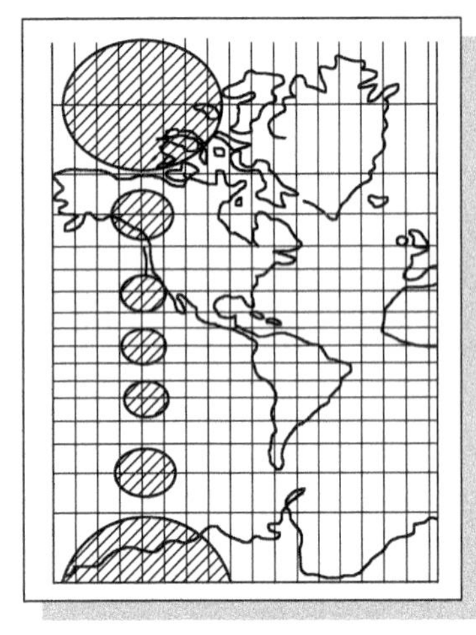

(a) 等角——向外逐渐扩大

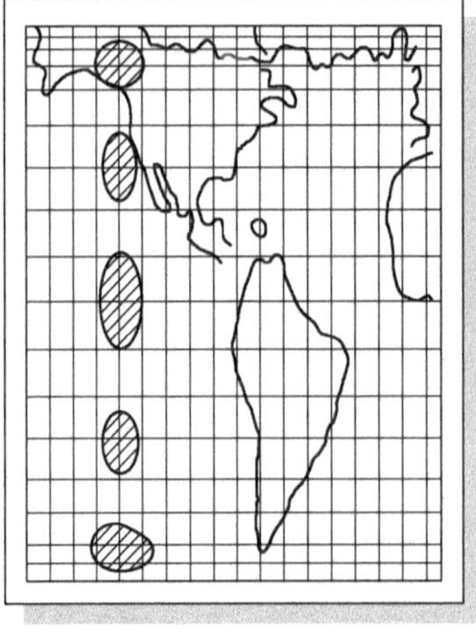

(b) 等积——向外逐渐缩小

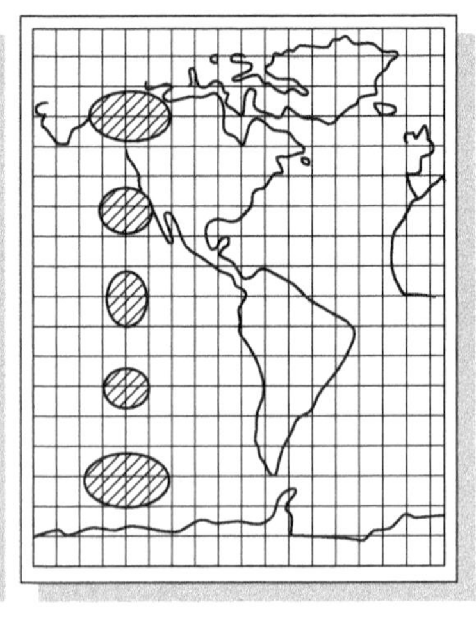

(c) 等距——保持不变

图 6-4　在中央经线上，纬线间隔从投影中心向外变化趋势（圆柱投影）

4. 按投影面与地轴的关系

① 正轴投影　当投影面正放时，称正轴投影。如，正轴方位投影的投影面与地轴垂直，正轴圆锥和圆柱投影的投影轴与地轴重合。

② 横轴投影　当投影面横放时，称横轴投影。如，横轴方位投影的投影面与地轴平行，横轴圆锥和圆柱投影的投影轴与地轴垂直。

③ 斜轴投影　当投影面斜放时，称斜轴投影。如，斜轴方位投影的投影面与地轴斜交，斜轴圆锥和圆柱投影的投影轴与地轴斜交。

5. 非几何投影

不借助几何面，根据某些条件用数学解析法确定球面与平面之间点与点的函数关系。在这类投影中，一般按经纬线形状又分为下述几类。

① 伪方位投影　纬线为同心圆，中央经线为直线，其余的经线均为对称于中央经线的曲线，且相交于纬线的共同圆心。

② 伪圆柱投影　纬线为平行直线，中央经线为直线，其余的经线均为对称于中央经线的曲线。

③ 伪圆锥投影　纬线为同心圆弧，中央经线为直线，其余经线均为对称于中央经线的曲线。

④ 多圆锥投影　纬线为同周圆弧，其圆心均位于中央经线上，中央经线为直线，其余的经线均为对称于中央经线的曲线。

以上各种投影类型可以互相组合，形成更多的投影，如正轴等角切圆柱投影，图 6-5 列出了几种常见的地图投影方式。

二、方位投影及其应用

方位投影以平面为投影面，使平面与地球表面相切或相割，将地球表面上的经纬线投影到平面上所得到的图形。视点可位于地球表面、地球中心和无限远。本书只介绍常用的切方位投影。根据球面与投影平面相切位置的不同，分为正轴（切于地球极点）、横轴（切于赤道）和斜轴（切点既不在地球极点，也不在赤道上）投影。正轴方位投影经线是从一点向外放射的直线束，夹角相等，等于相应的经度差；纬线是以经线的交点为圆心的同心圆；适合制作两极地区图。横轴方位投影除经过切点的经线和赤道投影为互相垂直的直线外，其余的

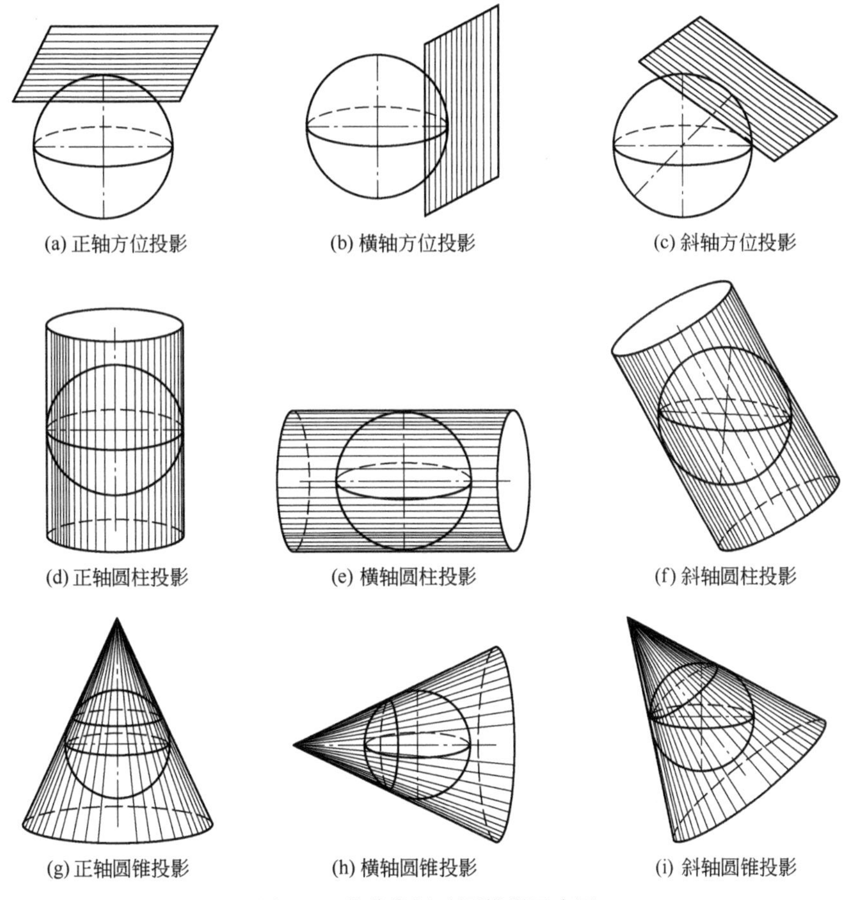

图 6-5　几种常用地图投影示意图

经纬线均为曲线，适合制作赤道附近地图。斜轴方位投影除经过切点的经线投影为直线外，其余的经纬线均为曲线，适合制作中纬度地区圆形区域地图（图 6-6）。

① 等角方位投影　角度不发生变形；投影中心附近变形小，离中心点愈远，变形愈大；在中央经线上，纬线间隔从投影中心向外逐渐扩大。

② 等积方位投影　面积不发生变形；投影中心附近变形小，离中心点愈远，变形愈大；在中央经线上，纬线间隔从投影中心向外逐渐缩小。

③ 等距方位投影　是使垂直圈投影后保持长度没有变形，即垂直圈方向长度比等于 1 的一种方位投影；投影中心附近变形小，离中心点愈远，变形愈大；在中央经线上纬线间隔相等。不过这种投影变形比较适中，它的面积变形小于等角投影，角度变形小于等积投影。

三、圆柱投影及其应用

圆柱投影假定以圆柱面为投影面，使圆柱面与地球相切或相割，将球面上的经纬线投影到圆柱面上，然后把圆柱面沿一条母线剪开展为平面。视点位于地球中心（图 6-7）。

当圆柱面与地球相切时，称为切圆柱投影，当圆柱面与地球相割时，称为割圆柱投影。按圆柱与地球相对位置的不同，圆柱投影有正轴、横轴和斜轴三种。正轴圆柱投影的纬线为平行直线，经线为与纬线垂直的平行直线，经线间的间隔与相应的经度差成正比。在一般情况下，横轴和斜轴中的经纬线投影为曲线，只有通过球面坐标极点的经线投影为直线。

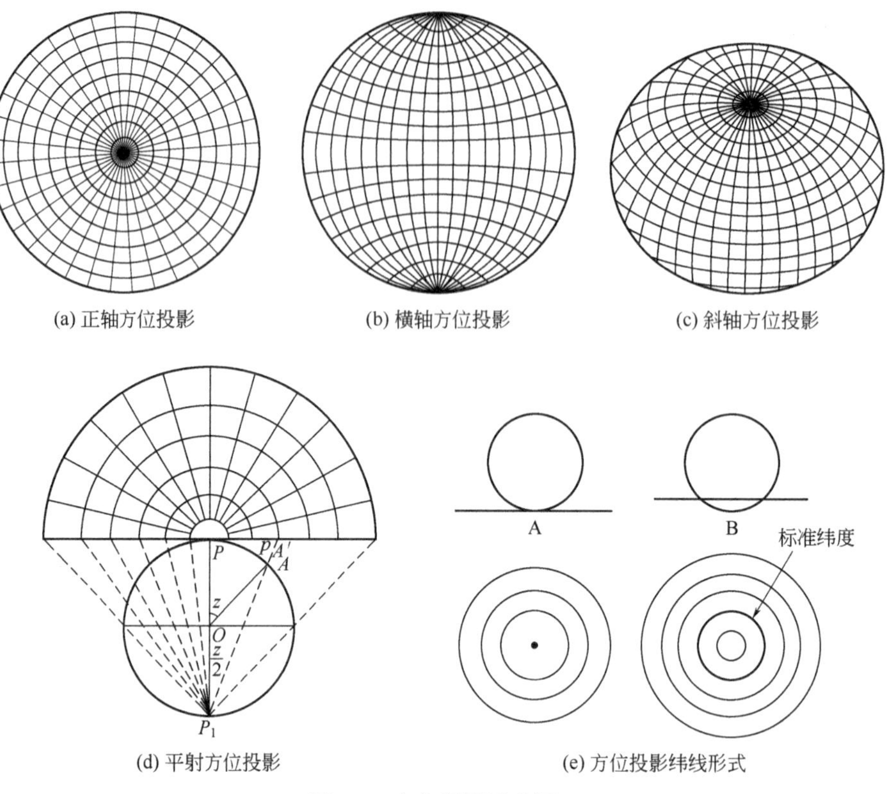

图 6-6　方位投影示意图

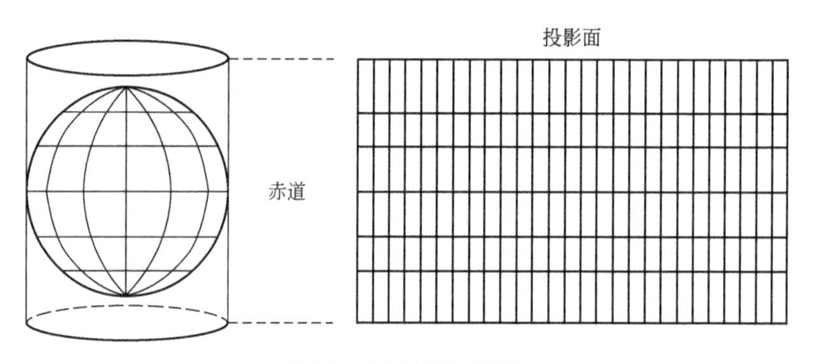

图 6-7　圆柱投影示意图

伪圆柱投影是在圆柱投影的基础上，根据某些条件改变经线形状而成的。这类投影的纬线形状与圆柱投影类似，即纬线为平行直线，但经线则不同，除中央经线为直线外，其余的经线均为对称于中央经线的曲线。伪圆柱投影经线的形状可以为任意曲线，但通常选择为正弦曲线和椭圆曲线。常用的几种等积伪圆柱投影包括桑生投影、摩尔魏特投影、古德投影。

四、圆锥投影及其应用

圆锥投影是假定以圆锥面作为投影面，使圆锥面与地球相切或相割，将球面上的经纬线投影到圆锥面上，然后把圆锥面沿一条母线剪开展为平面而成（图 6-8）。视点在地球中心。圆锥投影按变形性质可以分为等角、等积和等距及任意投影。按圆锥与地球相对位置的不同，有正轴、横轴和斜轴圆锥投影。无论哪一种均有切圆锥与割圆锥之分。对于一个具体的圆锥投影来说，可以是以上类型的任意组合。正轴圆锥投影的变形规律为：纬线投影为同心

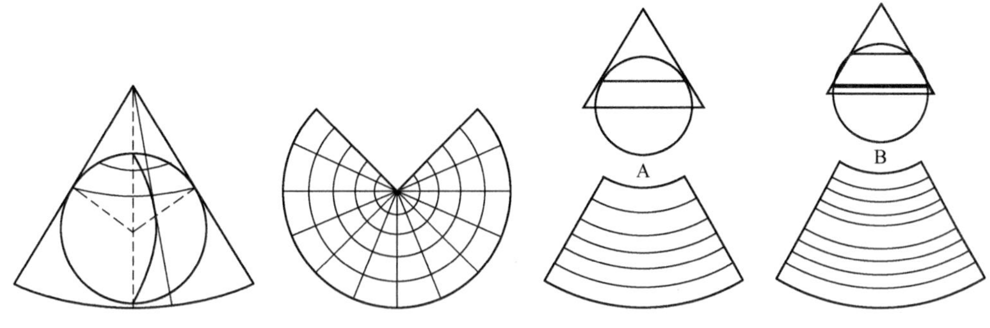

图 6-8 圆锥投影示意图

圆弧，经线投影为同心圆弧的半径并呈放射状的直线，经纬线直交，两经线间的夹角与相应的经度差成正比。

表 6-2 一些常用地图投影简表

投影名称	经线形状	纬线形状	中央经线上纬线间隔的变化	主要制图区域
等差分纬线多圆锥投影	中央经线为直线,其余经线为对称于中央经线的曲线	赤道为直线,其余纬线为对称于赤道的同轴圆弧	从赤道向两极稍有增大	世界图
摩尔魏特投影(Mollweide projection)	中央经线是直线,其他经线是椭圆弧	纬线是平行直线	由赤道向两极逐渐缩小	世界图半球图
古德投影(Goode projection)	有几条中央经线是直线,其余经线是曲线	纬线是平行直线	纬度40°以下相等,40°以上逐渐缩小	世界图
墨卡托投影(Mercator projection)	间隔相等的平行直线	与经线垂直的平行直线	由低纬度向高纬度急剧增大	世界图东南亚地区图
任意圆柱投影(arbitrary cylindrical projection)	间隔相等的平行直线	与经线垂直的平行直线	从赤道向两极逐渐增大	世界图
等距圆锥投影(equidistant conic projection)	放射状直线	同心圆弧	相等	中纬度地区分国图
等角圆锥投影(equiangular conic projection)	放射状直线	同心圆弧	由中心向南、北方向逐渐增大	中纬度地区分国图
等积圆锥投影(equivalent conic projection)	放射状直线	同心圆弧	由中心向南、北方向逐渐缩小	中纬度地区分国图
彭纳投影(Bonne projection)	中央经线为直线,其余经线为对称于中央经线的曲线	同心圆弧	相等	亚洲图欧洲图
桑生投影(Sanson projection)	中央经线为直线,其余经线为对称于中央经线的曲线	纬线是平行直线	相等	非洲图南美洲图
正轴等距方位投影(normal equidistant azimuthal projection)	放射状直线	同心圆	相等	两极地区图 南、北半球图
横轴等积方位投影(transverse equivalent azimuthal projection)	中央经线为直线,其余经线为对称于中央经线的曲线	赤道为直线,其余纬线为对称于赤道的曲线	由赤道向两极逐渐缩小	东、西半球图 非洲图
斜轴等积方位投影(equivalent azimuthal projection)	中央经线为直线,其余经线为对称于中央经线的曲线	任意曲线	从地图中心向外逐渐缩小	半球图 大洲图
横轴等角方位投影(transverse equiangular azimuthal projection)	中央经线是直线,其他经线是圆弧	赤道为直线,其余纬线为与赤道对称的圆弧	由赤道向两极逐渐扩大	东、西半球图

① 等角圆锥投影　条件是使地图上没有角度变形。在切圆锥投影上，相切的纬线为标准纬线，其长度比等于1标准纬线没有变形；从标准纬线向南、北方向长度变形逐渐增加，但在距离标准纬线纬差相同的地方，变形数值是不等的，标准纬线以北比标准纬线以南变形增加的要快些。

② 等积圆锥投影　条件是使地图上没有面积变形。为了保持等积条件，必须使投影图上任一点的经线长度比与纬线长度比互为倒数。在双标准纬线等积圆锥投影中，面积没有变形；两条标准纬线没有变形；在两条标准纬线之内，纬线变形向负的方向增加，经线变形向正的方向增加；在两条标准纬线以外，纬线变形向正的方向增加，经线变形向负的方向增加。角度变形随离标准纬线愈远而愈大。

③ 等距圆锥投影　条件是沿经线方向长度没有变形。等距切圆锥投影，相切的纬线为标准纬线，没有变形；从标准纬线向南、北方向面积变形和角度变形均随离标准纬线愈远而愈大。等距割圆锥投影，相割的两条纬线为标准纬线，没有变形；两条标准纬线以内，纬线长度比小于1；两条标准纬线以外，纬线长度比大于1，经线长度比等于1；在两条标准纬线之内，面积变形向负的方向增加；在两条标准纬线以外，面积变形向正的方向增加；角度变形随离标准纬线愈远，变形愈大。

由以上分析可知，不同的地图投影类型，有其各自的投影规律和适用范围，现将各种地图投影的变形规律及其应用的制图区域汇总列于表6-2，供工作中选用。

第三节　我国基本比例尺地形图及其应用

一、高斯-克吕格投影

(一) 高斯-克吕格投影的概念和基本规律

我国规定大于1∶100万比例尺地形图，采用等角横切椭圆柱投影（高斯-克吕格投影），1∶100万比例尺地形图采用等角圆锥投影。高斯-克吕格投影是德国数学家、物理学家、天文学家高斯（Carl Friedrich Gauss，1777—1855）于1825年拟定，1912年德国大地测量学家克吕格（Johannes Krüger，1857—1923）加以补充而成，因此而得名。

高斯-克吕格投影以椭圆柱作为投影面，使地球椭球体的某一条经线（中央经线）与椭圆柱相切（见图6-9），然后按等角条件，将中央经线东西两侧各一定范围内的地面投影到椭圆柱面上，再将椭圆柱面展成平面而得。其视点位于地球中心。

高斯-克吕格投影的特点（变形规律）为：中央经线和赤道投影为互相垂直的直线，其

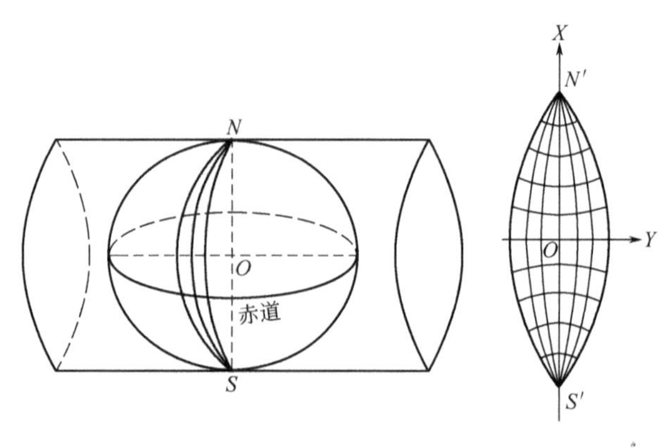

图6-9　高斯-克吕格投影示意图

他经线均为凹向并对称于中央经线的曲线，其他纬线均为以赤道为对称轴的向两极弯曲的曲线，经纬线成直角相交；投影后无角度变形；中央经线投影后保持长度不变，即长度比等于1，没有长度变形，其余经线长度比均大于1，长度变形为正，距中央经线愈远变形愈大，最大变形在边缘经线与赤道的交点上；面积变形距中央经线愈远，变形愈大。

（二）6度和3度分带的相关规定

为了保证地图的精度，使投影的边缘变形不致过大，并在允许的范围内，就要采用分带投影方法，即将投影范围的东西界加以限制，使其变形不超过一定的限度，这样把许多带结合起来，可成为整个区域的投影。分带投影规定为：1∶2.5万～1∶50万系列比例尺地形图按照经差6°分带，1∶1万及大于1∶1万比例尺地形图按照经差3°分带。中央经线和赤道投影为平面直角坐标系的坐标轴。

1. 6°分带

从0°子午线（本初子午线）起，自西向东，每隔经差6°为一投影带，全球分为60带，各带的带号用自然序数1，2，3，……60表示。即以0°～6°E为第1带，其中央经线为3°E，6°～12°E为第2带，其中央经线为9°E，其余类推。投影带号n和中央经线L_0的关系式为$L_0=(6n-3)°$，西半球投影带从180°经线回算到0°经线，编号为31～60，投影带号n和中央经线L_0的关系式为$L_0=360°-(6n-3)°$。我国领土位于东经72°～136°之间，共包括11个投影带，即13～23带。

2. 3°分带

从东经1°30′经线开始，自西向东，每隔经差3°为一投影带，全球划分为120个投影带，各带的带号用自然序数1，2，3，……120表示。即以东经1°30′～4°30′为第1带，投影带号n和中央经线L_0的关系式为$L_0=3n°$，西半球投影带从180°经线回算到东经1°30′子午线，编号为61～120，投影带号n和中央经线L_0的关系式为$L_0=360°-3n°$。我国位于24～45带，共22个3°带（图6-10）。

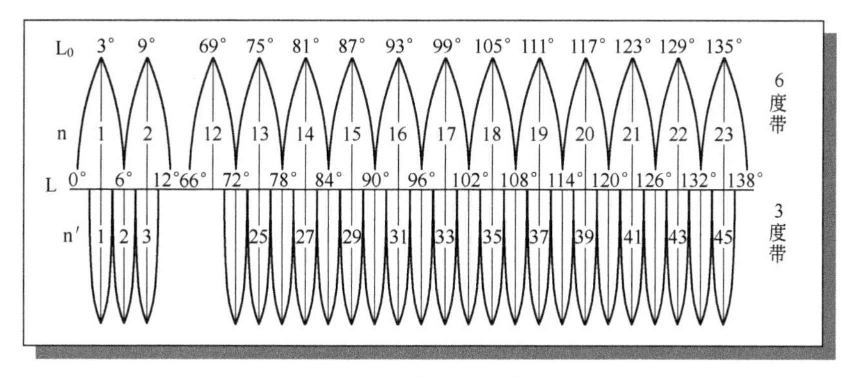

图6-10　6°分带和3°分带示意图

（三）坐标系

坐标系是确定地面点或空间目标位置所采用的参考系，通过建立坐标系，才可以确定地面点在地球椭球体上的位置，因此，必须首先了解确定点位的坐标系。常用的坐标系有地理坐标系、高程坐标系和平面直角坐标系。

1. 地理坐标系

地理坐标分为天文地理坐标和大地地理坐标。天文地理坐标是用天文测量方法确定的，大地地理坐标是用大地测量方法确定的。我们在地球椭球面上所用的地理坐标系属于大地地理坐标系，简称大地坐标系。确定椭球的大小后，还要进行椭球定向，即把旋转椭球面套在地球的一个适当的位置，这一位置就是该地理坐标系的“坐标原点”，是全部大地坐标计算的起算点，俗称“大地原点”。

地面上任一点的位置用该点的纬度和经度表示，即该点的地理坐标。地理上有一个约定俗成的规矩：在读取和书写地理坐标时，总是纬度在前，经度在后；数字在前，符号在后，如，北京（39°56′N，116°24′E）。为了度量全球各地的地理坐标，建立了地理坐标系。地理坐标系中，赤道是纬度度量的自然起始所在，为地理坐标系的横轴；本初子午线是经度度量的人为起始所在，为地理坐标系的纵轴；二者的交点即为坐标系的原点。

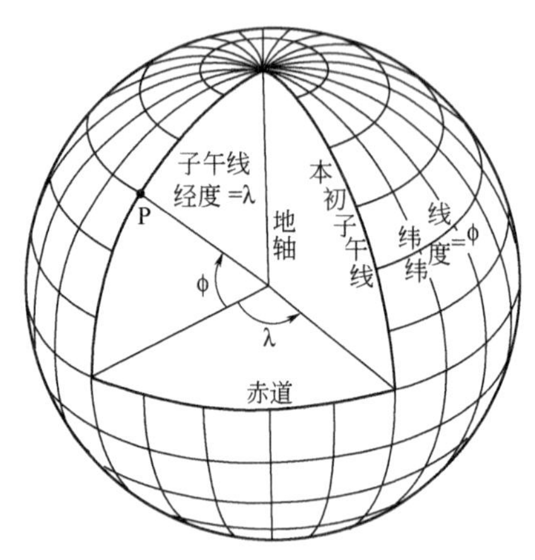

图 6-11　地球的经线和纬线

纬度是本地法线（垂直于该点的地平线）同赤道面的交角。纬度在本地经线上度量，赤道面是起始面，所在地是终止点。纬度从赤道起算（0°），向南至南极点 90°为南纬，向北至北极点 90°为北纬。纬线除赤道外，其余都是大小不等的小圆。

经度是本地子午线平面（经线面）与本初子午线平面之间的夹角。经度通常在赤道上度量，因为赤道是纬线中的唯一大圆，它使经度的度量不但有全球共同的起始面，而且有全球共同的起始点。这个点就是赤道与本初子午线的交点，即地理坐标系的原点。起始面是本初子午面，终止面是本地子午面。经度自原点起向东西两个方向度量，本初子午线以东叫东经（以字母 E 表示），本初子午线以西叫西经（以字母 W 表示），东西经各从 0～180°。经线都是大圆，纬度的间隔大体上相同，每 1 度约为 111km。同一经度的两地，根据它们的纬度差，就能估算它们之间的距离（图 6-11）。

2. 我国的大地坐标系

世界各国所采用的坐标系并不相同。在一个国家或地区，不同时期所采用的坐标系也可能不同。我国就曾采用过不同的大地坐标系。

（1）1954 年北京坐标系

1954 年，我国将前苏联采用克拉索夫斯基椭球参数建立的坐标系，联测并经平差计算引入我国，并以北京为全国的大地坐标原点，由此计算出来各大地控制点的坐标，称为 1954 年北京坐标系。该坐标系具有如下特征：①属参心大地坐标系；②采用克拉索夫斯基椭球参数，长半轴为 6378245m，扁率为 1∶298.3；③大地原点在原苏联的普尔科沃，以此来确定北京坐标原点的坐标值；④采用多点定位法进行椭球定位；⑤高程异常。该坐标系的椭球面与我国大地水准面不能很好地符合，产生的误差较大，不能满足我国空间技术、国防尖端技术、经济建设的需要。

（2）1980 年大地坐标系

我国在积累了 30 年测绘资料的基础上，采用 1975 年国际大地测量与地球物理联合会（IUGG/IAG）推荐的大地参考椭球体，由此计算出来各大地控制点坐标，建立了全国统一的大地坐标系，称为 1980 年国家大地坐标系（C80 坐标系）。C80 坐标系建立的先决条件是：①大地坐标原点在位于我国中部的陕西省径阳县永乐镇；②属参心坐标系；③椭球参数采用 IUGG/IAG 1975 年大会推荐的参数，因而得到 C80 椭球两个最常用的几何参数，长半轴为 6378140m；扁率为 1∶298.257，该椭球体与我国大地水准面符合好；④多点定位；⑤大地高程以 1956 年青岛验潮站求出的黄海平均海水面为基准。该系统坐标统一、精度优良，可直接满足 1∶5000 甚至更大比例尺测图的需要，1980 年坐标系取代了 1954 年北京坐标系。

（3）2000 年国家大地坐标系

国家测绘局于 2008 年 6 月 18 日发布了“关于启用 2000 国家大地坐标系的公告”。自 2008 年 7 月 1 日起，我国启用 2000 国家大地坐标系。该坐标系具有如下特征：①长半轴为 6378137m，扁率为 1∶298.257222101；②属地心坐标系；③原点与地球质心重合。该坐标系统采用世界上许多发达国家和中等发达国家目前都在使用的地心坐标系，能满足全球卫星定位技术的发展和应用的需要。采用 2000 国家大地坐标系，对于国民经济、社会发展、国防建设和国家安全具有十分重要的作用，有利于提高我国测绘保障能力和服务水平。

（4）地形图地理坐标网

在各种比例尺的国家基本地形图上都标有地理坐标网，即经纬线网。国家基本比例尺地形图的内图廓就是一个大的经纬线网格，其四角旁边都注有相应的经纬度数值。图廓内的经纬线网则依据比例尺的不同而不同。在大比例尺地形图上，由于图内绘有直角坐标网，为了避免两种坐标网在图上相互干扰，经纬线网只标绘在内图廓上，在内图廓与外图廓之间绘有经差、纬差1′的经纬度分化线，称为分度带。在需要时，直接将相应分度带上的分化线相连就可得到经纬线网。

在中小比例尺地形图上，图内经纬线网则被直接展绘在图面上，各经纬线的经纬度值标注在内外图廓间相应的经纬线端点处，也绘有分度带，以便加密经纬度线网时用。经纬线间隔和分度带分化之间的间隔随着比例尺的不同而不同。

3. 平面坐标系

地理坐标是一种球面坐标。由于地球表面是不可展开的曲面，也就是说曲面上的各点不能直接表示在平面上，必须运用地图投影的方法将地理坐标转换成平面坐标。平面坐标系分为平面极坐标系和平面直角坐标系。平面极坐标系采用极坐标法，即用某点至极点的距离和角度来表示该点位置的方法，主要用于地图投影理论的研究。平面直角坐标系采用平面直角坐标（纵坐标 **X**，横坐标 **Y**）来确定地面点的平面位置。

4. 地形图平面直角坐标系

在大于1∶50万比例尺地形图上绘有直角坐标网。高斯-克吕格平面直角坐标系是分带建立的。在高斯-克吕格投影上，规定以中央经线为 X 轴，赤道为 Y 轴，两轴的交点为坐标原点。根据直角坐标网可以确定地图上某一点的直角坐标。X 坐标值在赤道以北为正值，以南为负值；Y 坐标值在中央经线以东为正值，以西为负值。我国在北半球，X 坐标皆为正值。Y 坐标在中央经线以西为负值，运用起来很不方便。为了避免 Y 坐标出现负值，将各带的坐标纵轴西移500km，即将所有 Y 值都加500km，即 $Y=y+500\text{km}$，这样，就形成了我国国家基本比例尺地形图的高斯-克吕格平面直角坐标系（图6-12）。例如，A、B 两点原来的坐标分别为：

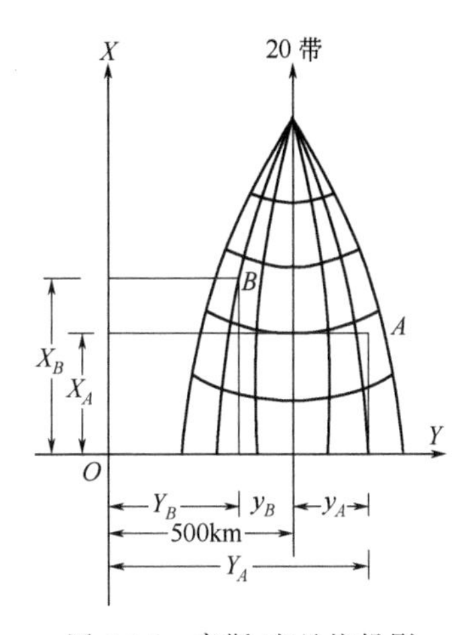

图6-12 高斯-克吕格投影平面直角坐标系示意图

$$Y_A=245\text{km}，X_A=2134\text{km}$$

$$Y_B=-168\text{km}，X_B=3456\text{km}$$

纵坐标轴西移500km后，其坐标分别为：

$$Y'_A=745\text{km}，X'_A=2134\text{km}$$

$$Y'_B=332\text{km}，X'_B=3456\text{km}$$

由于采用了分带方法，各带的坐标系统完全相同，某一坐标值（x_i，y_i），在每一投影带中均有一个，在全球则有60（6度分带）或120（3度分带）个同样的坐标值，不能确切表示该点的位置。因此，在 Y 值前冠以带号，这样的坐标称为通用坐标。如 A、B 两点位于第20投影带，其通用坐标为：

Y 通$=1000n+Y$（km），其中，n 为该点所在的投影带带号

Y_A 通$=20745\text{km}$

Y_B 通$=20332\text{km}$

高斯-克吕格投影各带是按相同经差划分的，只要计算出一个带各点的坐标，其余各带

都是适用的。这个投影的坐标值由国家测绘部门根据地形图比例尺系列，事先计算制成坐标表，供作业单位使用。

在1∶1万、1∶2.5万、1∶5万和1∶10万大比例尺地形图的平面直角坐标系中，图内不加绘经纬线网，而是从坐标系原点开始，按照1km间隔分别展绘平行于坐标轴的若干直线，构成千米网（方里网）。千米网格线总是平行或垂直于中央经线（子午线）或赤道，但通常并不平行于内图廓（经线），各投影带的经线向各自的中央经线的两端收敛，千米网格线与子午线之间存在偏角。千米网格线实际地面对应区域并不是方形，有误差，不过较小。千米网设置依赖于投影6°或3°带。

方里网格线的坐标值注记在内外图廓之间的相应方里网线端点处，其中靠近图角点的一条线注明全数，其他的只注明最后两位数，如图6-13西南角注出坐标横线3095km和坐标纵线16790km，表明西南角这一点距离赤道3095km，距离中央经线790km－500km＝290km，并在中央经线的东侧（差为正在中央经线东侧，差为负在中央经线西侧），位于第16投影带。

地形图采用分带投影的方式，各带有独立的坐标系，相邻带的图幅方里网互不联系，均从各带原点起算，使邻带图幅的拼接和使用发生困难。因此，地形图上统一规定：在地形图的东西两侧加绘邻带方里网，与本带方里网形成重叠方里网（图6-13）。

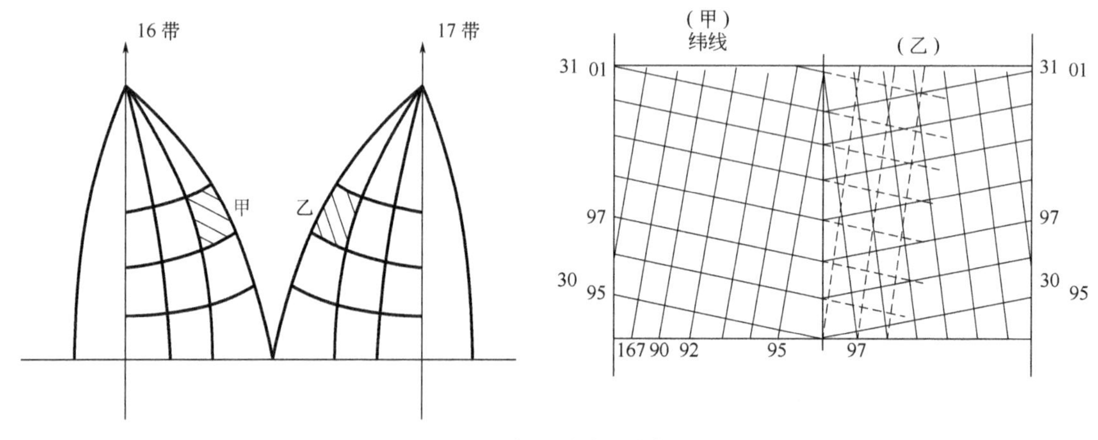

图6-13　方里网重叠示意图

二、国家基本比例尺地形图的分幅和编号

（一）国家基本比例尺地形图的分幅和编号的基本规则

为了保管和检索使用方便，我国对每一种基本比例尺地形图的图幅大小都做了规定，每一幅地形图给出了相应的号码标志，这就是地形图的分幅与编号。地形图分幅包括坐标格网分幅（正方形分幅和矩形分幅）和经纬线梯形分幅两种方法。前者用于工程建设大比例尺地形图，后者用于国家基本比例尺地形图。自1993年3月起所有新测和更新的地形图均按照《国家基本比例尺地形图分幅和编号》GB/T 13989—1992的国家标准进行分幅编号。我国国家基本比例尺地形图是按行列编号法，以1∶100万地形图的全球统一编号为基础进行系统编号的。

1. 1∶100万地形图的分幅和编号

1∶100万地形图的分幅和编号是国际上统一规定的。从赤道起向两极纬差每4°为一行，将南北半球分别分成22行，直到南北纬88°（南北极地区单独成图），依次以字母A、B、C、D……V表示；由经度180°起，从西向东，每经差6°为一列，将全球分成60列，依次用数字 1、2、3、4……60 表示。编号由该图所在的行号（字母码）和列号（数字码）构成，如北京幅为 J50。随着纬度增高，地图面积迅速缩小，所以对于纬度 60°～88°范围按照如下规定分幅编号：纬度 60°～76°范围，按照经差 12°、纬差 4°分幅；纬度 76°～88°范围，按照经差 24°、纬差 4°分幅。我国最北境在黑龙江省漠河附近的黑龙江江心北纬 53°31′，最南境为南沙群岛的曾母暗沙北纬 4°附近（图 6-14）。

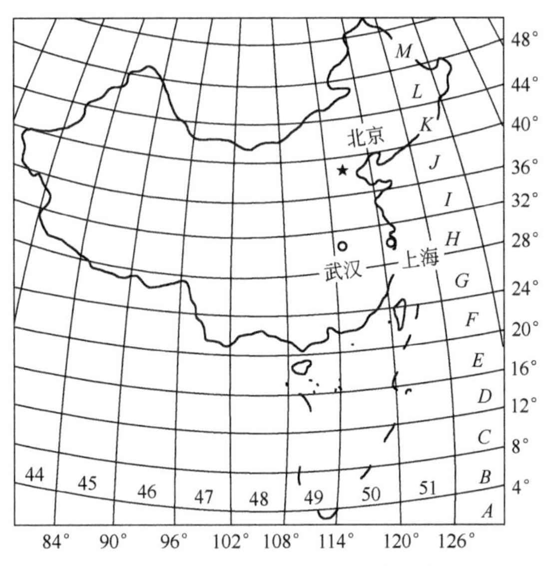

图 6-14　我国 1∶100 万地形图的分幅编号

2. 1∶50 万地形图的分幅编号

1∶50 万地形图按照纬差 2°和经差 3°划分。一幅 1∶100 万地形图包括 4 幅 1∶50 万地形图，比例尺代码 B，行、列号数字码从上至下、从左至右，分别为 001～002，其编号是在 1∶100 万地形图图号的后面先后加上比例尺代码、行号、列号，如 J50B001001。

3. 1∶25 万地形图的分幅编号

1∶25 万地形图按纬差 1°和经差 1°30′划分。一幅 1∶100 万地形图分为四行四列共 16 幅 1∶25 万地形图，比例尺代码为 C，行、列号数字码从上至下、从左至右分别为001～004，如 J50C002001。

4. 1∶10 万地形图的分幅编号

1∶10 万地形图按照纬差 20′和经差 30′划分。一幅 1∶100 万地形图分为 12 行 12 列共 144 幅 1∶10 万地形图，比例尺代码为 D，行、列号数字码从上至下、从左至右分别为 001～012，如 J50D002012。

5. 1∶5 万地形图的分幅编号

1∶5 万地形图按照纬差 10′和经差 15′划分。一幅 1∶100 万地形图分为 24 行 24 列共 576 幅 1∶5 万地形图，比例尺代码为 E，行、列号数字码从上至下、从左至右分别为 001～024，如 J50E002012。

6. 1∶2.5 万地形图的分幅编号

1∶2.5 万地形图按照纬差 5′和经差 7′30″划分。一幅 1∶100 万地形图分为 48 行 48 列共 2304 幅 1∶2.5 万地形图，比例尺代码为 F，行、列号数字码从上至下、从左至右分别为 001～048，如 J50F002012。

7. 1∶1 万地形图的分幅编号

1∶1 万地形图按照纬差 2′30″和经差 3′45″划分。一幅 1∶100 万地形图分为 96 行 96 列共 9216 幅 1∶1 万地形图，比例尺代码为 G，行、列号数字码从上至下、从左至右分别为 001～096，如 J50G072012。

8. 1∶5 千地形图的分幅编号

1∶5 千地形图按照纬差 1′15″和经差 1′52.5″划分。一幅 1∶100 万地形图分为 192 行 192 列共 36864 幅 1∶5 千地形图，比例尺代码为 H，行、列号数字码从上至下、从左至右分别为 001～192，如 J50H072012（表 6-3、图 6-15）。

表 6-3　八种国家基本比例尺地形图编号及其相互关系表

比例尺	经差	纬差	行列数	图幅数量关系						比例尺	编号示例
1∶100 万	6°	4°	1	1							J49
1∶50 万	3°	2°	2	4	1					B	J49B002002
1∶25 万	1°30′	1°	4	16	4	1				C	J49C004004
1∶10 万	30′	20′	12	144	36	9	1			D	J49D012012
1∶5 万	15′	10′	24	576	144	36	4	1		E	J49E024024
1∶2.5 万	7′30″	5′	48	2304	576	144	16	4	1	F	J49F048048
1∶1 万	3′45″	2′30″	96	9216	2304	576	64	16	4	1 G	J49G096096
1∶5 千	1′52.5″	1′15″	192	36864	9216	2304	256	64	16	4 H	J49H192192

（二）图幅编号的求算方法

求算地形图的图幅编号有两种方法，一种是图解法，一种是公式解析法。

1. 图解法

例题：已知某地为 38°35′N，114°20′E，求该地所在 1∶25 万、1∶10 万、1∶1 万地形图的编号。

第一步，求该地所在的 1∶100 万地形图图号

$$a=\text{行号}=[\Phi\div 4^\circ]+1=[38^\circ 35'\div 4^\circ]+1=10(\text{J})$$

$$b=\text{列号}=[\lambda\div 6^\circ]+31=[114^\circ 20'\div 6^\circ]+31=50$$

[ ]——数值取整，如果没有余数，它正好位于内图廓上，涉及相邻两幅图，其后加 1 和不加 1 的两个编号都要列出。

西经范围用 $b=30-[\lambda/6^\circ]$

该地所在的 1∶100 万地形图图号为 J50。

第二步，算出 1∶100 万地形图轮廓点的经纬度

北图廓的纬度＝10×4°＝40°N

南图廓的纬度＝(10－1)×4°＝36°N

东图廓的经度＝50×6°－180°＝120°E

西图廓的经度＝120°－6°＝114°E

注意：所得到的经度差为 6°，纬度差为 4°。求大于 1∶50 万比例尺地形图的编号，都可应用图解法，根据该地所在的 1∶100 万地形图编号，绘出图幅范围的略图，再按该比例尺图与 1∶100 万图间的图幅数量关系，划分略图，就可以求出该地所在图幅的编号。

第三步，求该地所在的 1∶25 万地形图图号

按照第二步所得图廓点的经纬度，画 1∶100 万地形图草图，并将其 16 等份（四行四列），按照分幅规则和该点经纬度得到该点所在的 1∶25 万地形图的图号为 J50C002001。

第四步，求该地所在的 1∶10 万地形图图号

按照第二步所得图廓点的经纬度，画 1∶100 万地形图草图，将其分成 144 等份（12 行

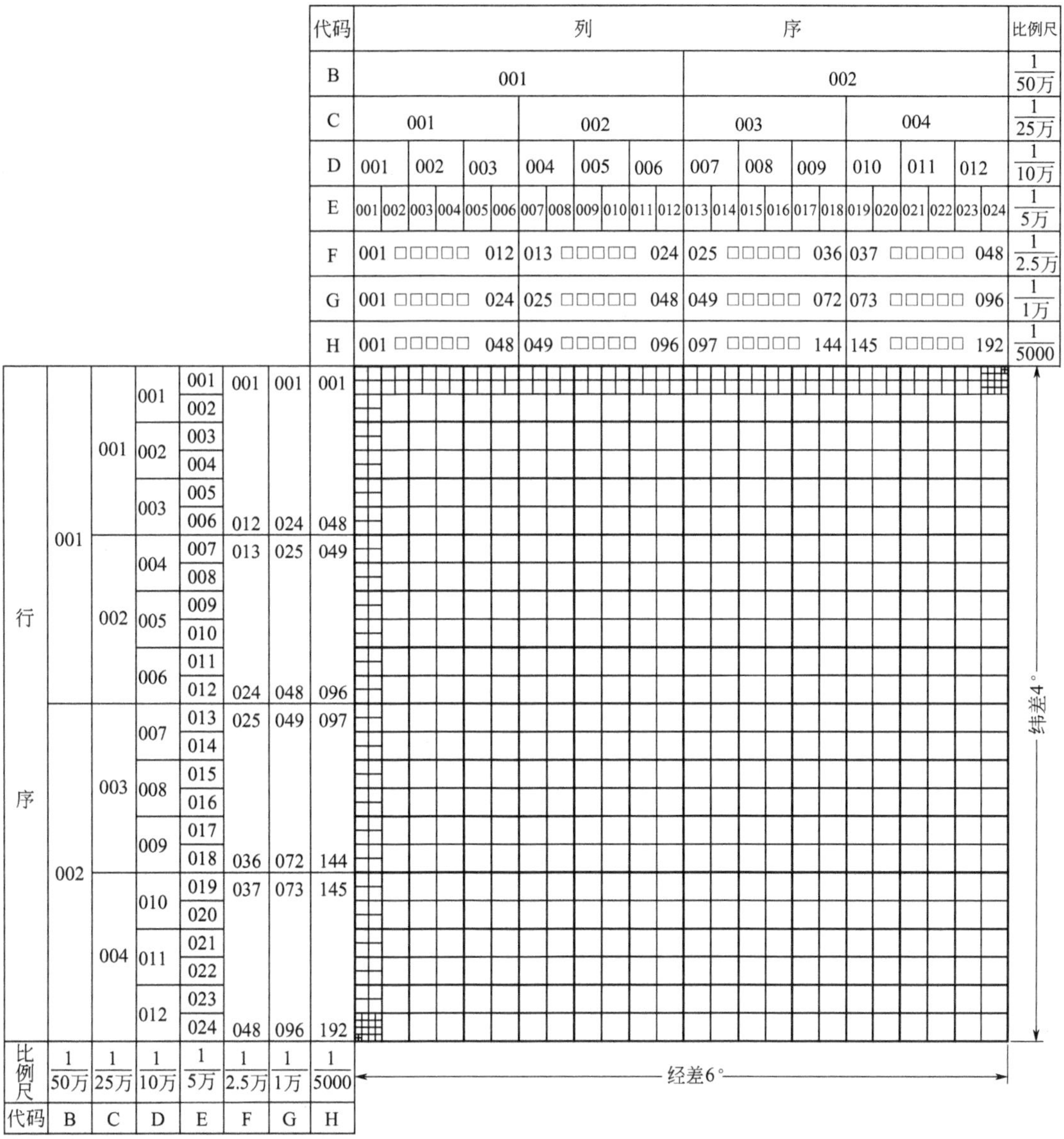

代码	列序												比例尺
B	001						002						1/50万
C	001			002			003			004			1/25万
D	001	002	003	004	005	006	007	008	009	010	011	012	1/10万
E	001 002	003 004	005 006	007 008	009 010	011 012	013 014	015 016	017 018	019 020	021 022	023 024	1/5万
F	001 □□□□□ 012			013 □□□□□ 024			025 □□□□□ 036			037 □□□□□ 048			1/2.5万
G	001 □□□□□ 024			025 □□□□□ 048			049 □□□□□ 072			073 □□□□□ 096			1/1万
H	001 □□□□□ 048			049 □□□□□ 096			097 □□□□□ 144			145 □□□□□ 192			1/5000

行序	B	C	D	E	F	G	H
	001	001	001	001	001	001	001
				002			
			002	003			
				004			
			003	005			
				006	012	024	048
		002	004	007	013	025	049
				008			
			005	009			
				010			
			006	011			
				012	024	048	096
	002	003	007	013	025	049	097
				014			
			008	015			
				016			
			009	017			
				018	036	072	144
		004	010	019	037	073	145
				020			
			011	021			
				022			
			012	023			
				024	048	096	192
比例尺	1/50万	1/25万	1/10万	1/5万	1/2.5万	1/1万	1/5000
代码	B	C	D	E	F	G	H

纬差4°

经差6°

图 6-15　1∶100 万～1∶5 千地形图的行号、列号图

12 列)，按照分幅规则和该点经纬度得到该点所在的 1∶10 万地形图图号为 J50D005001。

第五步，求该地所在的 1∶5 万地形图图号

按照第二步所得图廓点的经纬度，画 1∶100 万地形图草图，将其分成 576 等份（24 行 24 列)，按照分幅规则和该点经纬度得到该点所在的 1∶5 万地形图图号为 J50E009002。

对于比例尺大于等于 1∶5 万的地形图，可以在 1∶10 万地形图基础上按照所求比例尺地形图与 1∶10 万地形图的图幅数量关系画图，一幅 1∶10 万地形图包括 4 幅 1∶5 万地形图，将第四步得到的草图平均分成两行两列，得到该地所在的 1∶5 万地形图图号为 J50E009002（图 6-16)。

第六步，求该地所在的 1∶1 万地形图图号

一幅 1∶10 万地形图包括 8 行 8 列共 64 幅 1∶1 万地形图，将第四步得到的草图平均分成 8 行 8 列，就可以确定该地所在的 1∶1 万地形图图号为 J50G034006 或 J50G035006，见图 6-17。

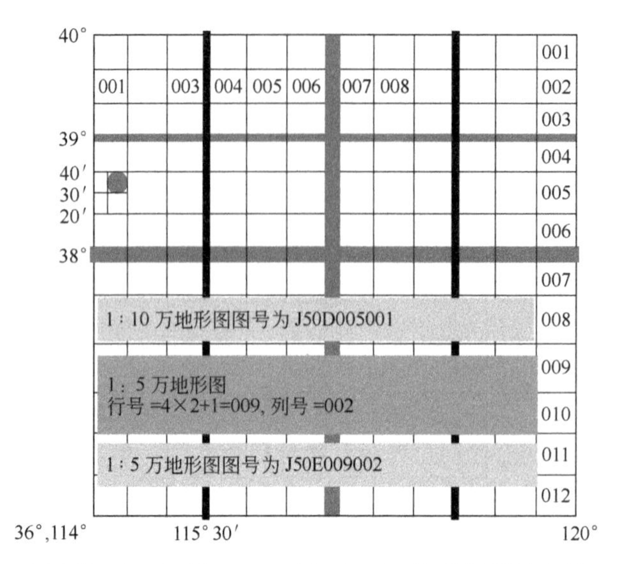

图 6-16　1∶25 万、1∶10 万、1∶5 万地形图编号示例

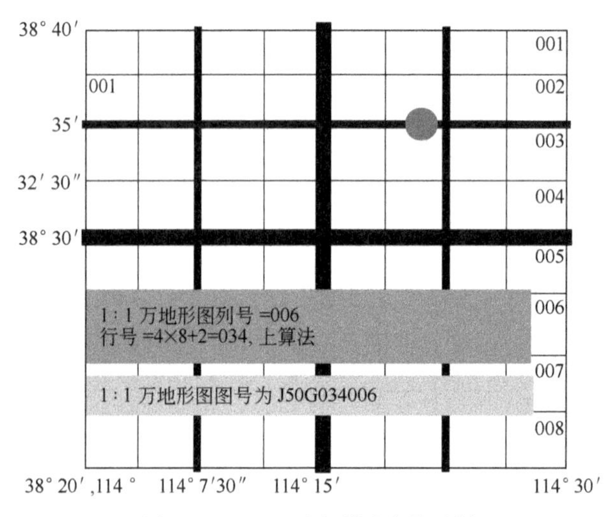

图 6-17　1∶1 万地形图编号示例

2. 公式解析法

例题：已知某地经纬度为 34°15′24″N，108°55′45″E，求其所在的 1∶25 万和 1∶5 万比例尺地形图图号。

第一步，求该地在 1∶100 万地形图上的图幅编号

$$a=\text{行号}=[\Phi\div4°]+1=[34°15'24''\div4°]+1=9(\text{I});$$

$$b=\text{列号}=[\lambda\div6°]+31=[108°55'45''\div6°]+31=49;$$

该点所在的 1∶100 万地形图图号为 I49。

第二步，求 1∶25 万比例尺地形图的行列号

求除了 1∶100 万比例尺地形图以外的地形图的图号时，均可采用如下公式进行计算。

$$c=4°/\Delta\Phi-[(\Phi\div4°)/\Delta\Phi]$$

$$d=[(\lambda\div6°)/\Delta\lambda]+1$$

式中，c 为所求行号码；d 为所求列号码；$\Delta\Phi$、$\Delta\lambda$ 为所求图幅的纬差和经差；[ ] 为数值取整；( ) 为整除后，商取所余经纬度数。

所求的 1∶25 万比例尺地形图的行号列号的计算过程如下：

$$c=4°/1°-[(34°15'24''/4°)/1°]=4°/1°-[2°15'24''/1°]=002$$
$$d=[(108°55'45''/6°)/1°30']+1=[0°55'45''/1°30']+1=001$$

该点在 1∶25 万地形图的编号 I49C002001。

第三步，求 1∶5 万比例尺地形图的行列号

同理可求，该点在 1∶5 万地形图的编号 I49E011004。

三、地形图量算

地图量算的目的，在于通过图上的各种量测和计算，获取各种自然、社会和环境要素的一系列数量指标。适于量测作业的地图，一般是指具有精确数学基础的大比例尺地形图。根据考察目的、研究范围和地图的可量精度，选定地形图的比例尺和查出（或算出）覆盖全部研究区域的各个地图的图幅编号，向地图管理部门索取所需的地形图，对地形图内容的现势性进行评价和修正，进行图幅拼接和地形图量算。下面介绍在大比例尺地形图上进行量算作业的一些具体方法。

（一）确定点的平面位置

在我国 1∶1 万至 1∶10 万比例尺地形图上，均绘有高斯-克吕格投影的平面直角坐标网，又称方里网，以此可以确定点的平面直角坐标。地形图的内图廓即是经纬网，并在内外图廓间设有分度带，以此可以确定点的地理坐标。

1. 求算点的平面直角坐标

图 6-18 所示是 1∶5 万地形图的一部分。欲求图上 P 点的平面直角坐标，则可通过方里网和图廓处的数字注记来求得。首先确定 P 点所在的方格，读出该方格西南角顶点 k 的平面直角坐标值：X_0 为 3990km，Y_0 为（19）321km；然后用两脚规截取 P 点至 3990km 线的垂直距离 x（pm）和 P 点至（19）321km 线的垂直距离 y（pn），将 x，y 分别放在图幅下方的直线比例尺上量比，即可得实际距离 x 为 0.35km，y 为 0.55km，则 P 点的平面直角坐标为：

$$X_p=X_0+x=3990\text{km}+0.35\text{km}=3990.35\text{km}$$
$$Y_p=Y_0+y=(19)321\text{km}+0.55\text{km}=(19)321.55\text{km}$$

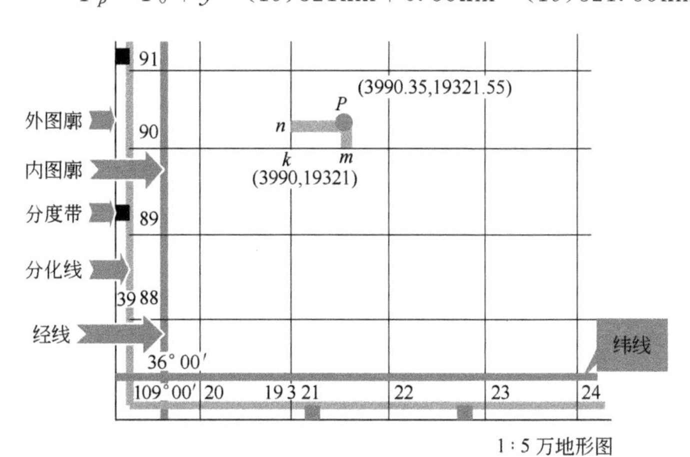

图 6-18　求算点的直角坐标

2. 求算点的地理坐标

国家基本比例尺地形图是按经纬度进行分幅的，东西内图廓为经线，南北内图廓为纬线。内图廓的四角注有经纬度数，并在 1∶2.5 万～1∶10 万地形图的内外图廓之间设有以分为单位的分度带，如图 6-19 所示。欲求 P 点的地理坐标。步骤如下。

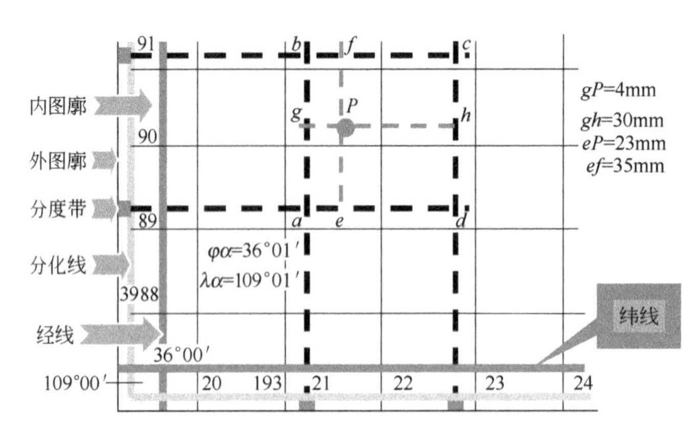

图 6-19　求算点的地理坐标

先在东西内图廓和南北内图廓找出包含 P 点经纬度在内的相应经度分划和纬度分划，并将分划对应端点连线，构成一个包括 P 点在内的经纬网格 $abcd$；然后过 P 点分别作 ab 和 ad 的平行线，得交点为 e、f、g、h；

查出该经纬网格左下角顶点 a 的经纬度：$\varphi_a=36°01'$，$\lambda_a=109°01'$；

量自 P 点至所连经纬线的垂直距离和分度带分划的图上长度：$gP=4\text{mm}$，$gh=30\text{mm}$，$eP=23\text{mm}$，$ef=35\text{mm}$；

按比例关系即可求出 P 点至所在经纬网格西边经线的经度差和 P 点至所在经纬网格南边纬线的纬度差：

$$\Delta\lambda''=\frac{P\text{ 点至所连经线的垂直距离}}{\text{经差 }1'\text{的图上长度}}\times 60''=\frac{4}{30}\times 60''=8''$$

$$\Delta\varphi''=\frac{P\text{ 点至所连纬线的垂直距离}}{\text{纬差 }1'\text{的图上长度}}\times 60''=\frac{23}{35}\times 60''=39''.4$$

计算 P 点的地理坐标为：$\lambda_P=109°01'+8''=109°01'08''$，$\varphi_P=36°01'+39''=36°01'39''$

（二）求算地面点的高程位置

高程是地面点距离高程基准面的距离。高程基准面是根据多年观测的平均海水面来确定的。高程分绝对高程和相对高程，绝对高程也称海拔，是指地面点至平均海水面（大地水准面）的垂直距离；地面点到任一水准面的高程，称为相对高程。地面点之间的高程差，称高差。如图 6-20 所示，P_0P_0'为大地水准面，地面点 A 和 B 到 P_0P_0'的垂直距离 H_A 和 H_B 为 A、B 两点的绝对高程；A、B 两点至任一水准面 P_1P_1'的垂直距离 H_A'和 H_B'为 A、B 两点的相对高程。

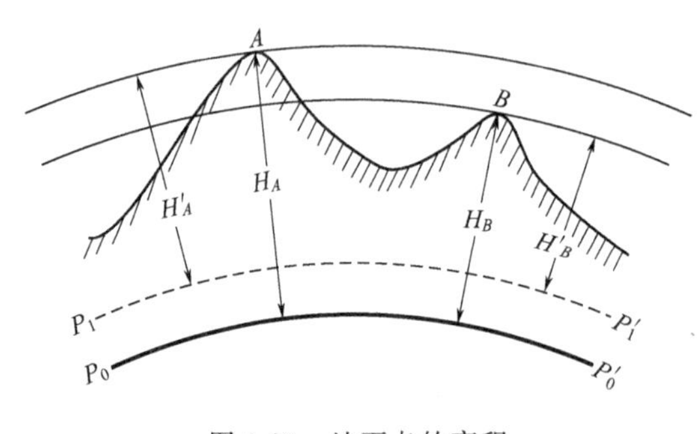

图 6-20　地面点的高程

由于不同地点的验潮站所得的平均海水面之间存在着差异，所以，选用不同的基准面就有不同的高程系统。一个国家一般只能采用一个平均海水面作为统一的高程基准面。我国的高程基准曾采用“1956 年黄海高程系”，黄海平均海水面是大地水准面，即高程的起算面，在青岛设立了水准原点，据黄海平均海水面推算青岛水准原点的高程为 72.289m，其他各控制点的绝对高程都是根据青岛水准原点推算的。随着观测数据的积累，发现黄海平均海水面发生了微小变化，于是 1987 年初启用了新的高程系，即“1985 年国家高程基准”，国家青岛水准原点高程为72.260m。在采用新的高程基准后，对已有地图的等高线高程的影响可忽略不计。

地形图用等高线表示地形的高低起伏。等高线表示地形的主要优点是，通过等高线可以直接量取图面上任一点的高程，获得关于地形起伏的定量概念。在图上求点的高程，主要是根据等高线及高程注记推算。

若所求算的点位于等高线上，则该点的高程就是所在等高线的高程。如图6-21中，已知三角点的高程注记是108.7m，等高距（h）是10m，所以a点的高程就是80m。

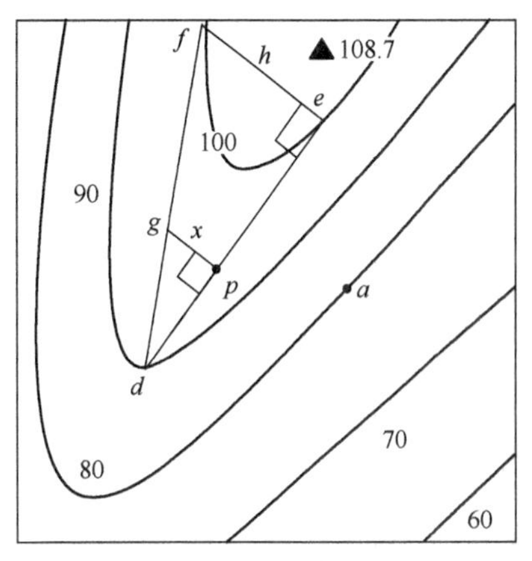

图6-21　求算点的高程示意图（单位：m）

若所求点位于两条等高线之间，可用比例内插法求得其高程，即根据比例关系求算。如P点高程的求算方法是：过P点引任一直线与两条等高线交于d、e两点，设待求点P和较低等高线的高差为x，作直角三角形def，$ef=h$，过P作de的垂线交斜边于g，即$Pg=x$，$x=(dP/de)h$，则P点高程应为$90+(dP/de)h=92.5$（m）。

（三）长度量测

在地形图上进行长度量测，有直线长度量测和曲线长度量测两种。

1. 直线长度量测

直线长度量测的方法如下。

① 两脚规法　用两脚规在图上截取A、B两点距离，然后移至地形图图幅下方的直线比例尺上量比，使分规的一脚对准尺身上的一个大分划，另一脚对准尺头上的小分划，即可读出两点间距离或相应地物的直线长度。该方法简便可靠，但要求所量测的两点相距不能太远。

② 直角坐标法　依两点坐标计算直线长度，当跨图幅量测两点间的距离或直线长度时，往往采用坐标计算法。

$$AB=\sqrt{(X_B-X_A)^2+(Y_B-Y_A)^2} \tag{6-1}$$

式中，X_A、X_B、Y_A、Y_B是从图上量取的坐标值。

用两点坐标计算直线长度，能避免图纸伸缩和具体量测过程中所造成的误差，可以得到精确的长度数据。

2. 曲线长度量测

曲线量测的主要方法有线绳法、两脚规法、曲线计法，常用于量测河流、道路、海岸线等的长度。

① 用线绳量测　用一伸缩变形很小的线绳，沿曲线放平并与曲线吻合，标记始末两端，拉直后量测其长度，按照比例尺换算成水平距离。

② 两脚规量测　通常使用带微调螺旋的弹簧两脚规量测曲线，量得结果是近似于曲线的折线。量测的精度取决于组成折线的线段长短，即两脚规的脚距大小。脚距大小根据曲线弯曲程度而定，当曲线弯曲程度大时，脚距要小，一般为1～2mm，当曲线的弯曲程度小时，则脚距可适当放宽，一般为3～4mm。

量测的具体步骤如下：首先根据曲线的弯曲程度规定两脚规的脚距大小，假设脚距定为2mm。然后进行脚距大小的检验和调整，检验和调整的办法是，先在纸上绘一条长50mm的直线，用脚距为2mm的两脚规量测，如果脚距2mm事先调整的很准确，那么刚好截取25次，如果没有正好截取25次，应作进一步调整，直到合适为止。只有用经检验和调整后的脚距才能正式量测曲线长度。沿着欲量测的曲线的一端开始连续量测，直到终点。最后距终点如有不足一个脚距的线段时，可用微分尺量或直接用目估方法解决。一般要往返两次量测，取平均数。曲线的长度 L 等于单位脚距代表的实地长度 d 乘以两脚规截取的次数 N，即 $L=dN$。确定曲线系数 K，这种量测方法的结果一般都比实际的曲线长度要短，为了减少量测误差，可以再乘以曲线的弯曲系数 K，即 $L=dNK$。曲线弯曲系数的确定，是将欲量测的曲线和标准曲线类型对照，定出量测曲线的弯曲系数 K。

③ 用曲线计量测　曲线计是量测曲线长度的简便仪器，它由测轮、字盘和指针组成。字盘上注记有不同比例尺的分划值。每一分划相当于实地一千米。

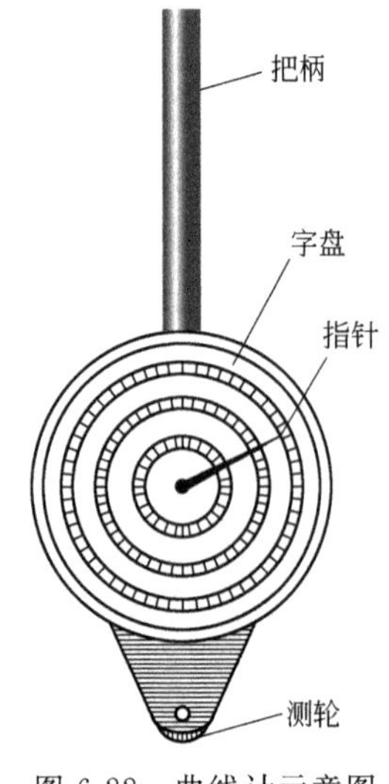

图 6-22　曲线计示意图

量测时，先转动测轮使指针归零，并对准欲量测的曲线端点，然后使曲线计沿曲线垂直于图面滚动，直到终点，指针所指的实际数字即为实地的曲线长度。为准确起见，一般要往返量测几次取平均数。如果所量测的地形图比例尺与曲线计的字盘上所注记的比例尺不符，则可用曲线计量测图上已知直线的实地长度，求算出分划值后，再进行曲线量测（图6-22）。

除上述方法外，近些年来随着电子计算机技术和制图自动化技术的广泛应用，可利用手扶跟踪数字化仪量测曲线长度，能得到更加精确的量测结果。

（四）坡度量测

地面坡度是指倾斜地面对水平面的倾斜程度。研究地面坡度不仅对了解地表的现代发育过程有着重要意义，且与人类的生产和生活有着更为密切的关系。在科学研究、生产实践、国防建设中所需要的坡度资料和数据，一般都是从大比例尺地形图上量测获得的。

1. 按照公式计算坡度

图上两点间的坡度用坡度角 α 表示，是由两点间的高差 h 和水平距离 D 所决定的，公式如下：

$$\cot\alpha=\frac{D}{h} \tag{6-2}$$

式中，α 为坡度角；D 为两点间水平距离；h 为两点间高差。

从上式可以看出，坡度角与水平距离和高差之间存在余切关系。当知道两点间水平距离和高差时，就可求出坡度角（图 6-23）。

坡度还可用比降表示，比降$=h/D$，以百分数表示，为地形图坡度尺最下边的百分数。当知道两点间水平距离和高差时，就可求出比降。

2. 用坡度尺量测坡度

坡度尺的制作方法是：根据公式 $D=\frac{1000}{M}h\cot\alpha$（mm），求出相邻两条等高线间坡度为 1°、2°、3°…30°的图上水平距离 D_1、D_2、D_3…D_{30}（式中 h 为等高距；M 为地形图比例尺的分母）；在绘好的水平基线上，按 2mm 间隔截取；在各截点上按 D_1、D_2、D_3…D_{30} 的长度作水平基线的垂线，并将端点用圆滑曲线连接起来，即构成量测相邻两条等高线间坡度角的坡度尺。为了使 5°以上的各种坡度表现更加明显，故采用 5 倍等高距，并在垂线上依

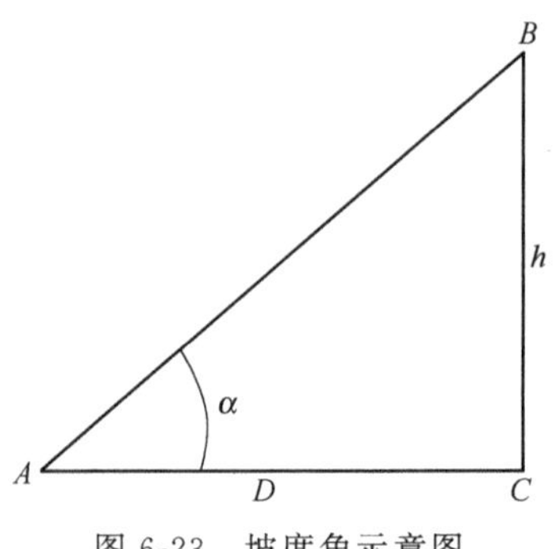

图 6-23　坡度角示意图

次截取相应 D 值，即 D'_5、D'_6、$D'_7 \cdots D'_{30}$，用圆滑曲线连接起来，即构成量测相邻六条等高线间坡度的坡度尺（图 6-24）。为了量算方便，在大比例尺地形图上有根据上述坡度尺公式绘制的坡度尺，可利用其直接量测。

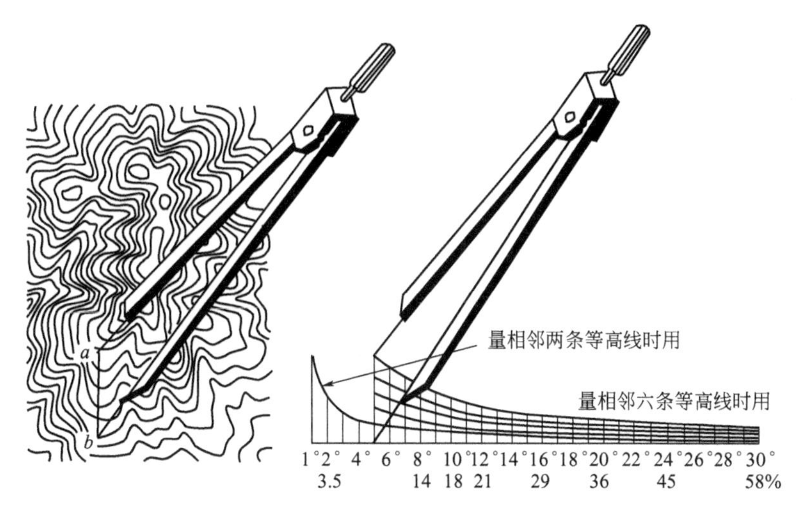

图 6-24　坡度尺的使用示意图

利用坡度尺可以直接在地形图上测定 2～6 条相邻等高线间任意方向线的坡度，如图 6-24。方法如下：先用两脚规量比图上欲求坡度的两点（a、b 两点）所在的等高线的宽度，然后移至坡度尺上，使两脚规的一脚放在坡度尺水平基线上滑动，另一脚与曲线相交处所对应的水平基线上的度数，即为所求坡度，如 a、b 两点间的坡度为 5°。注意所量的等高线条数要与在坡度尺上比量的条数一致。

3. 确定最大坡度线和地区平均坡度

首先按照该地区等高线的稀疏状况，将其划分为若干同坡小区，如划分为 AC、CD、DE、EB 四个同坡小区；在每个小区内绘制一条最大坡度线，最大坡度线是地形图上两条相邻等高线间的最短距离，降雨时水沿着最大坡度线向下流，由 A 点引一条最大坡度线下倾，以 A 点为圆心，作弧与 C 点所在的等高线相切，切点为 C，连接 AC 即得 AC 小区等高线间的最大坡度线，依次作出 CD、DE、EB 小区的最大坡度线，并将所有切点相连，从而得到整个区域最大坡度线。然后，按照上述确定地面坡度的方法求出各线的坡度作为该小区的坡度；最后，取各小区坡度的平均值为该地区的平均坡度。根据需要，可以将各个小区的面积作为权重，对各小区的坡度取加权平均值作为该地区的平均坡度。

（五）面积量测

在科学研究和生产实践中经常会遇到面积的量算问题，如求算各种土地利用类型的面积、厂区面积、矿区面积、水库的汇水面积和灌溉面积等。除特殊需要实测外，通常都可以直接从地形图上量测。

在图上量算面积的方法主要有三角形法、方格法、方里网法、平行线法（又称梯形法）、求积仪法等，此外还有利用电子计算机和光电扫描仪等量算的方法。其中，方格法简便易行，只要操作认真，精度可以得到保证，缺点是比较费工费时；三角形法、平行线法等几何法精度低；求积仪法很大程度上依赖于仪器结构性能的稳定性，一般精度不高，速度较慢；计算机法需要配备数字化仪，费用较高。由于大比例尺地形图上的方里网代表的实地面积是已知的，因此在地形图上量测面积也可根据方格法量算面积的道理，利用大比例尺地形图上的方里网来计算图形的面积。不足一个网格的，可以采取方格法量算。因此，只介绍常用的

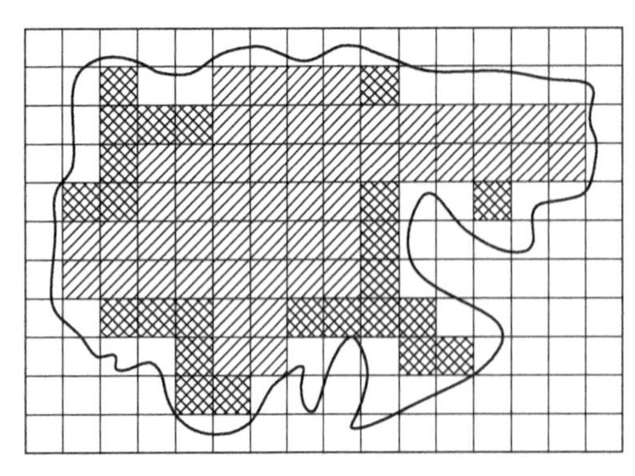

图 6-25　方格法量算面积示意图

方格法。

方格法量算面积的步骤如下：a. 用以毫米（mm）为单位的透明方格纸或透明方格片蒙在欲测图形上；b. 将欲测图形的边界描绘在透明方格纸或透明方格片上；c. 读出图形内完整的方格数 n_1，d. 用目估方法将不完整的方格凑成完整的方格数 n_2；e. 累加出图形轮廓线内的总方格数 $n=n_1+n_2$；f. 用总方格数 n 去乘每一方格代表的实地面积，即得欲测图形的总面积，如图 6-25。为了保证量算精度，首先必须保证使用的方格纸或模片的方格大小合乎要求。另外，为提高量算精度，最好将方格纸或模片放置不同方向，进行多次量算。

四、地形图的野外应用

利用地形图进行野外考察，并将考察内容填绘在图上，是地形图应用的重要内容之一。这项工作包括：准备工作、地形图野外定向、确定站立点位置和野外填图四个步骤。

（一）准备工作

进行野外考察之前，应做好准备工作，包括地形图和简易测量技术以及仪器的准备。

1. 地形图和仪器准备

获取符合要求的大比例尺地形图，进行图幅拼接，用彩色铅笔在地形图上标绘与工作内容相关的个别要素，做到有的放矢。准备定向测量等用的仪器，如罗盘仪和 GPS 全球定位仪等。

2. 简易测量方法的准备

在外业考察中，随时需要将所观察到和调查目的有关的内容，比较准确地填绘到地形图上。地物的位置和形状都是由点组成的，只要掌握了在地形图上确定点位的方法，就能进行野外填图工作。在图上确定点位的基本条件是距离、方向和高程，为此需要进行简易测量。

野外填图要使用携带方便的简单测量仪器，用这种仪器进行测量，得到的数据虽然精度不高，但却可以在较短时间内，完成大面积的测量工作，而且由于地形图上还有其他要素可以制约，因此成果还是能够符合要求的。常用的量测距离的方法有目测法、臂长法和步测法。

① 目测法　根据物体的大小和能见度情况，用眼睛来判断距离。目测时要注意光线及环境的影响：面向阳光容易估计过远，背向阳光容易估计过近；从山地看平地容易估计过远，从平地看山地，容易估计过近。目测法受观测人的经验影响较大，因此目测要经常练习以提高准确度。

② 臂长法　手持野外填图用铅笔，伸直手臂于眼前，铅笔的顶对准已知高度的目标物顶部，然后手指下移至目标物的底部，根据相似三角形原理，计算出站立点至目标物的近似距离 D（图 6-26）。设目标物高为 H，手臂长为 d，铅笔上的长度为 h，则

$$D=\frac{H}{h}d \tag{6-3}$$

为了便于用臂长法测距，平时应多搜集一些常见物体的高度。

③ 步测法　当待定点可以到达时，常用步测法。人的步长一般为 0.7～0.8m，为了获

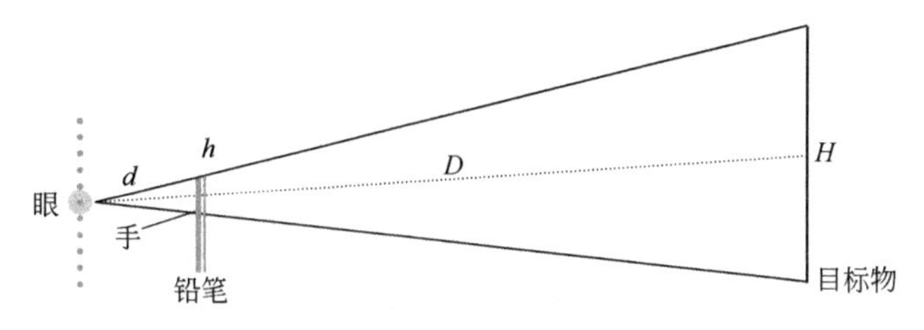

图 6-26 臂长法测量距离示意图

得比较准确的步长，各人应该在不同条件下（如上坡、下坡、路面平坦或凹凸不平）测定自己的步长，以便根据情况选用。步测时，用步数乘以步长，即可求出距离。经验证明，在平坦地区步测误差常小于±2%。

步测时最好使用步数计，其形如怀表，可携带在腰上，每走一步，步数计的机件受到一次振动，指针就跳动一格。步数计一般有四个度盘，分万步、千步、百步和十步，用起来很方便。步数计上端有一按钮，向下一按，全部指针都回零。

（二）地形图野外定向

在地形图应用中，往往还要从图上判定两点的相对位置。如果仅有两点间的水平距离，而没有相互间的方位关系，则两点间的相对位置是不能确定的。而确定图上两点间的方位关系，则须规定起始方向，然后求出两点间连线与起始方向之间的夹角，这样两点间的方位关系就能确定了。

在野外利用地形图时，首先要进行地形图定向，就是使地形图的方向与实地一致，图上代表各种物体的符号与地面上相应的物体方向对应。

1. 罗盘仪定向

地形图上有三种起始方向：真北方向、磁北方向和坐标北方向。利用罗盘仪定向可配合地形图上配置的三北方向图进行定向。使用罗盘仪时，附近不得有任何铁器，否则结果不能用。罗盘仪构造简单，使用方便，是野外考察必备的仪器。

罗盘仪的式样很多，但构造大同小异，主要由磁针、度盘和瞄准设备组成（图 6-27）。上部有可以开启的盖，盖的内面有一反光镜 A，其上有标线和透视孔 F，盖的外缘为准星 G；下部为圆盒 E，它与度盘 P 连接在一起，R 为可折叠的觇板，觇板上有觇孔 O，圆盒底部中央装有顶针 B，以支承磁针 C，圆盒上面用玻璃盖封固，并备有小杠杆 K，当将按钮 D 按下后，磁针就离开顶针，并压紧在玻璃上。

① 按磁子午线定向　地面上的磁北方向指过地面上一点磁针静止时磁北针所指的方向。地形图上一般用虚线标有磁子午线方向或在南北图廓标有小圆圈并注有磁南磁北（或 P 与 P′）注记，两点的连线即为磁子午线。可将罗盘仪度盘上的南北线与图中磁子午线重合，转动地形图，使磁针北端与度盘南北线的北端一致，则地形图方向和实地一致（图 6-28）。

② 按坐标纵线定向　大比例尺地形图上有平面直角坐标网（方里网），地图上的坐标北方向即是坐标纵线北方向。以坐标纵线为准，坐标纵线与磁子午线间的夹角 δ，称为磁坐偏角，东偏为正（+），西偏为负（−）。

使罗盘仪度盘上的南北线与坐标纵线重合，从“三北”方向图上查出磁子午线北端偏于坐标纵线之西 9°09′，向右转动地形图，当磁针北端读数为 9°09′时，则地形图方向与实地一致（图 6-28）。

③ 按真子午线定向　通过地面上一点而指向北极的真子午线方向即地面上的真北方向；大比例尺地形图的东西内图廓和其他经线都是真子午线，真子午线指向北图廓的方向即为真北方向。通过地面上一点的磁子午线与通过该点的真子午线有一夹角 δ（以真子午线为起始线），称为磁偏角，东偏为正（+），西偏为负（−）。

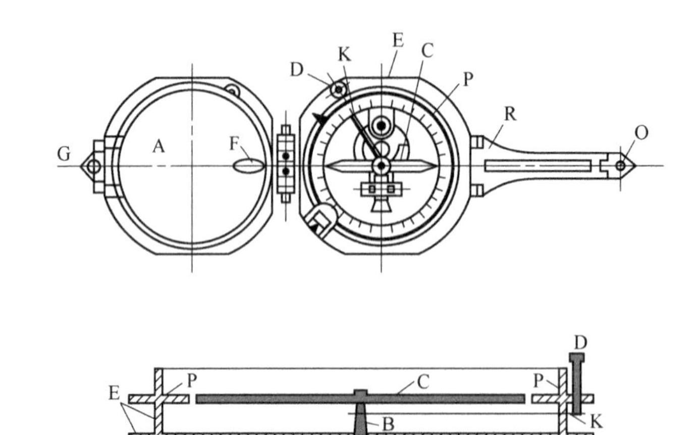

图 6-27　袖珍罗盘仪示意图

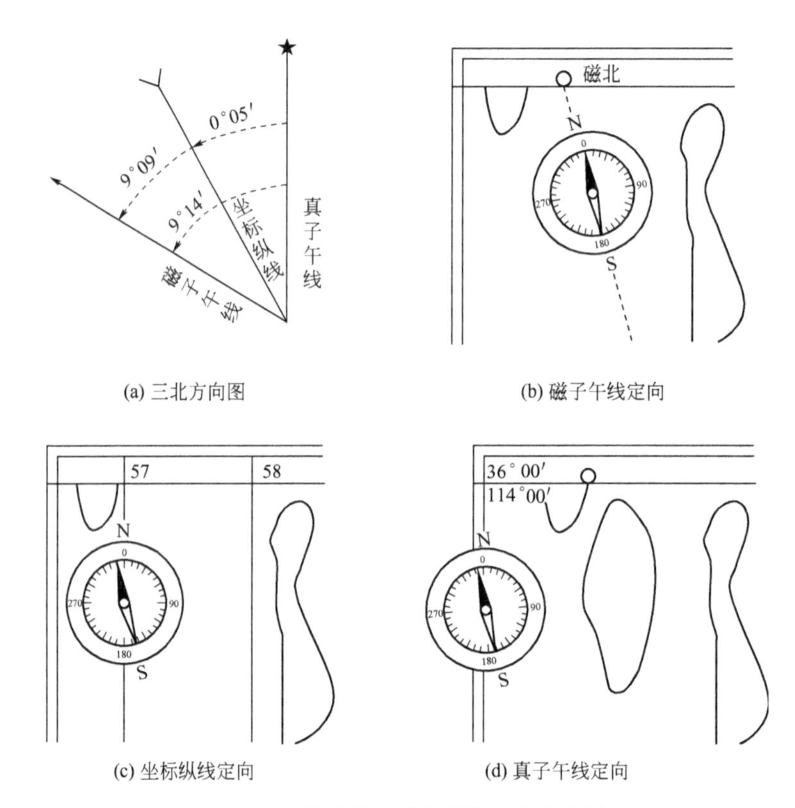

(a) 三北方向图　(b) 磁子午线定向

(c) 坐标纵线定向　(d) 真子午线定向

图 6-28　罗盘仪地形图野外定向示意图

首先使罗盘仪度盘上的南北线与地形图上的东西内图廓（经线）重合，从“三北”方向图上查得磁偏角为西偏 9°14′，然后向右转动地形图 9°14′，则地形图方向与实地方向一致。

2. 根据地物定向

首先在地形图上找到与实地相应的明显地物，如道路、河流等，然后在站立点旋转地图，使地形图上地物的符号与实地相应地物的方向一致。

3. 太阳、手表定向

一般在当地 6 时、12 时和 18 时以外的其他时间可以用手表的时针对准太阳确定真子午线。太阳、手表定向方法如下（图 6-29）：将手表放平，用一根细针紧靠在手表的边缘，太阳照射细针时投射到手表面上有一条影子，转动手表使细针的影子与时针相重合，取时针与手表面上 12 时半径的分角线，即为真子午线的方向。其中与时针构成的较小的分角线指南，另一端指北。使地图南北向与实地一致。

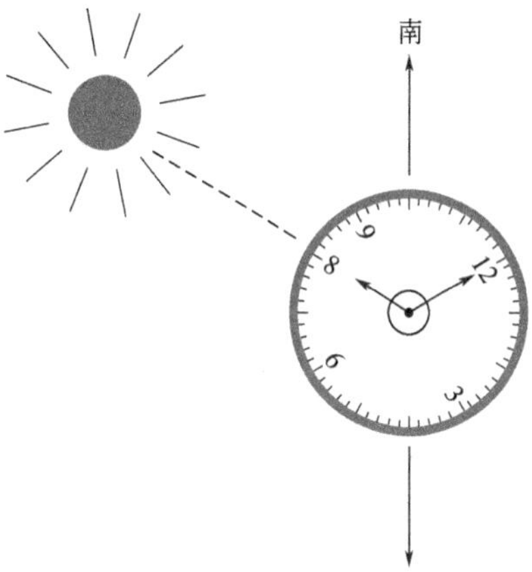

图 6-29　太阳、手表定向示意图

4. 夜晚北极星定向

顺着大熊座勺口两颗星的方向划一条连线，在长短约是这两颗星距 5 倍的另一端，便是明亮的北极星。观察者面向北极星，正好是北方。

（三）确定站立点位置

地形图定向后，要在图上找到本人站立点的位置，才能开始工作。定位方法主要有以下 3 种。

1. 根据地形地物判定

利用站立点附近的明显地形地物和地形图上相应的地形地物对照，用目测可以迅速确定站立点在图上的位置。

2. 透明纸法（后方交会法）

当站立点附近没有明显的地形地物时，可采用后方交会法确定站立点在图上的位置，具体方法如图 6-30 所示。①选择图上和实地都有的三个以上明显的地面目标点。A、B、C 为三个地面目标点，其在图上的相应点为 a、b、c。②将透明纸固定在图板上，在透明纸上任意确定一点 P，由 P 点用直尺照准地面点 A、B、C，并画三条方向线 PA、PB 和 PC，并在各方向线的末端注记该地形点的名称。③取下透明纸蒙在图上，移动透明纸使每条方向线都准确地对准相应的地形点，即图上的 a 点在 PA 方向线上，b 点在 PB 方向线上，c 点在 PC 方向线上，用针将透明纸上各方向的交点 P 点刺到或画到图上，P 点就是站立点在图上的位置。

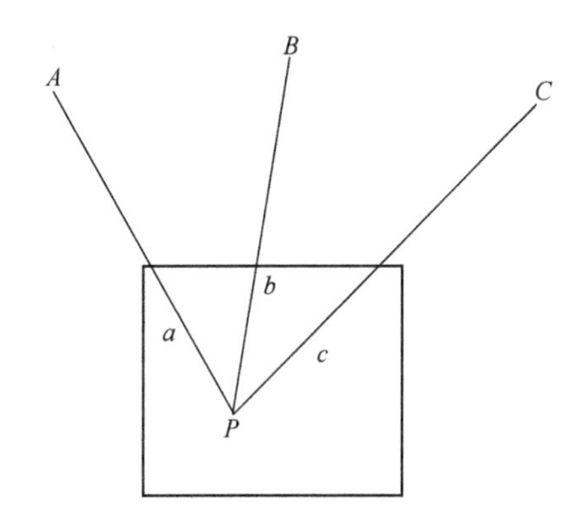

图 6-30　透明纸法

3. GPS 定位

GPS 是全球定位系统的缩写，它是随着现代化科学技术的发展而建立的新一代精密卫星定位系统，它采用后方交会法实现对地物定位。定位时步骤如下：安放 GPS 接收机、打开电源、静置、读取经纬度数据，按照所处地点的经纬度数据查询站立点在地形图上的位置。注意周围没有影响卫星信号的遮蔽物。接收机锁定卫星并开始记录数据后，观测人员可按着仪器随机提供的操作手册进行输入和查询操作，在未掌握有关操作系统之前，不要随意按键和输入，一般在正常接收过程中禁止更改任何设置参数。

GPS 具有如下特点：①功能多，用途广。不仅可用于量测、导航，还可用于测速、测时，测速的精度可达 0.1m/s，测时的精度可达几十毫微秒。②定位精度高。可为用户提供动态目标的三维位置（经纬度、高程）、三维速度及时间信息，其定位精度比目前任何无线导航系统都要高。③全天时全天候定位。可在任何时间任何地点进行 GPS 定位，一般不受天气状况的影响。④操作简便。GPS 自动化程度很高，只需安装、开关机、量取仪器高度、监视仪器的工作状态和采集环境的气象数据，其他工作均由系统自动完成。⑤携带方便。GPS 接收机体积小、重量轻，携带和搬运都很方便。GPS 采用多星、高轨、高频、测时-测距体制，实现了全球覆盖、全天候、高精度、实时导航定位。GPS 主要用于实时精确定位目标的空间位置，对获取的空间及属性信息提供准实时或实时的地理定位及地面高程模型，为遥感实况数据提供空间坐标，用于建立实况环境数据库及同时对遥感环境数据发挥校正、检核的作用。

GPS系统由三个基本部分组成（图6-31）：①空间星座部分，空间部分包括24颗工作卫星（3颗备用卫星），卫星均匀分布在6个轨道面上，每个轨道上分布有4颗卫星。每颗卫星每天约有5h在地平线以上，同时位于地平线以上的卫星数目随着时空而异，最多11颗，最少4颗。主要功能为接收和存储地面监控站的导航信息，并向用户连续不断发送导航定位信号、标准时间、卫星本身的实时位置、接收并执行地面控制系统发送的控制指令等。②地面控制部分，目前地面控制部分由分布在全球的5个地面站组成，地面监控系统跟踪观测卫星同时收集卫星发送的信号等。③用户设备部分，用户设备主要是接收GPS卫星发送的信息，获取定位的观测值，提取导航电文中的广播星历、卫星钟改正等参数，经信息数据的处理而完成导航定位工作。由于GPS用户的要求不同，GPS接收机也有许多不同的类型，一般可分为导航型、测量型和授时型。野外定位常用手持GPS和车载GPS。手持GPS具有定位、导航、记录各种移动数据、查看GPS卫星信息、查询兴趣点和城镇、浏览地图、测量距离等功能。车载GPS具有车辆定位、数据传输、语音通讯、防盗报警、信息查询、数据调度等十几大功能。

图6-31 GPS用户部分硬件图

（四）野外填图

野外填图的目的是把野外调查的内容填绘到地形图上，作为室内工作和编制某种专题地图的基础资料。

填图前要认真研究填图内容，确定分类，制订图例，选择观察点，使其能尽量地观察到大范围的地形地物。填图时，要对周围地物地形仔细观察，确定其分布界线，用简易测量方法测定方向、距离和高程，并参考图上其他目标，确定填绘对象在图上的位置，根据规定的符号填绘于图上。野外填图工作完毕后，应进行室内整理并描绘，完成全部填图工作。

第四节　环境专题地图要素的表示方法

环境专题地图是反映环境的状况、环境对人类产生的影响及人类活动对环境造成的不利或有利影响的一类地图，简称环境地图。环境地图种类多，如自然灾害地图、污染源分布图、自然保护区分布图等。环境地图涉及内容复杂，差异大，但在地图上仍然可以将其归并为点状分布要素、线状分布要素和面状分布要素三种基本分布形式，不同类型分布要素在专题地图上的表示方法不同。地图的表示方法是指地图上制图对象图形表达的基本方法，就是地图符号的不同组合方式。专题地图一般要反映制图对象的空间分布、时间分布、质量和数量分布特征等空间结构特征、时间序列变化及各事物现象之间的相互关系三个方面。

一、地图上显示点状分布要素的方法

点状分布要素是指那些需要定位、实地分布面积较小（不能按比例尺表示为面状，只能定位于点）的事物。将点状符号定位于事物所在的相应位置上，这种方法称为定点符号法，也称个体符号法。定点符号法是表示具有固定位置的点状分布要素的唯一方法。它以点状符号的形状和颜色表示质量特征，以符号的尺寸表示数量特征，以符号的结构显示事物的内部组成，以符号的扩展显示动态变化，这种方法能简明而准确地反映出要素分布和变化，故该方法在专题地图上应用很广。但是，定点符号法的缺点是符号所占的面积大，往往容易发生重叠现象。

（一）符号的形状和颜色显示质量特征

点状符号的形状有几何的、文字的以及象形的三种。几何符号以简单的几何图形代表事物的性质，地图上常用的几何符号有圆形、三角形、正方形、长方形、扇形等；几何符号具有定位准确、图形简单、绘制简便、区别明显、容易比较大小等优点，使用较广，也具有符号本身意义不够明确以致难以辨认和记忆的缺点。文字符号以简单文字或字母作符号表示事物的类别，如以 Fe 代表铁，以 Cu 代表铜等；这种符号能望文生义，便于辨认和记忆；但定位不易准确，不便于比较数量大小；而且能用拉丁字母和汉字表示的事物和现象较少。象形符号用简单而形象化的图形表示事物的质量特征，包括示意性符号和艺术性符号两种；这种符号形象直观、通俗易懂，便于阅读；但在图上所占面积大，很难表示出准确位置，不易比较数量大小，绘制比较复杂。

符号的颜色比符号的形状更容易显示事物的性质差别，因此在地图上，往往用不同颜色的符号表示最主要、最本质的差别，用符号形状表示次要差别。

（二）符号的尺寸表示数量特征

用点状符号表示数量特征时，为了便于比较数量差别，需要采用几何符号，使符号面积大小与其所代表的数量多少成一定的比率关系，这种符号称比率符号，有绝对比率符号和任意比率符号（条件比率符号）两种。绝对比率符号是指符号大小与它所代表的现象或地物的数量成正比率关系。任意比率符号的大小大体上表示数量多少，但与其所代表的数量不成正比关系，而是以某种函数关系为条件的比率符号。

无论采用绝对比率符号还是采用任意比率符号都需要规定最小符号与最大符号的准线长度，如圆的半径、正方形的边长等，使最小符号清晰可辨，最大符号也不过大，这就既能使地图内容协调，又不增加地图的载负量。

无论是绝对比率符号还是任意比率符号，符号大小的变化可以是连续的，也可以是分级的。连续就是每一个数值必有一个符号与其相对应。应用这种符号，在图上能直接依据符号的大小推算相应事物的数量。但两个数量相差很少的符号，在图上也很难分辨。分级就是将数量适当地分成若干等级，将同属于一个等级的数量，采用同样大小的符号表示。分级方法有等差分级（如 0～10，10～20，20～30，……）、等比分级（如 50～100，100～200，200～400，……）和任意分级（如 0～10，10～25，25～50，50～100，……）等。如果数量变化比较均匀，可采用等差分级；如果数量变化从小到大急剧增加，宜采用等比分级。级数均不可过多，否则，图形大小难以区分。

应用分级符号，使确定相应符号尺寸的工作量大大减少，图例简化，便于阅读；由于分级的数量具有一个区间，在一定时期内能保持地图的现势性。但在同一级内的事物数量差别显示不出来，而相邻分级界限上下的数量，本来相差不多，反而分属两级，符号尺寸的差别却很显著。

（三）符号的结构显示事物的内部组成

一个简单的几何图形，只能表示位于某地点的一种事物。如果在一个点位上需要表示几种事物或一种事物的各个组成部分，则需要使用结构符号，即将一个几何图形分成几个部分，每一部分代表一种事物。最常用的是圆形结构符号，它是以整个圆形面积代表事物的总量，将圆分割成若干扇形，每个扇形代表事物的一个组成部分。

（四）符号的扩展显示动态变化

若要反映一定时期内事物的发展变化，就要利用增量符号，即利用符号本身由小到大向外扩展的形式，例如同心圆、外接圆或其他同心符号。增量符号一般是以小的符号表示原来的状况，扩张出来的部分表示增长的状况，两者之差就是在此时期内的增长数量。

二、地图上显示线状分布要素的方法

实地呈线状分布或不能按照地图比例尺表示宽度的带状分布的环境事物很多，如道路、河流、交通线、地下水、地质构造线、机动车流动污染源等，对于这些事物的分布质量特征和数量特征可以用线状符号表示。通常用线状符号的形状、亮度和颜色表示质量特征，用线状符号的尺寸（粗细）表示数量特征。

（一）线状符号的形状和颜色表示质量特征

线状符号的形状有多种形式：平行双线、单线、实线、虚线、点线、结构不同的线划、对称性和单向性线划，此外还有由细逐渐变粗的线划（如河流）等。线状符号一般用颜色表示质量差别，如河流用蓝色，铁路用黑色，公路用红色等。但有时也用色调的变化来表示等级差异，例如用深蓝色表示主要河流，浅蓝色表示次要河流。

（二）线状符号的尺寸表示等级差别或数量特征

用线状符号的（尺寸）粗细表示线状事物的等级差异。例如境界线、国界线符号比省界线符号粗，省界线符号又比县界线符号粗。若用线状符号的宽度表示数量特征时，要使符号的宽度与数量成比率关系，可以采用绝对比率或任意比率；可以是连续的，也可以是分级的。

（三）线状符号表示事物分布的方法

线状符号在表示事物的位置时有三种情况。一是以线状符号的中心线表示事物的实际位置，如铁路、公路、海岸线、河流境界线等。二是线状符号的一侧表示事物的实际位置，另一侧向外扩展形成一定宽度的色带，如加彩色带的境界、海岸类型等。三是不严格定位的，如空中航线、海上航线，只表示通航地点而不表示航行路线的位置。

（四）线状符号表示事物动态的方法

可以用线状符号表示线状现象的动态变化，即用附加箭头的方法表示迁移的方向，用箭头的粗细、长短表示运动变化的速度和总量。

三、地图上显示面状分布要素的方法

面状分布的地理事物很多，有大面积连续分布的，如气温、植被类型等，有在大面积上不连续分布的，如森林、农作物等；它们所具有的特征也不尽相同，有的是性质上的差别，如不同类型的土壤，有的是数量上的差异，如气温的高低等。所以，它们的表示方法也不同。

（一）范围法

范围法用于表示具有一定分布范围（能按照比例尺表示出来）又不连续分布的面状事物的分布范围和质量特征。符号的范围界线表示其分布位置和范围，范围界线内用底色、网纹、说明符号和注记等表示其质量特征。范围界线常用不同形状、颜色和粗细的细实线、虚线或点线表示；底色指普染的面状颜色；说明符号，指只起说明作用而不定位的小符号；注记，指在大面积分布范围内，加注一些质量和数量方面的指标。

事物和现象的分布，有的有较准确的分布范围和界限，有的没有准确的范围和界限，或者具体位置不固定，故有绝对范围和相对范围之分。绝对范围指所表示的事物仅仅分布在该区域范围之内。相对范围指图上所画出的范围只是事物集中分布的地区，而范围以外的同类事物，由于面积小而分散，则不予表示，农作物分布区多属此类。所以，范围界限有准确的和示意的两种。后者没有精确的范围界线，通常用散列的符号或仅用文字表示现象的分布。

范围法简单清晰，易于阅读，常与其他表示方法配合使用。范围法既可以在图上表示一种事物，也可以表示多种事物，当表示多种事物时，往往会出现局部相互重叠现象。

（二）质底法

对于连续分布的面状事物的类型及其分布地域等质量特征及变化趋势，可以用质底法（质量底色法）表示。其具体作图方法是：按某种指标将制图区域的面状事物分成不同等级，分类不能重叠，各类彼此毗连；拟定并制作图例系统；在底图上用线划划分分类界线；在图上绘制表示质量差别的不同底色或晕线网纹、注记及符号等。质底法对全部制图区域不留任何空白，应用较广，可用于有较精确界线的各种类型图，如地质图、土壤图、植被图等。质底法还可用于具有概略分布范围的地图，只表示相对分布范围，如土地利用现状图。当在一幅图中用质底法表示专题要素的多级分类时，一般常用颜色表示一级分类，用晕线表示二级分类，用注记或说明符号区分更低一级的类别。

质底法鲜明、美观、清晰易读，是我们经常用来表示质量特征的一种方法。

（三）等值线法

对于在相当范围内连续分布且数量逐渐变化的面状事物的分布、数量特征及变化趋势，可以用等值线（等温线、等降水量线、等污染水平线、等高线、等压线和等深线等）表示。每一条等值线都是专题要素数值相同的点连成的平滑曲线。等值线的符号一般是细实线加数字注记。地图上的等值线是根据一些点上的测量或观测数据，用内插法求出等值点，将等值点连接而成。其步骤如下：①将各点的数值注在地图相应位置上，例如等温线是根据一些气象台站多年观测的气温平均值，将这些气象台站的位置在地图上标定并注明温度；②用内插法找出各点间等值点；③将等值点连成光滑曲线即为等值线；④把等值线的数值注记于线上或线端。在等值线图上，除注明等值线所代表的数值外，还常将等值线加分层设色、等值线加晕线等形式更加直观地反映数量差别。如在等值线之间普染深浅不同的色调或绘以疏密不同的晕线，使色调的深浅或晕线的疏密与数量相对应，则可更加明显地反映出数量变化的规律和区域差异。等值线的精度取决于数据点的数量和数据的精度。点数多，数据准确，等值线的精度高，反之，精度差。等值线法主要用来表示数量特征及各种渐变现象。

（四）量底法

对于连续分布的面状事物的数量特征及其分布地域，可以用量底法（数量底色法）表示。一般将面状事物的数量分为5～7个等级，用线划表示各个等级的界线，用不同色调浓淡或晕线疏密表示制图对象的数量级别。通常用浓色调或密的晕线表示数量大的级别，浅色调或稀疏晕线表示小的数量级别。它常用于绘制地面坡度图、地表切割深度图和水网密度图等。

（五）定位统计图法

定位统计图法是将固定地点的统计资料绘成不同形式的图形，配置在地图相应地点上，以表示事物的数量特征和在一定周期内的变化。该方法包括清楚地绘制分区界线、设计统计图形、绘制统计图形等三个阶段。定位统计图法中常用的图形有柱状图、曲线图、玫瑰图和塔形图等。如，柱状图表示各月降尘的变化；曲线图表示气压变化；塔形图表示居民地人口分布；玫瑰图表示某地点一定时间内风向频率和风速频率，玫瑰图中心的数字表示静风的频率或平均风速。从单个图形来看，定位统计图反映某地点事物的数量特征及其在一定周期内的变化；它是通过若干个配置在制图区域内各典型地点的图来反映整个制图区域内面上的数量变化情况。

定位统计图图形较大，定位不准确，其图上位置只能尽量靠近事物的所在地。

（六）点值法

点值法（点子法）是根据各区域单元（通常是行政区划单位）的统计资料，将事物的数量，用一定大小的、形状相同的点子表示成片分布或分散分布的现象和事物的范围、密度和数量特征及其变化的方法，点子的疏密反映事物大致分布情况及数量特征。

运用点值法时，需要确定点值和选择布点方法。点值就是每个点子所代表的数值，点值过小，点的数量就会很多，在要素分布的稠密地区就会出现点子过密甚至容纳不下乃至重叠的现象；点值过大，图上只有少数的点子，不能反映事物的实际分布状况。根据经验，点子最合理的直径为0.5～1.0mm。点值的大小要根据制图范围内区域单元最小而数量最多的地区，平铺出全部点子而没有重叠为最高限。通常采取试验的方法确定恰当的点值，即先在图上选一个小地区，它应当是事物分布密度最大的地区，将已定好直径的点子紧密而均匀地布满全区，然后以这个地区范围内事物的总数量除以点数，即可得到每点所代表的数值。如果这个数值不是整数，应当将它凑为整数，以便计算。布点的方法包括均匀布点法和条件布点法两种。均匀布点法是运用统计的方法把点均匀地布设在一定的区域单元内，这种方法不能表达区域内部的差异。条件布点法是根据事物的地理分布情况布点，布点时必须参考与该事物分布有密切关系的资料，在有详细的地理要素底图上进行，可以较为准确地反映事物的实际分布情况和区域内部差异。

在一幅图上可以用各种颜色的点子表示一种现象的发展动态，也可用不同颜色的点子分别表示几种要素的分布。

点值法简单、直观，应用广泛。

（七）分级比值法

分级比值法（又名分级统计图法）是根据各行政区划单位（或自然分区）的统计资料，将事物的数量指标（如污染水平）划分为若干等级，按级别高低，在图上相应位置，用深浅不同的颜色或绘疏密不等的晕线表示面状现象在各统计区间的差异。

根据地图用途、事物分布特点和数量指标，确定分级方法。常用的指标分级方法有等差分级（各级间距完全相同，如0～10、10～20、20～30）、等比分级（各级间距成等比级数增加，如0～100、100～1000、1000～10000，>10000）、逐渐增大分级（如0～10、10～30、30～60、60～100等）和任意分级。分级过多会使图面复杂，颜色深浅差别不明显，不易区分；分级太少就表现不出各地区间的差别。分级时每一级都具有一定的数量，不能一级过密，一级过稀，数量较低的级别所包含的数目宜多一些。一般以5～10级为宜。

分级比值法绘制简单，容易阅读，又因所表示的是相对数量指标，利于保密，现势性强，故应用较广。但这种方法只能反映制图区域内各级别的平均状况，显示不出内部差异。当然，所采取的区划单位愈小，则每一区划单位内部差异就会相对缩小，所反映的情况也就比较正确。

（八）分区统计图法

分区统计图法是把整个制图区域分成几个统计区（通常是行政区划单位或自然分区），按照其相应的统计资料，将事物总的数量指标绘成不同形式的图形，配置在地图上该统计区的中部，图形大小多少反映各统计区同一事物数量上的差别。

分区统计图法中常用的图形有简单的几何图形、结构图、柱状图、水平条形图等。应用简单的几何图形表示数量时，几何图形的面积与数量之间可以是绝对比率或任意比率，可以是连续的也可以是分级的。一般，表示内部组成时用结构图，用由小到大的扩展图形或柱状图、曲线图等表示不同时期内专题要素的发展变化。

分区统计图法所依据的资料是统计出来的，比较可靠，能较明确地显示统计区间空间分布差异，所以得到广泛的应用，但该方法不能精确地反映统计区内的差异。

综上所述，各种表示方法各有特点，适用于不同的研究对象和内容。实际工作中，常运用多种表示方法制图，为了便于选择正确的表示方法开展工作，下面将某些相近的有关方法进行简单比较分析。

（1）范围法与定点符号法

范围法只表示一定的分布范围，不表示准确的位置和数量；定点符号法表示准确的位置。

（2）范围法与质底法

范围法只表示间断分布要素的范围，不区分类型，不同性质的现象可以重叠；质底法表示连续分布对象的类型，不同性质的现象不能重叠。

（3）范围法与点值法

范围法的点子只表示分布范围，不表示数量；点值法的点子不仅表示分布范围，还代表一定的数量，可区分分布密度。

（4）点值法与定点符号法

点值法的点子表示一定区域分布数量，不是严格的定位点，点子大小表示相应数量，点子疏密表示集中或分散分布；定点符号法中单个符号具有严格的定位，所有点的数值是相同的。

（5）定位统计图法与定点符号法

定位统计图表示制图对象的周期性数量变化，利用点上的现象来说明整个面上的现象的特征；定点符号法表示数量综合及组成结构，用具有较强独立性的点来说明全部点状要素的分布状况。

（6）分区统计图法与定点符号法

定点符号法的每个符号代表具体位置要素的数量和质量特征；分区统计图法的图形代表每个统计单位的统计资料，配置在区内中心位置。

（7）分区统计图法与定位统计图法

定位统计图法表示呈点状分布的制图对象的数量及内部结构，图形配置在固定地点；分区统计图法表示统计区的同一事物上的数量差别，图形配置在统计区中部。

（8）分区统计图法与分级比值法

分区统计图法的分区比较固定，如以某一级行政区域为划分依据；分级比值法以相对数量指标的分级为划分依据，如各级所包括的分区的数目不一定同等且不固定。

根据地图的内容和用途、各种表示方法的优缺点，合理选择适当的地图要素表示方法对于地图的美观、实用非常关键。在选择表示方法时通常考虑如下几个问题：分析制图对象的性质和分布形式，即分析是点状、线状、面状分布中的哪一种；地图上所要显示的是分布范围、质量特征，还是不同方面的综合；已经获得的地理底图的情况等。在综合分析上述几个问题的基础上，根据各种表示方法的优缺点，就可以选择出适宜的表示方法。实际工作中，往往需要同一种表示方法的组合或多种表示方法结合并用。对目前专题地图常用的表示方法列于表 6-4 进行汇总。

表 6-4　专题要素各种表示方法汇总表

表示方法	分布形式	表现特征	怎样表示
定点符号法	固定的点状分布	质量特征	符号的不同性状、结构、颜色
		数量特征	符号的不同大小表示绝对数量
		动态变化	大小不同的同类符号的重叠或扩展
线状符号法	固定的线状分布	质量特征	符号的不同性状、结构、颜色
		数量特征	符号的不同粗细、长短表示绝对数量
		动态变化	不同形状、颜色的符号组合
范围法	固定面状分布、散布、断续面状分布	分布范围	范围界线
		数量差异	范围界线加数字注记等
		动态变化	不同期范围界线组合
质底法	连续面状分布	质量特征	不同底色、晕线和符号等
		—	
		—	
量底法	连续面状分布	—	
		数量差异	不同底色、晕线和符号等
		—	
等值线法	连续面状现象	—	
		数量差异	等值线本身
		动态变化	等变量线
点值法	散布面状现象	质量特征	点子的不同数量或不同形状
		数量特征	点数表示绝对数量，点密度表示相对数量
		动态变化	不同颜色或形状的点子组合
定位统计图法	固定面状对象	—	
		数量差异	定位统计图法本身
		动态变化	定位统计图法本身
分区统计图法	散布、断续面状分布	—	
		数量差异	分区统计图法本身
		动态变化	分区统计图法本身
分级比值法	散布、断续面状分布	—	
		数量差异	分级比值法本身
		动态变化	分级比值法本身
		—	

参考文献

[1]　陈静生，汪晋三. 地学基础. 北京：高等教育出版社，2002.

[2]　赵烨. 环境地学. 北京：高等教育出版社，2007.

[3]　史培军，王静爱. 地学概论. 呼和浩特：内蒙古大学出版社，1989.

[4]　马耀峰，胡文亮，张安定，陈逢珍. 地图学原理. 北京：科学出版社，2004.

[5]　廖克. 现代地图学. 北京：科学出版社，2003.

[6] 蔡孟裔，毛赞猷，田德森，周占鳌. 新编地图学教程. 北京：高等教育出版社，2000.
[7] 蔡孟裔，毛赞猷，田德森，周占鳌. 新编地图学实习教程. 北京：高等教育出版社，2000.
[8] 张力果，赵淑梅，周占鳌. 地图学. 第二版. 北京：高等教育出版社，1991.
[9] 李秀江. 测量学. 第二版. 北京：中国林业出版社，2007.
[10] 张力果，赵淑梅. 地图学. 北京：高等教育出版社，1985.
[11] 石韫璋，秦凌亚，余明全. 地图学简明教程. 开封：河南大学出版社，1989.
[12] 张克全，黄仁涛. 专题地图编制. 北京：测绘出版社，1982.
[13] 李海晨. 专题地图与地图集编制. 北京：高等教育出版社，1984.
[14] 李天文. GPS原理及应用. 北京：科学出版社，2003.
[15] 刘基余. GPS卫星导航定位原理与方法. 北京：科学出版社，2003.
[16] 詹庆明，肖映辉. 城市遥感技术. 武汉：武汉测绘科技大学出版社，1999.
[17] 陈迅. 地理信息系统中的地图投影计算. 福建电脑，2005，(5)：7-9.
[18] 颉耀文. 地图投影在地理信息系统中的应用. 东北测绘，2001，24 (4)：21-25.
[19] 廖显宁. 地图投影的判别与选择. 渝州大学学报（自然科学版），2000，17 (4)：93-97.
[20] 王清华，鄂栋臣，陈春明，周春霞. 南极地区常用地图投影及其应用. 极地研究，2002，14 (3)：226-233.
[21] 袁金花，李金山，李秀江，李秀山. 国家基本比例尺地形图新的分幅和编号方法及计算. 河北林学院学报，1996，11 (1)：83-88.
[22] 马永立. 国家基本比例尺地形图分幅编号解析法的优化. 地图，1998，(3)：2-5，15.
[23] 廖小韵. 专题地图表示方法的研究. 测绘通报，2005 (12)：52-55.
[24] 田晶，黄仁涛，郭庆胜. 智能化专题地图表示方法选择的研究. 测绘科学，2007，32 (5)：170-172，143.

思考与练习

1. 地图的定义、特性、分类和组成要素分别是什么？

2. 国家8种基本比例尺地形图包括哪些？

3. 地图投影的含义，投影变形分为哪三类？按照不同的分类规则，可以把地图投影分为哪几类？（要求能判断等角、等积、等距投影，正轴切方位投影、正轴切圆柱投影和正轴切圆锥投影）

4. 判断下面两图分别是什么投影类型？

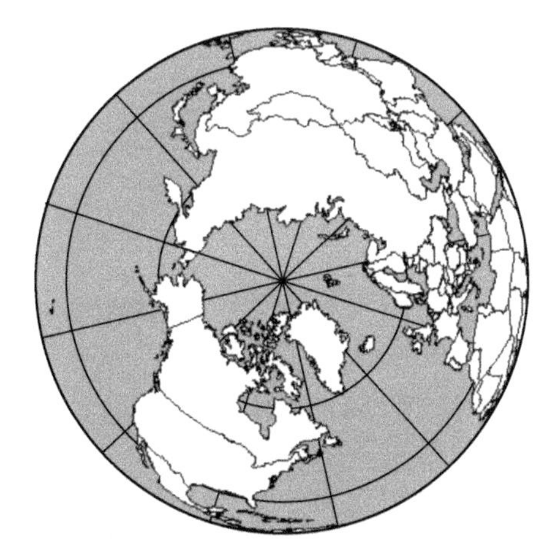

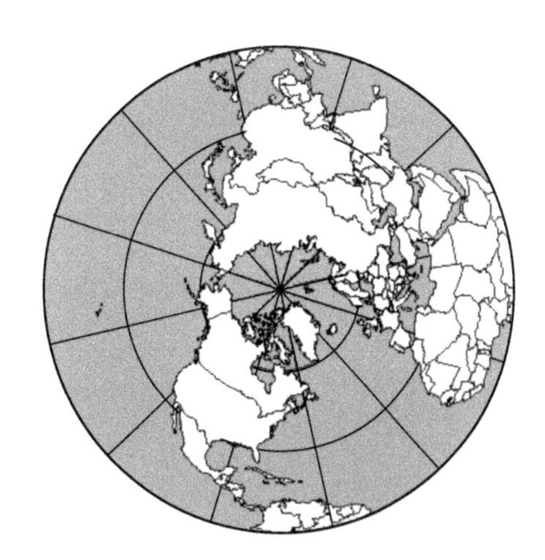

5. 高斯-克吕格投影的条件以及投影规律？

6. 简要回答3度和6度分带方法。

7. 高斯-克吕格平面直角坐标系是如何规定的？$X=3269$km，$Y=19230$km 分别代表什么含义？

8. 已知某地31°55′N，116°46′E，用图解法求其在1∶10万和1∶5万地形图上的编号（答案：1∶10

万地形图图号为 H50D001006，1∶5 万地形图图号为 H50E001012）。

9. 已知某地 38°35′N，114°20′E，用公式解析法求该地所在 1∶25 万、1∶10 万、1∶1 万地形图的编号（答案：1∶25 万地形图的图幅编号 J50C002001、1∶10 万地形图的图幅编号 J50D005001、1∶1 万地形图的图幅编号 J50G034006 和 J50G035006）。

10. 已知某地经纬度为 42°8′N，112°34′E，求其在 1∶1 万地形图中的图幅编号（答案为：K49G045074）。

11. 已知西安一幅地形图的图号为 I49D006002，求其所在比例尺地形图西南图廓点的经纬度。[注意：已知图幅编号，计算该图西南图廓点经纬度用下式：$\lambda=(b-31)\times 6^{\circ}+(d-1)\times\Delta\lambda$；$\Phi=(a-1)\times 4^{\circ}+(4^{\circ}/\Delta\Phi-c)\times\Delta\Phi$，注：$\lambda$、$\Phi$ 所求经纬度，a、b 为 1∶100 万地形图行、列号，c、d 为所求图的行列号，$\Delta\Phi$、$\Delta\lambda$ 所求图的经差纬差。]（答案：在 1∶10 万图西南图廓点经纬度为 108°30′E 和 34°N）。

12. 已知一幅地图的图号为 K49G045074，求其经纬度范围。

13. 如何求算点的平面位置和经纬度位置？

14. 如何求算点的高程位置？

15. 如何使用坡度尺量算坡度？

16. 长度量测方法包括哪些？

17. 简答如何用方格法求算面积，有何特点？

18. 地形图野外工作的室内准备工作包括什么？

19. 简要回答地形图野外定向的几种方法。

20. 在地形图上，如何确定站立者的位置？

第七章 遥　　感

第一节 遥感基础

近年来，遥感发展十分迅速，已经应用到军事、气象、地球资源探测、环境等诸多领域。在环境科学领域的应用进展相当快，在大面积环境背景调查与制图、区域环境质量变化监测、区域污染源监测与评估、资源调查、环境监测和规划管理等方面应用潜力巨大，已经成为现代环境科学调查和监测的基本方法和探测手段。本章较系统地介绍了遥感的基本原理、技术基础以及遥感资料的解译等基础知识和基本方法。

一、遥感概述

（一）遥感概念

遥感（remote sensing）一词，最初是在1962年美国召开的第一次环境科学遥感讨论会上，讨论如何把探测地面军事目标的侦察技术转向民用的问题时提出来的；字面含义为遥远的感知；科学含义是指从远处探测、感知物体或事物的技术，即不直接接触目标对象，从远处通过平台上载带的传感器探测和接收来自目标的信息（如电场、磁场、电磁波、地震波等信息），经过信息的传输及处理分析，识别物体的属性及其分布等特征的技术。遥感通常是指空对地的遥感，即从远离地面的不同工作平台上（如高塔、气球、飞机、火箭、人造地球卫星、宇宙飞船、航天飞机等）通过传感器，对地球表面的电磁波（辐射）信息进行探测，并经信息的传输、处理和解译分析，对地球的资源与环境进行探测和监测的综合性技术。

地球上每一物质作为其固有的性质都会吸收、反射、透射及发射电磁波。而电磁波的特性随着物质种类及其环境条件的不同而不同，遥感就是利用物质的这种波谱特性来探测目标反射和发射的电磁波谱，获取目标的信息，经过信息传输和处理以实现对目标的识别。遥感技术系统包括遥感平台、传感器、信息传输和处理。目前已建成对全球进行探测和监测的多层次、多视角、多领域的观测体系，成为获取地球资源与环境信息的重要手段。

遥感技术摆脱了与测量目标之间的直接接触，而是基于“反演”的方法来获得信息，可见遥感是非直接的，可探测有毒有害目标，具有现实意义。

（二）遥感分类

1. 按照传感器接收信号的来源和工作方式分类

传感器（remote sensor）是接收目标反射或发射来的电磁波信息的探测仪器，如照相机、扫描仪等，它是遥感系统的核心部分。目前常用的传感器包括航空摄影机（航摄仪）、全景摄影机、多光谱摄影机、多光谱扫描仪（multi-spectral scanner，MSS）、专题制图仪（thematic mapper，TM）、反束光导摄像机（RBV）、HRV（high resolution visible range instruments）扫描仪和合成孔径侧视雷达（side-looking airborne radar，SLAR）等。

根据传感器接收信号的来源和工作方式（工作原理），遥感可分为主动式遥感和被动式遥感两种。主动式遥感的传感器主动向地面发射一定能量的电磁波，然后传感器接收目标反射或辐射回来的电磁波。被动式遥感的传感器不向目标发射电磁波，仅接收目标发射和反射外部能源的电磁波。

传感器记录电磁波信息的方式有成像方式和非成像方式，其中成像方式可按照成像原理分为摄影成像和扫描成像。

2. 按照遥感平台分类

搭载传感器的运载工具称遥感平台（platform），如汽车、高塔、卫星等。按遥感平台将遥感分为地面遥感、航空遥感和航天遥感。

地面遥感指利用地面上固定或可移动的装载传感器的装置为平台的遥感技术系统，地面遥感平台主要包括高塔、汽车、轮船或其他高架平台等，地物波谱仪或传感器安装在这些地面平台上，可进行各种地物波谱测量。

航空遥感指在大气层下界，从飞机、飞艇、气球等空中平台对地观测的遥感技术系统。

航天遥感指利用各种太空飞行器为平台的遥感技术系统，航天平台包括载人飞船、航天飞机、宇宙飞船、卫星、探测火箭和太空站等，以卫星遥感为主。

常用的几种卫星轨道

陆地卫星在太空中的运行路线称为空中轨道（简称轨道），卫星正下方的地面点叫做它的星下点。星下点的集合称星下点轨迹（也叫地面轨道或地面轨迹）。

① 极地轨道　轨道倾角接近90°，卫星从极地上空经过，因此可以探测南北两极地区。

② 太阳同步轨道　卫星的轨道面以与地球的公转方向相同方向而同时旋转的近圆形轨道。在太阳同步轨道上，卫星于同一纬度的地点，每天在同一地方时同一方向上通过。卫星始终保持与太阳相同的方向，可以保证卫星上面的太阳能电池有充分的照明。

③ 地球同步轨道（静止轨道）　地球同步轨道卫星运行周期等于地球的自转周期，卫星相对于局地来说是静止不动的，可以长期观测特定地区。

卫星遥感具有如下特点：①费用低。卫星发射上天后，可在空间轨道上自动运转数年，不需要供给燃料和其他物资，所以卫星遥感的费用比航空遥感低。②实现了全球观测和大范围整体观测。卫星距离地面远，视野就比航空遥感开阔，观察地面范围大，可实现大范围宏观、整体乃至全球观测。卫星资料比地面观测具有更大的内在均匀性，在全球表面是连续的。③卫星资料量越来越大。卫星观测项目的增多以及电子技术的进步引起的数据时空分辨率增加，卫星遥感资料越来越多，以至于资料处理能力越来越显不足。④便于加强国际交流和合作。卫星在空中对地观测，不像在地面观测时存在国别限制。不同国家的卫星资料相互共享，使得开展全球性的研究计划成为可能。⑤分辨率较低。由于卫星飞行高度高，地面分辨率通常小于航空遥感的地面分辨率，随着科技发展，分辨力将不断提高。

气象卫星用来研究全球气象要素，陆地卫星用来研究全球性陆地资源和环境监测为主的卫星，海洋卫星用来研究海洋资源和海洋环境的卫星，各卫星的主要应用领域及不同地面分辨率遥感影像的应用领域，如表7-1和表7-2。

3. 按照电磁波的工作波段分类

按遥感的电磁波工作波段分类，可分为紫外遥感（探测波段0.05～0.38μm）、可见光遥感（探测波段0.38～0.76μm）、红外遥感（探测波段0.76～1000μm）和微波遥感（探测波段1mm～10m）等。

① 可见光/近红外波段遥感　主要指利用人眼可见的可见光（0.4～0.7μm）波段和反射红外波段的近红外（0.7～2.5μm）波段的遥感技术的统称。它们共同的特点是，其辐射源是太阳，在这两个波段上只反映地物对太阳辐射的反射，根据地物反射率的差异，获得有关目标物的信息，它们都可以用摄影方式和扫描方式成像。

② 热红外遥感　指通过红外敏感元件，探测物体的热辐射能量，显示目标的辐射温度或热场图像的遥感技术的统称。遥感中指的波段范围为8～14μm。地物在常温（约300K）

表 7-1 国际用于环境监测的主要卫星计划

国家及卫星名称	发射时间	轨道特征	主要用途
中国 BERS-1	1999 年	太阳同步	资源与环境监测，陆地特征
中国 FY-1C	1999 年	太阳同步极轨	气候与环境监测
印度 IRS-P6	2000 年	太阳同步	农业与森林，灾害预警，地球资源与环境监测，海洋生物与海洋颜色
日本 ALOS	2003 年	太阳同步	制图与 DEM，环境监测，灾害监测
法国 SPOT-5	2002 年	太阳同步	制图与 DEM，陆地表面，农业和林业，城市规划，环境监测
欧空局 ENVISAT1	1999 年	极轨	海洋学，地表冰雪，大气化学，水能量循环
美国 LANDSAT-7	1999 年	太阳同步极轨	陆地表面，城市资源
美国 EOS AM-1(TERRA)	1999 年	太阳同步极轨	气象与大气化学，能量循环，陆地特征，CO 和 CH_4 测定
美国 EOS PM-1	2000 年	太阳同步极轨	大气动态，大气化学，能量循环，云特性，陆地表面，CO 和 CH_4 测定
美国 EOS AM-1	2004 年	太阳同步极轨	大气动态，大气化学，能量循环，云特性，陆地表面，CO 和 CH_4 测定
加拿大 RADARSAT-2	2001 年	极轨	环境监测，海洋学，冰雪，陆地表面
美国 QuickBird	2001 年	太阳同步	测绘与制图，城市规划，农林业监测，环境监测，目标识别，GIS
美国 NOAA-14 NOAA-15		太阳同步	气象预测，气象研究，资源调查、海洋研究
中巴 CBERS-1	1999 年	太阳同步	
美国 IKONOS	1999 年	太阳同步	商用卫星，黑白影像分辨率 1m，彩色影像分辨率 4m

表 7-2 不同地面分辨率遥感影像的用途

分辨率/m	能识别的目标
1000	大地构造，暴风雨的移动，海洋温度，海水盐度，海水透明度
300	区域地质构造，风速，空气污染来源和扩散，沙尘暴，河流类型，海流，冰山分布，森林分布，森林火灾
100	详细地质制图，地区地质构造，土地类型，裸露土壤和岩石，土壤温度，水，雪和冰，植被类型，森林调查，城市中心
30	矿物勘测，地震破坏，土壤湿度，沉积情况调查，海况，海水一般监视，海水污染，详细森林调查，草场调查，一般土地利用，主要公路、铁路和水路，1：100 万地形图
10	侵蚀调查，详细水污染调查，鱼群位置，大面积植被的破坏，一般土地利用，成熟的果园、树木，农场建筑，篱笆墙线，运输调查，1：25 万地形图
3	火山破坏，土壤调查，详细土壤温度差异，土壤盐分，排水类型，地面水调查，小面积植被的破坏，森林植被密度，单株数目统计，树冠直径，主要树种，杂草斑点，详细的人工建筑，1：5 万地形图

下热辐射的绝大部分能量位于此波段，此波段地物的热辐射能量大于太阳的反射能量。热红外遥感具有昼夜工作的能力。

③ 微波遥感　指利用波长 1～1000mm 电磁波遥感的统称。通过接收地面物体发射的微波辐射能量，或接收遥感仪器本身发出的电磁波束的回波信号，对物体进行探测、识别和分析。微波遥感的特点是对云层、地表植被、松散沙层和干燥冰雪具有一定的穿透能力，又能夜以继日地全天候工作。

4. 按照电磁波的波段宽度和波谱的连续性分类

按照电磁波的波段宽度和波谱的连续性分类，可分为常规遥感和高光谱遥感。高光谱遥感利用很多狭窄的电磁波波段产生光谱连续的图像数据。常规遥感又称宽波段遥感，波段宽一般大于100nm，且波谱上不连续。

5. 按研究对象分类

按研究对象分类，可分为资源遥感与环境遥感两大类。资源遥感是以地球资源作为调查研究对象的遥感方法和实践，调查自然资源状况和监测再生资源的动态变化，是遥感技术应用的主要领域之一。利用遥感信息勘测地球资源，成本低，速度快，有利于克服自然界恶劣环境的限制，减少勘测投资的盲目性。环境遥感是利用遥感技术，对自然与社会环境的动态变化进行监测或作出评价与预报的统称。由于人口的增长与资源的开发、利用，自然与社会环境随时都在发生变化，利用遥感多时相、周期短的特点，可以迅速为环境监测、评价和预报提供可靠依据。

6. 按应用空间尺度分类

按应用空间尺度可分为全球遥感、区域遥感和城市遥感。全球遥感是指全面系统地研究全球性资源与环境问题的遥感的统称。区域遥感是指以区域资源开发和环境保护为目的的遥感信息工程，它通常按行政区划（国家、省区等）和自然区划（如流域）或经济区进行。城市遥感是指以城市环境、生态作为主要调查研究对象的遥感工程。

7. 按应用目的分类

按遥感应用目的不同，可分为环境遥感、农业遥感、林业遥感、地质遥感、海洋遥感、陆地水资源调查、土地资源调查、植被资源调查、地质调查、城市遥感调查、测绘、考古调查和规划管理等。

环境遥感在大气环境质量、水体环境质量、城市环境质量监测、植被生态监测等方面应用较广。其中，大气环境遥感在臭氧监测、气溶胶监测、酸沉降和热污染及沙尘暴监测等方面取得了卓越成绩。

（三）常用的遥感传感器

1. 多光谱扫描仪（multi-spectral scanner，MSS）

多光谱扫描仪是把来自地物的电磁波分成几个不同的光谱波段，同时扫描成像的一种传感器，在陆地卫星1～5号上均装有这种传感器。在卫星运行中，扫描是连续的，自西向东为有效扫描。当回扫时，快门阀关闭扫描器与地面的通道，为无效扫描，这样每扫描一次，对应地面上为496.2m。在卫星前进中连续进行扫描记录。

图像主要用于城市土地利用变迁的宏观研究和海岸水下地形、水体浑浊度及悬浮物质、水陆边界和植被等方面的研究（表7-3）。

表7-3 MSS图像光谱效应

波段	光谱效应
MSS-1 0.5～0.6μm	属蓝绿光波段。对水体具有一定的透视能力，透视深度一般可达10～20m，水质清澈时，甚至可达100m；对于水体的污染，尤其是对于金属和化学污染具有较好的反映
MSS-2 0.6～0.7μm	属橙红光波段。对于水体的浑浊程度、泥沙流、悬移质有明显的反映；对于岩性也有较好的反映；因该波段位于叶绿素吸收带，所以植被具有较暗的色调，而伪装的树枝、病树则有较浅的色调
MSS-3 0.7～0.8μm	属可见光中的红光和近红外波段。对于水体及湿地反映明显，水体为深色调；浅层地下水丰富地段、土壤湿度大的地段，有较深的色调，而干燥的地段则色调较浅；对植物生长情况有明显的反映，健康的植物色调浅，病虫害的植物色调较深
MSS-4 0.8～1.1μm	属近红外波段，与MSS-3相似，但更具有红外图像特点，水体的影像更加深黑，水陆界限特别明显；对植被的反映与MSS-3相似，对比性更强

2. 专题制图仪（thematic mapper，TM）

专题制图仪是新型光学机械扫描仪，与多光谱扫描仪相比，它具有更好的波谱选择性、更好的几何保真度、更高的辐射准确度和分辨率。专题制图仪采用双向扫描，即正扫与回扫都是有效的。为达到双向扫描的效果，在仪器里安装了扫描行校正器，它的作用是使扫描镜在两个方向产生有用数据。在扫描镜转换时，校正器向前跳动，从而使得下一组光栅与上组光栅正好衔接起来（表 7-4）。

表 7-4 TM 图像光谱效应

波段	光谱效应
TM-1 0.45～0.52μm	属蓝光波段。对水体有较强的透视能力；对叶绿素反映敏感；对区分干燥的土壤和茂密的植物也有较好的效果
TM-2 0.52～0.60μm	属绿光波段。与 MSS-1 相似。对水体的透视能力较强；对植被的反射敏感，能区分林型、树种
TM-3 0.63～0.69μm	属红光波段。与 MSS-2 相似。可以根据植被的色调判断植物的健康状况，也可以区分植被的种类和覆盖度；还可以用以判定地貌岩性、土壤、水中泥沙流等
TM-4 0.76～0.90μm	属于近红外波段，相当于 MSS-3、MSS-4 的一部分。此波段避开了小于 0.76μm 出现的叶绿素陡坡效应的坡面和大于 0.9μm 可能发生的水分子吸收谱带，使之更集中的反映植物地近红外波段的强反射，茂密的植被呈浅色。可用于植被、生物量、作物长势的调查
TM-5 1.55～1.75μm	属于近红外波段，波长大于 TM-4。处于水的吸收带（1.4～1.9μm）内，对含水量反映敏感，可用于土壤湿度、植物含水量调查、水分状况研究、作物长势分析等，从而提高了区分不同作物类型的能力；对岩性、土壤类型的判定也有一定的作用
TM-6 10.4～12.6μm	属于热红外波段。对热异常敏感。可用于区分农、林覆盖类型；辨别地表温度差异；监测与人类活动有关的热特征；进行水体温度变化制图
TM-7 2.08～2.35μm	属于热红外波段。可用于区分主要岩石类型，可用于地质探矿与制图

3. 增强型专题制图仪（ETM）

在新的陆地卫星上安装增强型专题制图仪，它是在 TM 传感器的基础上增加了一个波长 0.5～0.9μm 的全色波段，称为 pan 波段，其瞬时视场为 13m×15m。其他 7 个波段的波长范围、瞬时视场均与 TM 相同。

（四）遥感影像选择和获取

遥感影像是传感器在一定时间对一定地区的地物发射或反射的电磁波信息接收后所获得的图像，影像具有时空特征。不同的影像，其空间分辨率和像片比例尺不同，可以满足不同的精度要求，可以根据研究目的进行选择。各省的测绘部门存放有航空影像，中国遥感卫星地面站和国家卫星气象站有卫星影像，一些研究单位和高校也具有特定卫星的接收能力，具有一些卫星影像。不同分辨率、不同空间尺度和不同处理水平的遥感影像，其市场价格差异很大。航空像片的价格一般很高。国内卫星遥感影像的价格从免费获取到 270 元/km^2 之间，如低分辨率的 NOAA 可以在网上免费下载，中等分辨率的 Landsat、SPOT、CBERS 等的价格在 0.06～5 元/km^2 之间，高分辨率的卫星影像价格 120～270 元/km^2。因此，要根据各类影像的特征、研究目的、精度要求、研究经费和数据的可获得性选择适合的影像。

二、遥感的物理基础

地面目标本身具有不同的电磁波发射、反射和透射特性，电磁波是取得图像的物理基础，传感器通过探测地物的电磁波信息而成像，所以电磁波的相关理论成为遥感的物理基础；地物发射和反射的电磁波经过大气圈时，由于大气的吸收、反射和散射的作用使电磁波的波形和能量发生改变，从而使传感器接收的电磁波与地物发射和反射的有了差异，因此，大气对电磁波的影响也是重要的物理基础；另外，由于各种环境现象和物体具有不同的光谱特性，才使得环境遥感成为可能，故地物的光谱特性也是遥感的重要物理基础。而遥感影像的生成和光学增强处理又是以色光的加色法原理和颜料的减色法原理为基础的。所以，本节主要介绍电磁波与电磁波谱、地球大气层对电磁波传递的影响、相关环境事物和现象的电磁波辐射特性以及遥感影像生成和处理的光学方面的遥感物理基础知识。

（一）电磁波与电磁波谱

自然界中任何温度高于绝对温度 0K（－273℃）的物体均能向外发射电磁波，太阳辐射就是电磁波。电磁波是物质存在的一种形式，属于横波，具有反射、折射、衍射和偏振等波的共性。电磁波由无数个波长、频率与能量不同的波组合而成，将各种电磁波按其在真空中传播的波长（或传播频率）依次排列构成电磁波谱。电磁波谱按频率从低到高或波长从长到短排列，依次为：无线电波、红外线、可见光、紫外线、X 射线、γ 射线，电磁波谱区段的界限是渐变的，一般各谱段划分界线见表 7-5。从紫外波段到微波波段是遥感技术目前常用的电磁波波段。

表 7-5 遥感技术使用电磁波分类名称和波长范围

名称		波长范围
无线电波	无线电波长波	＞3000m
	无线电波中波和短波	10～3000m
	无线电波超短波	1～10m
微波	分米微波	10cm～1m
	厘米微波	1～10cm
	毫米微波	1～10mm
红外波段	超远红外	15～1000μm
	远红外	6～15μm
	中红外	3～6μm
	近红外	0.76～3μm
可见光	可见光——红	0.62～0.76μm
	可见光——橙	0.59～0.62μm
	可见光——黄	0.56～0.59μm
	可见光——绿	0.50～0.56μm
	可见光——青	0.47～0.50μm
	可见光——蓝	0.43～0.47μm
	可见光——紫	0.38～0.43μm
紫外线		1×10^{-3}～0.38μm
X 射线		1×10^{-6}～1×10^{-3}μm
γ 射线		＜1×10^{-6}μm

各类型的电磁波的波长范围不同，它们的传播方向、穿透性能等性质差别很大，遥感的具体应用也就不同。

① 紫外线　波长范围为 0.001～0.38μm。太阳辐射含有紫外线，通过大气层时，波长小于 0.3μm 的紫外线几乎都被吸收，只有 0.3～0.38μm 波长的紫外线部分能穿过大气层到达地面，且能量很少，并能使溴化银底片感光。紫外波段在遥感中应用比其他波段晚。紫外波段从空中可探测的高度在 2000m 以下，对高空遥感不适用。目前，主要用于油污染的监测、岩石探测、土壤水分和作物类型等。

② 可见光　波长范围 0.38～0.76μm，是一个很窄的波段。它由红、橙、黄、绿、青、

蓝、紫七色光组成。人眼对可见光可直接感觉，不仅对可见光的全色光，而且对不同波段的单色光，都具有非常敏锐的分辨能力。可见光是我们鉴别物质特征的主要遥感波段。

③ 红外线　波长范围为 0.76～1000μm。物体在常温情况下发射红外线的波长多在 3～40μm 之间，15μm 以上的超远红外波段绝大部分被大气和水分子吸收，所以，遥感技术利用较多的是 3～5μm 和 8～14μm 两个波段。红外遥感是采用热感应方式探测地物本身的辐射（如热污染、火山、森林火灾等），能进行全天时、全天候遥感。

④ 微波　波长范围 1mm～1m。微波的波长较长，能穿透云雨、雾、霾和雪而不受天气影响，可进行全天候全天时的遥感探测。同时，微波对某些物质具有一定的穿透能力，能直接透过植被、冰雪、土壤等表层覆盖物。因此，微波在遥感技术中是一个发展潜力较大、非常重要的遥感波谱段。

（二）地球大气层对电磁波传递的影响

电磁波在空间传播称为电磁辐射，电磁波传播中遇到介质会发生反射、折射、吸收、透射和散射等现象，具体情况与介质性质有关。大气层的反射、吸收和散射作用（见大气部分）使电磁辐射强度衰减，剩余部分则是透射部分，能够穿透大气的辐射被局限在某些波长范围内。根据能量守恒原理，反射能量、吸收能量和透射能量的总和与入射能量相平衡。透过率越高，剩余强度越高。通常把电磁波通过大气层时较少被反射、吸收或散射的透过率较高的电磁辐射波段称为大气窗口（图 7-1）。就传感器而言，只能选择透过率高的波段，才对遥感观测有意义。因此，遥感传感器选择的探测波段应包含在大气窗口之内，根据地物的光谱特性以及传感器技术的发展。目前使用（或试用）的探测波段，如表 7-6 所示。

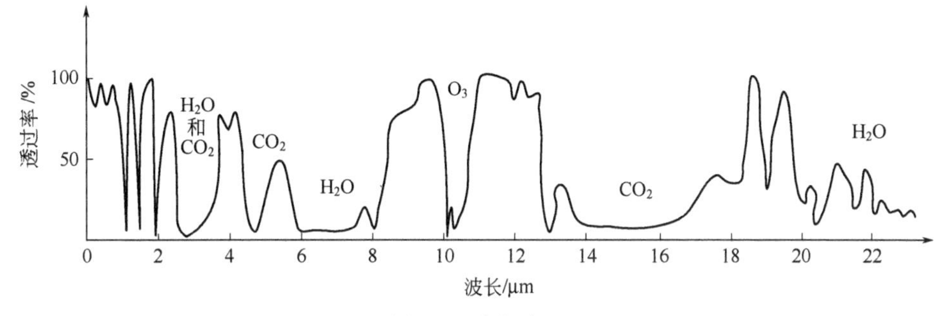

图 7-1　大气窗口

（三）地物的光谱特性

自然界任何地物都有其自身的电磁辐射规律，即具有反射，吸收外来的紫外线、可见光、红外线和微波的某些波段的特性；具有发射某些红外线、微波的特性；少数地物具有透射电磁波的特性。地物的这种吸收、反射、透射电磁波的特性称为地物的光谱特性。在反射、透射和吸收特性中，遥感使用最普遍的是地物反射可见光、部分红外光和地物发射红外光。

地物的光谱特性是现代遥感技术的重要组成部分，它既是传感器波段选择和设计的依据，又是遥感数据分析解译的基础。目前，美国已经建立了各种光谱数据库，我国对地物光谱也开展了广泛研究，并出版了《中国典型地物波谱及其特征分析》、《遥感反射光谱测试与应用研究》等基本光谱数据集。

1. 地物的反射光谱特性

自然界中的任何物体经太阳辐射光照射后，对与其本身吸收波长相一致的入射光具有吸收能力，对与其本身反射波长相一致的入射光具有反射能力。在可见光、近红外波段，地物主要反射太阳辐射。不同目标的反射能力不同，其反射率不同，同一物体在不同的光谱段具有不同的光谱反射率，光谱反射率随波长变化的规律称为地物反射光谱特性。

表 7-6　大气窗口与遥感光谱通道

电磁波性质	大气窗口	遥感光谱通道	应用条件与成像方式
反射光谱	0.3～1.3μm	紫外波段 0.300～0.315μm 0.315～0.400μm	必须在强光照下，采用摄影方式和扫描方式成像（只能白天作业）
		可见光波段 0.4～0.7μm	
		近红外波段 0.7～0.9μm 0.9～1.1μm	
	1.5～1.8μm 2.0～3.5μm	近红外波段 1.55～1.75μm 2.205～2.35μm	强光照下白天扫描成像
反射和发射混合光谱	3.5～5.5μm	中红外 3.5～5.5μm	白天和夜间都能扫描成像
发射光谱	8～14μm	远红外 10～11μm 10.4～12.6μm 8～14μm	白天和夜间都能扫描成像
	0.05～300cm	0.30～0.53cm 0.53～0.63cm 0.63～0.83cm 0.83～1.13cm 1.13～1.67cm 1.67～2.75cm 2.75～5.20cm 5.20～7.69cm 7.69～19.4cm 19.4～76.9cm 76.9～133cm	有光照和无光照条件下都能扫描成像

地物的反射率可以用亮度系数表示；亮度系数大，像片上的色调浅；亮度系数小，色调深。如雪的亮度系数为0.9～1.0，其影像呈白色调；超湿砂土的亮度系数仅为0.06，其影像显得很暗。物体的亮度系数具有方向性，也就是说从不同方向看物体，亮度系数不同，地面绝大多数的物体对入射光一般都是漫反射，它们各方向的亮度系数不同，但差别很小。通常在计算物体的亮度系数时，是以物体垂直方向的亮度系数作为该物体的亮度系数。物体的反射率主要取决于以下几个方面：①物体本身的物理性质（如地物类型、地物表面的颜色、粗糙度、风化状况及含水分情况等）。如，在潮湿条件下，新鲜面红色砂岩的反射率大于风化面的反射率；而干燥条件下，其反射率变化恰好相反。同样的物体，由于湿度不同，也会影响色调的深浅。如，田间土路一般是浅色调，如雨后路面含水分较大，影像色调变深。再如裸露的农田土壤，干燥的色调浅，浇过水的色调深。所以，色调是解译土壤湿度的一个明显标志。光滑表面比粗糙表面反射光的能力强，在像片上的色调就浅。如，耕地中的小路，其色调就比耕地浅。②光源的辐射强度。同一地物的反射率随它所处的纬度和海拔高度不同有所差异。这是因为，太阳是最主要的自然辐射源，不同纬度地区的太阳高度角不同，照射强度和地物反射强度也有差异；海拔高度影响到太阳光穿过大气的厚度，从而使地物反射光谱发生变化。③地物表面照度。地物表面受太阳光直接照射和大气散射光照射，照度的大小和光谱成分随太阳高度角的变化而变化。在太阳高度角相同的情况下，同一地物，照度大的部分，亮度大，影像色调就浅，反之则深。④季节。同一地点的同一地物反射率随季节而不同。太阳高度角随季节而变化，太阳光到地表面的距离也有所不同。这样，地面所接收到太阳光的能量和反射能量也随之不同。因此，同一地物在不同地区或不同季节，虽然它们的反射光谱曲线大体相似，但其反射率值却有所不同。由于植物的物候期不同，不同时期像片上的色调也有很大差别。如，春季摄影的像片，因为当时植物刚发芽，其色调较浅，而夏季摄影的像片，色调就会深一些。所以，在进行像片解译之前，一定要了解像片拍摄的

时间。⑤探测时间。由于探测时间不同，同一地物的反射率也会发生变化。通常，中午测得反射率大于上午或下午测得的反射率。⑥气象条件。同一地物在不同天气条件下的反射率不同，一般来说，晴天测得的反射率大于阴天测得的反射率。

2. 地物的发射光谱特性

任何地物当温度高于绝对温度 0K 时，都有向周围空间辐射红外线和微波的能力，用发射率表示物体发射辐射的强度，即物体自身的热辐射能量与相同温度下黑体辐射能量的百分比。地物发射电磁波的波能与温度的四次方成正比，地物的微小温度差异会引起地物热辐射能量的显著变化。地物的发射率与其表面状态、温度、类别有关。地物发射率随波长变化的规律称为地物的发射光谱。通常，同一物体的发射率随其温度不同而异。

3. 地物的透射光谱特性

有些地物（如水和冰），具有透射一定波长的电磁波的能力，通常把这些地物叫做透明地物，用透射率表示物体透射入射光的强度，即物体的透射能量与入射光总能量的百分比。

4. 几种典型地物的光谱特性

每一种地物的光谱特性不同，如果事先掌握了各种地物的光谱特性，那么就可以将传感器探测到的不同电磁波的波谱信息与其相比较进而区分物体。图 7-2 是几种典型地物的光谱特征图。①植被，各种绿色植物具有极为相似的反射光谱特征，可见光波段 0.55μm（绿光）处有一个小小的反射峰，因为叶绿素对绿光反射作用强；由于绿色植物叶细胞结构的影响，在近红外波段 0.76～1.0μm 处形成一个反射峰；由于绿色植物含水量的影响，在中红外波段以 1.45μm、1.95μm 和 2.7μm 为中心出现三个水的吸收带，形成低谷。可见，利用遥感影像可以识别植被的类型、生长状况和健康状况等。②水体，低反射和高透射是水体最主要的光谱特性，水体反射率在各波段都较低。但是，水体本身的物质组成、水体表面状态、水深、水底形态、水中生物等都影响水体的反射率。如，水中植物增多，在近红外波段出现反射峰值，可帮助判断水体富营养化程度；水中悬浮泥沙增多，水体反射率增加，在黑白影像上色调比洁净的水体影像浅。③建筑物，各种建筑物的屋顶建筑材料不同，其反射率也不同，如石棉瓦的反射率最高、沥青沙石的反射率高于铁质屋顶。④道路，水泥道路反射率高于土路、高于沥青道路。其在影像上的色调也就相应发生变化。⑤土壤，在地表植被覆盖度小于 15％的情况下，土壤的反射特征与裸土相似，主要与土壤的机械组成和颜色密切相关，此外，土壤含水量、土壤肥力和土壤类型等也影响土壤反射率。一般情况下，颜色浅的裸土具有较高的反射率，有机质含量越高、含水量越高的裸土反射率越低，越细的土质反射率越高。植被覆盖度为 15％～70％时，表现为土壤和植被的混合光谱，光谱反射值是两者的加权平均；植被覆盖度大于 70％时，基本上表现为植被的光谱特征。

地物的光谱特性受到一系列因素的影响和干扰，在应用和分析时，应特别注意光谱特性的这些变化。

（四）遥感的光学基础

电磁波中可见光能被人眼感觉而产生视觉，不同波长的光显现出不同的颜色。自然界中的物体，由于物质成分各不相同，对入射光有着不同的选择性吸收和反射能力，从而呈现出不同的色彩。遥感影像就是利用这一点来区分地物的。对于人眼来说，单一波长的光对应着单一的一种色彩。如人眼对于 0.62～0.76μm 的光感觉为红色；对于 0.59～0.62μm 的光感觉为橙色。然而，眼睛在感觉判别色彩时也有其局限性。如果把波长 0.7μm 的红光与波长 0.54μm 的绿光按一定比例混合叠加，人眼的感觉为黄色。分不出哪一种是“单色”的黄光（0.57μm），哪一种是红光与绿光混合而成的黄光。因此，对于人眼来说，光对于色虽然有着单一的一一对应关系，而色对光并不存在单一的对应关系。所以，一些色彩可以由不同波长的光按一定比例叠加混合而成。彩色合成技术就是依照眼睛的这一色觉特性合成出许多不同色

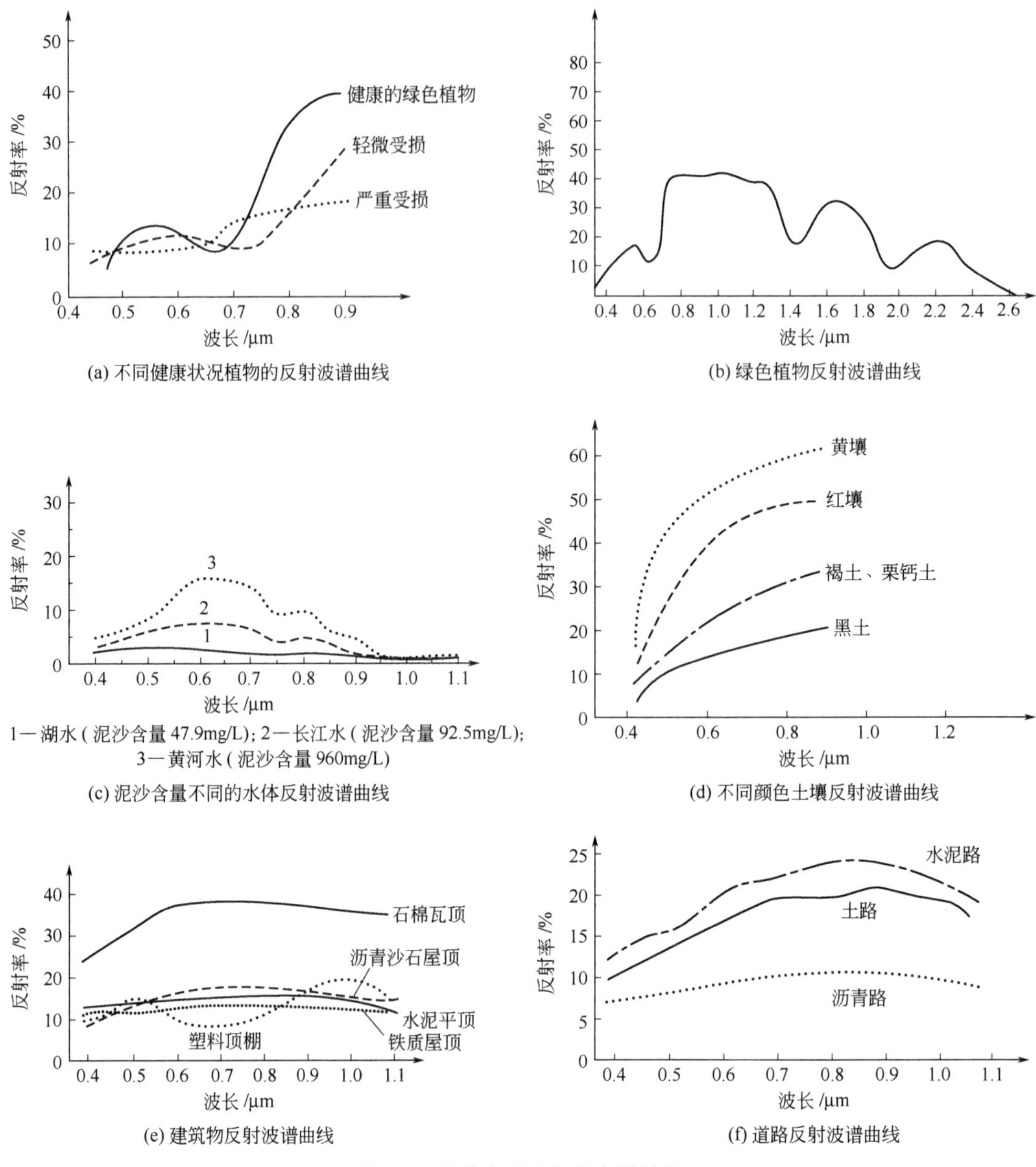

图 7-2　几种主要地物的光谱特征

彩。通常利用三种基本色光（称为基色或原色）按一定比例混合叠加而成各种色彩，称为三基色合成。所谓基色就是在三种基色光中的任何一种色光（或颜色）都不能由这三种基色中的另外两种色光（或颜色）混合而成。实验证明，红、绿、蓝三种颜色是最优的三原色。

三基色彩色合成通常采用红、绿、蓝三色。用三基色合成产生其他色彩的方法有两种基本方法，即加色法和减色法。

1. 加色法

加色法适用于色光的叠加混合，采用红、绿、蓝三种色光为基色，按一定比例混合叠加产生其他色彩，方法如下。

① 两种基色光等量混合叠加，产生一种补色光。即

红＋绿⟶黄；红＋蓝⟶品红；蓝＋绿⟶青。

黄、品红、青称为补色（光）。

② 红、绿、蓝三种基色光等量相加为白光（自然光）。即

红＋绿＋蓝⟶白（光）。

当两种色光相加成为消色（白色或黑色）时，称这两种色光为互补色。因此，不难看出黄与蓝、品红与绿、青与红为互补色。

③ 非互补色（光）不等量相加混合，产生不同的中间色（光），如：红（多）＋绿（少）⟶橙；红（少）＋绿（多）⟶黄绿等。

为了加深对加色法的理解，可以在暗室中做如下实验。用三个可调亮度的光源，分别经过红、绿、蓝三个滤光片，再经过透镜形成平行光束，照到白色屏幕上，构成三原色。调整光源亮度，在三束光重叠的部位看到白光，在只有红光（通过红滤光片）和蓝光（通过蓝滤光片）的重叠部位看到品红色光，在只有红光和绿光的重叠部位看到黄色光，在只有蓝光和绿光的重叠部位看到青色光。不断调节光源的亮度，可以看到各种中间颜色的光。

2. 减色法

减色法是从自然光（白光）中，减去一种或两种基色光而生成色彩的方法。一般适用于颜料配色、彩色印刷等色彩的产生。

颜料本身的色彩是由于本身选择性地吸收了入射自然光中一定波长的光，反射出白光中未被吸收的色光而呈现出本身的色彩。例如，黄色颜料是由于本身吸收了自然光中的蓝色光，反射出未被吸收的红光和绿光叠加混合的结果；品红颜料是由于吸收了自然光中的绿光，反射出红光和蓝光相加的结果；同样，青颜料是由于吸收了自然光中的红光成分，反射蓝光与绿光的结果。即

黄⟶白－蓝；

品红⟶白－绿；

青⟶白－红。

当品红与黄颜料相混合时，生成红色。即

品红＋黄＝白－(绿＋蓝)⟶红。

即自然光（白光）中分别被品红和黄颜料将其中的绿光和蓝光吸收了，只有红光被混合后的颜料反射出来，因而呈现出红颜色。同样，青与品红或黄与青颜料相加混合时，有

青＋品红＝白－(红＋绿)⟶蓝；

黄＋青＝白－(蓝＋红)⟶绿。

当品红、青、黄三种颜料相混合时，即白光中的绿、红、蓝都被吸收了，而呈现黑色。即

品红＋青＋黄＝白－(绿＋红＋蓝)⟶黑。

为了加深对减色法的理解，可以在暗室中做如下实验。让一束白光先后通过一块蓝滤光片和一块黄滤光片，此时会发现照射到白色屏幕上的光线是绿色的。这是因为蓝滤光片对蓝光的透过率较高，黄滤光片对黄光的透过率较高，而对其透过光波段附近的其他色光也有一定的透过率（由于光波是渐变的），因此透过蓝光时附近的绿光、紫光也有部分透过，透过黄光时附近的绿光和红光也有部分透过，它们共同透过的部分就是绿光，所以呈现绿色光线。可见，最后所看到的绿光是两次减色法的结果。

实际上合成或复原一种色彩是复杂的，衡量一种色彩不但要求色调特性指标（表示色彩颜色属性），而且要求色彩的明度（表示色彩的明亮程度）和饱和度（表示色彩纯洁程度）特性指标共同确定。

3. 彩色的分解与还原

从以上原理不难发现，要重新获得物体的色彩或进行假彩色合成，必须先将物体反射的

光线进行分解，分别划归到红、绿、蓝三基色的系统中，然后采用三基色的加色法或减色法合成还原出原来的色彩。

彩色分解就是对同一目标（或图像）分别采用不同的滤光系统（通常为红、绿、蓝），获得不同分光（红、绿、蓝）黑白影像的过程。先获得分光负片，后经接触晒印制成不同分光（红、绿、蓝）正片。如，对于黄色可分别通过红、绿滤光系统，在底片上曝光显影，所以在红绿分光正片上，黄色的位置均为白色，而黄色不能通过蓝滤光系统，所以在蓝分光正片上，黄色的位置均为黑色。

彩色还原是彩色分解的逆过程，即将同一地区或同一彩色图像的不同分光图像，分别通过不同的滤光系统（通常采用红、绿、蓝），并使图像的相应影像准确套合，合成产生彩色图像的处理过程。

在进行彩色还原合成时，要保持分解和还原过程中所采用的滤光系统波段的一一对应关系，此时还原得到的色彩与原物体或景观的色彩一样，称为（真）彩色合成。如果还原合成时破坏了滤光系统的这种对应关系，合成生成的色彩则与原物体或景观的色彩不一致，称为假彩色合成。例如，陆地卫星专题制图仪（TM）图像，采用 TM1（0.45～0.52μm）、TM2（0.52～0.62μm）和 TM3（0.63～0.69μm）三个不同波段（分光）图像，按加色法分别通过蓝（0.43～0.47μm）、绿（0.50～0.56μm）、红（0.62～0.76μm）滤光系统（若按减色法则分别染以黄、品红、青）合成得到的彩色图像为近似真彩色图像。而若采用 TM4（0.76～0.9μm）、TM3 和 TM2 三波段，分别通过红、绿、蓝滤光系统合成产生的彩色图像则是假彩色图像。在此图像上绿色植物显示为红色。

第二节　遥感影像解译

遥感应用的目的在于通过遥感影像识别地物，遥感影像的解译方法包括常规的目视解译方法、假彩色影像增强解译方法和计算机自动识别与分类解译方法。使用的设备由简单到复杂，主要有航空立体镜、电子光学解译装置和图像数字处理系统。遥感影像增强处理和计算机信息自动提取是在模拟人眼和大脑机能原理基础上发展起来的。遥感影像的自动识别技术与遥感影像的目视解译技术都以对地物进行分类为目的，只是二者手段不同而已。实际工作中以常规的目视解译方法为主，其余两种方法为辅。

一、解译标志

解译标志是遥感影像上能够作为判断地物属性的影像特征，它是地物本身性质、形态等特征在像片上的反映。根据解译标志可以从像片上识别地物的属性及其空间分布等特征。常用的解译标志包括影像的形状、大小、色调及阴影等。

1. 形状（shape）

形状指地物的外形和轮廓。任何地物都具有一定的几何形状，由于地物各部分反射光线的强弱不同，像片上就反映出相应的形状。可以依据影像的形状特征识别地物，如，河流常呈弯曲的带状等。

具有空间高度的地物在像片上的位置不同，其形状也有变化。在像片中心，无像点位移，看到的是地物顶部的正射投影形状；离开像片中心点，就会产生像点位移，在像片四周边缘像点位移最大，变形也最大。只有位于同一高度平面的地物，如湖泊、平坦耕地等，无论在像片的任何部位，其形状与实际地物的形状相似，没有畸变。

2. 色调（tone）和色彩（color）

色调是指黑白像片上影像的黑白深浅程度，彩色像片上地物影像以不同的颜色显示，称为色彩，色调和色彩的分级称为灰阶（或称灰度），在每幅卫星图像的下边框都附有灰标，灰标是灰阶的视觉标志。灰阶是区分地物辐射强度和影像色调及色彩的标准。多光谱扫描仪（MSS）图像灰阶划分为15级，第1级是辐射强度最强的，为全白色；第15级辐射强度相当于零，呈黑色。各级灰阶之间的差值相当于最大辐射量的十四分之一。专题制图仪（TM）图像的灰阶一般划分为16级。色彩和色调是地物对入射光线反射率高低的客观记录，是像片解译的重要标志。这是因为地物的形状特征是通过与周围地物色调和色别的差别表现出来的；尤其对一些外部形状特征不明显的地物和现象的解译，色调和色彩更显得重要。如土壤的干湿程度、沙土的分布范围等，主要根据色调和色别特征解译。

像片上的色调从白到黑逐渐变化，像片上色调一般可划分为白、灰白、浅灰、灰、深灰、浅黑、黑7级。常见地物及其在黑白影像上的色调对应关系：白——白，浅黄——灰白，黄、褐黄、深黄、橙、浅红、浅蓝——浅灰，红、蓝、棕——灰，深红、深蓝、紫红、淡绿、绿、紫——深灰，黑——黑。天然彩色像片上的影像颜色与相应地物颜色一致，彩红外影像上影像的颜色与地物的颜色有较大的差别。常见地物及其在彩红外影像上的颜色对应关系如下：植被——红，水——兰青色，道路——灰白色，建筑物——灰或浅蓝。

3. 大小（size）

地物影像的大小（尺寸），不仅能反映地物的一些数量特征，也可反映地物的一些属性特征。地物影像的大小（尺寸）取决于地物本身尺寸和像片比例尺。地物影像大小的测量方法和地形图上相同。量测地物大小时，必须考虑图像的比例尺。由于航空像片是中心投影，地势高低和像片倾斜对像片比例尺和影像大小都产生影响，如在同一幅航空像片上，同样尺寸的地物，位于高处者影像尺寸就大些，位于低处者影像尺寸就小。航空像片倾斜，像片上不同部位的比例尺也不一样，同样也影响地物影像大小。所以，准确确定地物大小，必须了解像片的比例尺。

将像片上能分辨出最小地物的实际大小称为像片分辨率（地面分辨率或空间分辨率）。通常，凡是大于分辨率的地物较容易辨认；小于分辨率的地物较难辨认。如，像片分辨率为0.5m，表明该像片通常只能分辨出大于0.5m以上的地物；小于0.5m的地物，像片上一般就分辨不清了。实际解译时，由于地物与所处背景反差条件的不同，即当地物与背景的灰阶反差小时，有时会出现大于分辨率的地物难以辨认；当与背景的反差大、光照条件又适宜时，小于分辨率的地物反而容易辨认的现象。因此，要依工作需要选择适宜分辨率的像片。

4. 阴影（shadow）

地物的阴影可分为本身阴影和投落阴影两部分。本身阴影（简称本影）是地物本身未被阳光直接照射到的阴暗部分的影像；投落阴影（简称落影）是在地物背光方向上地物投射到地面的阴影在像片上的构象。

本影有助于帮助获得地物的立体感。地物落影有助于解译地物的性质和高度。例如，水塔、烟囱等圆形建筑，它们顶部的影像形状较难区分，但利用其落影就容易将二者分辨出来。

5. 组合图案（pattern）

当地物较小或像片比例尺较小时，在像片上往往不易观察到单个地物的影像。但这些细小的地物群体影像可以构成一种特殊纹形的空间组合图案。由于这些细小地物的性质不同，其构成的图案花纹就不一样，据此来解译不同的群体。例如，在中、小比例尺的航空像片上树冠的形状很难区分，但可以借助森林的组合图案特征的不同区别针叶林、阔叶林或杂木林等。

6. 位置（location）

任何一个地物都不是孤立地存在于环境中的，都要与周围地物之间存在某种位置关系。地物所处的空间位置可以帮助我们确定地物的属性。如，造船厂要求设置在江、河、湖、海边，不会在没有水域的地段出现。所以，地物所处的位置可作为解译标志。

7. 纹理（texture）

纹理指图像的局部结构，表现为图像上色调变化的频率。

8. 辅助特征（auxiliary feature）

辅助特征可以帮助认识和识别地物的其他方面的特征。例如，火车站与铁路有关，变电站与电厂和电线杆有关。

上述解译标志反映地物本身所固有的特征，可根据这些特征直接识别地物。在运用解译标志进行解译时，不能只根据一种标志下结论，而要运用多种标志，反复观察对比，详细分析各种现象间的相互联系，才能获得正确的解译结果。

二、遥感影像的编号及符号注记

（一）航空像片的编号及符号注记

航空像片的像幅通常有 18cm×18cm、23cm×23cm 和 30cm×30cm 等。航空摄影的底片除记录地物、地貌的影像外，还拍摄了附设在航摄仪上的标记，主要有像片编号、框标、压平线、时表、水准气泡、航摄机镜头焦距、拍摄日期等。

像片编号：如 M-50 26/IX85-5431。其中，M-50 表示航摄地区图幅编号；26/IX85 表示 1985 年 9 月 26 日拍摄；5431 表示本张像片编号。此外，为便于像片的拼接使用，每张像片上还注有不同摄影顺序的号码。

框标：像幅上下、左右边框中央的齿形标志就是框标，左右框标的连线为像片坐标系的 x 轴，上下框标的连线为 y 轴，交点 O 为坐标原点，该点与像主点（像幅中心点）重合。

时表：记录拍摄瞬间的标记，用它推断航摄时的日光照射的方向和太阳高度角。

圆水准器：航摄瞬间光轴倾斜情况。水准气泡居中为水平，水准器上的同心圆每圈为 1 度，自中心起算。

压平线：像幅四周井字形直线。航摄时如感光片压平，则压平线为直线，否则为曲线（图 7-3）。

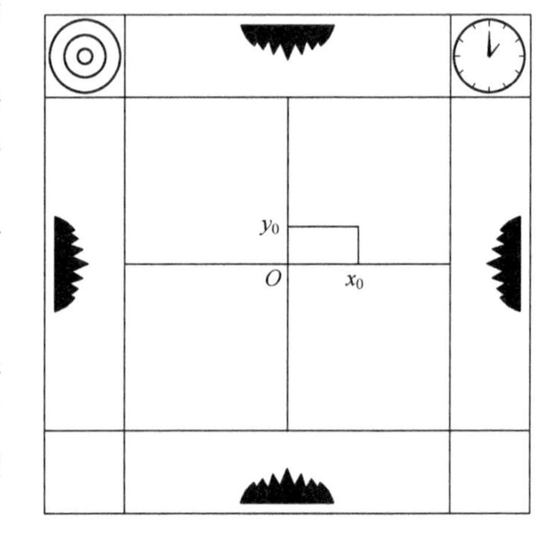

图 7-3　航空像片框标示意图

（二）陆地卫星图像的编号及符号注记

陆地卫星图像的四周有一些符号和注记，这些符号和注记对于卫星图像的解译是很需要的，它表明了一幅卫星图像的一些技术参数。不同年代、不同类型的陆地卫星图像的符号和注记略有不同。

1. 陆地卫星图像的编号

一幅卫星图像称为一景，每一景有一个编号，这种编号称为“全球参考系统（WRS）”，由两个数字组成，例如 123—32，前者 123 为“轨径”（path）号，后者 32 为“行”（row）号。

陆地卫星 4、5 号覆盖全球一次共飞行 233 圈，轨径编号为 001 至 233。规定穿过赤道西经 64.6°为第一圈轨径，编号为 001，自东向西编号。我国领土大致位于 4、5 号卫星的 113～146 号轨径之间。

“行”（row）是指在任一给定的轨道圈上，横跨一幅图像的纬度中心线，当卫星沿轨道圈移动时给定的一个编号。第一行开始于北纬 80°47′，与赤道重叠的（降交点）作为第 60 行，到南纬 81°51′为 122 行。然后开始第 123 行，向北方行数增加，穿过赤道（相当于 184 行），并继续向北直至北纬 81°51′为第 246 行。（从 123 行后为夜间飞行）。我国领土的大陆部分白昼图像大致位于 23～48 行之间。

2. 叠合符号

在图像四角分别有“+”符号，是图像的叠合符号，在多波段图像彩色合成时，各波段图幅可利用此符号得到准确的重叠套合，四个叠合符号的对角连线交点是图像的中心点 C，该点没有在像片上用单独符号标出，只是在图像最下面的注记中标出中心点的经纬度坐标值（见图 7-4）。

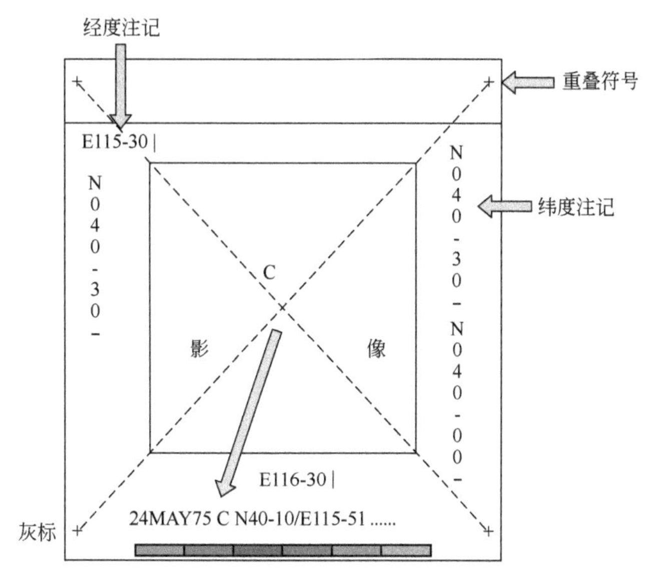

图 7-4　陆地卫星图像的符号及说明注记示意图

3. 纵向重叠符号

图像两侧的上部和下部各有两个“┴”或“┬”的符号，它表示相邻接的上下两幅图像的纵向重叠符号，凡同一轨径上相邻的两景图像（行号相邻）可以依此符号相接。但是不同日期的两相邻图像不一定能正好相接，因为不同日期的同一号的轨径不一定能完全重合。

4. 经纬度注记

图像中心的经纬度数据是根据成像时间、卫星轨道参数等要素，通过计算机求得的，它是由地面接收处理机构完成的，记录在胶片（或图像）上的文字注记中。经纬度注记在像幅四周的白边上，中低纬地区间隔为 30′，纬度 60°以上地区间隔为 1°。上、下两边注明经度，在经度注记前（或后）有一短竖线，表示该经度的位置，小短线是连线符号；左右两侧边注明纬度，在纬度注记的上（或下）有一短横线，表示该纬度的位置。由于图幅与经纬线斜交，因而上下两边可能出现纬度注记，东西两边也可能出现经度注记。

5. 灰标

在像片下部说明注记块的下方和上部说明注记块的上方有长条形的灰标（灰阶）。

6. 说明注记块的注记

在图幅下部有一行注记（注记块），说明成像时间、成像条件等。这些注记不同年代的图像有所差异，但主要项目基本相同。从左到右注记依次如下：

24 MAY 75——成像时间为 1975 年 5 月 24 日；

C N40-10/E115-51——像主点（像幅中心点）的经纬度，北纬 40°10′，东经 115°51′；

N N40-40/E115-55——像底点（卫星到地球表面垂线）的经纬度，北纬 40°40′，东经 115°55′；

MSS 5 7——多光谱扫描仪 5 和 7 波段；

R（或 D）——经过磁带贮存再播回（D 为直接发射）；

SUN EL 58 AZ 120——太阳高度角 58°，太阳方位角 120°；

191——卫星运行的方位角（从真北方向起算，顺时针测出的最接近飞行前进方向的度数）；

1692——从发射时起算的轨道数，即卫星绕地球 1692 圈时成像；

A（或 G，N）——阿拉斯加地面接收站（G，戈尔茨顿地面接收站，N，NTTF 美国宇航局试验和跟踪机构）；

I—N—D—2L——I，影像是满幅的；N，影像按正常方式处理（或 A 为非正常处理）；D，像幅中心点按照天体历计算的（或 P 按照轨道历计算的）；2，卫星资料按照压缩方式处理（或 1 按照线性方式处理）；L 为低增益（或 H 为高增益）；

NASA——美国宇航局发射的；

ERTS E—2——ERTS，地球资源技术卫星；E—2 为编号；

122——从卫星发射起已经运行 122 天；

02183——成像时间（格林威治时间），02 为观测时间的时；18 为观测时间的分；3 为观测时间的秒；

4——多光谱扫描仪光谱段数目；

01——再一次使用视频带的次数。

三、遥感影像目视解译

（一）目视解译方法

遵循先整体后局部、从已知到未知、先易后难、由宏观到微观的原则进行像片目视解译。对每一种地物的解译，首先观察和总结地物影像特征，然后将所观察到的各种现象，加以“由表及里”、“由此及彼”的综合分析研究，进而判明地物的性质和类型。根据解译对象的不同，解译时可采用以下方法。

1. 直接判定法

根据地物色调、形状、大小等直接解译标志判定。对于像片上影像特征比较明显的地物，通过直接解译标志即可判定地物的性质，识别地物。如建筑物的形状特征明显，可以直接解译。

2. 对比分析法

将像片上待判别的影像与已知地物影像或标准影像进行对比分析以判定该地物的性质。标准像片是预先选定的典型样片，像片上地物性质是已知的。对比分析法是对不同遥感影像、卫星图像不同波段、不同时相的图像进行对比分析，以及与其他已知资料、方法获得的结果或实地进行对比分析。

3. 逻辑推理法

应用专业知识和实际经验，分析地物和现象之间的内在关系，结合影像上的其他解译标志，依照专业逻辑推理进行解译。例如，泉水露头成线状展布的地方，一般都有断层存在。

上述几种解译方法通常是以某种方法为主，其他方法为辅。

（二）目视解译步骤

通常可将目视解译分为准备工作、室内解译、野外校核、详细解译和成图总结等阶段。

1. 准备工作

① 资料准备　根据研究任务需要，确定应收集的遥感资料类型，确定遥感影像类型之后，获取构像清晰、反差适中、层次丰富、主要标志清楚的遥感影像及其说明资料和相关参数。测试和收集典型地物光谱曲线。收集解译地区的地形图及相关专题地图和文献等。为了提高对比效果，可以对选择的影像进行必要的解译前的图像增强处理以提高解译效率。

② 工具材料准备　像片解译所用的工具主要有立体镜、放大镜、直尺、透明薄膜等。

③ 熟悉地理概况　在进行解译前，应阅读解译地区的地理文献和地图资料，掌握该地区的基本地理特点，为解译工作奠定基础。

④ 圈定像片使用面积并制作像片略图　根据工作精度要求和地面高差大小确定并圈定每张像片的使用面积。所圈定的4个角点在相邻像片上要易于寻找和识别。若工作精度要求不高或地形起伏不大，也可以隔片圈定使用面积，之后制作像片略图。

2. 室内解译

在了解和掌握解译地区地理概况的基础上，根据解译任务的需要及相关学科的特点，制订出统一的分类系统，建立解译标志，利用目视和立体镜逐张像片进行解译。像片解译的原则是先宏观观察后微观、从已知到未知、先易后难，从浅入深。根据这一原则分别识别出地物的属性并勾画出其分布范围和界线，用统一的符号和线条标示，标注地物类型，绘制出解译草图。对重要的地物和现象以及有疑问的地方应加以特别的标记，以便在野外校核时重点进行检查。

3. 野外校核

野外校核是像片解译的重要环节。野外校核需要携带单张像片和像片略图。因为像片略图包括的范围大，能在相当大的范围内进行对比解译，同时还能把当地的解译结果与相邻地区的资料进行对比。野外校核工作要根据室内解译后拟定的路线进行，把室内解译结果与实地对照，特别是对那些重要现象和有怀疑的地方，要详细加以观察和验证。

4. 详细解译

根据野外校核结果，修正解译草图中的错误，确定未知类型，进行详细解译，形成正式的解译详图。

5. 成图与总结

将解译详图上的类型界线转绘到准备好的地理底图上，加以整饰和注记，制成专题地图，并根据任务要求，编写总结报告。

（三）遥感像片——河流目视解译实例

在遥感像片上，河流常表现为界线明显、自然弯曲、宽窄不一的带状。河流上常有堤坝、桥梁、船舶和码头等人工建筑物，这些可作为解译河流的辅助依据。

平原或高原地区的河流一般弯曲较大，色调暗而均匀。山区河流往往弯曲较小，流速较大，色调相对较浅，特别在急流浅滩处，浪花四溅，就可能出现白或灰白的色调。

在航空像片上还可以对河流流向、流速、河宽以及是否通航等情况进行解译。

1. 流向

在用单张或少数几张像片解译河流流向时，常用以下方法：

① 河流中的沙洲呈水滴状，其尖端一般指向河流下游；

② 两条河流汇合处成锐角，其尖端一般指向河流下游；

③ 桥墩后面出现的水花和漩涡在下游一侧，且呈浅色楔形轮廓，其尖端指向下游；

④ 停泊在码头附近的船舶，其船尾指向河流下游。

2. 流速

在像片上解译流速是较困难的。当河中有漂浮物体时，可根据漂浮体在像对的两次曝光间隔时间内的移动距离来计算流速（即已知飞机摄影时的曝光间隔时间）；或依据河流所处的地形环境凭经验估算。

3. 河宽和通航情况

河流宽度可以在像片上直接量测（如果要求精度较高，则应在纠正过的像片上量取）。

河流的通航情况，主要是根据河中是否有船只往来、河岸是否有码头等设施来解译。

四、遥感影像计算机自动识别技术

遥感影像自动识别技术（遥感数字图像分类处理）是采用计算机模拟人脑的思维活动，利用计算机对遥感图像像元进行统计、运算、对比、归纳和判断，从而实现对遥感影像上的信息进行识别和分类并提取相关信息的过程。通过计算机对图像像元进行分类，自动识别地物，实现对遥感影像的解译，是计算机科学与遥感技术有机结合的产物。随着科技发展，计算机自动识别技术的应用将越来越广，用于识别的遥感软件越来越多。目前常用的遥感软件主要有：美国亚特兰大 ERDAS 公司的 ERDAS 软件、美国克拉克大学地理学研究生院克拉克制图技术与地学分析实验室所属的系统开发实验室支持研制的 Idrisi 软件、加拿大 PCI 公司开发的 PCI 软件、美国 Better Solutions Consulting Limited Company 公司开发的 ENVI 软件、中国武汉测绘科技大学地理信息系统研究中心研制的 GEOSTAR 等。各软件的使用方法见软件使用说明。遥感图像分类的目标是将图像中所有的像元自动进行相关专题分类，遥感分类根据人工参与的程度分为监督分类和非监督分类以及两者的混合分类。

（一）监督分类

监督分类又称训练分类法，通过对具有代表性的典型训练区已知地面各类地物样本的光谱特征的统计运算得到各类地物分类参数、条件，建立判别函数和模式，把未知地区的像元代入模式或判别函数，进行判别归类，实现自动分类识别。

监督分类的一般步骤如下。

① 分析者在图像上选择有代表性的典型训练场地，或在遥感图像上圈出已知地物分布的范围界线。

② 对选定训练区的已知地物样本的光谱特征或已知地物所有像元各波段的数值（亮度值）进行计算机统计，提取各地物类别的数值特征。

③ 确定分类判别函数，即选择和确定分类的方法，以使计算机能按确定的程序进行分类。常用的分类方法很多，例如，最大似然分类法、最小距离分类法、马氏距离分类法、平行六面体分类法（箱式决策规则）、K-NN 分类法（K 最近邻法）、神经网络分类等。

④ 分类参数、阈值的确定，由于像元数值的随机性，各类地物像元数值的分布都是围绕一个中心特征值，散布在空间的一定范围内。为此，在分类判别前必须确定出各类地物的中心特征值（参数）及其分布范围界线——类型阈值大小。例如，可将地物各波段均值所在的空间位置作为类型的中心特征值；相应波段的标准差作为类别的阈值，限定类型的分布范围，这样就构成了一个“分类器”。

⑤ 检验，是指对“分类器”分类精度的检验，即统计“分类器”对已知样本像元的分类精度（已知样本像元错分率）。若不合格，则返回上述④或③中，重新调整各类阈值或重新确定分类参数，直到“分类器”分类精度达到要求为止。这样，经已知样本反复“训练”所构成的“分类器”即认为调整好。

⑥ 未知像元分类，利用经检验合格的“分类器”分类，将图像中的未知像元归入到各类别中，输出分类图像。即将输入的像元数值与各类型的中心特征值比较，并按所确定的阈值，把像元归入到最相近的类别空间里，并赋予新值，完成像元分类。

获得的分类图像要经过实地检验，检查和评价分类的精度和效果。

监督分类简单实用，但在处理分类前必须确定好已知地物样本的分类特征及其参数。这是分类成败的关键。已知样本分类特征及其参数的确定要有代表性，要有足够的样本（或像元）作为统计的基础。此外，由于环境的变化及其复杂性，以及干扰因素的多样性和随机性，由训练场地已知样本所获得的分类特征及其参数，只能代表一定时间和具体地域的情况，不能无条件地推广。若地区情况或环境条件变化，应该另选训练场地，以免造成较大的误差或误判。

（二）非监督分类

非监督分类（unsupervised classification）是计算机直接对输入的像元数据进行统计处理，建立判别函数或模式，将每个像元代入判别函数或模式，用来区分和识别每一像元的属性，自动进行分类处理的过程。非监督分类不必对影像上地物获取先验知识，不需要人工选择训练样本，仅需要设定一定的条件，让计算机按照一定的规则自动根据像元的光谱特征组成集群组，分析比较集群组和参考数据，建立每个组的判别函数或模式，然后判别每个像元所属类别，进行归类。非监督分类方法主要有K-均值算法和迭代自组织数据分析技术（ISODATA）两种。非监督分类的成果也要通过实地验证，核对各个集群所对应的地物类型，评价分类的精度。

ISODATA算法完全按照像元的光谱特性进行统计分类，使用最小光谱距离公式进行聚类，其基本步骤如下：

① 选择一些初始值作为初始聚类中心，将待分类像元按照一定指标分配给各个聚类中心；

② 计算各类中样本的距离函数等指标；

③ 按照给定的要求，将前一次获得的集群组进行分裂和合并处理，以获得新的聚类中心；

④ 进行迭代运算，重新计算各类指标，判别聚类结果是否符合要求，经多次迭代运算后，如果结果收敛，运算结束。

非监督分类的人为干扰很少，分类客观而真实，尤其适用于对研究地区了解较少或已知资料不多时，对遥感图像的分类。

参考文献

[1] 陈静生，汪晋三. 地学基础. 北京：高等教育出版社，2002.

[2] 赵烨. 环境地学. 北京：高等教育出版社，2007.

[3] 史培军，王静爱. 地学概论. 呼和浩特：内蒙古大学出版社，1989.

[4] 彭望琭. 遥感概论. 北京：高等教育出版社，2002.

[5] 梅安新，彭望琭，秦其明，刘慧平. 遥感导论. 北京：高等教育出版社，2001.

[6] 刘慧平，秦其明，彭望琭，梅安新. 遥感实习教程. 北京：高等教育出版社，2001.

[7] 詹庆明，肖映辉. 城市遥感技术. 武汉：武汉测绘科技大学出版社，1999.

[8] 遥感概论编写组. 遥感概论. 北京：高等教育出版社，1986.

[9] 赵振远. 遥感. 北京：地质出版社，1984.

[10] 张良培，张立福. 高光谱遥感. 武汉：武汉大学出版社，2005.

[11] 贾海峰，刘雪华. 环境遥感原理与应用. 北京：清华大学出版社，2006.

[12] 龚家龙，阎守邕. 环境遥感技术简介. 北京：科学出版社，1980.

[13] 周成虎，骆剑承，杨晓梅，杨存建，刘庆生. 遥感影像地学理解与分析. 北京：科学出版社，1999.

思考与练习

1. 什么是遥感，根据遥感平台的不同，遥感分为哪几类？

2. 遥感有哪几种主要分类？其分类标志各是什么？

3. 常用的传感器包括哪些？

4. 灰阶和空间分辨率的含义是什么？

5. 陆地卫星图像的符号及注记包括哪些？

6. 植被、水、道路、建筑物在彩红外影像上的颜色。
7. 遥感像片的解译标志包括哪些?
8. 试述遥感在环境科学中的主要应用，并举实例说明。
9. 像片目视解译常采用哪几种方法?逻辑推理法对解译有何重要意义?
10. 像片解译分哪几个步骤?每个步骤包括哪些主要内容?
11. 简述监督分类和非监督分类的不同点。